卓越工程师教育培养计划配套教材

## 机械工程系列

# 机械制造工艺

主　编　张敏良

副主编　王明红　王越

清华大学出版社

北京

## 内 容 简 介

本书根据机械制造技术的发展趋势和"上海市机械制造及其自动化本科教育高地建设"及培养"卓越工程师"的要求,同时遵循"机械制造工艺及设备专业教学指导委员会"制定的教学计划和课程教学大纲编写而成。全书内容共 8 章,依次为:绪论、工件的定位、机床夹具设计、机械加工工艺规程的制定、机械加工精度、机械加工表面质量、机器的装配工艺、机械加工技术新进展。

本书在保证基本内容的基础上,增加了反映现代制造技术发展的新内容;理论联系实际,多用实例、图、表等来表述,贯彻国家新的制图标准,且每章均有一定数量的习题与思考题,便于学生思考,掌握内容要点。

本书可作为高等院校"机械制造工艺及设备""机械设计制造及其自动化"专业本科教材,也可供职工大学、电视大学、函授大学、业余大学等学生作教材或参考书,同时也可供从事机械制造业的工程技术人员自学及考试参考。

**图书在版编目(CIP)数据**

机械制造工艺/张敏良主编. —北京:清华大学出版社,2016
(卓越工程师教育培养计划配套教材. 机械工程系列)
ISBN 978-7-302-45062-7

Ⅰ. ①机…  Ⅱ. ①张…  Ⅲ. ①机械制造工艺—高等学校—教材  Ⅳ. ①TH16

中国版本图书馆 CIP 数据核字(2016)第 218564 号

责任编辑:许 龙  赵从棉
封面设计:常雪影
责任校对:王淑云
责任印制:杨 艳

出版发行:清华大学出版社
　　　　网　　　址:http://www.tup.com.cn,http://www.wqbook.com
　　　　地　　　址:北京清华大学学研大厦 A 座　　　邮　　编:100084
　　　　社 总 机:010-62770175　　　　　　　　　邮　　购:010-62786544
　　　　投稿与读者服务:010-62776969,c-service@tup.tsinghua.edu.cn
　　　　质量反馈:010-62772015,zhiliang@tup.tsinghua.edu.cn
印 刷 者:北京富博印刷有限公司
装 订 者:北京市密云县京文制本装订厂
经　　销:全国新华书店
开　　本:185mm×260mm　　　印　张:26.5　　　字　数:646 千字
版　　次:2016 年 12 月第 1 版　　　印　次:2016 年 12 月第 1 次印刷
印　　数:1～2000
定　　价:55.00 元

产品编号:068377-01

# 卓越工程师教育培养计划配套教材

# 总编委会名单

主　任：丁晓东　　汪　泓

副主任：陈力华　　鲁嘉华

委　员：（按姓氏笔画为序）

丁兴国　　王岩松　　王裕明　　叶永青　　刘晓民

匡江红　　余　粟　　吴训成　　张子厚　　张莉萍

李　毅　　陆肖元　　陈因达　　徐宝纲　　徐新成

徐滕岗　　程武山　　谢东来　　魏　建

    进入 21 世纪以来,我国制造业得到了飞速发展。中国已成为世界制造业大国,正面临从制造业大国向制造业强国转型的关键时期。培养大批适应中国机械工业发展的优秀工程技术人才——卓越工程师,是实现这一重大转变的关键。

    遵循高等教育、人才培养和社会主义市场经济的规律,围绕《中国制造 2025》和《上海优先发展先进制造业行动方案》,紧贴区域经济和社会需求的发展,上海工程技术大学机械工程学院抓住"卓越工程师教育培养计划"这一机遇,把握先进制造业和现代服务业互补、融合的趋向,把打造工程本位的复合应用型人才培养基地作为"卓越计划"的核心,把培养具有深厚的科学理论基础和一定的工程实践能力及创新能力的优秀的复合应用型人才——卓越工程师,作为"卓越计划"的战略发展目标。

    正是基于上述考虑,本编写委员会联合清华大学出版社推出"卓越工程师教育培养计划配套教材",希望根据"以生为本,以师为重,以教为基,以训为媒,突出工程实践"的教育思想理念和当前的科技水平及社会发展的需求,精心策划和编写本系列教材,培养出更多视野宽、基础厚、素质高、能力强和富于创造性的工程技术人才。

    本系列教材的编写,注重文字通顺,深入浅出,图文并茂,表格清晰,符合国家与部门标准。在编写时,作者重视基础性知识,精选传统内容,使传统内容与新知识之间建立起良好的知识构架;重视处理好教材各章节间的内部逻辑关系,力求符合学生的认识规律,使学习过程变得顺理成章;重视工程实践与教学实验,改变原有教材过于偏重理论知识的倾向,力图引导学生通过实践训练,发展自己的工程实践能力;倡导创新实践训练,引导学生发现问题、提出问题、分析问题和解决问题,培养创新思维能力和团队协作能力。

    本系列教材的编写和出版是实施"卓越计划"课程和教材改革中的一种尝试,教材中一定会存在不足之处,希望全国同行和广大读者不断提出宝贵意见,使我们编写出的教材能更好地为教育教学改革服务,更好地为培养高质量的人才服务。

# FOREWORD ● 前言

为了适应机械制造及其自动化专业的专业教学改革需要,编者根据"卓越工程师教育培养计划"的要求,突出理论和实践结合,同时执行"机械制造工艺及设备专业教学指导委员会"制定的教学计划和课程教学大纲,在吸取国内外优秀教材优点的基础上,结合多年的教学实践,编写了这本在学时和内容上均适合高等工科院校学生使用的《机械制造工艺》教材。

本教材在编写体系上按照机器产品的制造过程,由浅入深地编写了有关机器产品加工、装配的最基本内容,以及反映本学科发展方向的计算机辅助工艺编制、计算机辅助夹具设计、机械加工技术新进展等新内容。本教材各章内容有所侧重,重点阐述机器产品制造中的某一方面的问题。各章之间通过有机的联系,综合阐述,分析和解决机器产品加工、装配的质量、效率和成本等问题。

第 1 章为绪论,主要介绍有关机械制造工程技术的发展、生产过程、工艺过程、生产类型和基本加工方法等概念。

第 2 章为工件的定位,主要介绍基准的概念及其分类、工件的定位原理、定位元件及选择,奠定后续学习的基础。

第 3 章为机床夹具设计,主要是研究机床夹具及其组成、工件的装夹方式、定位误差分析、工件的夹紧装置设计、夹具的设计、计算机辅助夹具设计问题,并通过各类机床夹具范例,阐明了机床夹具的设计方法、步骤,探讨了利用计算机辅助设计夹具方法及需要解决的问题。

第 4 章为机械加工工艺规程的制定,主要是以机器零件为研究对象,通过合理安排它的机械加工工艺过程来实现机器零件制造过程中的优质、高效和低消耗问题,并对数控加工工艺设计、计算机辅助工艺过程设计进行了阐述和探讨。

第 5 章为机械加工精度,主要是以机器零件的加工表面为研究对象,分析研究控制各种误差,保证零件的尺寸、形状和位置精度等问题。

第 6 章为机械加工表面质量,主要是以机器零件的加工表面为研究对象,分析研究控制加工表面粗糙度和物理、力学性能等问题,进而保证机器零件的使用性能和寿命。

第 7 章为机器的装配工艺,主要是以整台机器为研究对象,分析研究保证机器的装配精度和提高装配效率等问题。

第 8 章为机械加工技术新进展,主要是为了适应本学科发展的要求,介绍了微机械及其微细加工技术、人工神经元网络在切削加工技术中的应用、数值模拟在切削加工技术中的应用、新型刀具材料、现代机械加工设备等前沿技术及装备。

为帮助学生进一步理解和掌握教材的主要内容，在各章后面均附有一定数量的习题。

本书可作为高等工科院校机械设计制造及其自动化专业和有关专业学生的教材，也可供有关工程技术人员参考。对本教材的不足之处，恳请广大读者批评指正。

编　者

2016 年 12 月

# CONTENTS

●目录

# 第1章

# 绪　　论

## 1.1　机械制造工程技术的发展

### 1.1.1　制造的永恒性

#### 1.1.1.1　机械制造技术的发展

现代制造技术(或先进制造技术)是 20 世纪 80 年代提出来的,但它的工作基础已经历了半个多世纪。最初的制造是靠手工来完成的,以后逐渐用机械代替手工,以达到提高产品质量和生产率的目的,同时也为了解放劳动力和减轻繁重的体力劳动,因此出现了机械制造技术。机械制造技术有两方面的含义:其一是指机械加工零件(或工件)的技术,更明确地说,是指在一种机器上用切削方法来加工零件,这种机器通常称为机床、工具机或工作母机;另一方面是指制造某种机器的技术,如空气压缩机、内燃机、涡轮机等。此后,由于材料性能的不断提高,在制造方法上有了很大的发展,除用机械方法加工外,还出现了电加工、激光加工、电子加工、水射流加工、化学加工、电子束、离子束等非机械加工方法,形成了新的机械制造技术,并将其统称为机械制造技术,简称为制造技术。

先进制造技术是将机械、电子、信息、材料、能源和管理等方面的技术,进行交叉、融合和集成,综合应用于产品全生命周期的制造全过程,包括市场需求调研、产品设计、工艺设计、加工装配、检测、销售、使用、维修、报废处理等,以优质、敏捷、高效、低耗、清洁生产,快速响应市场的需求。

制造技术是一个永恒的主题,是设想、概念、科学技术物化的基础和手段,是国家经济与国防实力的标志,是国家实现工业化的关键。制造业的发展和其他行业有着紧密的关系,它随着国际、国内形势的变化,有高潮期也有低潮期,有高速期也有低速期,有国际特色也有民族特色,必须加以重视,而且要持续不断地向前发展。

#### 1.1.1.2　制造技术的重要性

现代制造技术是当前世界各国研究和发展的主题,特别是在市场经济国际化的今天,它更占有十分重要的地位。制造技术是国家生存和发展的重要基础,它有以下四个方面的意义。

### 1. 制造技术与社会发展密切相关

人类的发展过程就是制造技术不断进步的过程。在人类发展的初期,为了生存,制造了石器,以便于狩猎。此后,相继出现了陶器、铜器、铁器和一些简单的机械,如刀、剑、弓、箭等兵器,锅、壶、盆、罐等用具,犁、磨、碾、水车等农用工具。这些工具和用具的制造过程都是简单的,主要围绕生活必需和战争,制造资源、规模和技术水平都非常有限。随着社会的发展,制造技术的范围和规模不断扩大,技术水平不断提高,向文化、艺术、工业化发展,出现了纸张、笔墨、活版、石雕、珠宝、钱币、金银饰品等制造技术。社会逐步发展进入工业化,出现了大工业生产,使得人类的物质生活和社会文明有了很大的提高,对精神和物质有了更高的要求,科学技术有了更快、更新的发展,从而与制造技术的关系就更为密切。蒸汽机制造技术的问世带来了工业革命和大工业生产,内燃机制造技术的出现和发展形成了现代汽车、火车和舰船,喷气涡轮发动机制造技术促进了现代喷气客机和超音速飞机的发展,集成电路制造技术的进步左右了现代计算机和工业控制技术的水平,纳米技术的出现开创了微型机械的先河,因此,人类的活动与制造密切相关。另一方面,人类活动的水平受到制造水平的极大约束,宇宙飞船、航天飞机、人造卫星以及空间工作站等制造技术的出现,使人类的活动走出了地球,走向了太空,实现了"嫦娥奔月"的梦想。

### 2. 制造技术是科学技术物化的基础

从设想到现实,从精神到物质,是靠制造来转化的,制造是科学技术物化的基础,科学技术的发展反过来又提高了制造的水平。信息技术的发展并引入到制造技术,使制造技术产生了革命性的变化,出现了制造系统和制造科学,从此制造就以系统这一新概念问世。制造系统由物质流、能量流和信息流组成,物质流是本质,能量流是动力,信息流是控制。制造技术与系统论、方法论、信息论、控制论和协同论相结合形成了新的制造学科,即制造系统工程学,其体系结构如图 1-1 所示,制造系统是制造技术发展的新里程碑。

协同论(协同学)一词可追溯到古希腊语,意为协同作用的科学,现代协同论的起源是德国斯图加特大学赫尔曼·哈肯教授于 1969 年提出的协同学概念,他在其后若干年里出版了《协同学导论》等书,主要内容是探讨了生命系统等复杂系统的运动演化规律,主要理论有:序参数、役使原理、耗散理论等。现代制造系统是一个复杂系统,在网络环境下所形成的扩展企业在生产制造和管理等方面是一个复杂的闭环系统,需要应用协同论的理论来解决产品开发中所遇到的问题。因此,协同论是制造系统又一个重要的理论基础,是制造模式继集成制造、并行工程后的又一重要发展。

科学技术的创新和构思需要实践,实践是检验真理的唯一标准。人类对飞行的欲望和需求由来已久,经历了无数的挫折与失败,通过了多次的构思和试验,最后才获得成功。试验就是一种物化手段和方法,而生产是成熟的物化过程。

### 3. 制造技术是所有工业的支柱

制造技术的涉及面非常广,冶金、建筑、水利、机械、电子、信息、运载、农业等各个行业都要制造业的支持,如冶金行业需要冶炼、轧制设备,建筑行业需要塔吊、挖掘机和推土机、装载车等工程机械,因此,制造业是一个支柱产业,在不同的历史时期有不同的发展重点,但需

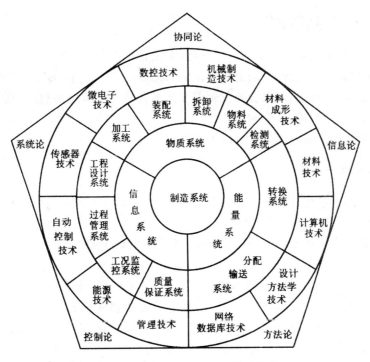

图 1-1　制造系统工程学的体系结构

要制造技术的支持是永恒的。当然,各个行业有其本身的主导技术,如农业需要生产粮、棉等农产品,需要很多的农业生产技术,但现代农业就少不了农业机械的支持,制造技术已成为其重要组成部分。因此,制造技术既有普遍性、基础性的一面,又有特殊性、专业性的一面,制造技术既有共性,又有个性。

### 4. 制造技术是国力和国防的后盾

制造业是国民经济的主体,是立国之本、兴国之器、强国之基。自 18 世纪中叶开启工业文明以来,世界强国的兴衰史和中华民族的奋斗史一再证明,没有强大的制造业,就没有国家和民族的强盛。打造具有国际竞争力的制造业,是我国提升综合国力、保障国家安全、建设世界强国的必由之路。一个国家的国力主要体现在政治实力、经济实力、军事实力上,而经济和军事实力与制造技术的关系十分密切,只有在制造上是一个强国,能制造先进的武器装备,才能在军事上是一个强国。一个国家不能靠购买别国的武器装备来保卫自己,必须有自己的军事工业。有了国力和国防才有国际地位,才能立足于世界。

第二次世界大战以后,日本、德国等国家一直重视制造业,因此,国力得以很快恢复,经济实力处于世界前列。从 20 世纪 30 年代开始一直在制造技术上处于领先地位的美国,由于在五六十年代未能重视它而每况愈下。克林顿总统执政后,迅速把制造技术研究提到了重要日程上,决心夺回霸主地位,其间推行了"计算机集成制造系统""21 世纪制造企业战略",提出了集成制造、敏捷制造、虚拟制造和并行工程、"两毫米工程"等举措,促进了先进制造技术的发展,这对美国的工业生产和经济复苏产生了重大影响。

### 1.1.2 广义制造论

广义制造是 20 世纪制造技术的重要发展，它是在机械制造技术的基础上发展起来的。长期以来，由于设计与工艺分家，制造被定位于加工工艺，这是一种狭义制造的概念，随着社会发展和科技进步，需要综合、融合和复合多种技术去研究和解决问题，特别是集成制造技术的问世，提出了广义制造（也称为"大制造"）的概念，体现了制造概念的扩展。

广义制造概念的形成过程主要有以下几方面原因。

**1. 工艺和设计一体化**

工艺和设计的密切结合形成了设计工艺一体化，设计不仅是指产品设计，而且包括工艺设计、生产调度设计和质量控制设计等。

人类的制造技术大体上可分为三个阶段，有三个重要的里程碑。

（1）手工业生产阶段

起初，制造主要靠工匠的手艺来完成，加工方法和工具都比较简单，多靠手工、畜力或极简单的机械（如凿、劈、锯、碾和磨等）来加工，制造手段和制造水平比较低，为个体和小作坊生产方式。制造中可能有简单的图样，也可能只有构思，基本是体脑结合，设计与工艺一体。该阶段的制造技术水平取决于制造经验，基本上适应了当时人类发展的需求。

（2）大工业生产阶段

随着经济发展和市场需求以及科学技术的进步，制造手段和制造水平有了很大的提高，形成了大工业生产方式。

生产发展与社会进步使制造产生了大分工。首先是设计与工艺分开了，单元技术急速发展又形成了设计、装配、加工、监测、试验、供销、维修、设备、工具和工装等直接生产部门和间接生产部门。制造加工方法也丰富多彩，除传统加工方法（如车、钻、刨、铣和磨等）外，非传统加工方法，如电加工、超声波加工、电子束加工、离子束加工、激光束加工等，均有了很大发展。同时，出现了以零件为对象的加工流水线和自动生产线，以部件或产品为对象的装配流水线和自动装配线，适应了大批大量生产需求。

这一时期从 18 世纪开始至 20 世纪中叶发展很快，且十分重要，它奠定了现代制造技术的基础，对现代工业、农业、国防工业的成长和发展影响深远。由于人类生活水平的不断提高和科学技术日新月异的发展，产品更新换代的速度不断加快，因此，大规模的工业化生产和快速响应多品种单件小批生产的市场需求就成为一个突出矛盾。

（3）虚拟现实工业生产阶段

为快速响应市场需求，进行高效的单件小批生产，借助于信息技术、计算机技术、网络技术，采用集成制造、并行工程、计算机仿真、虚拟制造、动态联盟、协同制造、电子商务等举措，将设计与工艺高度结合，通过计算机辅助设计、计算机辅助工艺设计和数控加工等，使产品在设计阶段就能发现加工中的问题并协同解决，这就是虚拟现实工业制造技术。生产过程中，可集全世界的制造资源来进行全世界范围内的合作生产，缩短了上市时间，提高了产品质量。这一阶段充分体现了体脑高度结合，对手工业生产阶段的体脑结合进行了螺旋式的上升和扩展。

虚拟现实工业生产阶段采用强有力的软件，在计算机上进行系统完整的仿真，从而可以避免在生产加工时才能发现的一些问题及其造成的损失。因此,它既是虚拟的,又是现实的。

### 2．材料成形机理的扩展

在传统制造工艺中,人为地将零件的加工过程分为热加工和冷加工两个阶段,且以冷去除加工和热变形加工为主,主要利用力、热原理。但现在已从加工成形机理来分类,明确地将加工工艺分为去除加工、结合加工和变形加工,材料成形机理的范畴见表 1-1。

表 1-1　材料成形机理的范畴

| 分类 | 加 工 机 理 | | 加 工 方 法 |
|---|---|---|---|
| 去除加工 | 力学加工 | | 切削加工、磨削加工、磨粒流加工、磨料喷射加工、液体喷射加工 |
| | 电物理加工 | | 电火花加工、电火花线切割加工、等离子体加工、电子束加工、离子束加工 |
| | 电化学加工 | | 电解加工 |
| | 物理加工 | | 超声波加工、激光加工 |
| | 化学加工 | | 化学铣削、光刻加工 |
| | 复合加工 | | 电解磨削、超声电解磨削、超声电火花电解磨削、化学机械抛光 |
| 结合加工 | 附着加工 | 物理加工 | 物理气相沉积、离子镀 |
| | | 热物理加工 | 蒸镀、熔化镀 |
| | | 化学加工 | 化学气相沉积、化学镀 |
| | | 电化学加工 | 电镀、电铸、刷镀 |
| | 注入加工 | 物理加工 | 离子注入、离子束外延 |
| | | 热物理加工 | 晶体生长、分子束外延、渗碳、掺杂、烧结 |
| | | 化学加工 | 渗氮、氧化、活性化学反应 |
| | | 电化学加工 | 阳极氧化 |
| | 连接加工 | | 激光焊接、化学粘接、快速成形制造、卷绕成形制造 |
| 变形加工 | 冷、热流动加工 | | 锻造、辊锻、轧制、挤压、辊压、液态模锻、粉末冶金 |
| | 黏滞流动加工 | | 金属模铸造、压力铸造、离心铸造、熔模铸造、壳型铸造、低压铸造、负压铸造 |
| | 分子定向加工 | | 液晶定向 |

（1）去除加工

去除加工又称分离加工,是从工件上去除一部分材料而成形。

（2）结合加工

结合加工是利用物理和化学方法将相同材料或不同材料结合(bonding)在一起而成形,是一种堆积成形、分层制造方法。

按结合机理和结合强弱又可分为附着(deposition)、注入(injection)和连接(jointed)三种。附着又称沉积,是在工件表面上覆盖一层材料,是一种弱结合,典型的加工方法是镀。注入又称渗入,是在工件表层渗入某些元素,与基体材料产生物化反应,以改变工件表层材料的力学性能,是一种强结合,典型的加工方法有渗碳、氧化等。连接又称接合,是将两种相同或不相同材料通过物化方法连接在一起,可以是强结合,也可以是弱结合,如激光焊接、化学粘接等。

（3）变形加工

变形加工又称流动加工，是利用力、热、分子运动等手段使工件产生变形，改变其尺寸、形状和性能，如锻造、铸造等。

### 3. 制造技术的综合性

现代制造技术是一门以机械为主体，交叉融合了光、电、信息、材料、管理等学科的综合体，并与社会科学、文化、艺术等关系密切。

制造技术的综合性首先表现在机、光、电、声、化学、电化学、微电子和计算机等的结合，而不是单纯的机械。

人造金刚石、立方氮化硼、陶瓷、半导体和石材等新材料的问世形成了相应的加工工艺学。

制造与管理已经不可分割，管理和体制密切相关，体制不协调会制约制造技术的发展。

近年来发展起来的工业设计学科是制造技术与美学、艺术相结合的体现。

哲学、经济学、社会学会指导科学技术的发展，现代制造技术有质量、生产率、经济性、产品上市时间、环境和服务等多项目标的要求，靠单纯技术是难以实现的。

### 4. 制造模式的发展

计算机集成制造技术最早称为计算机综合制造技术，它强调了技术的综合性，认为一个制造系统至少应由设计、工艺和管理三部分组成，体现了"合—分—合"的螺旋上升。因为，长期以来，由于科技、生产的发展，制造越来越复杂，人们已习惯了将复杂事物分解为若干单方面事物来处理，形成了"分工"，这是正确的。但与此同时忽略了各方面事物之间的有机联系，当制造更为复杂时，不考虑这些有机联系就不能解决问题，这时，集成制造的概念应运而生，一时间受到了极大的重视。

计算机集成制造技术是制造技术与信息技术结合的产物。集成制造系统首先强调了信息集成，即计算机辅助设计、计算机辅助制造和计算机辅助管理的集成。集成有多个方面和层次，如功能集成、信息集成、过程集成和学科集成等，总的思想是从相互联系的角度去统一解决问题。

其后，在计算机集成制造技术发展的基础上出现了柔性制造、敏捷制造、虚拟制造、网络制造、智能制造和协同制造等多种制造模式，有效地提高了制造技术的水平，扩展了制造技术的领域。"并行工程""协同制造"等概念及其技术和方法，强调了在产品全生命周期中能并行有序地协同解决某一环节所发生的问题，即从"点"到"全局"，强调了局部和全面的关系，在解决局部问题的同时也考虑其对整个系统的影响，而且能够协同解决。

### 5. 产品的全生命周期

制造的范畴从过去的设计、加工和装配发展为产品的全生命周期，包括需求分析、设计、加工、销售、使用和报废等，如图 1-2 所示。

### 6. 丰富的硬软件工具、平台和支撑环境

长期以来，人们对制造的概念多停留在硬件上，对制造技术来说，主要有各种装备和工

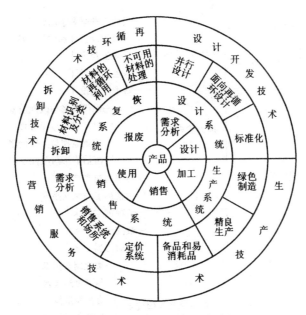

图 1-2 产品生命周期的全过程

艺装备等。现代制造不仅在硬件上有了很大的突破,而且在软件上得到了广泛应用。

现代制造技术应包括硬件和软件两大方面,并且只有在丰富的硬软件工具、平台和支撑环境的支持下才能工作。硬软件要相互配合才能发挥作用,而且不可分割,如计算机是现代制造技术中不可缺少的设备,但它必须有相应的操作系统、办公软件和工程应用软件(如计算机辅助设计、计算机辅助制造等)的支持才能投入使用;又如网络,其本身有通信设备、光缆等硬件,但同时也必须有网络协议等软件才能正常运行;再如数控机床,它是由机床本身和数控系统两大部分组成,而数控系统除数控装置等硬件外,必须有程序编制软件才能使机床进行加工。

软件需要专业人员才能开发,单纯的计算机软件开发人员是难以胜任的,因此,除通用软件外,制造技术在其专业技术的基础上,发展了相应的软件技术,并成为制造技术不可分割的组成部分,同时形成了软件产业。

## 1.1.3 机械制造科学技术的发展

机械制造科学技术的发展主要沿着"广义制造"(也称"大制造")的方向发展,其具体发展方向如图 1-3 所示。当前,发展的核心是"智能制造",重点是创新设计、并行设计、现代成形与改性技术、材料成形过程仿真和优化、高速和超高速加工、精密工程与纳米技术、数控加工技术、集成制造技术、虚拟制造技术、协同制造技术和工业工程等。

当前开展的制造技术可结合汽车、运载装置、模具、芯片、微型机械和医疗器械等进行反求工程、高速加工、纳米技术、模块化功能部件、使能技术软件、并行工程和数控系统等研究。

众所周知我国已是一个制造大国,但还不是制造强国,一些领域的制造技术,如芯片制造技术、航空发动机制造技术、高端数控机床制造技术等,与发达国家的技术水平还有较大差距,这已成为制造业和国防工业发展的瓶颈,亟待解决,对中国的制造业是一次机遇和严峻挑战。

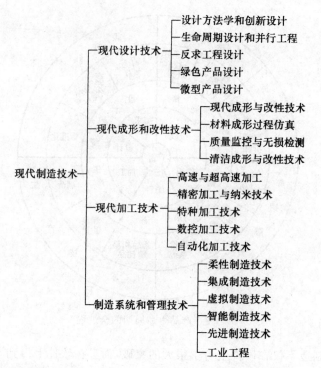

图 1-3　机械制造科学技术的发展方向

2015 年 5 月 18 日,国务院正式发布了《中国制造 2025》规划,提出了"立足国情,立足现实,力争通过'三步走'实现制造强国的战略目标":

第一步:力争用十年时间,迈入制造强国行列。

到 2020 年,基本实现工业化,制造业大国地位进一步巩固,制造业信息化水平大幅提升。掌握一批重点领域关键核心技术,优势领域竞争力进一步增强,产品质量有较大提高。制造业数字化、网络化、智能化取得明显进展。重点行业单位工业增加值能耗、物耗及污染物排放明显下降。

到 2025 年,制造业整体素质大幅提升,创新能力显著增强,全员劳动生产率明显提高,两化(工业化和信息化)融合迈上新台阶。重点行业单位工业增加值能耗、物耗及污染物排放达到世界先进水平。形成一批具有较强国际竞争力的跨国公司和产业集群,在全球产业分工和价值链中的地位明显提升。

第二步:到 2035 年,我国制造业整体达到世界制造强国阵营中等水平。创新能力大幅提升,重点领域发展取得重大突破,整体竞争力明显增强,优势行业形成全球创新引领能力,全面实现工业化。

第三步:新中国成立一百年时,制造业大国地位更加巩固,综合实力进入世界制造强国前列。制造业主要领域具有创新引领能力和明显竞争优势,建成全球领先的技术体系和产业体系。

要实现《中国制造 2025》战略目标,必须掌握先进的制造技术,掌握核心技术,要有很高的制造技术水平,才能不受制于人,才能从制造大国走向制造强国。

## 1.2　生产过程和工艺过程

### 1.2.1　机械产品生产过程

机械产品生产过程是指从原材料开始到成品出厂的全部劳动过程,它不仅包括毛坯的制造,零件的机械加工、特种加工和热处理,机器的装配、检验、测试和涂装等主要劳动过程,还包括专用工具、夹具、量具和辅具的制造,机器的包装,工件和成品的储存和运输,加工设备的维修,以及动力(电、压缩空气、液压等)供应等辅助劳动过程。

机械产品的主要劳动过程都使被加工对象的尺寸、形状和性能产生了一定的变化,即与生产过程有直接关系,因此被称为直接生产过程,亦称为工艺过程。机械产品的辅助劳动过程虽然未使加工对象产生直接变化,但也是非常必要的,因此被称为辅助生产过程。机械产品的生产过程由直接生产过程和辅助生产过程组成。

随着机械产品复杂程度的不同,其生产过程可以由一个车间或一个工厂完成,也可以由多个车间或多个工厂协作完成。

### 1.2.2　机械加工工艺过程

#### 1.2.2.1　机械加工工艺过程的概念

机械加工工艺过程是机械产品生产过程的一部分,是直接生产过程,其原意是指采用金属切削刀具或磨具来加工工件,使之达到所要求的形状、尺寸、表面粗糙度和力学物理性能,成为合格零件的生产过程。随着制造技术的不断发展,现在所说的加工方法除切削和磨削外,还包括其他加工方法,如电加工、超声加工、电子束加工、离子束加工、激光束加工以及化学加工等。

#### 1.2.2.2　机械加工工艺过程的组成

机械加工工艺过程由若干个工序组成。机械加工中的每一个工序又可依次细分为安装、工位、工步和行程。

#### 1.　工序

机械加工工艺过程中的工序是指一个(或一组)工人在同一个工作地点对一个(或同时对几个)工件连续完成的那一部分工艺过程。根据这一定义,只要工人、工作地点、工作对象(工件)之一发生变化或不是连续完成,则应成为另一个工序。因此,同一个零件、同样的加工内容可以有不同的工序安排。例如,图 1-4 所示阶梯轴零件的加工内容包括:加工小端面;对小端面钻中心孔;加工大端面;对大端面钻中心孔;车大端面外圆;对大端外圆倒角;车小端面外圆,对小端外圆倒角;铣键槽;去毛刺。这些加工内容可以安排在两个工序中完成(见表 1-2);也可以安排在四个工序中完成(见表 1-3);还可以有其他安排。工序安排和工序数目的确定与零件的技术要求、零件的数量和现有工艺条件等有关。显然,工件在四个工序中完成时,精度和生产率均较高。

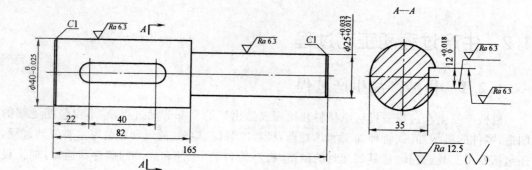

图 1-4　阶梯轴零件

**表 1-2　阶梯轴第一种工序安排方案**

| 工序号 | 工序内容 | 设备 |
|---|---|---|
| 1 | 车小端面,对小端面钻中心孔;粗车小端外圆,对小端外圆倒角;车大端面,对大端面钻中心孔;粗车大端面外圆,对大端外圆倒角;精车外圆 | 车床 |
| 2 | 铣键槽,手工去毛刺 | 铣床 |

**表 1-3　阶梯轴第二种工序安排方案**

| 工序号 | 工序内容 | 设备 |
|---|---|---|
| 1 | 车小端面,对小端面钻中心孔;粗车小端外圆,对小端外圆倒角 | 车床 |
| 2 | 车大端面,对大端面钻中心孔;粗车大端面外圆,对大端外圆倒角 | 车床 |
| 3 | 精车外圆 | 车床 |
| 4 | 铣键槽,手工去毛刺 | 铣床 |

## 2. 安装

如果在一个工序中需要对工件进行几次装夹,则每次装夹下完成的那部分工序内容称为一个安装。例如,表 1-2 中的工序 1,在一次装夹后尚需有三次调头装夹,才能完成全部工序内容,因此该工序共有四个安装;表 1-2 中工序 2 是在一次装夹下完成全部工序内容,故该工序只有一个安装(详见表 1-4)。

**表 1-4　工序和安装**

| 工序号 | 安装号 | 工序内容 | 设备 |
|---|---|---|---|
| 1 | 1 | 车小端面,钻小端中心孔;粗车小端外圆,对小端外圆倒角 | 车床 |
| | 2 | 车大端面,钻大端面中心孔;粗车大端外圆,对大端外圆倒角 | |
| | 3 | 精车大端外圆 | |
| | 4 | 精车小端外圆 | |
| 2 | 1 | 铣键槽,手工去毛刺 | 铣床 |

## 3. 工位

在工件的一次安装中,通过分度(或移位)装置,使工件相对于机床床身变换加工位置,则把每一个加工位置上的安装内容称为工位。在一个安装中,可能只有一个工位,也可能需要有几个工位。

图 1-5 所示为通过立式回转工作台使工件变换加工位置的例子，即多工位加工。在该例中，共有四个工位，依次为装卸工件、钻孔、扩孔和铰孔，实现了在一次装夹中同时进行钻孔、扩孔和铰孔加工。

可以看出，如果一个工序只有一个安装，并且该安装中只有一个工位，则工序内容就是安装内容，同时也是工位内容。

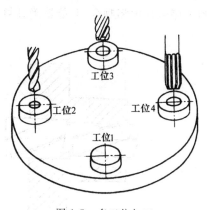

图 1-5 多工位加工

1—装卸工件工位；2—钻孔工位；

3—扩孔工位；4—铰孔工位

#### 4. 工步

加工表面、切削刀具、切削速度和进给量都不变的情况下所完成的工位内容，称为一个工步。

按照工步的定义，带回转刀架的机床(转塔车床、加工中心)，其回转刀架的一次转位所完成的工位内容应属一个工步，此时若有几把刀具同时参与切削，则该工步称为复合工步。图 1-6 所示为立轴转塔车床回转刀架示意图，图 1-7 所示为用该刀架加工齿轮内孔及外圆的一个复合工步。

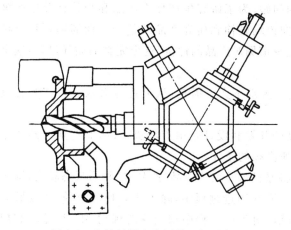

图 1-6 立轴转塔车床回转刀架示意图

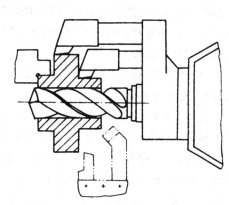

图 1-7 立轴转塔车床的一个复合工步

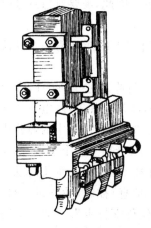

图 1-8 刨平面复合工步

在工艺过程中，复合工步已有广泛应用。例如，图 1-8 所示为在龙门刨床上，通过多刀刀架将四把刨刀安装在不同高度上进行刨削加工；图 1-9 所示为在钻床上用复合钻头进行钻孔和扩孔加工；图 1-10 所示为在铣床上，通过铣刀的组合，同时完成几个平面的铣削加工等。可以看出，应用复合工步主要是为了提高工作效率。

#### 5. 行程

行程(进给次数)有工作行程和空行程之分。工作行程是指刀具以加工进给速度相对工件所完成的一次进给运动的工步部分；空行程是指刀具以非加工进给速度相对工件所完成的一次进给运动的工步部分。行程的概念是为了反映工步中的进给次数和工序卡片中相吻合,并能精确计算工步工时。它比过去引用的走刀概念更科学。

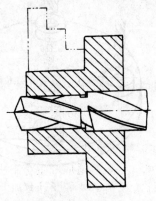

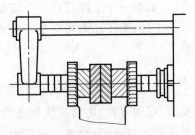

图 1-9　钻孔、扩孔复合工步　　　　　图 1-10　组合铣刀铣平面复合工步

## 1.3　制造过程

上述生产过程是研究产品怎样生产的问题,为了研究生产什么产品和为什么要生产该产品的问题,就要把产品生产过程的两端向市场延伸到研究产品的整个生命周期,即"市场需求→产品开发和设计→产品的生产过程→市场对产品的评价"这个完整的循环过程,这个过程称为制造过程。

"生产过程"和"制造过程"从字面上看,区别不大。但是,从上述定义来分析,"制造过程"的含义就丰富多了。

首先,由于在制造过程的概念中,产品的开发和设计是由市场决定的,制造业必然要适应市场经济体制转变,这是现代制造技术所必须的条件。

其次,生产过程中人们关注的重点是将原材料转变为成品(产品)的物质形态转变,即物质流,这是传统制造工艺技术的主要内容。而在制造过程中,除了研究物质流外,还要研究控制物质流的信息流,如对市场需求的分析,对生产过程中物质流的规划、组织、管理和控制,对物料的采购、存储和销售,经营决策和管理,市场开发和服务等,以及现代制造技术中的柔性自动化技术和控制技术、智能制造技术也都有信息流的内容。因此,需要对信息进行采集、分析和处理的信息流。

制造过程中除了物质流、信息流外,还有能量流,它是指制造过程中的能量消耗及其流程,物质流、信息流和能量流统称为制造过程的"三流"。

综上所述,制造过程比生产过程的含义更广更丰富,它拓宽了制造工艺学科的研究范畴。现代制造技术中的柔性自动化技术和控制技术、智能制造技术涉及电气工程、电子科学与技术、信息与通信工程、控制理论与控制工程、计算机科学与技术学科,物质流中的经营决策和管理、物料供应链管理,以及市场开发和服务等内容涉及经济学、管理学多个学科,产品开发和设计的内容涉及现代设计技术、人体工程学技术、艺术设计技术,信息流涉及信息学科,因而,制造过程实质上是传统的制造工艺(技术)和电子、电气、信息、控制、计算机学科、经济学管理学科、现代设计技术相互渗透、融合的产物,这也是现代科学技术发展的一大特点,在现代制造业中,已得到广泛认可和采纳。

## 1.4 系统的概念、工艺系统和制造系统

### 1.4.1 系统的概念

由若干个相互作用和相互依赖的元素(或部分)组成、具有特定功能和目标的有机整体称为系统。

系统的基本特征包括:

(1) 整体性。最核心的一条,反映在寻求整体目标的最佳效果。

(2) 环境适应性(柔性)。为了能在复杂的市场环境下很好地适应和生存下去。

(3) 元素集合性。为保证满足以上两特征,就要协调各相关元素之间及其和整体之间的关系,使各相关元素集合在一个整体系统中。

(4) 层次性。为了方便研究复杂的系统,可把它分解成各层次的子系统来研究,最终解决复杂的系统问题。

### 1.4.2 工艺系统

用系统的概念,分析传统工艺过程,就产生了工艺系统。

例如,工艺过程中的一个工序,由工作地点上的机床和机床上的工艺装备(夹具、辅具、刀具、量具等)、工件,还有技术工人等元素组成,只有协调各相关元素的工艺要求,才能实现一个工序的最佳化目标。因此,工序就是一个简单的工艺系统。

如果以一个零件的机械加工工艺过程作为高一级的工艺系统,那么该系统的元素就是组成工艺过程的各个工序,必须全面协调组成该零件机械加工工艺过程的各个工序的有关工艺参数,才能实现一个零件机械加工的最佳化目标。

对于一个机械制造厂来说,除机械加工外,还有铸造、锻压、焊接、热处理和装配等工艺,各种工艺都可以形成各自的工艺系统。

### 1.4.3 制造系统

用系统工程的理论和方法,分析和研究制造过程,就产生了制造系统。现代制造业逐步用系统的观点来分析、研究和组织制造过程,它有两个最基本的特征:一是整体性,从全局出发寻求整体目标的最佳效果;二是系统具有最大的环境适应能力(即智能和柔性),能适应市场动态的变化,及时改变和调节生产,不断更新产品,以最快的速度满足市场和社会需求。

制造系统是由制造全过程所涉及的硬件(包括厂房设施、生产设备、材料和能源等)和软件(制造工艺理论与技术、制造工艺方法、控制技术、测试技术以及制造信息等)以及相关人员(从事对物料的准备、信息流的监控以及对制造过程的决策和调度等工作)所组成的一个统一整体,它包括市场分析、产品的开发和设计、产品生产(含生产技术准备、加工和装配)、物料供应链管理、生产计划和控制、产品的质量保证、售后服务等制造的全过程;其功能是将制造资源转变为成品的输入输出系统;整体目标是满足市场需要,赢得市场,取得最佳的经济效益和社会效益。

由于制造系统是一个庞大而复杂的系统,而计算机科学的发展为制造系统的实现提供了可能。

通常,为了方便研究制造系统,可把它分为若干个子系统来研究,如经营决策和管理子系统,产品研究和开发子系统,工程设计子系统,车间和工厂等各级生产加工子系统,物料供应链和生产管理子系统,市场分析开发与销售、服务子系统,质量控制子系统,资源管理子系统等,最终解决复杂的制造系统问题。其中,生产子系统研究的是生产过程,也就是生产系统,它是传统制造工艺技术的主要内容。

系统工程的引入,使制造系统建立在更加科学的基础上,为多品种自动化技术和现代制造模式开辟了新途径。

# 1.5 生产纲领、生产类型及其工艺特征

各种机械产品的结构、技术要求等差异很大,但它们的制造工艺都存在着很多共同的特征。这些共同的特征取决于企业的生产类型,而企业的生产类型又是由企业的生产纲领决定的。

## 1.5.1 生产纲领

生产纲领是指企业根据市场需求确定,在计划期内应当生产的产品产量和进度计划。计划期常定为一年,所以生产纲领也称年产量。

零件的生产纲领要计入备品和废品的数量,可按下式计算:

$$N = Qn(1 + \alpha + \beta)$$

式中:$N$——零件的年产量(件/年);

  $Q$——产品的年产量(台/年);

  $n$——每台产品中该零件的数量(件/台);

  $\alpha$——备品的百分率;

  $\beta$——废品的百分率。

## 1.5.2 生产类型

生产类型是指企业(或车间、工段、班组、工作地)生产专业化程度的分类,一般分为单件生产、大量生产和成批生产三种类型。

(1)单件生产产品的品种很多,同一产品的产量很少,各个工作地的加工对象经常改变,而且很少重复生产。例如,重型机械制造、专用设备制造和新产品试制都属于单件生产。

(2)大量生产产品的产量很大,大多数工作地按照一定的生产节拍(即在流水生产中,相继完成两件制品之间的时间间隔)进行某种零件的某道工序的重复加工。例如,汽车、拖拉机、自行车、缝纫机和手表的制造常属大量生产。

(3)成批生产是指一年中分批轮流地制造几种不同的产品,每种产品均有一定的数量,工作地的加工对象周期性地重复。例如,机床、机车、电动机和纺织机械的制造常属成批生产。

每一次投入或产出的同一产品(或零件)的数量称为生产批量(简称批量)。批量可根据

零件的年产量及一年中的生产批数计算确定。一年的生产批数根据用户的需要、零件的特征、流动资金的周转、仓库容量等具体情况确定。

按批量的多少,成批生产又可分为小批、中批和大批生产三种。在工艺上,小批生产和单件生产相似,常合称为单件小批生产;大批生产和大量生产相似,常合称为大批大量生产。

生产类型的具体划分,可根据生产纲领和产品及零件的特征或工作地每月担负的工序数,参考表 1-5 确定。表 1-5 中的轻型、中型和重型零件可参考表 1-6 所列数据确定。

**表 1-5　生产类型和生产纲领等的关系**

| 生产类型 | 生产纲领/(台·年$^{-1}$或件·年$^{-1}$) | | | 工作地每月担负的工序数/<br>(工序数·月$^{-1}$) |
| --- | --- | --- | --- | --- |
| | 小型机械或轻型零件 | 中型机械或中型零件 | 重型机械或重型零件 | |
| 单件生产 | ≤100 | ≤10 | ≤5 | 不做规定 |
| 小批生产 | 100～500 | 10～150 | 5～100 | 20～40 |
| 中批生产 | 500～5000 | 150～500 | 100～300 | 10～20 |
| 大批生产 | 5000～50000 | 500～5000 | 300～1000 | 1～10 |
| 大量生产 | >50000 | >5000 | >1000 | 1 |

注:小型、中型和重型机械可分别以缝纫机、机床(或柴油机)和轧钢机为代表。

**表 1-6　不同机械产品的零件质量型别**　　　　　　　　　　　　　kg

| 机械产品类别 | 零件的质量 | | |
| --- | --- | --- | --- |
| | 轻型零件 | 中型零件 | 重型零件 |
| 电子机械 | ≤4 | 4～30 | 30 |
| 机床 | ≤15 | 15～50 | >50 |
| 重型机械 | ≤100 | 100～2000 | >2000 |

根据上述划分生产类型的方法可以发现,同一企业(或车间)可能同时存在几种生产类型的生产。企业(或车间)的生产类型应根据企业(或车间)中占主导地位的工艺过程的性质来确定。

统计表明,目前我国机械工业中,批量为 10～100 件的零件约占生产零件种类总数的70%。国际生产工程研究协会(College Institute Research Production,CIRP)曾对美国、日本和欧洲各工业部门所采用的生产类型进行过一次调查,其调查结果如图 1-11 所示。图中的大批生产是指年产量为一万至几万件,大量生产是指年产量为十万件以上。由图 1-11 可知,无论是零件种类还是零件产值,单件和小批生产的零件都占多数。

随着科学技术的发展和市场需求的变化以及竞争的加剧,产品更新换代的周期越来越短,多品种小批量生产的趋势还会不断增长。

## 1.5.3　各种生产类型的工艺特征

生产类型不同,零件和产品的制造工艺、所用设备及工艺装备、对工人的技术要求、采取的技术措施和达到的技术经济效果也会不同。各种生产类型的工艺特征归纳在表 1-7 中,

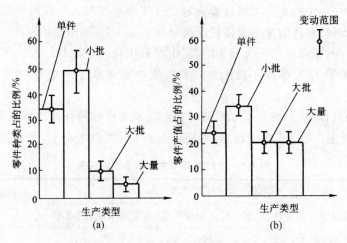

图 1-11　生产类型(美、日、欧洲)的分布情况

在制订零件机械加工工艺规程时,先确定生产类型,再参考表 1-7 确定该生产类型下的工艺特征,以使所制订的工艺规程正确合理。

表 1-7 中一些项目的结论都是在传统的生产条件下归纳的。由于大批大量生产采用专用高效设备及工艺装备,因而产品成本低,但往往不能适应多品种生产的要求;而单件小批生产由于采用通用设备及工艺装备,因而容易适应品种的变化,但产品成本高,有时还跟不上市场的需求。因此,目前各种生产类型的企业既要适应多品种生产的要求,又要提高经济效益,它们的发展趋势是既要朝着生产过程柔性化的方向发展,又要上规模、扩大批量,以提高经济效益。成组技术和数控技术为这种发展趋势提供了重要的基础,各种现代制造技术都是在这种条件下应运而生的。

**表 1-7　各种生产类型的工艺特征**

| 工 艺 特 征 | 生 产 类 型 | | |
|---|---|---|---|
| | 单 件 小 批 | 中 批 | 大 批 大 量 |
| 零件的互换性 | 用修配法,钳工修配,缺乏互换性 | 大部分具有互换性。装配精度要求高时,灵活应用分组装配法和调整法,同时还保留某些修配法 | 具有广泛的互换性。少数装配精度较高处,采用分组装配法和调整法 |
| 毛坯的制造方法与加工余量 | 木模手工造型或自由锻造。毛坯精度低,加工余量大 | 部分采用金属模铸造或模锻。毛坯精度和加工余量中等 | 广泛采用金属模机器造型、模锻或其他高效方法。毛坯精度高,加工余量小 |
| 机床设备及其布置形式 | 通用机床。按机床类别采用机群式布置 | 部分通用机床和高效机床。按工件类别分工段排列设备 | 广泛采用高效专用机床及自动机床。按流水线和自动线排列设备 |
| 工艺装备 | 大多采用通用夹具、标准附件、通用刀具和万能量具。靠划线和试切法达到精度要求 | 广泛采用夹具,部分靠找正装夹达到精度要求。较多采用专用刀具和量具 | 广泛采用专用高效夹具、复合刀具、专用量具或自动检验装置。靠调整法达到精度要求 |

续表

| 工艺特征 | 生 产 类 型 | | |
|---|---|---|---|
| | 单 件 小 批 | 中 批 | 大 批 大 量 |
| 对工人的技术要求 | 需技术水平较高的工人 | 需一定技术水平的工人 | 对调整工人的技术水平要求高,对操作工人的技术水平要求较低 |
| 工艺文件 | 工艺过程卡,关键工序要有工序卡 | 有工艺过程卡,关键零件要有工序卡 | 有工艺过程卡和工序卡,关键工序要有调整卡和检验卡 |
| 成本 | 较高 | 中等 | 较低 |

## 1.6 基本的加工方法

人们在长期的生产实践中,创造出许多机械加工方法。这些方法的目的是使工件获得一定的尺寸和形状及它们的精度,归纳起来有以下两类基本加工方法。

### 1.6.1 获得尺寸精度的方法

#### 1.试切法

通过试切→测量→调整→再试切,反复进行到被加工尺寸达到要求为止的加工方法称为试切法。试切法的生产率低,但它不需要复杂的装置,加工精度取决于工人的技术水平和计量器具(工具、仪器、仪表)的精度,故常用于单件小批生产。

作为试切法的一种类型——配作,它是以已加工件为基准,加工与其相配的另一工件,或将两个(或两个以上)工件组合在一起进行加工的方法。配作中最终被加工尺寸达到的要求是以与已加工件的配合要求为准的。

#### 2.调整法

先调整好刀具和工件在机床上的相对位置,并在一批零件的加工过程中保持这个位置不变,以保证工件被加工尺寸的方法称为调整法。影响调整法精度的因素有测量精度、调整精度、重复定位精度等。当生产批量较大时,调整法有较高的生产率。调整法对调整工人的技术水平要求高,对机床操作工人的技术水平要求不高,常用于成批生产和大量生产。

#### 3.定尺寸刀具法

用刀具的相应尺寸来保证工件被加工部位尺寸的方法称为定尺寸刀具法。影响尺寸精度的因素有刀具的尺寸精度、刀具与工件的位置精度等。当尺寸精度要求较高时,常用浮动刀具进行加工,就是为了消除刀具与工件的位置误差的影响。定尺寸刀具法操作方便,生产率较高,加工精度也较稳定。钻头、铰刀、多刃镗刀块等加工孔均属定尺寸刀具法,应用于各种生产类型。拉刀拉孔也属定尺寸刀具法,应用于大中批生产和大量生产。

### 4. 主动测量法

在加工过程中,边加工边测量加工尺寸,并将所测结果与设计要求的尺寸比较后,或使机床继续工作,或使机床停止工作,这就称为主动测量法。目前,主动测量中的数值已经可用数字显示。主动测量法把测量装置加入工艺系统(即机床、刀具、夹具和工件组成的统一体)中,成为其第五个因素。主动测量法质量稳定、生产率高,是未来的发展方向。

### 5. 自动控制法

自动控制法是把测量、进给装置和控制系统组成一个自动加工系统,加工过程依靠系统自动完成。初期的自动控制法是利用主动测量和机械或液压等控制系统完成的。目前已采用按加工要求预先编排的程序、由控制系统发出指令进行工作的程序控制机床(简称程控机床),或由控制系统发出数字信息指令进行工作的数字控制机床(简称数控机床),以及能适应加工过程中加工条件的变化、自动调整加工用量、按规定条件实现加工过程最佳化的适应控制机床进行自动控制加工。自动控制法加工质量稳定、生产率高、加工柔性好、能适应多品种生产,是目前机械制造的发展方向和计算机辅助制造(computer aided manufacturing, CAM)的基础。

## 1.6.2 获得形状精度的方法

### 1. 刀尖轨迹法

依靠刀尖的运动轨迹获得形状精度的方法称为刀尖轨迹法。刀尖的运动轨迹取决于刀具和工件的相对成形运动,因而所获得的形状精度取决于成形运动的精度。普通车削、铣削、刨削和磨削等均属刀尖轨迹法。

### 2. 仿形法

刀具按照仿形装置进给对工件进行加工的方法称为仿形法。仿形法所得到的形状精度取决于仿形装置的精度及其他成形运动精度。仿形车、仿形铣等均属仿形法加工。

### 3. 成形法

利用成形刀具对工件进行加工的方法称为成形法。成形刀具替代一个成形运动。成形法所获得的形状精度取决于成形刀具的形状精度和其他成形运动精度。用成形刀具或砂轮的车、铣、刨、磨、拉等都属成形法。

### 4. 展成法(滚切法)

利用工件和刀具作展成切削运动进行加工的方法称为展成法。展成法所得的被加工表面是切削刃和工件作展成运动过程中所形成的包络面,切削刃形状必须是被加工面的共轭曲线。它所获得的精度取决于切削刃的形状和展成运动的精度等。滚齿、插齿、磨齿、滚花键等均属展成法。

### 5. 数控成形法

利用坐标轴联动的数控技术可自动控制高的形状精度。两坐标联动的数控技术可加工平面轮廓曲线,三坐标联动的数控技术可加工立体轮廓曲面,目前复杂空间曲面(如加工航空发动机叶片等)采用 5 轴联动加工获得。

# 习题与思考题

1-1 试述制造的永恒性。

1-2 试论述制造技术的重要性。

1-3 试述广义制造论的含义。

1-4 从材料成形机理来分析,加工工艺方法可分为哪几类? 它们各有何特点?

1-5 现代制造技术的发展有哪些方向?

1-6 什么是机械加工工艺过程? 什么是机械加工工艺系统?

1-7 什么是工序、安装、工位、工步和走刀?

1-8 某机床厂年产 CA6140 车床 2000 台,已知每台车床只有一根主轴,主轴零件的备品率为 14%,机械加工废品率为 4%,试计算机床主轴零件的年生产纲领。从生产纲领来分析,试说明主轴零件属于何种生产类型,其工艺过程有何特点。若按国家劳动法法定每年节假日 11 日,每周工作 5 日,一年有 $365-(52\times2+11)=250$ 个工作日,每月按 21 个工作日来计算,试计算主轴零件月平均生产批量。

1-9 到企业进行认知实习,了解企业产品的生产工艺、工艺系统及生产装备。

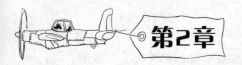

# 第2章

# 工件的定位

## 2.1　基准的概念及其分类

工件的定位是加工前首先要解决的工件放准的问题,它和基准、加工精度、尺寸链和工艺规程设计等诸多工艺理论密切相关,又是机床夹具设计的首要问题,因而它是制造工艺学的重要基础理论。

本章从基准谈起,强调应从设计和工艺两方面用几何学观点树立基准的正确概念,就可得出基准都是客观存在的,而且作为基准必须确切,然后重点介绍定位原理及常用定位元件及选择方法。

### 2.1.1　基准的概念

基准是用来确定生产对象上几何要素间的几何关系所依据的那些点、线、面。在机器零件的设计和加工过程中要求选择哪些点、线、面作为基准,是直接影响零件加工工艺性和各表面间尺寸、位置精度的主要因素之一。一个几何关系就有一个基准。

### 2.1.2　基准的分类

根据作用的不同,基准可分为设计基准和工艺基准两大类。

#### 2.1.2.1　设计基准

零件设计图样上所采用的基准,称为设计基准。这是设计人员从零件的工作条件、性能要求出发,适当考虑加工工艺性而选定的。一个机器零件,在零件图上可以有一个也可以有多个设计基准。图 2-1(a)所示齿轮的外圆和分度圆的设计基准是齿轮内孔的中心线,而表面 $A$、$B$ 的设计基准是表面 $C$;图 2-1(b)所示的车床主轴箱体,其主轴孔的设计基准是箱体的底面 $M$ 及小侧面 $N$。

#### 2.1.2.2　工艺基准

零件在工艺过程中所采用的基准,称为工艺基准。其中又包括工序基准、定位基准、测量基准和装配基准,现分述如下。

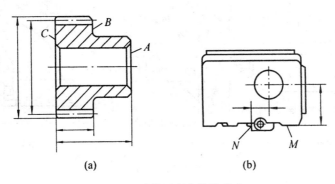

图 2-1　零件图中的设计基准

### 1. 工序基准

在工序图上,用来确定本工序所加工表面加工后的尺寸、位置的基准,称为工序基准。图 2-2(a)所示的工件,$A$ 为加工表面,本工序要求为 $A$ 对 $B$ 的尺寸 $H$ 和 $A$ 对 $B$ 的平行度(当没有特殊标注时,平行度要求包括在 $H$ 的尺寸公差范围内),故外圆下母线 $B$ 为本工序的工序基准。图 2-2(b)所示的工件,加工表面为 $\phi D$ 孔,要求其中心线与 $A$ 面垂直,并与 $C$ 面和 $B$ 面保持距离尺寸为 $L_1$ 和 $L_2$,因此表面 $A$、$B$、$C$ 均为本工序的工序基准。工序基准除采用工件上实际表面或表面上的线以外,还可以是工件表面的几何中心、对称面或对称线等。如图 2-2(c)所示的小轴中,键槽的工序基准既有凸肩面 $A$ 和外圆下母线 $B$,又有外圆表面的轴向对称面 $D$。

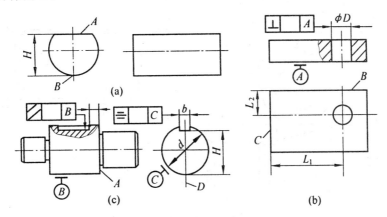

图 2-2　工序图中的工序基准

### 2. 定位基准

工件在机床上或夹具中进行加工时,用作定位的基准,称为定位基准。

图 2-3(a)所示的车床刀架座零件,在平面磨床上磨顶面,则与平面磨床磁力工作台相接触的表面为该道工序的定位基准。图 2-3(b)所示的齿坯拉孔加工工序,被加工内孔在拉削时的位置是由齿坯拉孔前的内孔中心线确定的,故拉孔前的内孔中心线为拉孔工序的定位基准。图 2-3(c)所示的零件在加工内孔时,其位置是由与夹具上定位元件 1、2 相接触的底面 $A$ 和侧面 $B$ 确定的,故 $A$、$B$ 面为该工序的定位基准。

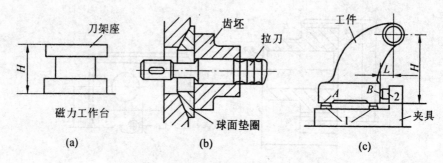

图 2-3　工件在加工时的定位基准

### 3．测量基准

在测量时所采用的基准，称为测量基准。

图 2-4(a)所示为根据不同工序要求测量已加工平面位置时所使用的两个不同的测量基准，一为小圆的上母线，另一则为大圆的下母线。图 2-4(b)所示的床头箱体零件，为测量加工后主轴孔的轴线 $O-O$ 对底面 $M$ 的平行度，也是以 $M$ 面为测量基准，通过垫铁、标准平台、芯轴及百分表对平行度进行间接测量。

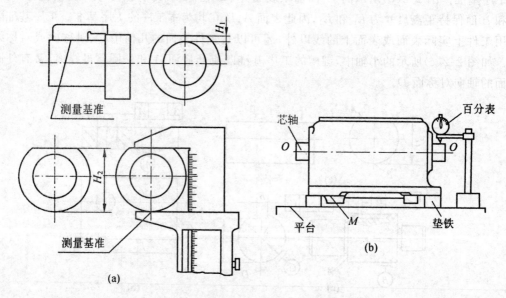

图 2-4　工件上已加工表面的测量基准

### 4．装配基准

在机器装配时，用来确定零件或部件在产品中的相对位置所采用的基准，称为装配基准。

图 2-5(a)所示齿轮是以其内孔及一端面装配到与其配合的轴上，故齿轮内孔 $A$ 及端面 $B$ 即为装配基准。图 2-5(b)所示的主轴箱部件，装配时是以其底面 $M$ 及小侧面 $N$ 与床身的相应面接触，确定主轴箱部件在车床上的相对位置，

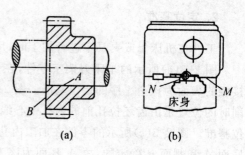

图 2-5　机器零、部件装配时装配基准

故 $M$ 及 $N$ 面为主轴箱部件的装配基准。

## 2.2 工件的定位原理

工件在机床上或夹具中的定位问题,可以采用类似于确定刚体在空间直角坐标系中位置的方法加以分析。工件没有采取定位措施以前,与空间自由状态的刚体相似,每个工件的位置是任意的、不确定的。对一批工件来说,它们的位置是不一致的。工件空间位置的这种不确定性,可按一定的直角坐标分为如下六个独立方面:

(1) 沿 $x$ 轴位置的不确定,称为沿 $x$ 轴的不定度,以 $\vec{x}$ 表示,如图 2-6(a)所示;

(2) 沿 $y$ 轴位置的不确定,称为沿 $y$ 轴的不定度,以 $\vec{y}$ 表示,如图 2-6(b)所示;

(3) 沿 $z$ 轴位置的不确定,称为沿 $z$ 轴的不定度,以 $\vec{z}$ 表示,如图 2-6(c)所示;

(4) 绕 $x$ 轴位置的不确定,称为绕 $x$ 轴的不定度,以 $\widehat{x}$ 表示,如图 2-6(d)所示;

(5) 绕 $y$ 轴位置的不确定,称为绕 $y$ 轴的不定度,以 $\widehat{y}$ 表示,如图 2-6(e)所示;

(6) 绕 $z$ 轴位置的不确定,称为绕 $z$ 轴的不定度,以 $\widehat{z}$ 表示,如图 2-6(f)所示。

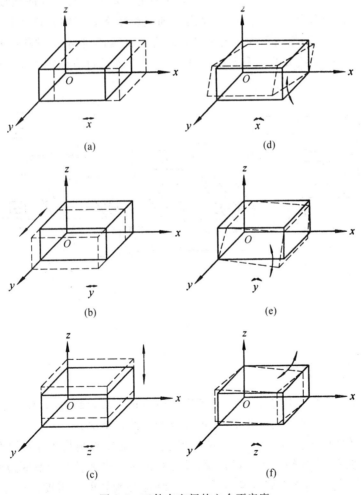

图 2-6 工件在空间的六个不定度

如果六个方面位置的不定度都存在,则是工件在机床上或夹具中位置不确定的最大程度,即工件最多只能有六个不定度。限制工件在某一方面的不定度,工件在某一方面的位置就得以确定。工件定位的任务就是通过各种定位元件限制工件的不定度,以满足工序的加工精度要求。为便于分析可将具体的定位元件抽象转化为相应的定位支承点;与工件各定位基准面相接触的支承点分别限制在各个方面位置的不定度。根据工件在各工序的加工精度要求和选择定位元件的情况,工件的定位通常有如下几种情况。

## 2.2.1 完全定位

工件在机床上或夹具中定位,若六个不定度都被限制时,称为完全定位。

例如,如图 2-7(a)所示,在长方形工件上加工一个 $\phi D$ 的不通孔,要求孔中心线对底面垂直和对两侧面保持尺寸 $A \pm \dfrac{TA}{2}$ 及 $B \pm \dfrac{TB}{2}$,孔底与 $C$ 面保持尺寸 $E \pm \dfrac{TE}{2}$。在进行钻孔加工前,工件上各个平面均已加工。钻孔时工件在夹具中的定位如图 2-7(b)所示,长方形工件的底面及两个相邻侧面分别选用两个支承板和三个支承钉定位。为了对工件的定位进行分析,可抽象转化成如图 2-7(c)所示的六个支承点的定位形式。与工件底面接触的三个支承点,相当于两个支承板所确定的平面,限制沿 $z$ 轴移动和绕 $x$、$y$ 轴旋转三个不定度;与工件侧面接触的两个支承点,相当于两个支承钉所确定的直线,限制沿 $x$ 轴移动和绕 $z$ 轴旋转两个不定度;与工件端面接触的一个支承点,相当于一个支承钉所确定的点,限制最后一个沿 $y$ 轴移动一个不定度,实现完全定位。

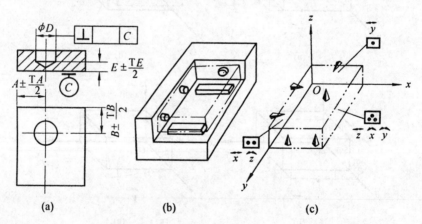

图 2-7 长方形工件钻孔工序及工件定位分析

## 2.2.2 部分定位

工件在机床上或夹具中定位,若六个不定度没有被全部限制,称为部分定位。按工件加工前的结构特点和工序加工精度要求,又可分成如下两种情况:

(1) 由于工件加工前的结构特点,无法限制,也没有必要限制某些方面的不定度如图 2-8 所示,在球面上钻孔、在光轴上车一段轴颈、在套筒上铣一平面及在圆盘周边铣一个槽等,都没有必要,也不可能限制绕它们自身回转轴线或绕球心旋转的不定度。这方面的不定度未被限制,并不影响一批工件在加工中位置的一致性。

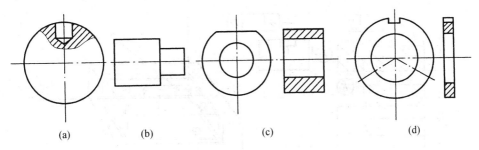

图 2-8  不必限制自身回转轴线或球心不定度的几个实例

（2）由于工序的加工精度要求，工件在定位时允许保留某些方面的不定度

如图 2-9(a)所示的工件，仅要求保证被加工的上平面与工件底面的高度尺寸 $H$ 及平行度精度，因而在刨床工作台上定位时只需限制 $\vec{z}$、$\hat{x}$ 及 $\hat{y}$ 三个不定度。又如图 2-9(b)所示的工件，在立式铣床上用角度铣刀加工燕尾槽时，只需限制 $\vec{y}$、$\vec{z}$、$\hat{x}$、$\hat{y}$ 及 $\hat{z}$ 五个不定度。从定位原理上分析，这一沿 $x$ 轴的不定度可以不被限制，但在夹具设计和使用时，往往为了承受切削力和便于控制刀具行程，仍在夹具体上设置一个如图 2-9(c)中所示的挡销 $A$。这里需说明，增加挡销之后，虽从形式上来看工件已实现了完全定位，但从工件的定位原理分析，仍属于部分定位，此时该挡销的主要作用并不是定位。

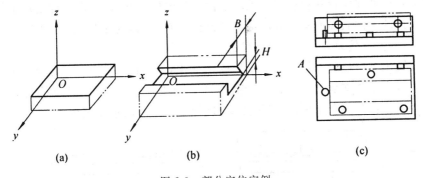

图 2-9  部分定位实例

## 2.2.3  欠定位

工件在机床上或夹具中定位时，若定位支承点少于工序加工要求应予以限制的不定度数，则工件定位不足，称为欠定位。

如图 2-10(a)所示的铣键槽工序，工件在夹具中定位时，加工键槽的宽度 $b$ 由键槽铣刀的直径尺寸保证，其距离尺寸 $A$、$B$、$C$ 及键槽侧面、底面对工件侧面、底面的平行度精度，则由夹具上定位支承点的合理布置保证。为满足上述工序加工要求，工件在夹具中必须实现如图 2-10(b)所示的限制六个不定度的完全定位。

在设计夹具时，若没有设置图中的端面支承点 1（即未限制 $\vec{x}$），则铣出键槽的长度 $C$ 无法保证；若在工件侧面只设置一个支承点 2（即未限制 $\hat{z}$），则铣出键槽的侧面就不能保证对工件侧面 $D$ 平行；若在工件底面上仅设置两个支承点 3（即未限制 $\hat{x}$），则铣出键槽的底面也就不能保证对工件底面的平行度。

总之，工件的定位，若应限制的不定度没有被全部限制，出现欠定位，则不能保证一批工

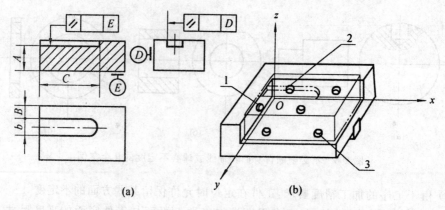

图 2-10　铣键槽工序及工件在夹具中的定位

件在夹具中位置的一致性和工序的加工精度要求,因而是不允许的。

## 2.2.4　重复定位

工件在机床上或夹具中定位,若几个定位支承点重复限制同一个或几个不定度,称为重复定位。工件的定位是否允许重复定位应根据工件的不同情况进行分析。一般来说,对于工件上以形状精度和位置精度很低的毛坯表面作为定位基准时,是不允许出现重复定位的;而对已加工过的工件表面或精度高的毛坯表面作为基准时,为了提高工件定位的稳定性和刚度,在一定条件下是允许采用重复定位的。

在立式铣床上用端铣刀加工矩形工件的上平面,若如图 2-11(a)所示将工件以底面为定位基准放置在三个支承钉上,此时相当于三个定位支承点限制了三个不定度,属于部分定位。若将工件放置在四个支承钉上(见图 2-11(b)),就会造成重复定位。

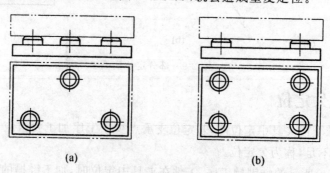

图 2-11　矩形工件的部分定位和重复定位

如果工件的底面为形状精度很低的毛坯表面或四个支承钉不在同一平面上,则工件放置在支承钉上时,实际上只有三个点接触,从而造成一个工件定位时的位置不定或一批工件定位时位置的不一致。如果工件的底面是已加工过的表面,虽将它放在四个支承钉上,只要此四个支承钉处于同一平面上,则一个工件在夹具中的位置基本上是确定的,一批工件在夹具中的位置也是基本一致的。由于增加了支承钉可使工件在夹具中定位稳定,反而对保证工件加工精度有好处。故在夹具设计中对以已加工过的表面为工件的定位表面时,大多采用多个支承钉或支承板定位。由于这些定位元件的定位表面均处于同一平面上,它们起着

相当于三个支承点限制三个不定度的作用,是符合定位原理的。

当被加工工件在夹具中不是只用一个平面定位,而是用两个或两个以上的组合表面定位时,由于工件各定位基准面之间存在位置误差,夹具上各定位元件之间的位置也不可能绝对准确,故采用重复定位将给工件定位带来不良后果。

图 2-12(a)所示为连杆加工大头孔时工件在夹具中定位的情况。连杆的定位基准为端面、小头孔及一侧面,夹具上的定位元件为支承板、长销及一挡销。根据工件定位原理,支承板与连杆端面接触相当于三点定位,限制 $\vec{z}$、$\hat{x}$、$\hat{y}$ 三个不定度;长销与连杆小头孔配合相当于四点定位,限制 $\vec{x}$、$\vec{y}$、$\hat{x}$、$\hat{y}$ 四个不定度;挡销与连杆侧面接触,限制一个不定度 $\vec{z}$。这样,三个定位元件相当于八个定位支承点,共限制了八个不定度,其中 $\hat{x}$ 及 $\hat{y}$ 被重复限制,属于重复定位。若工件小头孔与端面有较大的垂直度误差,且长销与工件小头孔的配合间隙很小,则会产生连杆小头孔套入长销后,连杆端面与支承板不完全接触的情况(见图 2-12(b))。当施加夹紧力 $W$ 迫使它们相接触后,则会造成长销或连杆的弯曲变形(见图 2-12(c)),进而降低了加工后大头孔与小头孔之间的平行度精度。

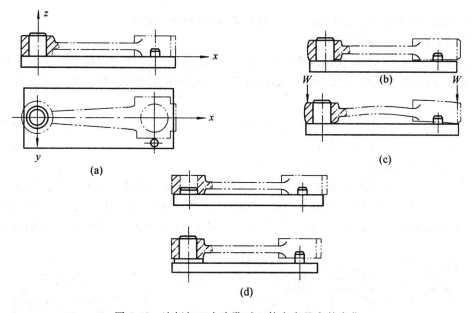

图 2-12 连杆加工大头孔时工件在夹具中的定位

图 2-13(a)所示为加工轴承座时工件在夹具中的定位情况。工件的定位基准为底面及两孔中心线,夹具上定位元件为支承板 1 及两短圆柱销 2 和 3。根据定位原理,支承板相当于三个定位支承点限制了 $\vec{z}$、$\hat{x}$、$\hat{y}$ 三个不定度,短圆柱销 2 相当于两个定位支承点限制了 $\vec{x}$、$\vec{y}$ 两个不定度,另一短圆柱销 3 也相当于两个定位支承点限制 $\vec{z}$ 及 $\hat{x}$ 两个不定度。共限制了七个不定度,其中 $\vec{x}$ 被重复限制,属于重复定位。在这种情况下,当工件两孔中心距和夹具上两短圆柱销中心距误差较大时,就会产生有的工件装不上的现象。

从上述工件定位实例可知,形成重复定位的原因是由于夹具上的定位元件同时重复限制了工件的一个或几个不定度。重复定位的后果是不稳定,破坏一批工件位置的一致性,使工件或定位元件在夹紧力作用下产生变形,甚至使部分工件不能进行装夹。

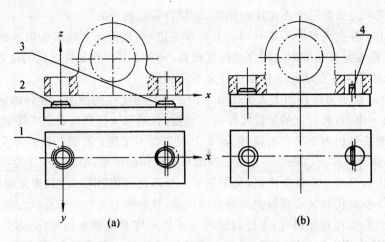

图 2-13　轴承座加工时工件在夹具中的定位
1—支承板；2,3—短圆柱销；4—削边销

为了减少或消除重复定位造成的不良后果,可采取如下措施。

（1）改变定位元件的结构

如图 2-12(d)所示,将长销改为短销,使其失去限制$\hat{x}$、$\hat{y}$的作用以保证加工大头孔与端面的垂直度,或将支承板改为小的支承环,使其只起限制的作用,以保证加工大头孔与小头孔的平行度。

又如图 2-13(b)所示,将短圆柱销 3 改为削边销 4,使它失去限制$\vec{x}$的作用,从而保证所有工件都能套在两个定位销上。

（2）撤销重复限制不定度的定位元件

图 2-14(a)所示为加工轴承座上盖下平面的定位简图。夹具中的定位元件为 V 形块 1 及支承钉 2、3,V 形块限制$\vec{x}$、$\vec{z}$、$\hat{x}$及$\hat{z}$四个不定度,两个支承钉又限制了$\vec{z}$及$\hat{y}$两个不定度,显然$\vec{z}$被重复限制属于重复定位。由于工件上尺寸 $d$ 和 $H$ 的误差,定位时沿 $z$ 轴的不定度有

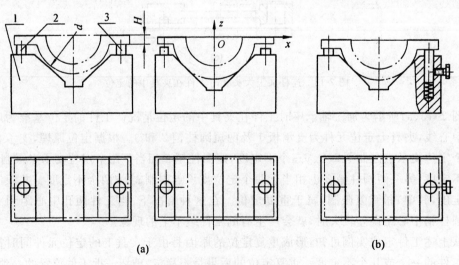

图 2-14　轴承座上盖下平面加工的重复定位及其改进
1—V 形块；2,3—支承钉

的由两个支承钉限制,有的则由 V 形块限制,从而造成了一批工件在夹具中位置的不一致。这时,可将支承钉 2、3 撤销一个或将其中的一个改为只起支承作用不限制任何不定度的辅助支承(见图 2-14(b))即可。

(3) 提高工件定位基准之间及定位元件工作表面之间的位置精度

这种提高工件定位基准之间及夹具定位元件工作表面之间位置精度的措施,往往要求提高工件的加工精度和夹具的制造精度,故一般只在重要零件的精加工工序中采用。

# 2.3　定位元件及选择

工件在机床上或夹具中的定位,主要是通过各种类型的定位元件实现的。在机械加工中,虽然被加工工件的种类繁多,形状各异,但从它们的基本结构来看,不外乎是由平面、圆柱面、圆锥面及各种成形面组成。工件在夹具中定位时,可根据各自的结构特点和工序加工精度要求,选取其上的平面、圆柱面、圆锥面或它们之间的组合表面作为定位基准。为此,在工件装夹中可根据需要选用下述各种类型的定位元件。

## 2.3.1　平面定位元件

### 1. 主要支承

主要支承定位元件在工件定位时起主要的支承定位作用,根据需要又可选用如下几种。

(1) 固定支承

在夹具中定位支承点的位置定位元件,称为固定支承。根据工件上平面的加工状况,可选取如图 2-15 所示的各种支承钉或支承板。

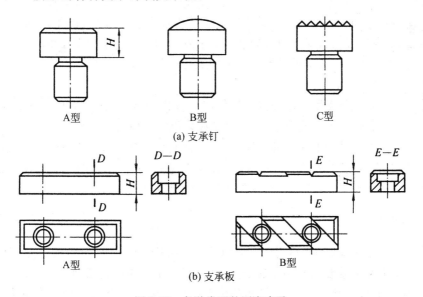

图 2-15　各种类型的固定支承

图 2-15(a)所示为用于工件平面定位的各种固定支承钉;图中 A 型为平头支承钉,主要用于工件上已加工过的平面的定位;B 型为球头支承钉,主要用于工件上未经加工的毛坯

表面的定位；C型为网纹顶面支承钉，常用于要求摩擦力大的工件侧平面的定位。

图 2-15(b)所示为用于平面定位的各种固定支承板，主要用于工件上经过较精密加工过的平面的定位。图中 A 型支承板，结构简单、制造方便，但于由埋头螺钉处积屑不易清除，一般多用于工件的侧平面定位；B 型支承板，则易于清除切屑，广泛应用于工件上已加工过的平面的定位。

（2）可调支承

在夹具中定位支承点的位置可调节的定位元件，称为可调支承。图 2-16 所示的即为常用的几种可调支承结构，这几种可调支承都是通过螺钉和螺母来实现定位支承点位置的调节。

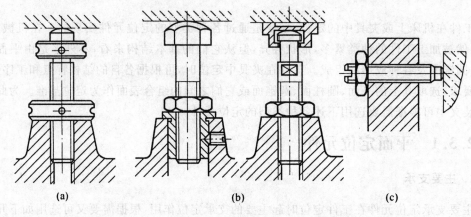

(a)             (b)             (c)

图 2-16　各种可调支承

可调支承主要用于工件的毛坯制造精度不高，而又以未加工过的毛坯表面作为定位基准的工序中。尤其在中批生产的情况下不同批的毛坯尺寸往往差别较大，若选用固定支承定位，在调整法加工的条件下，则由于各批毛坯尺寸的差异而引起后续工序有关加工表面位置的变动，从而因加工余量变化而影响其加工精度。为了避免发生上述情况，保证后续工序的加工精度，则需选用可调支承对不同批工件进行调节定位。

（3）自位支承

自位支承是指定位支承点的位置在工件定位过程中，随工件定位基准位置变化而自动与之适应的定位元件。图 2-17 所示的即为经常采用的几种自位支承结构。

由于自位支承在结构上是活动或浮动的，虽然它们与工件定位表面可能是两点或三点接触，但实质上只能起到一个定位支承点的作用。这样，当以工件的毛坯表面定位时，由于增加了与工件的接触点数，故可提高工件定位时的刚度和精度。

**2．辅助支承**

在工件定位时只起提高支承刚性或辅助定位作用的定位元件，称为辅助支承。在工件装夹中，为实现工件的预定位或提高工件的定位稳定性，常采用此种辅助支承。如图 2-18(a)所示，在一阶梯轴上铣一键槽，为保证键槽的位置精度采用长 V 形块定位。在未夹紧工件前，由于工件的重心超出主要支承而使工件一端下垂，进而使工件上的定位基准脱离定位元件。为此，可以在工件重心部位的下方设置辅助支承，先实现预定位，然后再在夹紧力作用下实现与主要定位元件全部接触的准确定位。又如图 2-18(b)所示，在精刨车床床鞍的下部导

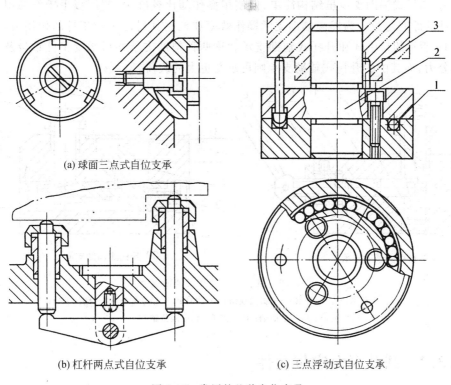

(a) 球面三点式自位支承

(b) 杠杆两点式自位支承

(c) 三点浮动式自位支承

图 2-17　常用的几种自位支承

1—钢球；2—芯轴；3—支承杆

轨面时，虽已选用了燕尾导轨面及一侧面为定位基准，但由于其定位基准与定位元件接触面积较小，在加工时工件右端定位不够稳定且易受力变形。为了保证精刨床鞍导轨面的加工精度，也必须在工件右端设置两个不破坏工件原有定位的辅助支承。从图 2-18(b)所示的辅助支承来看，虽在结构上与图 2-16(b)所示的可调支承相同，但在作用上却有很大区别，选用时应特别注意以免混淆。

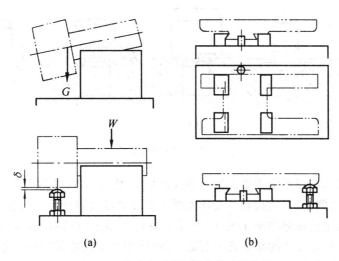

(a)

(b)

图 2-18　辅助支承在工件定位中的作用

螺钉-螺母式辅助支承虽结构简单,但使用操作却比较麻烦,使用扳手操作易用力过度破坏工件的原有定位。为提高辅助支承操作效率和控制其对已定位工件的作用力,也可采用图 2-19 所示的自引式和升托式辅助支承。这两种辅助支承均可承受工件重量及加工时的切削分力,而其中的升托式辅助支承则可承受更大的载荷。

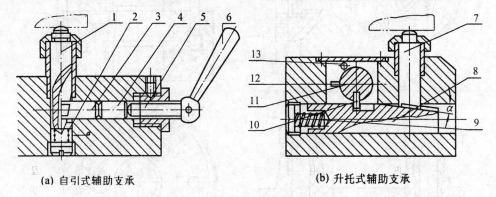

(a) 自引式辅助支承      (b) 升托式辅助支承

图 2-19 自引式和升托式辅助支承

1,7—支承销;2,9—弹簧;3—斜面顶销;4—滑柱;5—销紧螺杆;6—操作手柄;
8—斜楔;10—拨销;11—手柄轴;12—挡销;13—限位销钉

## 2.3.2 圆孔表面定位元件

工件装夹中,常用于圆孔表面的定位元件有定位销、刚性芯轴和小锥度芯轴。

### 1. 定位销

图 2-20 所示为常用的固定式定位销的几种典型结构。被定位工件的圆孔尺寸较小时,可选用图(a)所示的结构;当圆孔尺寸较大时选用图(b)所示结构;当工件同时以圆孔和端面组合定位时,则应选用图(c)所示的带有端台或支承垫圈的结构。为保证定位销在夹具上的位置精度,一般与夹具体的连接采用过盈配合。

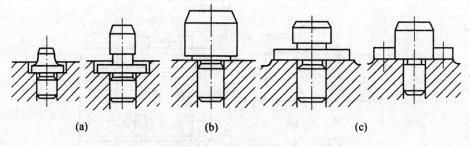

(a)      (b)      (c)

图 2-20 固定式定位销

图 2-21(a)所示为便于定期更换的可换式定位销,在定位销与夹具体之间装有衬套,定位销与衬套采用间隙配合,而衬套与夹具体则采用过渡或过盈配合。为便于工件的顺利装入,上述定位销的定位端部均加工成 15°倒角。各种类型定位销对工件圆孔定位限制的不定度,应视其与工件定位孔的接触长度而定,一般选用长定位销限制四个不定度,短定位销则限制两个不定度,短削边销限制一个不定度。当采用图 2-21(b)所示的锥面定位销时,则

相当于三个定位支承点,限制三个不定度。

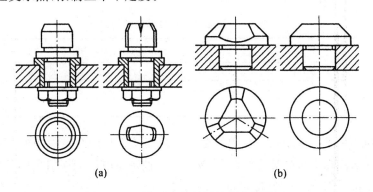

图 2-21　可换式定位销及锥面定位销

为适应工件以两个圆孔表面组合定位的需要,需在两个定位销中采用一个削边定位销。图 2-22(a)所示为常用削边定位销的形状,分别用于工件孔径 $D \leqslant 3\text{mm}$,$3\text{mm} < D \leqslant 50\text{mm}$ 及 $D > 50\text{mm}$ 的定位。直径尺寸为 $3 \sim 50\text{mm}$ 的削边定位销都做成菱形,其标准结构如图 2-22(b)所示。圆柱部分的**宽度** $b$ 是为了保证一定孔中心距偏差的补偿量而计算得到,而 $b_1$ 则是为了修圆菱形尖角所需要的削边部分宽度。

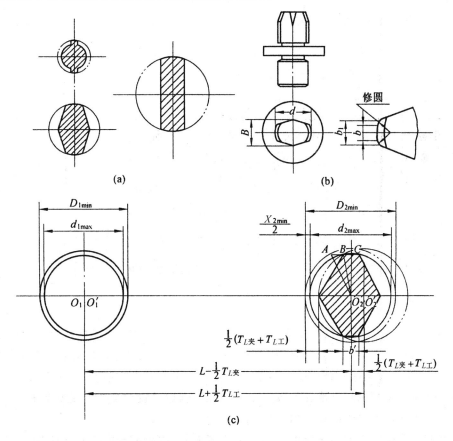

图 2-22　常用削边定位销及菱形定位销的标准结构

标准菱形定位销的结构尺寸可按表 2-1 所列数值直接选取。

**表 2-1　标准菱形定位销的结构尺寸**　　　　　　　　　　　　　　mm

| $d$ | $3\sim6$ | $6\sim8$ | $8\sim20$ | $20\sim25$ | $25\sim32$ | $32\sim40$ | $40\sim50$ |
|---|---|---|---|---|---|---|---|
| $B$ | $d-0.5$ | $d-1$ | $d-2$ | $d-3$ | $d-4$ | $d-5$ | $d-6$ |
| $b$ | 1 | 2 | 3 | 3 | 3 | 4 | 5 |
| $b_1$ | 2 | 2 | 4 | 5 | 5 | 6 | 8 |

当被定位工件上的两个定位孔中心距尺寸精度及其与两个定位销的配合精度较高时，还需对表 2-1 选取的宽度 $b$ 进行校验，可按一批工件定位时的极端情况的几何关系，找出所需菱形定位销的宽度 $b'$。由图 2-22(c)可知：

$$CO_2^2 = AO_2^2 - AC^2 = BO_2^2 - BC^2$$

$$AO_2 = \frac{1}{2}D_{2\min}$$

$$AC = AB + BC = \frac{1}{2}(T_{L夹} + T_{L工}) + \frac{1}{2}b'$$

$$BO_2 = \frac{1}{2}d_{2\max} = \frac{1}{2}(D_{2\min} - X_{2\min})$$

$$BC = \frac{1}{2}b'$$

代入上式有

$$\left(\frac{1}{2}D_{2\min}\right)^2 - \left[\frac{1}{2}(T_{L夹} + T_{L工}) + \frac{1}{2}b'\right]^2 = \left[\frac{1}{2}(D_{2\min} - X_{2\min})\right]^2 - \left(\frac{1}{2}b'\right)^2$$

化简并略去二次微量$(T_{L夹} + T_{L工})^2$ 和 $X_{2\min}^2$ 得

$$b' \approx \frac{D_{2\min} X_{2\min}}{T_{L夹} + T_{L工}}$$

式中：$D_{2\min}$——工件定位孔 $O_2$ 的最小直径尺寸；

　　　$X_{2\min}$——工件定位孔 $O_2$ 与菱形定位销的最小配合间隙；

　　　$T_{L工}$——工件两定位孔 $O_1$ 及 $O_2$ 的中心距公差；

　　　$T_{L夹}$——夹具上两定位销的中心距公差，其值一般取$\left(\frac{1}{5}\sim\frac{1}{3}\right)T_{L工}$。

若 $b' < b$，则应按计算的 $b'$ 最后确定菱形定位销修圆后的圆柱部分宽度。

### 2. 刚性芯轴

对套类工件，常采用刚性芯轴作为定位元件。如图 2-23 所示，刚性芯轴由导向部分 1、定位部分 2 及传动部分 3 组成。导向部分的作用是使工件能迅速正确地套在芯轴的定位部分上，其直径尺寸按间隙配合选取。芯轴两端设有顶尖孔，其左端传动部分铣扁，以便能迅速放入车床主轴上带有长方槽孔的拨盘中。刚性芯轴也可设计成带有莫氏锥柄的结构，使用时直接插入车床主轴的前锥孔内即可。

刚性芯轴定位时限制的不定度分析与定位销相同，过盈配合的长芯轴限制了四个不定度，间隙配合的芯轴则视其与工件圆孔接触的长短确定是限制四个还是两个不定度。

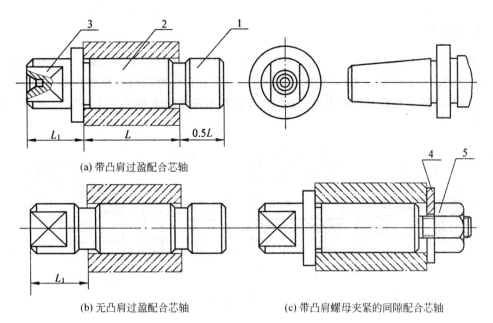

(a) 带凸肩过盈配合芯轴

(b) 无凸肩过盈配合芯轴　　　　　　(c) 带凸肩螺母夹紧的间隙配合芯轴

图 2-23　刚性芯轴

1—导向部分；2—定位部分；3—传动部分；4—开口垫圈；5—螺母

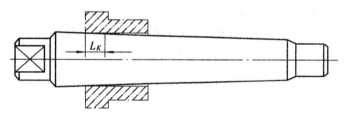

图 2-24　小锥度芯轴

### 3. 小锥度芯轴

为了消除工件与芯轴的配合间隙，提高定心定位精度和便于装卸工件，还可选用如图 2-24 所示的小锥度芯轴。为了防止工件在芯轴上定位时的倾斜，此类芯轴的锥度 $K$ 通常取 $K = \dfrac{1}{5000} \sim \dfrac{1}{1000}$。芯轴的长度则根据被定位工件圆孔的长度、孔径尺寸公差和芯轴锥度等参数确定。

定位时，工件楔紧在芯轴的锥面上，楔紧后由于孔表面的局部弹性变形，使其与芯轴在长度 $L_K$ 上产生过盈配合，从而保证工件定位后不致倾斜。此外，加工时也靠其楔紧产生的过盈部分带动工件，而不需另外再进行夹紧。

## 2.3.3　外圆表面定位元件

在工件装夹中，常用于外圆表面的定位元件有定位套、支承板和 V 形块等。各种定位套对工件外圆表面主要实现定心定位，支承板实现对外圆表面的支承定位，V 形块则实现外圆表面的定心、对中定位。

### 1.定位套

图 2-25 所示为各种类型定位套。图(a)所示为短定位套和长定位套,它们的内孔分别限制两个和四个不定度。图(b)所示为锥面定位套,它和锥面定位销一样限制三个不定度。图 (c)所示为便于装取工件的半圆定位套,其限制不定度数需视其与工件定位表面接触长短而定。

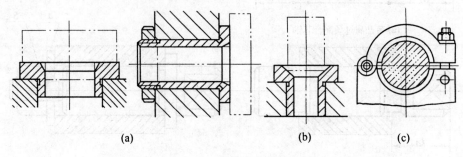

(a)        (b)   (c)

图 2-25 各种类型定位套

### 2.支承板

在夹具中,工件以外圆表面的侧母线定位时,常采用平面定位元件——支承板。支承板对工件外圆表面的定位属于支承定位,定位时限制不定度数的多少将由其与工件外圆侧母线接触的长短而定。如图 2-26(a)所示,当两者接触较短,支承板对工件限制了一个不定度;当两者接触较长(见图 2-26(b)),则限制了两个不定度。

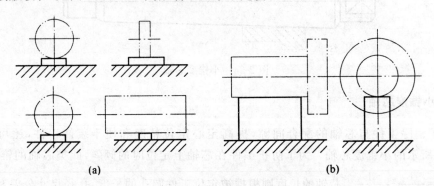

(a)          (b)

图 2-26 支承板对工件外圆表面定位

### 3.V 形块

在夹具中,为了确定工件定位基准——外圆表面中心线的位置,也常采用两个支承平面组成的 V 形块定位。此种 V 形块定位元件,还可对具有非完整外圆表面的工件进行定位。常见的 V 形块定位结构如图 2-27 所示,其中长 V 形块用于较长外圆表面的定位,限制四个不定度,短 V 形块只限制两个不定度。对由两个高度不等的短 V 形块组成的定位元件,还可实现对阶梯形的两段外圆表面中心连线的定位。V 形块对工件外圆的定位,还可起对中作用,即通过与工件外圆两侧母线的接触,使工件上的外圆轴心线对中在 V 形块两支承面的对称面上。

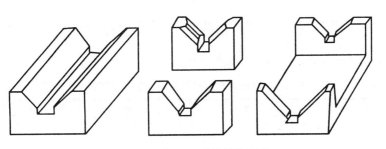

图 2-27   常见 V 形块结构形式

## 2.3.4   锥面定位元件

加工轴类工件或某些要求精确定心的工件,常以工件上的锥孔作为定位基准,这时就需要选用相应的锥面定位元件。图 2-28 所示为锥孔套筒在锥度芯轴上定位磨外圆,及精密齿轮在锥形芯轴上定位进行滚齿加工的情况。此时,锥形芯轴对被定位工件限制五个不定度。

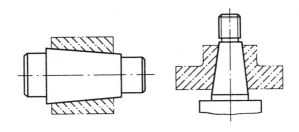

图 2-28   长圆锥孔在锥形芯轴上的定位

图 2-29(a)所示为轴类零件以顶尖孔在顶尖上定位的情况。左端固定顶尖限制了三个不定度,右端的可移动顶尖则只限制了两个不定度。为了提高工件轴向的定位精度,可采用如图 2-29(b)所示的顶尖套和活动顶尖的结构。此时左端的活动顶尖只限制两个不定度,沿轴线方向的不定度则由固定顶尖套限制。

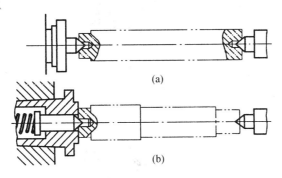

(a)

(b)

图 2-29   工件上顶尖孔在顶尖上的定位

前述的各种类型定位元件的结构尺寸,大多数已标准化和规格化了,为此,可根据需要直接从国家标准《机床夹具零件及部件》或有关的《机床夹具设计手册》中选用,或者参考其中的典型结构和尺寸自行设计。

## 2.3.5 常用的定位元件能限制工件的不定度

常用的定位元件能限制工件的不定度见表 2-2。

**表 2-2 常用的定位元件能限制工件的不定度**

| 工件定位基准 | 定位元件 | 定 位 简 图 | 定位件特点 | 限制的不定度 |
|---|---|---|---|---|
| **平面**<br> | 支承钉 | | 1、2、3、4、5、6—固定支承 | 1、2、3—$\vec{z}$,$\hat{x}$,$\hat{y}$;<br>4、5—$\vec{x}$,$\hat{z}$;<br>6—$\vec{y}$ |
| | 支承板 | | 1、2、3—固定支承 | 1、2—$\vec{z}$,$\hat{x}$,$\hat{y}$;<br>3—$\vec{x}$,$\hat{z}$ |
| | 固定支承<br>与<br>辅助支承 | | 1、2、3、4—固定支承<br>5—辅助支承 | 1、2、3—$\vec{z}$,$\hat{x}$,$\hat{y}$;<br>4—$\vec{x}$,$\hat{z}$;<br>5—增加刚性,不限制不定度 |
| | 固定支承<br>与<br>浮动支承 | | 1、3—固定支承<br>2—浮动支承 | 1、2—$\vec{z}$,$\hat{x}$,$\hat{y}$;<br>3—$\vec{x}$,$\hat{z}$ |

续表

| 工件定位基准 | 定位元件 | 定 位 简 图 | 定位件特点 | 限制的不定度 |
|---|---|---|---|---|
| 圆孔<br><br>O | 定位销<br>（芯轴） | | 短销（短芯轴） | $\vec{x}$、$\vec{y}$ |
| | | | 长销（长芯轴） | $\vec{x}$、$\vec{y}$<br>$\hat{x}$、$\hat{y}$ |
| | 菱形销 | | 短菱形销 | $\vec{y}$ |
| | | | 长菱形销 | $\vec{y}$、$\hat{x}$ |
| | 锥销 | | 固定短锥销 | $\vec{x}$、$\vec{y}$、$\vec{z}$ |
| | | | 1—固 定 短<br>锥销<br>2—活 动 短<br>锥销 | $\vec{x}$、$\vec{y}$、$\vec{z}$<br>$\hat{x}$、$\hat{y}$ |

续表

| 工件定位基准 | 定位元件 | 定 位 简 图 | 定位件特点 | 限制的不定度 |
|---|---|---|---|---|
| 圆锥孔 | 长锥销 | | 长圆锥销 | $\vec{x}$、$\vec{y}$、$\vec{z}$ $\hat{x}$、$\hat{z}$ |
| | 顶尖 | | 前顶尖、活动后顶尖 | $\vec{x}$、$\vec{y}$、$\vec{z}$ $\hat{x}$、$\hat{z}$ |
| 外圆柱面 | 支承板或支承钉 | | 短支承板或支承钉 | $\vec{z}$ |
| | | | 长支承板或两个支承钉 | $\vec{z}$、$\hat{x}$ |
| | V形块 | | 窄V形块 | $\vec{x}$、$\vec{z}$ |
| | | | 垂直运动的窄活动V形块 | $\vec{x}$ |
| | | | 宽V形块 | $\vec{x}$、$\vec{z}$、$\hat{x}$、$\hat{z}$ |
| | 定位套 | | 短套 | $\vec{x}$、$\vec{z}$ |
| | | | 长套 | $\vec{x}$、$\vec{z}$ $\hat{x}$、$\hat{z}$ |

| 工件定位基准 | 定位元件 | 定位简图 | 定位件特点 | 限制的不定度 |
|---|---|---|---|---|
| 外圆柱面 | 半圆套 | | 短半圆套 | $\vec{x}$、$\vec{z}$ |
| | | | 长半圆套(图略) | $\vec{x}$、$\vec{z}$ $\hat{x}$、$\hat{z}$ |
| | 锥套 | | | $\vec{x}$、$\vec{y}$、$\vec{z}$ |
| | | | 1—固定锥套 2—活动锥套 | $\vec{x}$、$\vec{y}$、$\vec{z}$ $\hat{x}$、$\hat{z}$ |

### 2.3.6 满足加工要求必须限制的不定度

满足加工要求必须限制的不定度见表 2-3。

表 2-3 满足加工要求必须限制的不定度

| 工序简图 | 加工要求 | 必须限制的不定位 |
|---|---|---|
| | 1. 尺寸 $A$; 2. 加工面与底面的平行度 | $\vec{z}$、$\hat{x}$、$\hat{y}$ |
| | 1. 尺寸 $A$; 2. 加工面与下素线的平行度 | $\vec{z}$、$\hat{x}$ |

| 工 序 简 图 | 加 工 要 求 | 必须限制的不定度 | |
|---|---|---|---|
| | 1. 尺寸 $A$；<br>2. 尺寸 $B$；<br>3. 尺寸 $L$；<br>4. 槽侧面与 $N$ 面的平行度；<br>5. 槽底面与 $M$ 面的平行度 | $\vec{x}$、$\vec{y}$、$\vec{z}$<br>$\hat{x}$、$\hat{y}$、$\hat{z}$ | |
| | 1. 尺寸 $A$；<br>2. 尺寸 $L$；<br>3. 槽与圆柱轴线平行并对称 | $\vec{x}$、$\vec{y}$、$\vec{z}$<br>$\hat{x}$、$\hat{z}$ | |
| | 1. 尺寸 $B$；<br>2. 尺寸 $L$；<br>3. 孔轴线与底面的垂直度 | 通孔 | $\vec{x}$、$\vec{y}$<br>$\hat{x}$、$\hat{y}$、$\hat{z}$ |
| | | 不通孔 | $\vec{x}$、$\vec{y}$、$\vec{z}$<br>$\hat{x}$、$\hat{y}$、$\hat{z}$ |
| | 1. 孔与外圆柱面的同轴度；<br>2. 孔轴线与底面的垂直度 | 通孔 | $\vec{x}$、$\vec{y}$<br>$\hat{x}$、$\hat{y}$ |
| | | 不通孔 | $\vec{x}$、$\vec{y}$、$\vec{z}$<br>$\hat{x}$、$\hat{y}$ |
| | 1. 尺寸 $R$；<br>2. 以圆柱轴线为对称轴，两孔对称；<br>3. 两孔轴线垂直于底面 | 通孔 | $\vec{x}$、$\vec{y}$、$\vec{z}$<br>$\hat{x}$、$\hat{y}$ |
| | | 不通孔 | $\vec{x}$、$\vec{y}$、$\vec{z}$<br>$\hat{x}$、$\hat{y}$ |

# 习题与思考题

2-1 何谓基准？设计基准和工艺基准有哪些区别？

2-2 何谓"六点定位原理"？工件的合理定位是否一定要限制其在夹具中的六个不定度？

2-3 试举例说明何谓工件在夹具中的"完全定位""部分定位""欠定位""重复定位"？

2-4 定位支承点不超过六个，就不会出现重复定位，这种说法对吗？试举例说明。

2-5 根据六点定位原理，分析习图 2-1 所示各定位方案中，各个定位元件分别限制了哪些不定度？

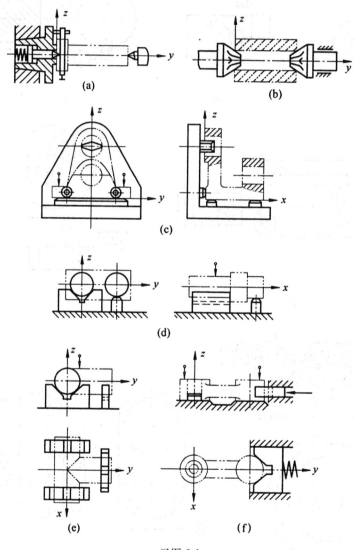

习图 2-1

2-6 根据习图 2-2 所示各题的加工要求，试确定合理的定位方案，并绘制草图：

（1）在球形零件上钻一通过球心 $O$ 的小孔 $\phi D$（见图（a））；

（2）在一长方形零件上钻一不通孔 $\phi D$（见图（b））；

（3）在圆柱体零件上铣一键槽 $b \times l$（见图（c））；

（4）在一连杆零件上钻一通孔 $\phi D$（见图（d））；

（5）在一套类零件上钻一小孔 $O_1$（见图（e））；

（6）在图示零件上钻两小孔 $O_1$ 及 $O_2$（见图（f））；

（7）在图示零件上车轴颈 $d$（见图（g））。

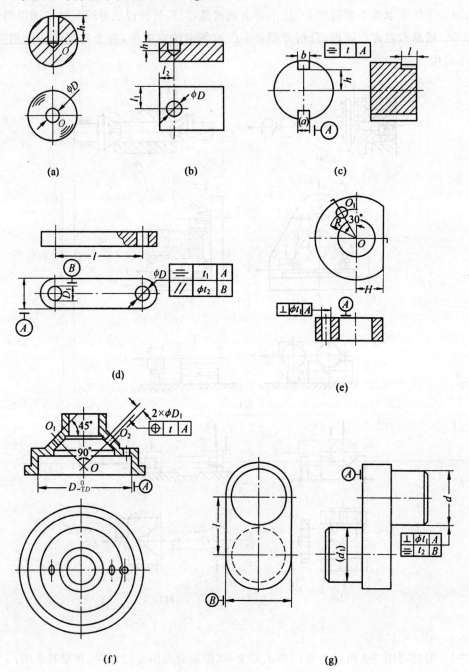

习图 2-2

# 第3章

# 机床夹具设计

## 3.1 机床夹具概述

### 3.1.1 机床夹具及其组成

机床夹具是在机床上装夹工件的一种装置,其作用是使工件相对于机床和刀具有一个正确的位置,并在加工过程中保持这个位置不变。

图 3-1 所示为在铣床上使用的夹具,图 3-1(a)为在该夹具上加工的连杆零件工序图,图 3-1(b)为夹具实体图,图 3-1(c)为夹具装配图。工序要求工件以一面两孔定位,分四次安装铣削大头孔两端面处的共八个槽。工件以端面安放在夹具底板 4 的定位面 N 上,大、小孔分别套在圆柱销 5 和菱形销 1 上,并用两个压板 7 压紧。夹具通过两个定向键 3 在铣床工作台上定位,并通过夹具底板 4 上的两个 U 形槽,用 T 形槽螺栓和螺母紧固在工作台上。铣刀相对于夹具的位置则用对刀块 2 调整。为防止夹紧工件时压板转动,在压板的一侧设置了止动销 11。

由图 3-1 可以看出机床夹具的基本组成部分,主要包括:

(1)定位元件(或装置)。用以确定工件在夹具上的位置,如夹具底板 4(顶面 N)、圆柱销 5 和菱形销 1。

(2)刀具导向元件(或装置)。用以引导刀具或调整刀具相对于夹具定位元件的位置,如对刀块 2。

(3)夹紧元件(或装置)。用以夹紧工件,如压板 7、螺母 9、螺栓 10 等,对于自动夹具还有气缸、液压缸等驱动装置。

(4)连接元件。用以确定夹具在机床上的位置并与机床相连接,如定位键 3、夹具底板 4 的 U 形槽等。

(5)夹具体。用以连接夹具各元件(或装置),使之成为一个整体,并通过它将夹具安装在机床上,如夹具底板 4。

(6)其他元件(或装置)。除上述(1)~(5)以外的元件(或装置),如某些夹具上的分度装置、防错(防止工件错误安装)装置、安全保护装置、为便于卸下工件而设置的顶出器等。图 3-1 中的止动销 11 也属于此类元件。

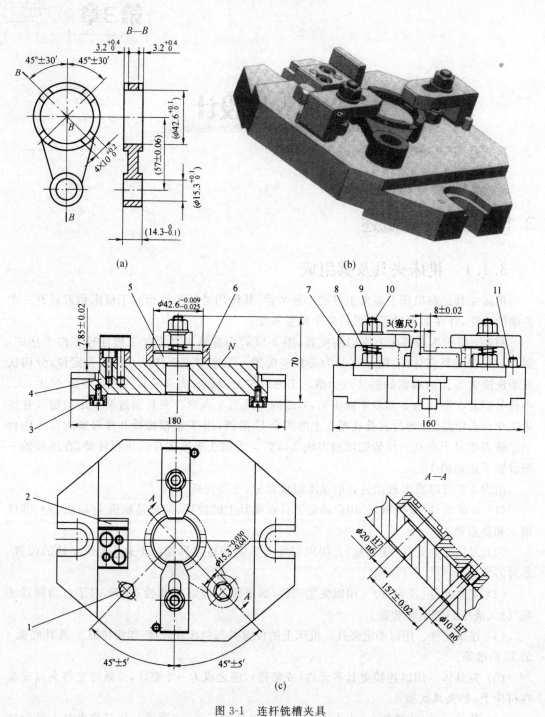

图 3-1　连杆铣槽夹具

1—菱形销；2—对刀块；3—定向键；4—夹具底板；5—圆柱销；

6—工件；7—压板；8—弹簧；9—螺母；10—螺栓；11—止动销

### 3.1.2　机床夹具的功能

机床夹具的主要功能如下：

（1）保证加工质量。使用机床夹具的首要任务是保证加工精度，特别是保证被加工工件加工面与定位面之间以及待加工表面相互之间的位置精度。在使用机床夹具后，这种精度主要依靠夹具和机床来保证，而不再依赖于工人的技术水平。

（2）提高生产效率，降低生产成本。使用夹具后可减少划线、找正等辅助时间，且易实现多件、多工位加工。在现代机床夹具中，广泛采用气动、液动等机动夹紧装置，可使辅助时间进一步减少。

（3）扩大机床工艺范围。在机床上使用夹具可使加工变得方便，并可扩大机床的工艺范围。如在车床或钻床上使用镗模，可以代替镗床镗孔。又如使用靠模夹具，可在车床或铣床上进行仿形加工。

（4）减轻工人劳动强度，保证安全生产。

### 3.1.3　机床夹具的分类

机床夹具可以有多种分类方法。通常按机床夹具的使用范围，可分为五种类型。

（1）通用夹具。如在车床上常用的自定心卡盘、单动卡盘、顶尖，铣床上常用的机用平口钳、分度头、回转工作台等均属此类夹具。该类夹具由于具有较大的通用性，故得其名。通用夹具一般已标准化，并由专业工厂（如机床附件厂）生产，常作为机床的标准附件提供给用户。

（2）专用夹具。这类夹具是针对某一工件的某一工序而专门设计的，因其用途专一而得名。图 3-1 所示的连杆铣槽夹具就属专用夹具。专用夹具广泛应用于批量生产中。

（3）可调整夹具和成组夹具。这类夹具的特点是夹具的部分元件可以更换，部分装置可以调整，以适应不同零件的加工。用于相似零件成组加工的夹具，通常称为成组夹具。与成组夹具相比，可调整夹具的加工对象不很明确，适用范围更广一些。

（4）组合夹具。这类夹具由一套标准化的夹具元件，根据零件的加工要求拼装而成。就好像搭积木一样，不同元件的不同组合和连接可构成不同结构和用途的夹具。夹具用完以后，元件可以拆卸重复使用。这类夹具特别适合于新产品试制和小批量生产。

（5）随行夹具。这是一种在自动线或柔性制造系统中使用的夹具。工件安装在随行夹具上，除完成对工件的定位和夹紧外，还载着工件由输送装置送往各机床，并在各机床上被定位和夹紧。

机床夹具也可以按照加工类型和在什么机床上使用来分类，可分为车床夹具、铣床夹具、钻床夹具、镗床夹具、磨床夹具和数控机床夹具等。机床夹具还可以按其夹紧装置的动力源来分类，可分为手动夹具、气动夹具、液动夹具、电磁夹具和真空夹具等。

## 3.2　工件的装夹方式

### 3.2.1　装夹的概念

将工件在机床上或夹具中定位、夹紧的过程称为装夹。

为了保证一个工件加工表面的精度，以及使一批工件的加工表面的精度一致，那么一个工件放到机床上或夹具中,首先必须占有某一相对刀具及切削成形运动(通常由机床提供)的正确位置,且逐次加工的一批工件都应占有相同的正确位置,这便叫做定位。为了在加工中使工件在切削力、重力、离心力和惯性力等力的作用下,能保持定位的正确位置不变,必须把零件压紧、夹牢,这便是夹紧。

工件的装夹,可根据工件加工的不同技术要求,采取先定位后夹紧或在夹紧过程中同时实现定位这两种方式,其目的都是为了保证工件在加工时相对刀具及成形运动具有正确的位置。例如,在牛头刨床上加工一槽宽尺寸为 $B$ 的通槽,若此槽只对 $A$ 面有尺寸和平行度要求(见图 3-2(a)),可采用先定位后夹紧的装夹方式;若此槽对左右侧面有对称度要求(见图 3-2(b)),则要求采用在夹紧过程中实现定位的对中装夹方式。

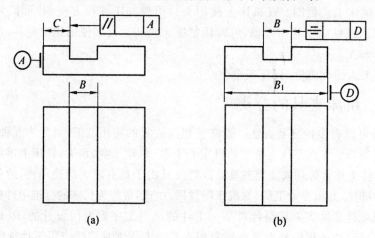

图 3-2 采用不同装夹方式的工件

## 3.2.2 装夹的方法

工件在机床上的装夹,一般可采用如下几种装夹方法。

### 1. 直接装夹

直接装夹是利用机床上的装夹面来对工件直接定位的,工件的定位基准面只要靠紧在机床的装夹面上并密切贴合,不需找正即可完成定位。此后,夹紧工件,使其在整个加工过程中不脱离这一位置,就能得到工件相对刀具及成形运动的正确位置。图 3-3 所示即是直接装夹的示例。

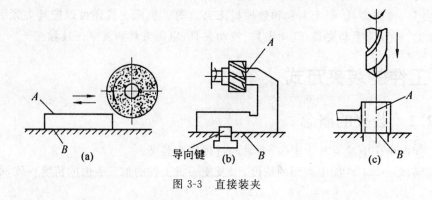

图 3-3 直接装夹

图 3-3(a)中,工件的加工面 $A$ 要求与工件的底面 $B$ 平行,装夹时将工件的定位基准面 $B$ 靠紧并吸牢在磁力工作台上即可;图 3-3(b)中工件为一夹具底座,加工面 $A$ 要求与底面 $B$ 垂直并与底部已装好导向键的侧面平行,装夹时除将底面靠紧在工作台面上之外,还需使导向键侧面与工作台上的 T 形槽侧面靠紧;图 3-3(c)中工件上的孔 $A$ 只要求与工件定位基准面 $B$ 垂直,装夹时将工件的定位基准面紧靠在钻床工作台面上即可。

### 2. 找正装夹

找正装夹利用可调垫块、千斤顶、四爪卡盘等工具,先将工件夹持在机床上,将划针或百分表安置在机床的有关部件上,然后使机床作慢速运动。这时划针或百分表在工件上划过的轨迹即代表着切削成形运动的位置,根据这个轨迹调整工件,使工件处于正确的位置。

例如图 3-4(a)中,在车床上加工一个与外圆表面具有一个偏心量为 $e$ 的内孔,可采用四爪卡盘和百分表调整工件的位置,使其外圆表面轴线与主轴回转轴线恰好相距一个偏心量 $e$,然后再夹紧工件加工;图 3-4(b)中,在立式铣床上铣削加工一个与侧面平行的燕尾槽,也可通过百分表调整好工件应具有的正确位置再夹紧工件加工。

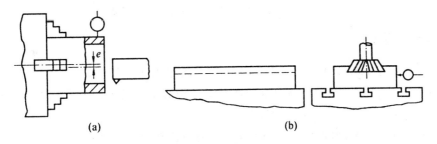

图 3-4　找正装夹方法

对于形状复杂,尺寸、重量均较大的铸、锻件毛坯,若其精度较低不能按其表面找正,则可预先在毛坯上将待加工面的轮廓线划出,然后再按所划的线找正其位置,亦属于找正装夹。找正装夹方法的缺点是费时间,生产效率低,所能达到的装夹精度与操作工人的技术水平和所使用的找正工具的精度有关,故主要适用于单件、小批生产。

### 3. 夹具装夹

夹具是根据工件加工某一工序的具体加工要求设计的,其上备有专用的定位元件和夹紧装置,被加工工件可以迅速且准确地装夹在夹具中。采用夹具装夹时,先在机床上安装好夹具,使夹具上的安装面与机床上的装夹面靠紧并固定,然后在夹具中装夹工件,使工件的定位基准面与夹具上定位元件的定位面靠紧并固定(见图 3-5)。由于夹具上定位元件的定位面相对夹具的安装面有一定的位置精度要求,故利用夹具装夹就能保证工件相对刀具及成形运动的正确位置关系。

采用夹具装夹工件,易于保证加工精度、缩短辅助时间、提高生产效率、减轻工人劳动强度和降低对工人的技术水平要求,故特别适用于成批和大量生产。

## 3.2.3　夹具装夹及其误差

由于在生产中广泛采用夹具装夹,故需对夹具装夹过程及夹具装夹误差作进一步的分析。

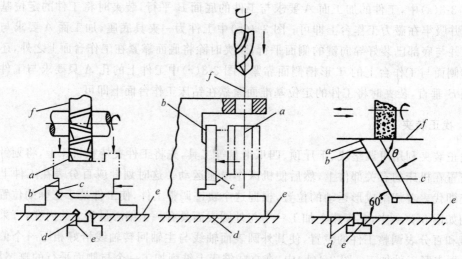

图 3-5　工件、夹具和机床之间的位置关系

a—工件的加工面；b—工件的定位基准面；c—夹具上定位元件的定位面；
d—夹具的安装面；e—机床的装夹面；f—刀具的切削成形面

### 1. 夹具装夹过程

图 3-6(a)所示为在车床尾座套筒工件上铣一键槽的工序简图，其中除键槽宽度 12H8 由铣刀本身宽度保证外，其余各项要求需依靠工件相对于刀具及切削成形运动所处的位置来保证。如图 3-6(b)所示，这个正确位置为：

(1) 工件 $\phi70h6$ 外圆的轴向中心面 $D$ 与铣刀对称平面 $C$ 重合；

(2) 工件 $\phi70h6$ 的外圆下母线 $B$ 距铣刀圆周刃口 $E$ 为 64mm；

(3) 工件 $\phi70h6$ 的外圆下母线 $B$ 与走刀方向 $f$ 平行(包括在水平平面内和垂直平面内

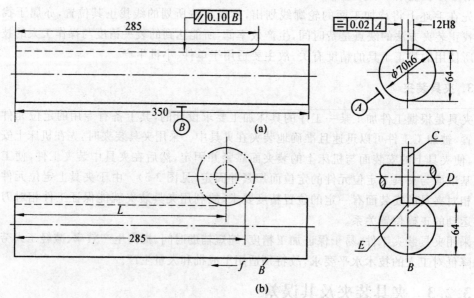

图 3-6　尾座套筒工件铣键槽工序及工件加工时的正确位置

两个方面);

(4) 工件进给终了时,工件左端至铣刀中心距离为 $L$($L$ 尺寸需由尺寸 285mm 换算得出)。

图 3-7 所示是为上述工件铣键槽工序设计的专用夹具。加工前需先将夹具的位置找好。为此,首先将夹具放在铣床工作台上(夹具体 1 的底面与工作台面相接触,定向键 2 嵌在工作台的 T 形槽内)然后用对刀块 6 及塞尺调整夹具相对铣刀的位置,使铣刀侧刃和周刃与对刀块 6 的距离正好为 3mm(此为塞尺厚度),机床工作台(连同夹具)纵向进给的终了位置则由机床上的行程挡铁控制,其位置可通过试切一个至数个工件确定。加工时每次装夹两个工件,分别放在两个 V 形块上,工件右端顶在限位螺钉 9 的头部,这样工件就能在夹具中占据所要求的正确位置。当油缸 5 在压力油作用下通过杠杆 4 将两根拉杆 3 拉向下时,使两块压板 7 同时将两个工件夹紧,以保证加工中工件的正确位置不变。

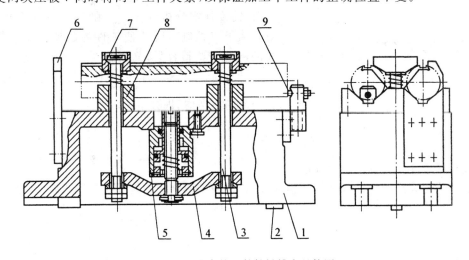

图 3-7 尾座套筒工件铣键槽夹具简图

1—夹具体;2—定向键;3—拉杆;4—杠杆;5—油缸;6—对刀块;7—压板;8—V 形块;9—限位螺钉

### 2. 夹具装夹误差

采用夹具装夹,造成工件加工表面的距离尺寸和位置误差的原因可分为如下三个方面:

(1) 与工件在夹具中装夹有关的加工误差,称为工件装夹误差,以 $\delta_{装夹}$ 表示。其中包括工件在夹具中由于定位不准确所造成的加工误差——定位误差 $\delta_{定位}$,以及在工件夹紧时由于工件和夹具变形所造成夹紧误差 $\delta_{夹紧}$。

(2) 与夹具相对刀具及切削成形运动有关的加工误差,称为夹具的对定误差,以 $\delta_{对定}$ 表示。其中包括夹具相对刀具位置有关的加工误差——对刀误差 $\delta_{对刀}$ 和夹具相对成形运动位置有关的加工误差——夹具位置误差 $\delta_{夹位}$。

(3) 与加工过程有关的加工误差,称为过程误差,以 $\delta_{过程}$ 表示。其中包括工艺系统的受力变形、热变形及磨损等因素所造成的加工误差。

当使用图 3-8 所示夹具铣尾座套筒工件上的键槽时,对尺寸 64mm 的加工误差的组成可用图 3-8 表示。一批工件的直径尺寸有大有小,放在 V 形块中时,其外圆下母线 $B$ 的位置就不一致,则造成工件的定位误差($\delta_{定位}$),加上夹紧误差($\delta_{夹紧}$)即为装夹误差($\delta_{装夹}$)。由于对刀块的位置不准确,或者由于对刀时铣刀刃口离对刀块的距离没有准确调整到规定值

3mm，就会造成对刀误差（$\delta_{对刀}$）。而夹具上 V 形块与夹具体底面不平行，机床工作台面与进给方向不平行，定向键与工作台上 T 形槽配合精度低等，则造成夹具定位元件的位置误差，即为夹具的位置误差（$\delta_{夹位}$）。切削时受切削力、切削热等因素的作用，工艺系统发生变形，破坏了铣刀已调好的位置，所造成的加工误差为过程误差（$\delta_{过程}$）。

为了得到合格零件，必须使上述各项误差之和小于或等于相应公差 $T$，即

$$\delta_{装夹} + \delta_{对定} + \delta_{过程} \leqslant T$$

此式称为加工误差的不等式。在设计或选用夹具时，需要仔细分析计算 $\delta_{装夹}$ 和 $\delta_{对定}$，并从全局出发对其值予以控制。既要使工件的装夹方便可靠，夹具的制造与调整容易，又要给 $\delta_{过程}$ 留有余地。通常，初步计算时，可粗略先按三项误差平均分配，各不超过公差的 $\frac{1}{3}$ 考虑，即

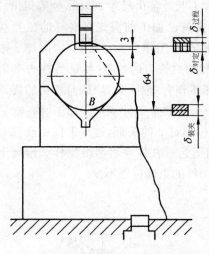

图 3-8　铣键槽工序加工误差的组成

$$\delta_{装夹} \leqslant \frac{1}{3}T, \quad \delta_{对定} \leqslant \frac{1}{3}T$$

并给过程误差 $\delta_{过程}$ 留有误差允许值。

前两项与夹具的设计和使用调整有关，若这种单项分配不能满足不等式要求，也可综合考虑，即按

$$\delta_{装夹} + \delta_{对定} \leqslant \frac{2}{3}T$$

进行计算。这样，可根据具体情况，在 $\delta_{装夹}$ 和 $\delta_{对定}$ 之间进行调整，或采取其他措施，使不等式得到满足。

## 3.3　定位误差分析

### 3.3.1　定位误差分析与计算

设计夹具过程中选择和确定工件的定位方案，除了根据定位原理选用相应的定位元件外，还必须对选定的工件定位方案能否满足工序的加工精度要求作出判断，为此就需对可能产生的定位误差进行分析和计算。

#### 1. 定位误差的概念及其产生原因

定位误差是指由于定位不准而造成某一工序在工序尺寸（通常指加工表面对工序基准的距离尺寸）或位置要求方面的加工误差。某一定位方案，经分析计算其可能产生的定位误差，只要小于工件有关尺寸或位置公差的 1/3 或满足前述夹具装夹中的加工误差不等式，即认为此定位方案能满足工序加工精度要求。工件在夹具中由定位元件确定，当工件上的定位基准一旦与夹具上的定位元件相接触或相配合，工件的位置也就确定了。但对于一批工件来说，由于在各个工件的有关表面本身和它们之间在尺寸和位置上均存在着在公差范围

内的差异,夹具定位元件本身和各定位元件之间也具有一定的尺寸和位置公差,这样,工件虽已定位,但每个被定位工件的某些表面都会存在自己的位置变动量,从而造成在工序尺寸和位置要求方面的加工误差。

如在图3-9(a)所示的套筒形工件上钻一个通孔,要求保证的工序尺寸为 $H^0_{-T_H}$,加工时所使用的钻床夹具如图3-9(b)所示。被加工孔的工序基准为工件外圆 $d^0_{-T_d}$ 的下母线 $A$,工件以内孔 $D^{+T_D}_0$ 与短圆柱定位销1配合,定位基准为内孔中心线 $O$。工件端面与支承垫圈2接触,限制工件的三个不定度,工件内孔与短圆柱定位销配合,限制两个不定度。

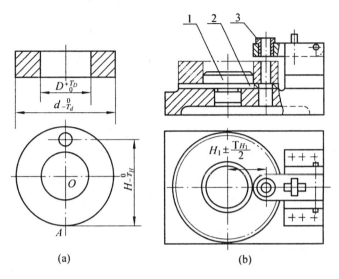

图3-9　钻孔工序简图及钻孔夹具

1—短圆柱定位销；2—支承垫圈；3—钻套

若被加工的这一批工件的内孔、外圆及夹具上的定位销均无制造误差,且工件内孔与定位销又无配合间隙,则这一批被加工工件的内孔中心、外圆中心均与定位销中心重合。此时每个工件的内孔中心线和外圆下母线的位置也均无变动,加工后这一批工件的工序尺寸是完全相同的。但是,实际工件的内孔、外圆及定位销的直径尺寸不可能制造得绝对准确,且工件内孔与定位销也不是无间隙配合,故一批工件的内孔中心线及外圆下母线均在一定范围内变动,加工后这一批工件的工序尺寸也必然是不相同的。

图3-10表示的是,当夹具上定位销尺寸按 $d^0_{1-T_{d_1}}$、工件内孔及外圆尺寸分别按 $D^{+T_D}_0$ 及 $d^0_{-T_d}$ 制造,且定位销与工件按基本尺寸计算,内孔的最小配合间隙为 $D-d_1=X_{min}$ 时,一批工件定位基准 $O$ 和工序基准 $A$ 相对定位基准理想位置 $O'$ 的最大变动量。其中图3-10(a)中的 $O_1$、$O_2$、$O_3$ 及 $O_4$ 为定位基准 $O$ 最大位置变动的几个极端位置,图3-10(b)中的 $A_1$ 及 $A_2$ 表示在定位基准 $O$ 没有位置变动时工序基准 $A$ 的两个极端位置。

定位基准 $O$ 位置的最大变动量称为定位基准的位置误差(简称基准位置误差),以 $\delta_{位置(O)}$ 表示。基准位置误差可由图3-10(a)中求得,即

$$\delta_{位置(O)} = O_1O_2 = O_3O_4 = T_D + T_{d_1} + X_{min} = X_{max}$$

工序基准 $A$ 相对定位基准理想位置 $O'$ 的最大变动量称为工序基准与定位基准不重合误差(简称基准不重合误差)以 $\delta_{不重(A)}$ 表示。基准不重合误差可由图3-10(b)中求得,即

54

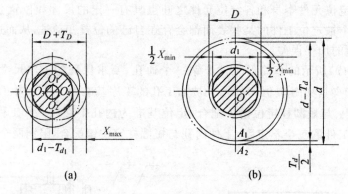

图 3-10　一批工件定位基准 $O$ 和工序基准 $A$ 相对定位基准理想位置 $O'$ 的最大变动量

$$\delta_{\text{不重}(A)} = A_1A_2 = \frac{1}{2}T_d$$

采用夹具加工通孔，将按夹具上的钻套 3 确定钻头的位置，而钻套 3 的中心对定位销 1 的中心位置已由夹具上的尺寸 $H_1 \pm T_{H_1}/2$ 确定。在加工一批工件的过程中，钻头的切削成形面（即被加工通孔表面）中可认为是不变的。因此，在加工通孔时造成工序尺寸 $H^0_{-T_H}$ 定位误差的原因，就是一批工件定位时其定位基准和工序基准相对定位基准理想位置的最大变动量。

### 2. 定位误差的组成和计算方法

由上述实例分析可以进一步明确，定位误差是指一批工件采用调整法加工，仅仅由于定位不准而引起工序尺寸或位置要求的最大可能变动范围。定位误差主要是由尺寸位置误差和基准不重合误差组成。

根据定位误差的上述定义，在设计夹具时，对任意一个定位方案均可通过一批工件定位可能出现的两个极端位置，直接计算出工序基准的最大可能变动范围，即为该方案的定位误差。现仍以已分析过的钻孔工序为例，如图 3-11 所示，在工件内孔尺寸最大而定位销尺寸

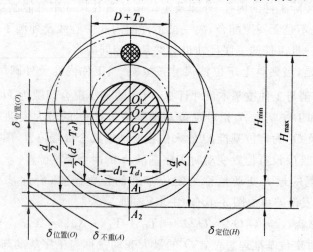

图 3-11　计算定位误差时工件的两个极端位置

最小、工件外圆尺寸最小的条件下,当工件相对定位销沿 $OO_1$ 向上处于最高位置 $O_1$ 时,工序尺寸为最小值 $H_{\min}$;当工件相对定位销沿 $OO_2$ 向下处于最低位置 $O_2$ 且工件外圆尺寸最大时,工序尺寸为最大值 $H_{\max}$。此时,工序尺寸 $H$ 的定位误差 $\delta_{定位(H)}$ 由图可知

$$\delta_{定位(H)} = A_1 A_2 = H_{\max} - H_{\min} = O_1 O_2 + \frac{1}{2}d - \frac{1}{2}(d - T_d) = O_1 O_2 + \frac{1}{2}T_d$$

$\delta_{定位(H)}$ 也可按定位误差的组成进行计算,即

$$\delta_{定位(H)} = \delta_{位置(O)} + \delta_{不重(A)} = O_1 O_2 + \frac{1}{2}T_d$$

**3. 结论**

(1)定位误差只产生在采用调整法加工一批工件的条件下,若一批工件逐个按试切法加工,则不存在定位误差。

(2)定位误差是由于工件定位不准而产生的加工误差,它的表现形式为工序基准相对加工表面可能产生的最大尺寸或位置的变动范围,它产生的原因是工件的制造误差、定位元件的制造误差、两者的配合间隙及基准不重合等。

(3)定位误差由基准位置误差和基准不重合误差两部分组成,但并不是在任何情况下这两部分都存在。当定位基准无位置变动,则 $\delta_{位置} = 0$;当定位基准与工序基准重合,则 $\delta_{不重} = 0$。

(4)定位误差的计算可按定位误差的定义,根据所画出的一批工件定位可能产生定位误差的两种极端位置,再通过几何关系直接求得;也可按定位误差的组成,由公式 $\delta_{定位} = \delta_{位置} \pm \delta_{不重}$ 计算得到,但计算时应特别注意,一批工件的定位由一种可能的极端位置变为另一种可能的极端位置时 $\delta_{位置}$ 和 $\delta_{不重}$ 的方向的同异,以确定公式中的加减号。

## 3.3.2　典型表面定位时的定位误差

### 3.3.2.1　平面定位时的定位误差

在夹具设计中,平面定位的主要方式是支承定位,常用的定位元件为各种支承钉、支承板、自位支承和可调支承。

工件以未加工过的毛坯表面定位,一般只能采用三点支承方式,定位元件为球头支承钉,这样可减少支承钉和工件的接触面积,以便与粗糙不平的毛坯表面稳定接触。若一批工件以毛坯表面定位,虽然三个支承钉已确定了定位基准面的位置,但由于每个工件作为定位基准——毛坯表面本身的表面状况不相同,将产生如图 3-12(a)所示的基准位置在一定范围 $\Delta H$ 内变动,从而产生了定位误差,即

$$\delta_{定位(H)} = \delta_{位置(M)} = \Delta H$$

工件以已加工过的表面定位,由于定位基准面本身的形状精度较高,故可采用多块支承板,甚至采用经精磨过的整块大面积支承板定位。这样,对一批以已加工过的表面定位的工件,其定位基准的位置可认为没有任何变动的可能,此时如图 3-12(b)所示,其定位误差为

$$\delta_{定位(H)} = \delta_{位置(M)} = 0$$

### 3.3.2.2 圆孔表面定位时的定位误差

在夹具设计中,圆孔表面定位的主要方式是定心定位,常用的定位元件为各种定位销及各种芯轴。

一批工件在夹具中以圆孔表面作为定位基准进行定位,其可能产生的定位误差将随定位方式和定位时工件上圆孔与定位元件配合性质的不同而各不相同,下面分别进行分析和计算。

#### 1. 工件上圆孔与刚性芯轴或定位销过盈配合,定位元件水平或垂直放置

如图 3-13(a)所示,在套类工件上铣一平面,要求保持与内孔中心 $O$ 的距离尺寸为 $H_1$ 或与外圆下母线 $A$ 的距离尺寸为 $H_2$,现分析计算采用刚性芯轴时的定位误差。

画出一批工件定位时可能出现的两种极端位置如图 3-13(b)所示,由图 3-13(a)可知,工序尺寸 $H_1$ 的工序基准为 $O$,工序尺寸 $H_2$ 的工序基准为 $A$,加工时的定位基准均为工件内孔中心 $O$。

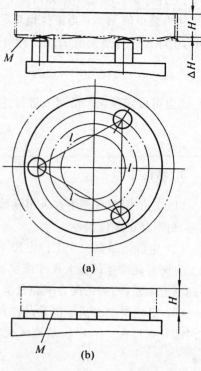

图 3-12　平面定位时的定位误差

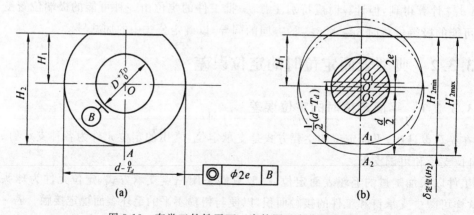

图 3-13　套类工件铣平面工序简图及定位误差分析

当一批工件在刚性芯轴上定位,虽然作为定位基准的内孔尺寸在其公差 $TD$ 的范围内变动,但由于与刚性芯轴系过盈配合,故每个工件定位后的内孔中心 $O$ 均与定位芯轴中心 $O'$ 重合。此时,一批工件的定位基准在定位时没有任何位置变动,即 $\delta_{位置(O)} = 0$。对工序尺寸 $H_1$,由于工序基准又与定位基准重合,即 $\delta_{不重(O)} = 0$,故无论用哪种方法计算其定位误差均为

$$\delta_{定位(H_1)} = \delta_{位置(O)} \pm \delta_{不重(O)} = 0$$

对工序尺寸 $H_2$,则因工件的外圆本身尺寸及其对内孔位置均有公差,故工序基准 $A$ 相

对定位基准理想位置的最大变动量为工件外圆尺寸公差之半与同轴度公差之和，故 $H_2$ 的定位误差为

$$\delta_{\text{定位}(H_2)} = A_1 A_2 = H_{2\max} - H_{2\min} = \frac{1}{2} T_d + 2e = \delta_{\text{不重}(A)}$$

采用自动定心芯轴定位，因是无间隙配合的定心定位，故定位误差的分析计算同上。经分析计算可知，采用这种定位方案设计夹具，可能产生的定位误差仅与工件有关表面的加工精度有关，而与定位元件的精度无关。

**2. 工件上圆孔与刚性芯轴或定位销间隙配合，定位元件水平或垂直放置**

如图 3-14(a)所示，在套类工件上铣一键槽，要求保持工序尺寸分别为 $H_1$、$H_2$ 或 $H_3$，现分别分析计算采用定位销定位时的定位误差。

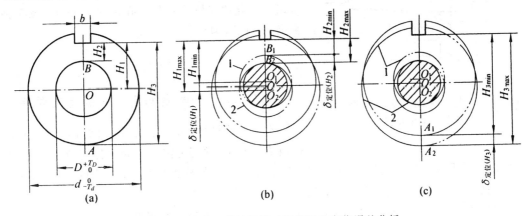

图 3-14 套类工件铣键槽工序简图及定位误差分析

虽然当定位销水平放置时，在未施加夹紧力之前，每个工件在自身重力作用下均使其内孔上母线与定位销单边接触。但在施加夹紧力的过程中会改变单边接触为内孔任意方向侧母线接触，故与定位销垂直放置时相同。由于各工序尺寸的基准不同，在对定位误差进行分析时所依据的两个极端位置也有所不同，现分别对尺寸的定位误差分析计算如下。

(1) 工序尺寸 $H_1$ 或 $H_2$

取定位销尺寸最小、工件内孔尺寸最大，且工件内孔分别与定位销上、下母线接触，如图 3-14(b)所示，它们的定位误差为

$$\delta_{\text{定位}(H_1)} = O_1 O_2 = H_{1\max} - H_{1\min} = T_D + T_{d_1} + X_{\min} = \delta_{\text{位置}(O)}$$

$$\delta_{\text{定位}(H_2)} = B_1 B_2 = H_{2\max} - H_{2\min} = T_D + T_{d_1} + X_{\min} = \delta_{\text{位置}(O)} \pm 0$$

(2) 工序尺寸 $H_3$

取定位销最小、工件内孔尺寸最大且与定位销下母线接触、工件外圆尺寸最小和定位销尺寸最小、工件内孔尺寸最大且与定位销上母线接触、工件外圆尺寸最大两种极端位置，如图 3-14(c)所示，其定位误差为

$$\delta_{\text{定位}(H_3)} = A_1 A_2 = H_{3\max} - H_{3\min} = \frac{1}{2}d + T_D + T_{d_1} + X_{\min} - \frac{d - T_d}{2}$$

$$= T_D + T_{d_1} + X_{\min} + \frac{T_d}{2}$$

58

$$\delta_{\text{定位}(H_3)} = \delta_{\text{位置}(O)} + \delta_{\text{不重}(A)} = T_D + T_{d_1} + X_{\min} + \frac{T_d}{2}$$

**注** 因由极端位置 1 到极端位置 2，$\delta_{\text{位置}(O)}$ 方向与 $\delta_{\text{不重}(A)}$ 方向相同，故式中取"＋"号。

### 3. 工件上圆孔在锥度芯轴或锥面支承上定位

工件以其上的圆孔表面在锥度芯轴或锥面支承上定位，虽可实现定心，保证一批工件定位后的内孔中心线的位置不变，但沿内孔轴线方向却产生了定位误差。

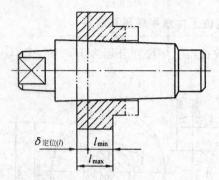

图 3-15 所示为齿轮工件上的圆孔在小锥度芯轴上定位，精车加工外圆及端面时的情况。由于一批工件的内孔尺寸有制造误差，将引起工序基准（左侧端面）位置的变动，从而造成工序尺寸 $l$ 的定位误差。此项定位误差与内孔尺寸公差 $T_D$ 及芯轴锥度 $K$ 有关，即

$$\delta_{\text{定位}(l)} = l_{\max} - l_{\min} = \frac{T_D}{K}$$

图 3-15 齿轮工件上的圆孔在小锥度芯轴上定位时的定位误差分析

### 3.3.2.3 外圆表面定位时的定位误差

在夹具设计中，外圆表面定位的方式是定心定位或支承定位，常用定位元件为各种定位套、支承板和 V 形块。采用各种定位套或支承板定位时，定位误差的分析计算与前述圆孔定位和平面定位相同，现着重分析外圆表面在 V 形块上的定位。

如图 3-16(a) 所示，在一轴类工件上铣一键槽，要求键槽与外圆中心线对称并保证工序尺寸为 $H_1$、$H_2$ 或 $H_3$，现分别分析计算采用 V 形块定位时各工序尺寸的定位误差。

工件以其外圆在一支承板上定位，由于工件外圆上的侧母线与支承板接触，故属于支承定位，此时定位基准即为工件外圆的侧母线。而工件以其外圆在 V 形块上定位，虽工件与 V 形块（相当两个成 $\alpha$ 角的支承板）接触亦为工件外圆上的侧母线，但由于定位是两个侧母线同时接触，故从定位作用来看可以认为属于对中定心定位，此时定位基准为工件外圆的中心线。当 V 形块和工件外圆均制得非常准确，则被定位工件外圆的中心是确定的，并与 V 形块所确定的理想中心位置重合。但是，实际上对一批工件来说，其外圆尺寸有制造误差，将引起工件外圆中心在 V 形块的对称中心面上相对理想中心位置的偏移，从而造成有关工序尺寸的定位误差。

（1）工序尺寸 $H_1$ 的定位误差分析

如图 3-16(b) 所示，图中 1 及 2 为一批工件在 V 形块上定位的两种极端位置，根据图示的几何关系可知

$$\delta_{\text{定位}(H_1)} = O_1 O_2 = H_{1\max} - H_{1\min}$$

因

$$O_1 O_2 = O_1 E - O_2 E = \frac{O_1 F_1}{\sin \frac{\alpha}{2}} - \frac{O_2 F_2}{\sin \frac{\alpha}{2}} = \frac{O_1 F_1 - O_2 F_2}{\sin \frac{\alpha}{2}}$$

又

$$O_1F_1 - O_2F_2 = \frac{d}{2} - \frac{d - T_d}{2} = \frac{T_d}{2}$$

故

$$\delta_{定位(H_1)} = \frac{T_d}{2\sin\dfrac{\alpha}{2}}$$

此外,按定位误差计算公式也可以求出工序尺寸 $H_1$ 的定位误差。对工序尺寸 $H_1$,其工序基准为工件外圆中心 $O$,在 V 形块上定位属于定心定位,其定位基准亦为工件外圆中心 $O$,故属于工序基准与定位基准重合,即 $\delta_{不重(O)} = 0$,有

$$\delta_{定位(H_1)} = \delta_{位置(O)} \pm \delta_{不重(O)} = O_1O_2 \pm 0 = \frac{T_d}{2\sin\dfrac{\alpha}{2}}$$

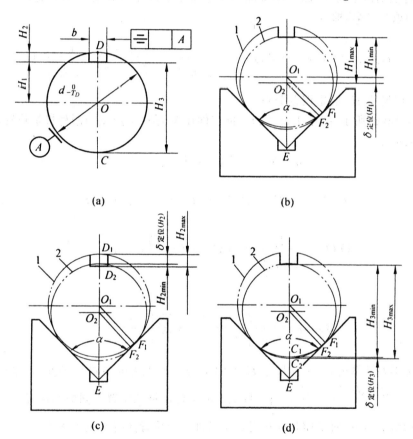

图 3-16 轴类工件铣键槽工序简图及定位误差分析

（2）工序尺寸 $H_2$ 的定位误差分析

如图 3-16(c)所示,图中 1 及 2 为一批工件在 V 形块上定位的两种极端位置,根据图示的几何关系可知

$$\delta_{定位(H_2)} = D_1D_2 = H_{2max} - H_{2min}$$

因

$$D_1D_2 = O_2D_1 - O_2D_2 = (O_1O_2 + O_1D_1) - O_2D_2$$

又
$$O_1D_1 = \frac{d}{2}, \quad O_1O_2 = \frac{T_d}{2\sin\frac{\alpha}{2}}, \quad O_2D_2 = \frac{d-T_d}{2}$$

故
$$\delta_{定位(H_2)} = \frac{T_d}{2\sin\frac{\alpha}{2}} + \frac{T_d}{2} = \frac{T_d}{2}\left[\frac{1}{\sin\frac{\alpha}{2}} + 1\right]$$

按定位误差计算公式,工序尺寸 $H_2$ 的工序基准 $D$ 与定位基准 $O$ 不重合,基准不重合误差为 $\delta_{不重(D)} = \frac{d}{2} - \frac{d-T_d}{2} = \frac{T_d}{2}$。当一批工件的定位由极端位置 1 到极端位置 2,定位基准 $O$ 的位置变动由上向下,而工序基准相对定位基准理想位置的变动亦是由上向下,故在计算公式中取"+"号,即

$$\delta_{定位(H_2)} = \delta_{位置(O)} + \delta_{不重(D)} = \frac{T_d}{2\sin\frac{\alpha}{2}} + \frac{T_d}{2} = \frac{T_d}{2}\left[\frac{1}{\sin\frac{\alpha}{2}} + 1\right]$$

(3) 工序尺寸 $H_3$ 的定误差分析

如图 3-16(d)所示,图中 1 及 2 为一批工件在 V 形块上定位的两种极端位置,根据图示的几何关系可知

$$\delta_{定位(H_3)} = C_1C_2 = H_{3\max} - H_{3\min}$$

因
$$C_1C_2 = O_1C_2 - O_1C_1 = (O_1O_2 + O_2C_2) - O_1C_1$$

又
$$O_1O_2 = \frac{T_d}{2\sin\frac{\alpha}{2}}, \quad O_2C_2 = \frac{d-T_d}{2}, \quad O_1C_1 = \frac{d}{2}$$

故
$$\delta_{定位(H_3)} = \frac{T_d}{2\sin\frac{\alpha}{2}} - \frac{T_d}{2} = \frac{T_d}{2}\left[\frac{1}{\sin\frac{\alpha}{2}} - 1\right]$$

按定位误差计算公式,工序尺寸 $H_3$ 的工序基准 $C$ 与定位基准 $O$ 不重合,基准不重合误差为 $\delta_{不重(C)} = \frac{d}{2} - \frac{d-T_d}{2} = \frac{T_d}{2}$。当一批工件的定位由极端位置 1 到极端位置 2,定位基准 $O$ 的位置变动由上向下,而工序基准相对定位基准理想位置的变动则由下向上,故在计算公式中取"−"号,即

$$\delta_{定位(H_3)} = \delta_{位置(O)} - \delta_{不重(C)} = \frac{T_d}{2\sin\frac{\alpha}{2}} - \frac{T_d}{2} = \frac{T_d}{2}\left[\frac{1}{\sin\frac{\alpha}{2}} - 1\right]$$

### 3.3.2.4 圆锥表面定位时的定位误差

在夹具设计中,圆锥表面的定位方式是定心定位,常用的定位元件为各种圆锥芯轴、圆锥套和顶尖。此种定位方式由于工件定位表面与定位元件之间没有配合间隙,故可获得

很高的定心精度,即工件定位基准的位置误差为零。但由于定位基准——圆锥面直径尺寸不可能制造得绝对准确和一致,故一批工件的定位将产生沿工件轴线方向的定位误差。图 3-17 所示即为由于工件锥孔直径尺寸偏差和轴类工件顶尖孔尺寸误差引起的工序尺寸 $l$ 的定位误差及轴类工件基准 $A$ 的位置误差,其大小均与锥孔(或顶尖孔)的尺寸公差 $T_D$ 和圆锥芯轴(或顶尖)的锥角 $\alpha$ 有关,即

$$\delta_{定位(l)} = \frac{T_D}{2}\cot\frac{\alpha}{2}, \quad \delta_{位置(A)} = \frac{T_D}{2}\cot\frac{\alpha}{2}$$

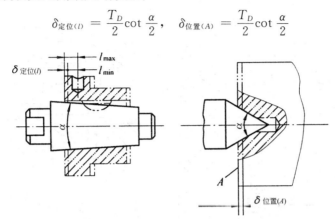

图 3-17　圆锥表面的定位误差

### 3.3.3　提高工件在夹具中定位精度的主要措施

一批工件在夹具中定位,由于定位不准产生的定位误差主要是由基准位置误差和基准不重合误差两个部分组成,故提高定位精度的主要措施也就在于减小或消除这两方面的误差。

**1. 减小或消除基准位置误差的措施**

(1)选用基准位置误差小的定位元件

对以平面为主要定位基准的工件,若以未加工的毛坯表面定位,若采用三个球头支承钉定位则往往由于一批工件定位表面状况的不同,产生较大的基准位置误差;若将三个球头支承钉改为三个多点自位支承,由于自位支承上的两个或三个支承点与工件接触时仅反映这几个接触点处毛坯表面的平均状况,故可减少此毛坯表面的位置误差。

对以内孔和端面为定位基准的工件,作为第二定位基准的端面可能产生较大的位置误差,需改变定位元件的结构,如图 3-18 所示,将定位芯轴上的台肩改为浮动球面支承消除夹具误差的影响,即可使基准位置误差减少,其值为 $\delta_{位置(B)} = d_工 \tan\Delta\alpha_工$($d_工$——工件外径、$\Delta\alpha_工$——两端面夹角)。

(2)合理布置定位元件在夹具中的位置

对以平面组合定位的工件,若定位基准面是未经加工的毛坯表面,为提高一批工件的定位精度,应尽量将与第一定位基准接触的三个支承钉或与第二定位基准接触的两个支承钉之间的距离拉开(如增大图 3-12 中的尺寸 $l$)。这样,不仅可增加工件定位时的稳定性,还可以减小定位基准的位置误差。同理,对一面两孔组合定位,平面、外圆与内孔组合定位,以及

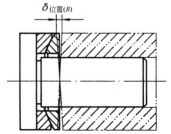

图 3-18　通过浮动球面支承减少
基准位置误差

外圆与外圆组合定位等,也可通过尽可能增大有关定位元件之间的距离来减小工件定位基准的位置误差。

对以圆锥表面定位的工件,虽然定心精度很高,但往往在轴向有较大的位置误差,为此可将固定的圆锥芯轴(顶尖)或套筒改为活动的,并与一固定平面支承组合定位(见图3-19),即可提高工件的轴向定位精度。

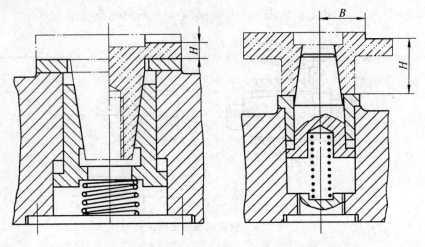

图 3-19　固定平面支承与活动锥面组合定位

（3）提高工件定位表面与定位元件的配合精度

对以内孔或外圆等为定位基准的工件,在定位时尽可能提高它们与定位芯轴、定位销或各种定位套的配合精度,减小了配合间隙,也就减少了工件定位表面的位置误差。

（4）正确选取工件上的第一、第二和第三定位基准

对于各种类型的表面组合定位,第一定位基准的位置误差最小,第二和第三定位基准的位置误差则较大。为此,设计夹具选取定位基准时以直接与工件加工精度有关的基准为第一定位基准。如图3-20所示,在一法兰套上钻一小孔,若要求孔与法兰套端面平行,则应选此端面 $B$ 为第一定位基准;若要求孔与法兰套内孔垂直,则应选内孔中心线 $A$ 为第一定位基准。

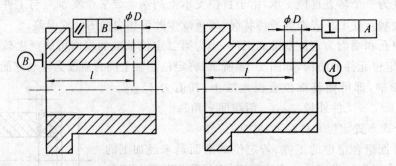

图 3-20　按不同加工精度要求选取不同的第一定位基准

**2. 消除或减小基准不重合误差的措施**

在夹具设计时,为了消除或减小基准不重合误差,应尽可能选择该工序的工序基准为定

位基准。若一个工件在加工中,对加工表面有几项加工精度要求,则应根据各项加工精度要求的高低选取相应工件定位的第一、第二和第三定位基准。

例如对图 3-9(a)所示的工件,为保证钻孔的工序尺寸 $H$,在定位时消除基准不重合误差可采用如图 3-21 所示的定位方案。

又如图 3-22 所示的工件,加工其上两孔 $O_1$ 及 $O_2$,要求保证工序尺寸 $L$、$L_1$、$L_2$ 和两孔中心线对 $A$ 面的平行度。在设计夹具时,两孔中心距 $L$ 由夹具上的两个钻套的位置保证,其他工序尺寸 $L_1$、$L_2$ 及平行度的要求,则由工件在夹具中的定位保证。经分析,其中以两孔中心线对 $A$ 面的平行度精度要求最高,其次是尺寸 $L_1$、$L_2$。为此,就应相应选取 $A$ 面为第一定位基准,选取 $B$ 面为第二定位基准,而面积较大的底面 $C$ 为第三定位基准。但这样的定位方案可能引起工件在钻孔加工时的不稳定(因工件底面只有一个支承点),可通过在工件底面上增加几个辅助支承解决。

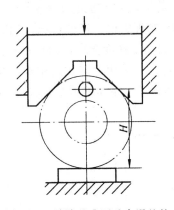

图 3-21　消除基准不重合误差的定位方案

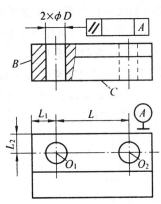

图 3-22　工件加工表面有多项加工精度要求的定位基准选取

## 3.3.4　工件定位方案设计及定位误差计算举例

在夹具设计时,工件在夹具中的定位可能有多种方案,为了进行方案之间的比较和最后确定能满足工序加工精度要求的最佳方案,需要进行定位方案的设计和定位误差的计算。下面以杠杆工件铣槽工序的定位方案为例加以分析和讨论。

工件的外形及有关尺寸见图 3-23。工件上的 $A$、$B$ 面及两孔 $O_1$、$O_2$ 均已加工完毕,本工序要铣一通槽。通槽的技术要求为:槽宽为 $\phi6^{+0.042}_{0}$ mm,槽的两侧面 $C$、$D$ 对 $B$ 面的垂直度公差为 0.05mm,槽的对称中心面与两孔中心连线 $O_1O_2$ 之间的夹角为 $\alpha=150°\pm30'$。

### 1. 定位方案设计

由定位原理可知,为满足工序加工精度

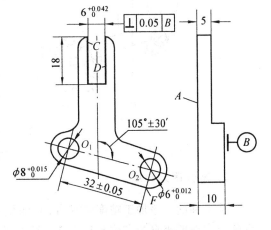

图 3-23　杠杆工件铣槽工序简图

要求需限制五个不定度,但考虑加工时工件定位的稳定性,也可以将六个不定度全部限制。

为保证垂直度要求,应选择 A 面或 B 面作为定位基准,限制三个不定度。从基准重合的角度考虑,应选 B 面作为第一定位基准,为保证工件加工时的稳定性,还需在加工表面附近增加辅助支承。从工序加工精度要求看,通槽两侧面对 B 面的垂直度精度要求并不很高,且前工序已保证了 A、B 面之间的平行度,为此也可选取 A 面为第一定位基准。最后,经全面分析,在都能满足工序加工精度要求的前提下,为简化夹具结构,选定 A 面为第一定位基准。

为保证夹角 $\alpha = 105° \pm 30'$ 的要求,可选择如图 3-24(a)所示的孔 $O_1$ 及孔 $O_2$ 附近外圆上一点 F(或孔 $O_2$ 处的外圆中心)为第二和第三定位基准,通过圆柱定位销 1 和挡销 2(或活动 V 形块 3)实现定位;也可选择两个孔中心 $O_1$ 及 $O_2$ 为第二和第三定位基准,通过图 3-24(b)所示的圆柱定位销 1 及菱形定位销 4 实现定位;亦可通过如图 3-24(c)所示的两个活动锥面定位销 5 及 6(其中 6 为削边锥面定位销)实现定位。经分析,若以孔 $O_2$ 附近外圆表面定位,由于该表面为毛坯表面,不能保证工件的加工精度要求,故最后确定以孔 $O_1$ 及孔 $O_2$ 为第二和第三定位基准。对两孔 $O_1$ 及 $O_2$ 的定位时采用固定式定位销还是采用活动的锥面定位销,需通过定位误差计算确定。若能同样满足工序加工精度要求,应选用结构简单的固定式定位销定位。

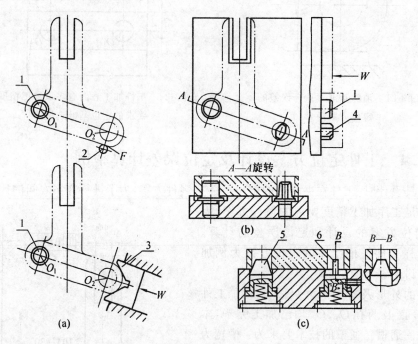

图 3-24 杠杆工件铣槽工序的定位方案

1—圆柱定位销;2—挡销;3—V 形块;4—菱形定位销;5—活动锥面定位销;6—活动削边锥面定位销

## 2. 定位误差计算

从工件的工序加工精度要求可知,保证夹角 $\alpha = 105° \pm 30'$ 这一要求是关键性的问题。它的定位误差来自两定位销与工件上两孔的最大配合间隙及夹具上两定位销的装配位置误差所造成的基准位置误差。现选取工件上两孔与两定位销的配合均为 H7/g6,夹具上两定位销的装配位置误差取 $\pm6'$(按工件夹角公差的 1/5),根据 H7/g6 配合,圆柱定位销的直径为 $\phi8^{-0.005}_{-0.014}\text{mm}$,削边定位销的直径为 $\phi6^{-0.004}_{-0.012}\text{mm}$。

根据前面推导的有关计算公式,有

$$\delta_{\text{定位}(\alpha)} = \delta_{\text{位置}(O_1O_2)} \pm \delta_{\text{不重}(O_1O_2)} = \delta_{\text{角度}(O_1O_2)} \pm 0 = \pm \arctan \frac{\delta_{\text{位置}(O_1)} \pm \delta'_{\text{位置}(O_2)}}{2L}$$

因

$$\delta_{\text{位置}(O_1)} = (8+0.015) - (8-0.014) = 0.029(\text{mm})$$

$$\delta'_{\text{位置}(O_2)} = (6+0.012) - (6-0.012) = 0.024(\text{mm})$$

故

$$\delta_{\text{定位}(\alpha)} = \pm \arctan \frac{0.029+0.024}{2 \times 32} = \pm \arctan 0.0008 = \pm 3'$$

连同夹具上两定位销的装配位置误差,总的夹角定位误差为

$$\delta'_{\text{定位}(\alpha)} = (\pm 6') + (\pm 3') = \pm 9'$$

与工序加工要求相比,小于其公差 $\pm30'$ 的 2/3,故最后选定如图 3-24(b)所示的定位方案。

# 3.4 工件的夹紧及装置设计

## 3.4.1 夹紧装置的组成及设计要求

工件在机床上或夹具中定位后还需进行夹紧。采用直接装夹或找正装夹,工件由机床上的附件(如各种夹紧卡盘、虎钳等)或螺钉压板等进行夹紧,而采用夹具装夹,则需通过夹具中相应的夹紧装置夹紧工件。

### 3.4.1.1 夹紧装置的组成

夹具中的夹紧装置一般由下面两个部分组成。

#### 1. 动力源

动力源即产生原始作用力的部分。若用人的体力对工件进行夹紧,称为手动夹紧;若采用气动、液动、电动以及机床的运动等动力装置来代替人力进行夹紧,则称为机动夹紧。

#### 2. 夹紧机构

夹紧机构即接受和传递原始作用力,使其变为夹紧力并执行夹紧任务的部分,通常包括中间递力机构和夹紧元件。中间递力机构把来自人力或动力装置的力传递给夹紧元件,再由夹紧元件直接与工件受压面接触,最终完成夹紧任务。

根据动力源的不同和工件夹紧的实际需要,一般中间递力机构在传递力的过程中可起到如下作用:

(1)改变原始作用力的方向;

（2）改变原始作用力的大小；

（3）具有一定的自锁性能，以保证夹紧的可靠性，这方面对手动夹紧尤为重要。

### 3.4.1.2 夹紧装置的设计要求

夹紧装置的设计和选用是否正确合理，对保证加工精度、提高生产效率、减轻工人劳动强度有很大影响。为此，对夹紧装置设计提出以下基本要求：

（1）夹紧力应有助于定位，而不应破坏定位；

（2）夹紧力的大小应能保证加工过程中工件不发生位置变动和振动，并能在一定范围内调节；

（3）工件在夹紧后的变形和受压表面的损伤不应超出允许的范围；

（4）应有足够的夹紧行程；

（5）手动夹紧要有自锁性能；

（6）结构简单紧凑，动作灵活，制造、操作、维护方便，省力、安全并有足够的强度和刚度。

为满足上述要求，其核心问题是正确地确定夹紧力。

## 3.4.2 夹紧力的确定

正确确定夹紧力，主要是正确确定夹紧力的方向、作用点和大小。

### 3.4.2.1 夹紧力的方向

#### 1. 夹紧力的方向应垂直于主要定位基准面

为使夹紧力有助于定位，工件应靠紧各支承点，并保证工件上各个定位基准与定位元件接触可靠。一般来说，工件的主要定位基准面的面积较大，精度较高，限制的不定度多，夹紧力垂直作用于此面上，有利于保证工件的准确定位。

如图 3-25(a)所示，在角形支座工件上镗一与 A 面有垂直度要求的孔，根据基准重合的原则，应选择 A 面为主要定位基准，因而夹紧力应垂直于 A 面而不是 B 面。只有这样，不论 A、B 面之间的垂直度误差有多大，A 面始终靠紧支承面，故易于保证垂直度要求。

若要求所镗之孔平行于 B 面，则夹紧力的方向应垂直于 B 面（见图 3-25(b)）。

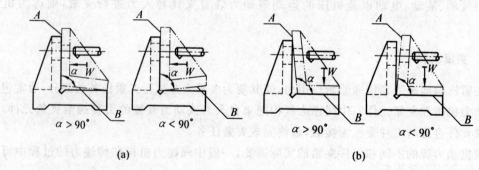

图 3-25 夹紧力方向垂直于主要定位基准面

若需要对几个支承面同时施加夹紧力,可分别加力或采用一定形状的压块,实现一力多用。如图 3-26(a)所示,可对第一定位基准施加 $W_1$、对第二定位基准施加 $W_2$;也可如图 3-26(b)、(c)所示,施加 $W_3$ 代替 $W_1$ 和 $W_2$,使两个定位基准同时受到夹紧力的作用。

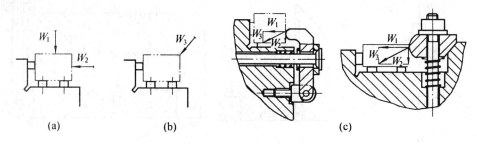

(a)          (b)          (c)

图 3-26  分别施力和一力两用

**2. 夹紧力的方向应有利于减小夹紧力**

图 3-27 所示为工件装夹时重力 $G$、切削力 $F$ 和夹紧力 $W$ 之间的相互关系。其中以图 3-27(a)所示的夹紧力与切削力及重力同方向时,需要的夹紧力最小,而以图(d)所示的夹紧力与切削力及重力垂直时,所需的夹紧力最大。

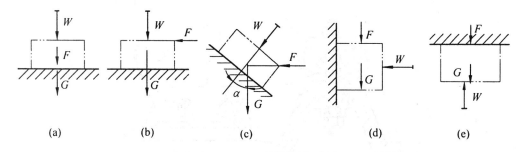

(a)          (b)          (c)          (d)          (e)

图 3-27  工件装夹时重力 $G$、切削力 $F$ 与夹紧力 $W$ 间的关系

### 3.4.2.2  夹紧力的作用点

夹紧力的作用点是指夹紧元件与工件相接触的一小块面积。选择夹紧力作用点的位置和数目,应考虑工件定位稳定可靠,防止夹紧变形,确保工序的加工精度。

**1. 夹紧力的作用点应能保持工件定位稳定,不致引起工件产生位移或偏转**

如图 3-28(a)所示,夹紧力虽垂直主要定位基准面,但作用点却在定位元件的支承范围以外,夹紧力与支反力构成力矩,工件将产生偏转使定位基准与支承元件脱离,从而破坏原有定位。为此,应将夹紧力作用在如图 3-28(b)所示的稳定区域内。

**2. 夹紧力的作用点应使被夹紧工件的夹紧变形尽可能小**

设计夹具时,为尽量减小工件的夹紧变形,可采用增大工

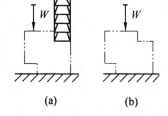

(a)          (b)

图 3-28  夹紧力作用点对工件
定位稳定性的影响

68

件受力面积和合理布置夹紧点位置等措施。图 3-29(a)所示为采用具有较大弧面的卡爪,防止薄壁套筒的受力变形;图 3-29(b)为在压板下增加垫圈,使夹紧力均匀地作用在薄壁上,以减小工件压陷变形;图 3-29(c)为用球面支承代替固定支承夹压工件,以减小夹紧变形。

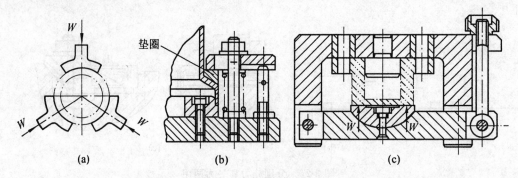

图 3-29　增大工件受力面积和改进夹紧力作用点位置以减小工件夹紧变形

**3. 夹紧力的作用点应尽量靠近切削部位,以提高夹紧的可靠性**

图 3-30(a)所示为滚齿时齿坯的装夹简图,若压板 1 及垫板 2 的直径过小,则夹紧力离切削部位较远,将降低工件夹紧的可靠性,滚切时易产生振动。

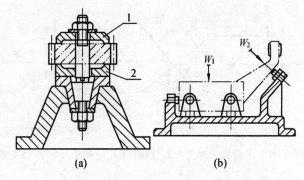

图 3-30　夹紧力作用点靠近工件加工表面
1—压板;2—垫板

若切削部位刚性不足,可采用辅助支承。例如图 3-30(b)所示的工件,为提高工件夹紧的可靠性和工件加工部位的刚度,可在靠近工件加工部位另加一辅助支承和相应的夹紧点。

### 3.4.2.3　夹紧力的大小

夹紧力的大小必须适当,夹紧力过小,工件在夹具中的位置可能在加工过程中产生变动,破坏原有的定位;夹紧力过大,不但会使工件和夹具产生过大的变形,对加工质量不利,而且还将造成人力、物力的浪费。计算夹紧力,通常将夹具和工件看成一个刚性系统以简化计算。然后根据工件受切削力、夹紧力(大工件还应考虑重力,高速运动的工件还应考虑惯性力等)后处于静力平衡条件,计算出理论夹紧力 $W$,再乘以安全系数 $K$,作为实际所需的夹紧力 $W_0$,即

$$W_0 = KW$$

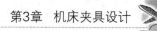
根据生产经验,一般取 $K=1.5\sim3$,粗加工取 $K=2.5\sim3$,精加工取 $K=1.5\sim2$。

夹紧工件所需夹紧力的大小,除与切削力的大小有关外,还与切削力对定位支承的作用方向有关。下面通过几个实例进行分析计算。

### 1. 车削端面

图 3-31 所示为在车床上用三爪卡盘装夹工件车削端面时的受力情况简图。开始切削时切削力矩最大,故应以此作为计算夹紧力的主要依据。在车削加工端面时,对工件有 $F_z$、$F_y$ 和 $F_x$ 三个切削分力,其中主要是 $F_z$ 和 $F_y$ 可能引起工件在卡爪中相对转动和轴向移动,为此取理论夹紧力 $W$ 与切削分力 $F_z$ 及 $F_y$ 的静力平衡,即可计算出夹紧力的大小。

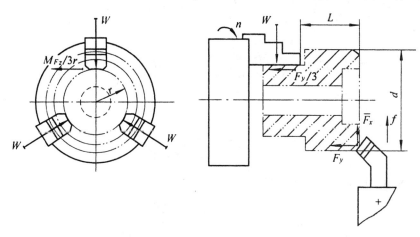

图 3-31　在车床上车削端面时工件的受力情况

为简化计算,设每个卡爪的理论夹紧力大小相等,均为 $W$。在每个卡爪处使工件转动的力为 $M_{F_z}/3r$,使工件轴向移动的力为 $F_y/3$,此两力的合力应由每个卡爪对工件夹紧时所产生的摩擦力 $F_\mu$ 来平衡,即

$$F_\mu = W_\mu = \sqrt{\left(\frac{M_{F_z}}{3r}\right)^2 + \left(\frac{F_y}{3}\right)^2}$$

$$W = \frac{\sqrt{\left(\frac{F_z d}{6r}\right)^2 + \left(\frac{F_y}{3}\right)^2}}{\mu}$$

式中,$\mu$ 为摩擦系数。考虑安全系数 $K$ 时,则实际所需的夹紧力为

$$W_0 = KW = \frac{K\sqrt{\left(\frac{F_z d}{6r}\right)^2 + \left(\frac{F_y}{3}\right)^2}}{\mu}$$

### 2. 钻孔

图 3-32 所示为在立式钻床上以工件底面和外圆中心线定位,用两个 V 形块 2 夹持工件钻不通孔时的受力情况。由图可知,工件底面的定位支承板承受钻孔

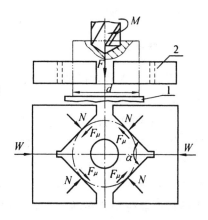

图 3-32　在立式钻床上钻不通孔时
工件受力情况

1—定位支承板；2—V 形块

时的轴向力 $F$，而钻削力矩则由工件底面与定位支承板产生的摩擦力矩和两 V 形块夹持工件时产生的摩擦力矩平衡，即

$$4F_\mu \times \frac{d}{2} + F\mu_1 \times r' = M$$

因

$$F_\mu = N\mu_2 = \frac{W\mu_2}{2\sin\frac{\alpha}{2}}$$

$$F_{\mu 1} = F\mu_1$$

$$r' = \frac{2}{3} \times \frac{d}{2} = \frac{d}{3}$$

故

$$\frac{W\mu_2 d}{\sin\frac{\alpha}{2}} + \frac{F\mu_1 d}{3} = M$$

则

$$W = \frac{M - \dfrac{F\mu_1 d}{3}}{\mu_2 d}\sin\frac{\alpha}{2}$$

考虑安全系数 $K$ 时，则实际所需的夹紧力为

$$W_0 = KW = K\frac{M - \dfrac{F\mu_1 d}{3}}{\mu_2 d}\sin\frac{\alpha}{2}$$

式中：$F_\mu$——V 形块与工件的摩擦力；

$F_{\mu 1}$——定位支承板与工件的摩擦力；

$\mu_1$——定位支承板与工件的摩擦系数；

$\mu_2$——V 形块与工件的摩擦系数；

$r'$——工件底面与定位支承板的当量摩擦半径。

### 3. 铣平面

图 3-33 所示为在卧式铣床上用圆柱铣刀铣平面时的工件受力情况。工件在六点支承的夹具中定位，由侧面的压板压紧。铣削平面时切削力的作用点、方向和大小都是变化的，应按工件最易脱离定位元件的最坏情况建立工件的受力平衡关系式。开始铣削且切深最大为最坏的情况，此时工件将可能绕 $O$ 点翻转。引起工件翻转的力矩是 $F_rL$，而阻止工件翻转的是支承 $A$、$B$ 上的摩擦力矩 $M_{F_{\mu A}}$ 和 $M_{F_{\mu B}}$（因采用浮动压板，故不计夹紧点的摩擦阻力）。当 $A$、$B$ 处的正压力 $N_A = N_B = $

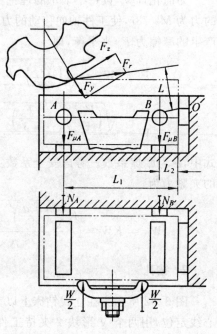

图 3-33　卧式铣床铣平面时工件受力情况

$W/2$ 时,根据力矩平衡得

$$F_r L = M_{F_{\mu A}} + M_{F_{\mu B}}$$

因

$$M_{F_{\mu A}} \approx N_A \mu L_1 = \frac{W}{2} \mu L_1$$

$$M_{F_{\mu B}} \approx N_B \mu L_2 = \frac{W}{2} \mu L_2$$

故

$$F_r L = \frac{W}{2}(L_1 + L_2)\mu$$

则

$$W = \frac{2F_r L}{(L_1 + L_2)\mu}$$

考虑安全系数 $K$ 时,则实际所需的夹紧力为

$$W_0 = KW = K\frac{2F_r L}{(L_1 + L_2)\mu}$$

式中；$F_r$——铣削合力。

### 3.4.3  夹紧机构设计

从夹紧装置的组成中可以看出,无论采用何种动力源(手动或机动),外加的原始作用力要转化为夹紧力,都必须通过夹紧机构。夹具中常用的夹紧机构有斜楔夹紧机构、螺旋夹紧机构、圆偏心夹紧机构、铰链夹紧机构、定心对中夹紧机构及联动夹紧机构等。

#### 3.4.3.1  斜楔夹紧机构

斜楔夹紧机构是夹紧机构中最基本的形式之一,螺旋夹紧机构、圆偏心夹紧机构、定心对中夹紧机构等均是斜楔夹紧机构的变型。

##### 1. 作用原理及夹紧力

如图 3-34(a)所示,工件 2 是在六个支承钉 1 上定位进行钻孔加工的。夹具体上有导槽,将斜楔 3 插入导槽中,敲击其大头端即可将工件压紧。加工完毕后,敲击斜楔的小头端,便可拔出斜楔,取下工件。由此可见,斜楔主要是利用其斜面移动时所产生的压力夹紧工件的,也即是一般所说的楔紧作用。

斜楔受外加原始作用力 $Q$ 后所产生的夹紧力 $W$,可按斜楔受力的平衡条件求得。斜楔受力如图 3-34(b)所示,斜楔受到工件对它的反作用力 $W$ 和摩擦力 $F_{\mu 2}$,夹具体的反作用力 $N$ 和摩擦力 $F_{\mu 1}$。设 $N$ 和 $F_{\mu 1}$ 的合力为 $N'$,$W$ 和 $F_{\mu 2}$ 的合力为 $W'$,则 $N$ 和 $N'$ 的夹角为夹具体与斜楔之间的摩擦角 $\varphi_1$,$W$ 与 $W'$ 的夹角为工件与斜楔之间的摩擦角 $\varphi_2$。

夹紧工件时,$Q$、$W'$、$N'$ 三力平衡,由图示的力平衡图可得

$$Q = W\tan(\alpha + \varphi_1) + W\tan\varphi_2$$

则

$$W = \frac{Q}{\tan(\alpha + \varphi_1) + \tan\varphi_2}$$

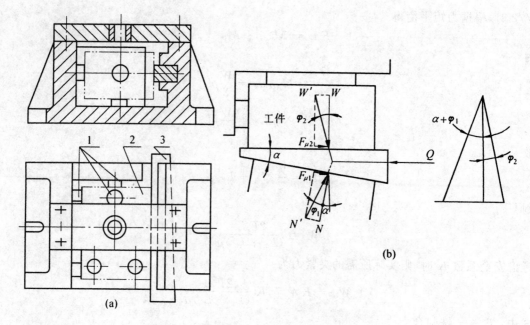

图 3-34　斜楔夹紧机构的作用原理及受力分析
1—支承钉；2—工件；3—斜楔

式中 $\alpha$ 为斜楔的楔角，当 $\alpha$、$\varphi_1$、$\varphi_2$ 均很小，且 $\varphi_1=\varphi_2=\varphi$ 时，上式可简化为

$$W=\frac{Q}{\tan\alpha+2\tan\varphi}$$

对楔角 $\alpha\leqslant11°$ 的斜楔夹紧机构，按简化公式计算夹紧力时，其误差不超过 7%。但对楔角较大的斜楔夹紧机构，则不宜采用简化公式计算。

### 2.结构特点

（1）斜楔的自锁性

图 3-35(a)所示为自锁斜楔的一种结构，其楔角一般取 1：10。

一般对夹具的夹紧机构，都要求具有自锁性能，也就是当外加的原始作用力 $Q$ 一旦消失或撤除后，夹紧机构在摩擦力的作用下仍应保持其处于夹紧状态而不松开。对斜楔夹紧

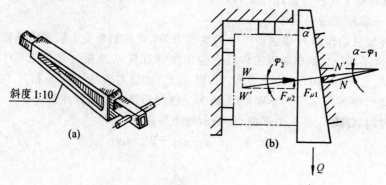

图 3-35　自锁斜楔结构及自锁条件分析

机构而言,这时摩擦力的方向应与斜楔松开退出的方向相反。由图 3-35(b)可知斜楔满足自锁要求,则必须是

$$F_{\mu 2} \geqslant N' \sin(\alpha - \varphi_1)$$

因

$$F_{\mu 2} = W \tan\varphi_2, \quad W = N' \cos(\alpha - \varphi_1)$$

故

$$W \tan\varphi_2 \geqslant W \tan(\alpha - \varphi_1)$$
$$\varphi_1 + \varphi_2 \geqslant \alpha$$

由此可见,满足斜楔自锁条件,其楔角应小于斜楔与工件以及斜楔与夹具体之间的摩擦角 $\varphi_1$ 与 $\varphi_2$ 之和。通常取 $\varphi_1 = \varphi_2 = 6°$,因此取 $\alpha \leqslant 12°$。但考虑到斜楔的实际工作条件,为自锁更可靠,实际取 $\alpha \leqslant 6°$,这时 $\tan 6° \approx 0.1 = 1/10$。

(2)斜楔能改变原始作用力的方向

由图 3-34 可以看出,当外加一个作用力 $Q$,则斜楔产生一个与 $Q$ 力方向垂直的夹紧力 $W$。

(3)斜楔具有扩力作用

由夹紧力计算公式可知,斜楔具有扩力作用,即外加一个较小的原始作用力 $Q$,可获得一个比 $Q$ 大好几倍的夹紧力 $W$,一般以扩力比 $i_p \left( i_p = \dfrac{W}{Q} \right)$ 表示。且当 $Q$ 一定时,$\alpha$ 越小,扩力比越大。因此,在以气动或液压作为动力源的夹紧装置中,常用斜楔作为扩力机构。

(4)斜楔夹紧行程小

一般斜楔的夹紧行程很小,且与斜楔的楔角 $\alpha$ 有关。楔角 $\alpha$ 越小,自锁性越好,但夹紧行程也越小,因此,在斜楔长度一定时,增大夹紧行程和斜楔的自锁性能是相矛盾的。

在设计斜楔夹紧机构选取楔角时,应综合考虑自锁、扩力和行程三方面问题。当要求具有较大的夹紧行程,且机构又要求自锁时,可采用双升角斜楔。图 3-36 所示的夹紧机构,其前端大升角 $\alpha_0$ 仅用于加大夹紧行程,后端小升角 $\alpha$ 则用于夹紧和自锁。采用双升角斜楔,也可放宽被夹工件在夹紧方向的尺寸精度要求。

(5)斜楔夹紧的效率低

斜楔与夹具体及工件之间为滑动摩擦,故夹紧的效率低。为提高其效率,可采用带滚子的斜楔夹紧机构,但此时自锁性能降低,故一般用于机动夹紧上。采用带滚

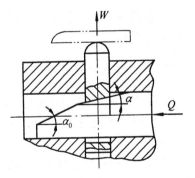

图 3-36 具有两个升角的斜楔

子的斜楔夹紧机构的夹紧力 $W$,可通过图 3-37 所示的静力平衡关系求得,有

$$Q = W \tan(\alpha + \varphi'_1) + W \tan\varphi_2$$

则

$$W = \frac{Q}{\tan(\alpha + \varphi'_1) + \tan\varphi_2}$$

式中：$\varphi_2$——斜楔对夹具体的摩擦角；

$\varphi'_1$——滚子滚动的当量摩擦角,有 $\tan\varphi'_1 = \dfrac{2\rho}{d_2} = \mu \dfrac{d_1}{d_2} = \tan\varphi \left( \dfrac{d_1}{d_2} \right)$；

其中 $d_1$——滚子销轴直径；

$\quad\quad d_2$——滚子直径；

$\quad\quad \varphi$——滚子与销轴的摩擦角；

$\quad\quad \mu$——滚子与销轴的摩擦系数；

$\quad\quad \rho$——滚子的曲率半径。

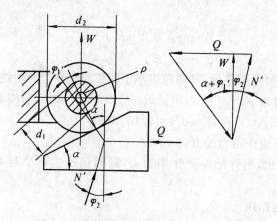

图 3-37　带滚子斜楔夹紧机构的夹紧力计算

### 3. 适用范围

由于手动的斜楔夹紧机构在夹紧工件时既费时又费力，效率很低，故实际上斜楔夹紧机构多在机动夹紧装置中采用。

### 3.4.3.2　螺旋夹紧机构

利用螺杆直接夹紧工件，或者与其他元件组成复合夹紧机构夹紧工件，是应用较广泛的一种夹紧机构。

#### 1. 作用原理及典型结构

螺旋夹紧机构中所用的螺杆，实际上相当于把斜楔绕在圆柱体上，因此其作用原理与斜楔是相同的。不过这里是通过转动螺杆，使相当于绕在圆柱体上的斜楔高度发生变化来夹紧工件的。

图 3-38(a)所示是最简单的螺旋夹紧机构，直接用螺杆压紧工件表面。图 3-38(b)所示是典型的螺旋夹紧机构，手柄 1 固定在螺杆 2 上，旋转手柄使螺杆在螺母套筒 3 的内螺纹中转动，从而起夹紧或松开的作用。用止动螺钉 4 防止螺母套筒松动。为了避免压坏工件表面和在拧动螺杆时可能带动工件偏转，在螺杆头部装有摆动的压块 5。

压块的典型结构及其与螺杆头部的连接方式如图 3-38(c)所示。图中光面压块用于压紧加工过的工件表面，端面带有花纹的压块则用于压紧未加工过的毛坯表面。图中所示的A 型、B 型为压块与螺杆连接的两种方式。

#### 2. 夹紧力的计算

螺旋夹紧机构的夹紧力计算与斜楔相似，螺杆可以看作是绕在圆柱体上的斜楔，其螺旋

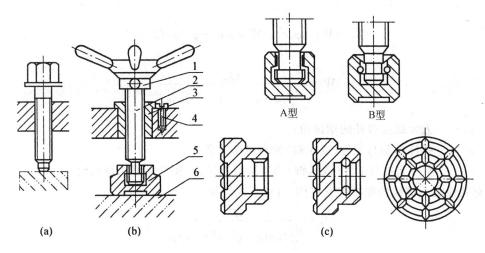

图 3-38 典型螺旋夹紧机构及压块结构

1—手柄；2—螺杆；3—螺母套筒；4—止动螺钉；5—压块；6—工件

升角即为楔角。若沿螺杆中径展开,则螺杆相当于一个斜楔作用在工件与螺母之间,其受力情况如图 3-39 所示。

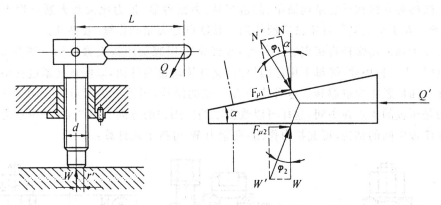

图 3-39 螺旋夹紧中的螺杆受力分析

当在螺旋夹紧机构的手柄上施加原始作用力矩 $M_Q = QL$ 后,工件对螺杆的作用力有垂直于螺杆端部的反作用力 $W$(即夹紧力)及摩擦力 $F_{\mu2}$。摩擦力分布在整个接触面上,计算时可视为集中在当量半径 $r'$ 的圆环上,其力矩为 $M_{F_{\mu2}}$。夹具体上的螺母对螺杆的作用力有垂直于螺旋面的正压力 $N$ 及螺旋面上的摩擦力 $F_{\mu1}$,其合力为 $N'$。此力分布在整个螺旋面上,计算时可视为集中在螺纹中径 $d_2$ 处,其作用力矩为 $M_{N'}$。根据平衡条件,对螺杆中心线的力矩为零,即

$$M_Q - M_{F_{\mu2}} - M_{N'} = 0$$

因

$$M_Q = QL$$

$$M_{F_{\mu2}} = F_{\mu2}r' = W\tan\varphi_2 r'$$

$$M_{N'} = N'\sin(\alpha + \varphi_1)d_2/2 = W\tan(\alpha + \varphi_1)d_2/2$$

故

则

$$QL - W\tan\varphi_2 r' - W\tan(\alpha + \varphi_1)d_2/2 = 0$$

$$W = \frac{QL}{\dfrac{d_2}{2}\tan(\alpha + \varphi_1) + r'\tan\varphi_2}$$

式中：$\varphi_1$——方牙螺纹螺杆的摩擦角；

$\varphi_2$——螺杆端部与工件(或压脚)的当量摩擦角；

$r'$——螺杆端部与工件(或压脚)的当量摩擦半径，螺杆端部为球面时，$r' = 0$。

对其他类型螺纹的螺杆夹紧机构，可按下式计算：

$$W = \frac{QL}{\dfrac{d_2}{2}\tan(\alpha + \varphi_1'') + r'\tan\varphi_2}$$

式中：$\varphi_1''$——螺母与螺杆的当量摩擦角，对于三角形螺纹 $\varphi_1'' = \arctan(1.15\tan\varphi_1)$，对于梯形螺纹 $\varphi_1'' = \arctan(1.03\tan\varphi_1)$。

### 3. 适用范围

由于螺旋夹紧机构具有结构简单、制造容易、夹紧可靠、扩力比大和夹紧行程不受限制等特点，所以在手动夹紧装置中被广泛使用。其缺点是夹紧动作慢、效率低。

在夹具中除采用螺杆直接夹紧工件外，还经常采用螺旋压板夹紧机构。如图 3-40(a)所示，螺杆位于压板中间，螺母下用球面垫圈，支柱顶端也为球面，以便在夹紧过程中压板能根据工件表面位置作少量偏转。这种支点在一端的结构，可增大夹紧行程。图 3-40(b)所示的结构是压板的支点在中间，这样可以改变原始作用力的方向。图 3-40(c)所示为工件的夹紧点在压板中间的结构，可起扩力作用，夹紧力 $W$ 可按下式计算：

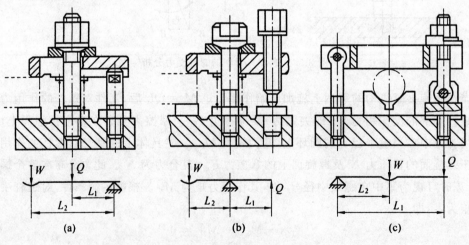

图 3-40　螺旋压板夹紧机构

$$W = \frac{L_1 Q}{L_2}$$

在夹具设计中，受到结构尺寸的限制，还可采用图 3-41 所示的螺旋钩形压板夹紧机构。

计算此种压板夹紧力 $W$ 时,压板与导向孔之间的正压力 $N$ 可近似按图示的力分析,根据力的平衡条件可求得

$$Q=W+2F_\mu=W+2N\mu=W+\frac{3WL\mu}{H}=W\left(1+\frac{3L\mu}{H}\right)$$

则

$$W=\frac{Q}{1+\dfrac{3L\mu}{H}}$$

式中：$\mu$——钩形压板外圆与导向孔间的摩擦系数。

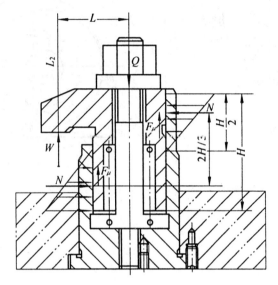

图 3-41　螺旋钩形压板夹紧机构及其受力分析

### 3.4.3.3　圆偏心夹紧机构

#### 1. 圆偏心的夹紧原理及几何特性

（1）圆偏心的夹紧原理

图 3-42(a)所示的偏心圆,其几何中心为 $O_1$,直径为 $d$,回转中心为 $O$,偏心距为 $e$。由图可知,该偏心圆系由半径为 $r_0$ 的偏心基圆和两个套在其上的弧形楔 $mm'$ 构成。若将操控手柄装在上半部,就可以用下半部的弧形楔来工作。当偏心圆顺时针绕 $O$ 回转时,其回转中心至偏心圆上压紧点的距离(即回转半径 $r$)不断增大,相当于此弧形楔向前楔紧在偏心基圆与工件之间,从而将工件压紧。

（2）圆偏心的几何特性

圆偏心夹紧实际上是斜楔夹紧的一种变形,与平面斜楔夹紧相比,主要区别是其工作表面上各夹紧点的升角 $\alpha$ 是一个变量。

偏心圆工作表面上任意夹紧点 $x$ 的升角为工件受压表面与偏心圆上过与工件接触点 $x$ 的回转半径 $r$ 的法线之间的夹角 $\alpha_x$。由图 3-42(a)可知,$\alpha_x$ 亦是 $O$ 点和 $O_1$ 点与夹紧点 $x$ 连线之间的夹角。若以偏心基圆周长的一半为横坐标,相应的半径差 $r-r_0$ 为纵坐标,将弧形

楔展开即可得到如图 3-42(b)中的曲线楔。曲线 $mPn$ 上任意点 $x$ 的切线和水平线间的夹角,即为该夹紧点的升角 $\alpha_x$。由图中曲线可知,随着偏心圆工作时转角 $\varphi_x$ 的增大,升角 $\alpha_x$ 也将由小变大再变小,其中必有一个最大的升角 $\alpha_{max}$。

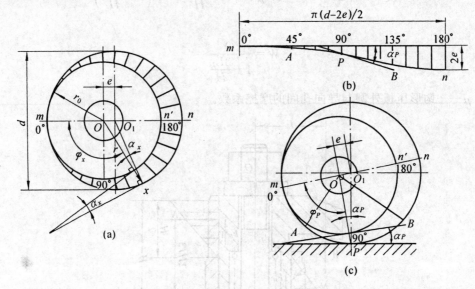

图 3-42　圆偏心的夹紧原理及几何特性

由图 3-42(a)中的 $\triangle OxO_1$ 可得

$$\frac{\sin\alpha_x}{e} = \frac{\sin(180° - \varphi_x)}{d/2}$$

故

$$\sin\alpha_x = \frac{2e}{d}\sin\varphi_x$$

当 $\varphi_x = 0°$ 时,有

$$\alpha_m = 0°$$

当 $\varphi_x = 90°$ 时,有

$$\alpha_{max} = \arcsin\frac{2e}{d} = \alpha_P$$

当 $\varphi_x = 180°$ 时,有

$$\alpha_n = 0°$$

偏心圆各工作点升角变化的这一特性很重要,因为其工作弧段的选择、自锁性能、夹紧力以及主要结构尺寸的确定等,均与升角变化和最大升角 $\alpha_P$ 有关。

**2. 偏心圆工作弧段的选择**

理论上,偏心圆下半部轮廓上的任何一点都可用来夹紧工件,由图 3-42(a)可知,由 $m$ 点到 $n$ 点,相当于偏心圆转过 $180°$,夹紧的总行程为 $2e$。实际上,为保证夹紧可靠和操作方便,一般仅取下半圆周的 $1/3\sim1/2$ 圆弧为工作弧段。如取图 3-42(c)中的 $Pn$ 为工作弧段,或取以 $P$ 点为中心,$\alpha_P\pm(30°\sim45°)$ 的 $AB$ 为工作弧段。其中后者由于升角变化较小且夹紧行程较大,故工作性能较好。

### 3.圆偏心夹紧的自锁条件

保证自锁是设计圆偏心夹紧机构时必须注意的一个主要问题。要保证圆偏心夹紧时的自锁性,和前述的斜楔夹紧一样,应满足如下条件:

$$\alpha_{max} \leqslant \varphi_1 + \varphi_2$$

式中:$\alpha_{max}$——偏心圆工作弧段的最大升角;

$\varphi_1$——偏心圆与工件间的摩擦角;

$\varphi_2$——偏心圆转轴处的摩擦角。

前已证明

$$\alpha_P = \alpha_{max} = \arcsin \frac{2e}{d}$$

当 $\alpha_P$ 较小时,有

$$\alpha_P = \alpha_{max} = \arctan \frac{2e}{d}$$

或

$$\tan\alpha_P = \tan\alpha_{max} \approx \frac{2e}{d}$$

因

$$\tan\alpha_{max} \leqslant \tan(\varphi_1 + \varphi_2)$$

为确保自锁,现忽略转轴处的摩擦,即可取 $\varphi_2 = 0°$,这时 $\tan(\varphi_1 + \varphi_2) = \tan\varphi_1 = \mu_1$。故自锁时,偏心圆直径 $d$ 和偏心距 $e$ 应满足如下关系:

$$\frac{2e}{d} \leqslant \mu_1$$

当 $\mu_1 = 0.1 \sim 0.5$ 时,有

$$\frac{d}{e} \geqslant 14 \sim 20$$

$\frac{d}{e}$ 之值称为偏心率或偏心参数。

按上述偏心率设计的偏心圆,当外径相同时,取偏心率为 14 时具有较大的偏心距,而转角相同时夹紧行程较大,有较好的使用性能。所以在实际应用中多采用摩擦系数 $\mu_1 = 0.15$,偏心率 $\frac{d}{e} = 14$ 的圆偏心夹紧工件。

### 4.圆偏心夹紧力计算

由于偏心圆上各夹紧点的升角不同,故夹紧力也不相同,它随 $\varphi$ 角不同而变化。当偏心圆在 $P$ 点夹紧工件,其升角最大,产生的夹紧力最小,其他各点均大于 $P$ 点的夹紧力,故计算夹紧力时,只计算 $P$ 点的夹紧力即可。偏心圆的受力情况如图 3-43 所示。

设偏心圆的手柄上所施加的原始作用力为 $Q$,其作用点至回转中心 $O$ 的距离为 $L$,则所产生的力矩为

$$M = QL$$

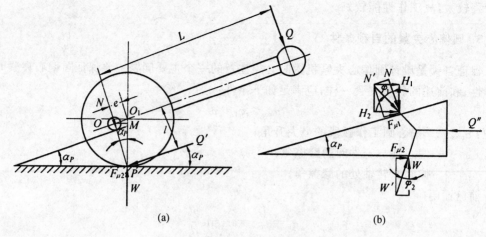

图 3-43 偏心圆的受力情况及分析

在此力矩 $M$ 作用下,在夹紧接触点 $P$ 处必然有一相当的楔紧力 $Q'$,其对 $O$ 点的力矩为

$$M' = Q'l$$

由

$$M = M'$$

有

$$QL = Q'l$$

$$Q' = \frac{QL}{l}$$

偏心圆的夹紧作用可看作是在偏心轴与夹紧接触点之间有一个升角等于 $\alpha_P$ 的斜楔在楔紧工件,因此在斜楔上除有 $Q'$ 的水平分力 $Q''$,还受到夹紧点的夹紧力 $W$ 和摩擦力 $F_{\mu2}$ 以及偏心轴给予斜楔面的反作用力 $N$ 和摩擦力 $F_{\mu1}$。$W$ 与 $F_{\mu2}$ 的合力为 $W'$,$N$ 与 $F_{\mu1}$ 的合力为 $N'$。又 $N'$ 可分解为水平分力 $N_2$ 和垂直分力 $H_1$,按静力平衡条件,有

$$Q'' = H_2 + F_{\mu2}$$
$$W = H_1$$
$$Q'' = Q'\cos\alpha_P$$

而

$$F_{\mu2} = W\tan\varphi_2$$
$$H_2 = H_1\tan(\alpha_P + \varphi_1) = W\tan(\alpha_P + \varphi_1)$$
$$Q'\cos\alpha_P = W\tan(\alpha_P + \varphi_1) + W\tan\varphi_2$$

则

$$W = \frac{Q'\cos\alpha_P}{\tan(\alpha_P + \varphi_1) + \tan\varphi_2} = \frac{QL\cos\alpha_P}{l[\tan(\alpha_P + \varphi_1) + \tan\varphi_2]}$$

又因

$$l = \frac{d}{2}\cos\alpha_P \ (因 OO_1 \perp OP)$$

故

$$W = \frac{2QL}{d[\tan(\alpha_P + \varphi_1) + \tan\varphi_2]}$$

式中：$\alpha_P$——偏心圆在 $P$ 点与工件接触时的升角，$\alpha_P = \arcsin\dfrac{2e}{d}$；

　　　$d$——偏心直径。

### 5. 圆偏心的设计步骤

1) 确定偏心圆工作弧段的行程

如图 3-44 所示，偏心圆工作弧段为 $AB$。理论上，当操纵手柄顺时针转动时，偏心圆以 $A$ 点夹紧最大极限尺寸的工件，以 $B$ 点夹紧最小极限尺寸的工件，这样，工作弧段旳行程等于被夹紧工件的尺寸公差 $T$ 就足够了。但实际上还需考虑以下几方面的因素：

(1) 为便于装卸工件而必须留有的间隙 $S_1$，一般取 $S_1 \geqslant 0.3\text{mm}$。

(2) 受夹紧力作用时，夹紧机构的弹性变形量 $S_2$，一般取 $S_2 = 0.05 \sim 0.15\text{mm}$。

(3) 工作弧段的行程储备量 $S_3$，一般取 $S_3 = 0.1 \sim 0.3\text{mm}$。

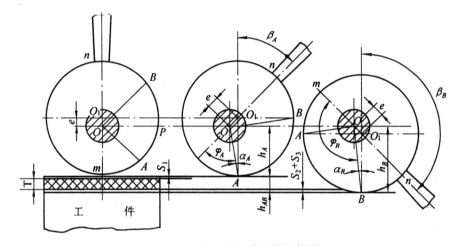

图 3-44　偏心圆工作弧段的行程

因此，偏心圆的工作弧段 $AB$ 的总行程 $h_{AB}$ 必须大于工件的尺寸公差 $T$，其值应为

$$h_{AB} = S_1 + S_2 + S_3 + T$$

2) 确定偏心圆的结构尺寸

偏心圆的结构设计主要是确定下面两个参数。

(1) 偏心圆的偏心距 $e$。

由图 3-44 可知

$$h_{AB} = h_B - h_A$$

又

$$h_A = r - e\cos\beta_A, \quad \beta_A = \varphi_A - \alpha_A$$
$$h_B = r + e[\cos(180° - \beta_B)] = r - e\cos\beta_B, \quad \beta_B = \varphi_B - \alpha_B$$

则

$$h_{AB} = h_B - h_A = e(\cos\beta_A - \cos\beta_B)$$

式中：$\beta_A$、$\beta_B$ 分别为操纵手柄在夹紧点 $A$、$B$ 的转角，计算时也可以近似取 $\beta_A \approx \varphi_A$，$\beta_B \approx \varphi_B$。
由上式可得

$$e = \frac{h_{AB}}{\cos\beta_A - \cos\beta_B} \approx \frac{S_1 + S_2 + S_3 + T}{\cos\varphi_A - \cos\varphi_B}$$

（2）偏心圆直径 $d$

偏心圆直径可根据自锁条件确定，一般可按下式取：

$$d = (14 \sim 20)e$$

**6. 适用范围**

（1）由于偏心圆的夹紧力小，自锁性能又不是很好，故只适用于切削负荷不大且无很大振动的场合。

（2）为满足自锁条件，其夹紧行程也相应受到限制，一般多用于夹紧行程较小的情况。

（3）一般很少直接用于夹紧工件，大多是与其他夹紧元件联合使用。

### 3.4.3.4 铰链夹紧机构

**1. 作用原理及夹紧力**

图 3-45 所示为常用的铰链夹紧机构的几个典型示例，现以图 3-45（a）所示的单臂铰链夹紧机构为例，说明其作用原理及夹紧力的计算。

由图 3-45（a）所示结构可知，铰链臂 3 的两端由铰链连接，一端带滚子 2。滚子 2 由气缸活塞杆推动，可在垫板 1 上左右运动，当滚子向左运动到垫板左端斜面时，压板 4 离开工件；当滚子向右运动时，通过铰链臂 3 使压板 4 压紧工件。

图 3-45（d）所示为单臂铰链夹紧机构中铰链臂的受力分析。为计算夹紧力 $W$，需先由销轴 6 的受力分析开始。销轴 6 所受到的外力有：拉杆 5 作用于销轴 6 的力 $Q$（此力近似等于动力源的原始作用力）；滚子对销轴 6 的反作用力 $F$，此力通过滚子与垫板的接触点 $A$ 并与销轴处的摩擦圆相切；铰链臂 3 对销轴 6 的反作用力为 $N$，此力与铰链臂两端二销轴处的摩擦圆相切。上述三个力处于静力平衡，即

$$Q - N\sin(\alpha_2 + \varphi') - F\sin\varphi_1' = 0$$
$$N\cos(\alpha_2 + \varphi') - F\cos\varphi_1' = 0$$

解上式联立方程得

$$N = \frac{Q}{\cos(\alpha_2 + \varphi')\tan\varphi_1' + \sin(\alpha_2 + \varphi')}$$

式中：$\varphi'$——铰链臂两端铰链的当量摩擦角，有 $\tan\varphi' \approx \dfrac{2\rho}{L} = \dfrac{2r}{L}\tan\varphi$；

$\varphi_1'$——滚子滚动当量摩擦角，有 $\tan\varphi' \approx \dfrac{r}{r_1}\tan\varphi$；

$\alpha_2$——夹紧时铰链臂的倾斜角度；

$\varphi$——铰链与销轴或滚子与销轴间的摩擦角；

$\rho$——铰链销轴处的摩擦圆半径；

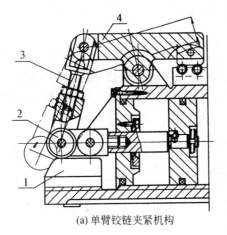

(a) 单臂铰链夹紧机构

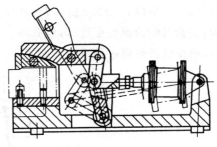

(b) 双臂单作用铰链夹紧机构

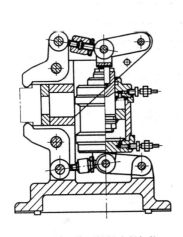

(c) 双臂双作用铰链夹紧机构

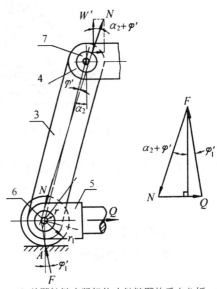

(d) 单臂铰链夹紧机构中铰链臂的受力分析

图 3-45　铰链夹紧机构及受力分析

1—垫板；2—滚子；3—铰链臂；4—压板；5—拉杆；6,7—销轴

$r$——销轴半径；

$r_1$——滚子半径；

$L$——铰链臂上两铰链孔中心距。

$N$ 力又通过销轴 7 作用于压板 4 上，其垂直分力 $W'$ 即为使压板压紧工件的作用力。由图 3-45(d)可得

$$W' = N\cos(\alpha_2 + \varphi')$$

当压板 4 的杠杆比为 1∶1 时，则得夹紧力 $W$ 为

$$W = W' = \frac{Q}{\tan(\alpha_2 + \varphi') + \tan\varphi_1'}$$

为夹紧可靠，式中 $\alpha_2$ 应按夹紧一批工件铰链臂所处的最大倾斜角 $\alpha_{\max}$ 值进行计算。

**2. 压板的夹紧总行程及气缸的工作行程**

如图 3-46 所示，夹紧工件所需的总行程为 $h = h_1 + h_2 + h_3$。其中 $h_1$ 为满足装卸工件所需的夹紧行程，一般取 $h_1 \geqslant 0.3\text{mm}$；$h_2$ 为与被夹紧工件表面位置变化（主要是有关尺寸的公差）和与夹紧机构的弹性变形（可取 $0.05 \sim 0.15\text{mm}$）有关的行程；而 $h_3$ 则为行程的最小储备量，以防止铰链臂超过垂直位置而使夹紧机构失效，一般可取 $h_3 = 0.5\text{mm}$ 或 $\alpha_2 = 5°$。

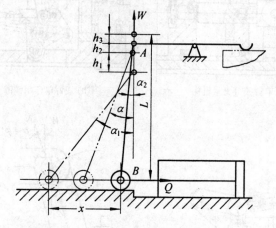

图 3-46　压板夹紧总行程及气缸的工作行程

由图中几何关系可求得压板的夹紧总行程 $h$ 及气缸的工作行程 $x$ 分别为

$$h = L(\cos\alpha_2 - \cos\alpha_1) = h_1 + h_2 + h_3$$
$$x = L(\sin\alpha_1 - \sin\alpha_2)$$

式中：$\alpha_1$——未夹紧时铰链臂的倾斜角；

$\alpha_2$——夹紧工件后铰链臂的倾斜角。

**3. 适用范围**

因铰链夹紧机构的结构简单、扩力比大且摩擦损失小，故适用于多点或多件夹紧，在气动或液动夹具中广泛使用。

### 3.4.3.5　定心、对中夹紧机构

定心、对中夹紧机构是一种特殊的夹紧机构，工件在其上同时实现定位和夹紧。这种夹紧机构与工件定位基准面相接触的元件即是定位元件，又是夹紧元件。

在机械加工中，很多加工表面是以其中心线或对称面作为工序基准的，如加工与外圆同轴的内孔或加工与两侧面对称的通槽等工件。这时，若采用定心、对中夹紧机构装夹加工，则可以使基准位置误差为零，确保该工序的加工精度。又如，在主轴箱体加工时，为保证主轴孔有均匀的余量，以主轴毛坯孔为定位基准进行第一道工序精基准面的加工所采用的定心夹紧芯轴，也属于定心、对中夹紧机构。

定心、对中夹紧机构之所以能准确实现定心、对中，就在于它们利用了定位-夹紧元件的等速移动、转动或均匀弹性变形的方式，来消除一批工件定位基准面的制造误差对定位基

准位置的影响。为此,定心、对中夹紧机构的种类虽多,但就其各自实现定心和对中的工作原理而言,不外乎下述两种基本类型。

### 1. 按定位夹紧元件的等速移动或转动原理实现定心或对中夹紧

属于这一类定心、对中机构的典型结构如图 3-47 所示。

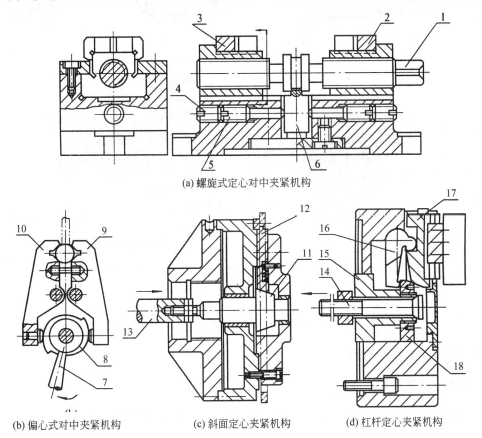

(a) 螺旋式定心对中夹紧机构

(b) 偏心式对中夹紧机构　　　(c) 斜面定心夹紧机构　　　(d) 杠杆定心夹紧机构

图 3-47　按定位夹紧元件等速移动或转动原理实现定心、对中夹紧的典型结构

1—螺杆;2,3—V 形块;4—紧固螺钉;5—螺钉;6—叉形件;7—手柄;8—双面凸轮;9,10,12,17—卡爪;11—锥体;13—推杆;14—拉杆;15—滑块;16—勾形杠杆;18—螺母

### 2. 按定位-夹紧元件均匀弹性变形原理实现定心夹紧

属于这一类的定心夹紧机构的典型结构如图 3-48 所示。

上面提到的定心、对中夹紧机构,选用时可参考有关夹具设计的资料。

## 3.4.3.6　联动夹紧机构

工件装夹时,有时需要同时有几个点对工件进行夹紧,有时则需要同时夹紧几个工件,以及除夹紧作用外还需要松开或紧固辅助支承等。为了提高生产率,减少工件装夹时间,可以采用各种联动夹紧机构。对于手动夹具来说,采用此种夹紧机构可以简化操作,减轻劳动强度;对于机动夹具来说,则可减少动力装置(如气缸、油缸等),简化结构,降低成本。下面

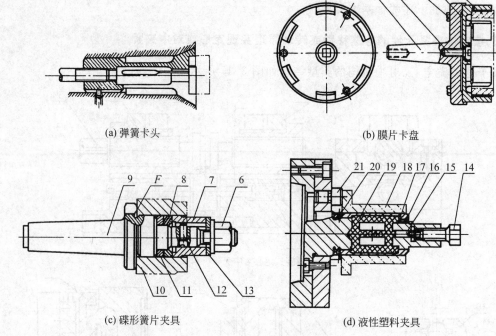

图 3-48　按定位夹紧元件均匀弹性变形原理实现定心夹紧的典型结构

1—卡盘体；2—压紧螺钉；3—膜片固定螺钉；4—弹簧膜片；5,10,18—工件；6—压紧螺母；7—压紧套；
8—碟形簧片；9—芯轴体；11—支承环；12—销；13—垫圈；F—定位端面；14—夹紧螺钉；15—柱塞；
16—放气螺钉；17—薄壁套筒；19—液性塑料；20—紧定螺钉；21—支承钉

介绍一些常见的联动夹紧机构。

### 1. 多点夹紧机构

多点夹紧是用一个原始作用力,通过一定的机构将该力分散到数个点上对工件进行夹紧。最简单的多点夹紧是采用浮动压头的夹紧,图 3-49 所示就是几种常见的浮动压头。

所谓浮动压头,就是在压头中有一个浮动零件 1,若夹紧工件过程中有其中一个夹紧点接触,该零件即能够摆动(见图 3-49(a))或移动(见图 3-49(b)),使两个(或更多个)夹紧点都接触,直到最后均衡夹紧。图 3-49(c)所示为四点双向夹紧机构,夹紧力分别作用在两个相互垂直的方向上,每个方向上又各有两个夹紧点。为保证四个点都接触和夹紧工件,也需通过浮动零件 1。两个方向上夹紧力的比例,可通过杠杆 $L_1$、$L_2$ 的长度比来调整。

### 2. 多件夹紧机构

用一个原始作用力,通过一定的机构对数个相同或不同的工件进行夹紧称为多件夹紧。多件夹紧多用于夹紧小型工件,在铣床夹具中用得最广。根据夹紧力的方向和作用情况,一般有下列几种形式。

（1）平行式多件夹紧

如图 3-50 所示,各个夹紧力的方向相互平行,从理论上分析,分配到各工件上的夹紧力应相等。

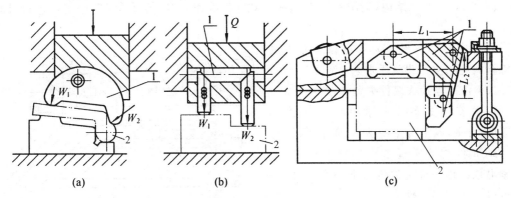

图 3-49  浮动压头及四点双向浮动夹紧机构

1—浮动零件；2—工件

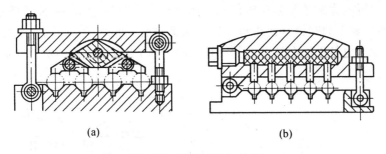

图 3-50  平行式多件夹紧

图 3-50(a)所示结构利用浮动压块对工件进行夹紧，每两个工件就需要用一个浮动压块，工件多于两个时，还需要用浮动件连接。图 3-50(b)所示结构则用流体介质(如液性塑料)代替浮动元件实现多件夹紧，在有的夹具结构中也采用小钢球代替流体介质。

（2）对向式和复合式多件夹紧

对向式多件夹紧是通过浮动夹紧机构产生两个方向相反、大小相等的夹紧力，并同时将各工件夹紧。如图 3-51(a)所示结构，转动偏心轮 4，通过滑柱 3 和两侧的压板 1 即产生大小相等、方向相反的夹紧力，对每个工件进行对向夹紧。偏心轮的转轴可在水平导轨 5 上浮

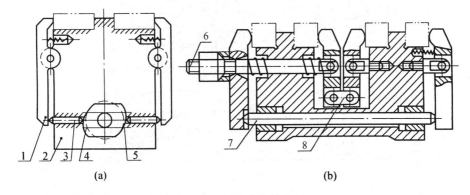

图 3-51  对向式多件夹紧

1—压板；2—夹具体；3—滑柱；4—偏心轮；5—水平导轨；6—螺杆；7—顶杆；8—连杆

88

动。图 3-51(b)所示结构,利用螺杆 6、顶杆 7 和连杆 8 作为浮动元件,对四个工件进行对向夹紧。

复合式多件夹紧多为平行和对向夹紧的综合,详见《夹具设计手册》。

（3）依次连续式多件夹紧

依次连续式多件夹紧机构的结构如图 3-52 所示,以工件本身为浮动件,不需另加浮动元件就可实现依次连续多件夹紧。夹紧力依次由一个工件传至下一个工件,一次可以夹紧很多工件。

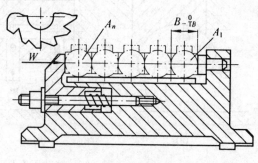

图 3-52　依次连续多件夹紧

### 3. 夹紧与其他动作联动

图 3-53(a)所示为夹紧与移动压板联动的机构。工件定位后,逆时针扳动手柄,先是由拨销 4 拨动压板上的螺钉 2 使压板 1 进到夹紧部位。继续扳动手柄,拨销与螺钉 2 脱开,而由偏心轮 5 顶起压板右端而夹紧工件。松开时,由拨销 4 拨动螺钉 3 而将压板退出工件。

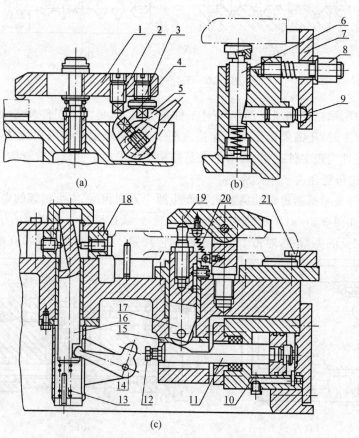

图 3-53　夹紧与其他动作联动示例

1,7,19—压板;2,3,12—螺钉;4—拨销;5—偏心轮;6—辅助支承;8—螺母;9—锁销;10—油缸;11—活塞杆;13,20—弹簧;14—拨杆;15—滚子;16,17—推杆;18—活块;21—V 形定位块

图 3-53(b)所示为夹紧与锁紧辅助支承联动的机构。工件定位后,辅助支承 6 在弹簧作用下与工件接触。转动螺母 8 推动压板 7,压板 7 在压紧工件的同时,通过锁销 9 将辅助支承 6 锁紧。

图 3-53(c)所示为先定位后夹紧的联动机构。当压力油进入油缸 10 的左腔时,在活塞杆 11 向右移动过程中,先是左端的螺钉 12 离开拨杆 14 的短头,推杆 16 在弹簧 13 的作用下向上抬起,并以其斜面推动活块 18 使工件靠在 V 形定位块 21 上。然后,活塞杆 11 继续向右移动,其上斜面通过滚子 15、推杆 17,顶起压板 19 压紧工件。当活塞杆向左移动时,压板 19 在弹簧 20 的作用下松开工件,然后螺钉 12 推转拨杆 14,压下推杆 16,在斜面作用下带动活块 18 松开工件,此时即可取下工件。

设计联动夹紧机构时应注意进行运动分析和受力分析,以确保设计意图的实现。此外,还应注意避免机构过分复杂致使效率低,动作不够可靠。

## 3.4.4 工件夹紧方案设计及夹紧力计算举例

夹紧装置是夹具的重要组成部分之一,选择工件的夹紧方案,必须与选择定位方案结合起来同时考虑。这里仅举一个夹紧装置设计实例,进行分析和计算。

### 1. 工序加工要求

图 3-54 所示为离合器外壳零件铣顶面的工序简图,要求保证左右两端的厚度尺寸为 14mm,表面粗糙度为 $Ra6.3$。因系批量生产,故采用在双轴转盘铣床上,用粗、精两把端面铣刀对装夹在圆工作台上的多个工件进行连续加工。

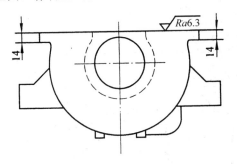
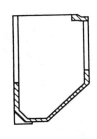

图 3-54 工序简图

### 2. 定位夹紧方案

为保证工序加工要求,采用如图 3-55 所示的定位夹紧方案。左右两个固定支承板 1 限制 $\vec{y}$、$\vec{z}$ 两个不定度,工件侧面用三个固定支承钉 3 限制 $\vec{y}$ 及 $\vec{z}$ 三个不定度。为防止工件夹紧变形,采用与三个侧面定位支承钉相对应的带有三个爪的可卸压板 4,通过拉杆 2 在工件内壁夹紧工件。

### 3. 夹紧力计算及夹紧元件的确定

工件在顶面的铣削加工过程中,在不同加工部位的切削力是变化的,故在计算夹紧力时需通过作图法找出对工件夹紧最不利的加工部位,据此计算所需的夹紧力 $W$。

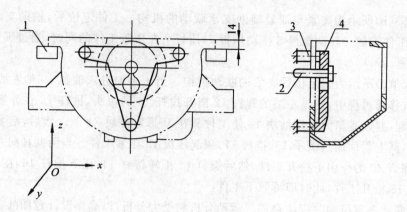

图 3-55　定位夹紧方案

1—支承板；2—拉杆；3—支承钉；4—可卸压板

在作切削力图解分析时(见图 3-56)，可将工件的圆周进给运动转化为铣刀中心相对工件作圆周进给运动，其步骤如下：

(1) 以一定的比例绘出工件在机床回转工作台上的布置图。

(2) 绘出铣刀中心相对工件作圆周进给运动的轨迹 $S$。

(3) 绘出对工件夹紧最不利的铣刀切削时的中心位置。

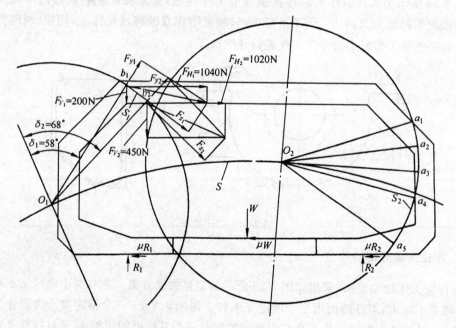

图 3-56　切削力图解分析

由图中可找出铣刀切削时的两个中心位置 $O_1$ 和 $O_2$。虽然在 $O_2$ 的位置上是圆周切削力最大时的铣刀中心位置，但由于加工时五个刀齿($a_1$、$a_2$、$a_3$、$a_4$ 和 $a_5$)切削时产生的 $F_H$ 较小，且相互部分抵消，故需夹紧力不大。而 $O_1$ 则是夹紧力最大的铣刀中心位置，因在此位置上两个刀齿($b_1$ 和 $b_2$)切削时所产生的 $F_H$ 最大，需要通过夹紧力产生的摩擦力来平衡。

铣刀中心处于 $O_1$ 位置时的铣削切削分力 $F_H$ 及 $F_V$ 可按有关公式及切削力图解得出,有

$$F_{H1} = 1040\text{N}, \quad F_{V1} = 200\text{N}$$
$$F_{H2} = 1020\text{N}, \quad F_{V2} = 450\text{N}$$

为使夹紧力计算简化,设切削力、夹紧力和支反力处于同一平面上,且支反力减为 $R_1$ 及 $R_2$ 两个。取摩擦系数 $\mu = 0.3$,则按力的平衡方程式即可求出夹紧力 $W$。由 $\sum F_H = 0$,有

$$F_{H1} + F_{H2} - \mu W - \mu R_1 - \mu R_2 = 0$$

则

$$R_1 + R_2 + W = (F_{H1} + F_{H2})/\mu$$

代入数据可得

$$W + R_1 + R_2 = \frac{2060}{0.3} = 6867(\text{N})$$

又 $\sum F_V = 0$,有

$$F_{V1} + F_{V2} + W - R_1 - R_2 = 0$$

则

$$W - R_1 - R_2 = -F_{V1} - F_{V2}$$

得

$$R_1 + R_2 - W = 650\text{N}$$

联立上两式,得

$$W = 3108.5\text{N}$$

取安全系数为 $K = 2.5$,则实际夹紧力为

$$W_0 = KW = 2.5 \times 3108.5 = 7770(\text{N})$$

经计算,作用在拉杆上的气缸可选用 $\phi150\text{mm}$ 直径,此时在 $p = 0.5\text{MPa}$ 时可产生拉力为 8584N。

## 3.4.5 夹紧动力装置设计

工件在装夹中所使用的高效率夹具,大多采用机动夹紧方式,如气动、液动、电动等。其中以气动和液动夹紧动力装置应用最为普遍,下面主要介绍气动夹紧和液动夹紧动力装置。

### 3.4.5.1 气动夹紧

气动夹紧是使用最广泛的一种机动夹紧方式,其动力来源是压缩空气。一般压缩空气由压缩空气站供应,经过管路损失后,通到夹紧装置中的压缩空气为 $4 \sim 6\text{atm}$(1atm = 101325Pa)。

#### 1. 气缸结构及其夹紧作用力

常用的气缸结构有两种基本形式,即活塞式和薄膜式。

（1）活塞式气缸

活塞式气缸按其在工作过程中的运动情况可分为固定式、摆动式、差动式和回转式等；按气缸进气情况又可分为单向作用和双向作用两种。在夹具中最常采用的是固定式气缸。

图 3-57 所示为单向、双向作用活塞式气缸及薄膜式气缸结构简图。图 3-57（a）所示为单向作用气缸，由单面进气完成夹紧动作，当气缸左腔与大气接通时，活塞便在弹簧力作用下退回原位以实现松开动作。图 3-57（b）所示为双向作用气缸。气缸的前盖 1 和后盖 5 用紧固螺钉与气缸体 2 连接，活塞 3 在压缩空气的推动下，左右往复运动，实现夹紧和松开。O 形密封圈 4 用于防止工作时漏气。

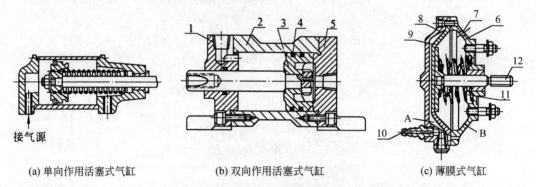

接气源

(a) 单向作用活塞式气缸　　(b) 双向作用活塞式气缸　　(c) 薄膜式气缸

图 3-57　单向、双向作用活塞式气缸及薄膜式气缸

1—前盖；2—气缸体；3—活塞；4—O 形密封圈；5—后盖；6,8—气室壳体；
7—排气孔；9—薄膜；10—管接头；11—弹簧；12—推杆

活塞式气缸的特点在于其工作行程可根据需要自行设计，且作用力不随行程长短而变化，但气缸结构较庞大，制造成本高，且滑动副间易漏气。

（2）薄膜式气缸

图 3-57（c）所示为薄膜式气缸。薄膜 9 夹在壳体 6 和 8 之间，用紧固螺钉夹紧。当压缩空气由管接头 10 进入气室 A 后，薄膜凸起向右压缩弹簧 11，推动推杆 12 实现夹紧动作。当 A 室接通大气时，推杆又在弹簧力 $P$ 作用下连同薄膜一起复位。排气孔 7 供 B 腔排气用，以减小背压。通常薄膜做成碗形，其目的是防止薄膜处在反复的弯曲-拉伸应力下减小变形功，又可利用这一转折增大薄膜的行程。

显然，这种薄膜式气缸中推杆输出的作用力 $Q$ 是个变值，行程越大，$Q$ 减小越多。当薄膜的有效直径 $d$ 一定，增大推杆支承板直径 $d_0$，可提高 $Q$ 的值。薄膜式气缸推杆输出的作用力 $Q$，可按下式计算：

$$Q = \frac{\pi p_0}{12}(d^2 + dd_0 + d_0^2) - P$$

式中：$p_0$——气压；

　　　$P$——弹簧阻力。

薄膜式气缸的优点是结构简单，维修方便，且没有密封问题；其缺点则是行程小，且输出的作用力随行程增大而减小。

上述两种气缸的结构尺寸都已标准化，可以查阅有关资料设计或选用。

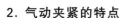
**2．气动夹紧的特点**

气动夹紧一般具有作用力基本稳定、夹紧动作迅速和操作省力等优点；其不足之处是因压缩空气工作压力较小而结构较庞大，且工作时噪声较大。

### 3.4.5.2　液动夹紧

液动夹紧所采用的油缸结构和工作原理基本与气缸相同，只不过所使用的工作介质是液压油。由于油压比气压高得多(一般可达 6MPa 以上)及液体的不可压缩性，因而产生同样大小的作用力，油缸尺寸比气缸尺寸小很多，液动夹紧刚度比气动夹紧刚度大得多，工作平稳，没有气动夹紧时那样的噪声。

液动夹紧不如气动夹紧应用广泛的主要原因是需要单独为液动夹紧装置配置专门的油泵站，成本高，因此，它大多应用在本身已具有液压传动系统装置的机床设备上。

### 3.4.5.3　气-液联合夹紧

气-液联合夹紧的能量来源仍为压缩空气，但它综合了气动夹紧和液动夹紧的优点，又部分克服了它们的缺点，得到了发展和使用。气-液联合夹紧要使用特殊的增压器，其基本工作原理如图 3-58 所示。

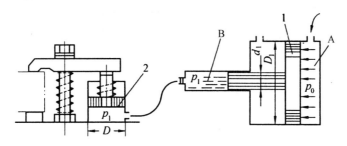

图 3-58　增压器的工作原理

1，2—活塞

压缩空气进入增压器的 A 腔，推动活塞 1 左移。增压器 B 腔内充满了油，并与工作油缸接通。当活塞左移时，活塞杆就推动 B 腔的油进入工作油缸夹紧工件。设 B 腔的油压为 $p_1$，A 腔的气压为 $p_0$，根据活塞 1 受力平衡条件可得

$$p_1 \frac{\pi d_1^2}{4} \eta_1 = p_0 \frac{\pi D_1^2}{4} \eta_2$$

则

$$p_1 = \left(\frac{D_1}{d_1}\right)^2 p_0 \eta$$

式中：$\eta_1$、$\eta_2$——活塞 $d_1$ 和 $D_1$ 移动时的效率；

$\quad\quad$ $\eta$——总效率，$\eta = \eta_1 \times \eta_2$。

$\quad\quad$ 当 $\dfrac{D_1}{d_1} = 5$，$\eta = 0.8$ 时，$p_1 = 20\text{MPa}$，$p_0 = (8 \sim 12)\text{MPa}$。

工作油缸的作用力为

$$Q = \frac{\pi D^2}{4} p_1 = \frac{\pi D^2}{4} \times \left(\frac{D_1}{d_1}\right)^2 p_0 \eta$$

因此,为获得高压,必须使 $d_1$ 尽可能小些。另一方面,为了保证工作油缸的夹紧作用力,$D$ 必须足够大,所以通常取 $D > d_1$,这就造成活塞 1 的行程大于工作油缸中活塞 2 的行程。设活塞 1 的行程为 $S_1$,活塞 2 的行程为 $S_2$,根据油的体积不可压缩的性质可得

$$\frac{S_1}{S_2} = \left(\frac{D}{d_1}\right)^2$$

当 $D/d_1 = 2$ 时,$S_1 = 4S_2$。

$S_1$ 增大就意味着增压器的结构增大,压缩空气的消耗量也增大,为了克服这一缺点,在实际生产中多采用如图 3-59(a)所示的气动增压器,图 3-59(b)所示为其工作原理。使用这种增压器操纵油缸工作是分两步进行的。将三位五通阀手柄转到预压紧位置,压缩空气进入左气缸 B 腔,活塞 1 向右移动,此时输出低压油至夹具工作油缸,实现预夹紧。预夹紧力为

$$Q = \frac{\pi D_0^2}{4} p_1 = \frac{\pi D_0^2}{4} \times \left(\frac{D}{D_1}\right)^2 p_0 \eta$$

预夹紧后,夹紧动作的空行程已经完成,但夹紧力不够(因 $D_1$ 与 $D$ 相差不多,$p_1$ 较 $p_0$ 增大也就不多)。为了进一步增大夹紧力,可将手柄转到高压夹紧位置,压缩空气同时进入右气缸 C 腔,使活塞 2 向左移动,先将油腔 a 与油腔 b 断开,并输出高压油至夹具工作油缸,实现高压夹紧。此时,高压夹紧力为

$$Q = \frac{\pi D_0^2}{4} p = \frac{\pi D_0^2}{4} \times \left(\frac{D}{D_2}\right)^2 p_0 \eta$$

若 $D$ 是 $D_2$ 的 5 倍,$\eta = 0.8$,即可使 $p$ 是 $p_0$ 的 20 倍。

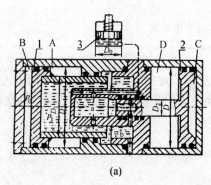

(a)

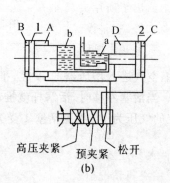

高压夹紧　　预夹紧　　松开

(b)

图 3-59　气动增压器

1,2,3—活塞

把手柄转到放松位置,压缩空气进入两腔,使活塞 1 左移,活塞 2 右移。与此同时,夹具工作缸的活塞在弹簧作用下复位,放松工件,油又回到增压器中。

由于压力可以提高,故夹具上的工作油缸体积很小,安装在夹具中灵活方便。

# 3.5　夹具的设计

夹具设计一般是在零件机械加工工艺过程制定之后按照某一工序的具体要求进行的。制定工艺应充分考虑夹具实现的可能性,而设计夹具时,如确有必要也可以对工艺过程提出修改意见。夹具设计质量的高低,应以能否稳定地保证工件的加工质量,生产效率高,成本低,排屑方便,操作安全、省力和制造、维护容易等为其衡量指标。

## 3.5.1　夹具设计步骤

一般情况下,夹具设计大致可分为四个步骤,即收集和研究有关资料,确定夹具的结构方案,绘制夹具总图和确定并标注有关尺寸、公差及技术条件等。

### 1. 收集和研究有关资料

工艺人员在编制零件的机械加工工艺过程中,应提出相应的夹具设计任务书,对其中定位基准、夹紧方案及有关要求作出说明。夹具设计人员则应根据夹具设计任务书进行夹具的结构设计。为使所设计的夹具能够满足上述基本要求,设计前要认真收集和研究如下有关资料。

（1）生产批量

被加工零件的生产批量对工艺过程的制定和夹具设计都有着十分重要的影响。夹具结构的合理性及经济性与生产批量有着密切的关系。大批、大量生产多采用气动、液动或其他机动夹具,其自动化程度高,同时夹紧的工件数量多,结构也比较复杂;中、小批生产宜采用结构简单、成本低廉的手动夹具,以及万能通用夹具或组合夹具。

（2）零件图及工序图

零件图是夹具设计的重要资料之一,它给出了工件在尺寸、位置等方面精度的总要求。工序图则给出了所用夹具加工工件的工序尺寸、工序基准、已加工表面、待加工表面、工序加工精度要求等,它是设计夹具的主要依据。

（3）零件工艺规程

零件的工艺规程表明了该工序所用的机床、刀具、加工余量、切削用量、工步安排、工时定额及同时加工的工件数目等,这些都是确定夹具的结构尺寸、形式、夹紧装置以及夹具与机床连接部分的结构尺寸的主要依据。

（4）夹具典型结构及有关标准

设计夹具还要收集典型夹具结构图册和有关夹具零部件标准等资料,还需了解本单位制造、使用夹具情况以及国内外同类型夹具的资料,以便使所设计的夹具能够适合本单位实际,吸取先进经验,并尽量采用国家标准。

### 2. 确定夹具的结构方案

在广泛收集和研究有关资料的基础上,着手拟定夹具的结构方案,主要包括:

（1）根据工件的定位原理,确定工件的定位方式,选择定位元件;

（2）确定工件的夹紧方式,选择适宜的夹紧装置;

（3）确定刀具的对准及导引方式，选取刀具的对刀及导引元件；

（4）确定其他元件或装置的结构形式，如定向元件、分度装置等；

（5）协调各元件、装置的布局，确定夹具体的总体结构及尺寸。

在确定夹具结构方案的过程中，工件定位、夹紧、对刀和夹具在机床上定位等各部分的结构以及总体布局都会有几种不同的方案可供选择，应都画出草图，并通过必要的计算（如定位误差及夹紧力计算等）和分析比较，从中选取较为合理的方案。

### 3. 绘制夹具总图

夹具总图应遵循国家制图标准绘制，绘图比例应尽量取 1:1，以便使图形有良好的直观性。如被加工工件的尺寸过大，夹具总图可按 1:2 或 1:5 的比例绘制；被加工工件尺寸过小，总图也可按 2:1 或 5:1 的比例绘制。夹具总图中视图的布置也应符合国家制图标准，在能清楚表达夹具内部结构和各元件、装置位置关系的前提下，视图的数目应尽量少。

总图的主视图应取操作者实际工作时的位置，以便于夹具装配及使用时参考。被加工工件在夹具中被看作"透明体"，工件轮廓线与夹具上的任何线彼此独立，不相干涉，其外廓以黑色双点画线表示。

绘制夹具总图的顺序为：

（1）先用双点画线绘出工件轮廓外形和主要表面的几个视图，并用网纹线表示出加工余量。

（2）围绕工件的几个视图依次绘出定位元件、夹紧机构、对刀及夹具定位元件以及其他元件、装置。

（3）绘制出夹具体及连接元件，把夹具的各组成元件和装置连成一体。

（4）夹具总图上还应画出零件明细表和标题栏，写明夹具名称及零件明细表上所规定的内容。

### 4. 确定并标注有关尺寸及技术条件

1）应标注的尺寸及公差

在夹具总图上应标注的尺寸、公差有以下五类：

（1）工件与定位元件的联系尺寸，常指工件以孔在芯轴或定位销上（或工件以外圆在内孔中）定位时，工件定位表面与夹具上定位元件间的配合尺寸。

（2）夹具与刀具的联系尺寸，指用来确定夹具上对刀、导引元件位置的尺寸。对于铣、刨床夹具，是指对刀元件与定位元件的位置尺寸；对于钻、镗床夹具，则是指钻（镗）套与定位元件间的位置尺寸，钻（镗）套之间的位置尺寸，以及钻（镗）套与刀具导向部分的配合尺寸等。

（3）夹具与机床的联系尺寸，指用于确定夹具在机床上正确位置的尺寸。对于车、磨床夹具，主要是指夹具与主轴端的配合尺寸；对于铣、刨床夹具，则是指夹具上的定向键与机床工作台上的 T 形槽的配合尺寸。

（4）夹具内部的配合尺寸。它们与工件、机床、刀具无关，主要是为了保证夹具装配后能满足规定的使用要求。

（5）夹具的外廓尺寸，一般指夹具最大外形轮廓尺寸。若夹具上有可动部分，应包括可动部分处于极限位置所占的空间尺寸。

上述诸尺寸公差的确定可分为两种情况处理：

（1）夹具上定位元件之间，对刀、导引元件之间的尺寸公差，直接对工件上相应的加工尺寸发生影响，因此可根据工件的加工尺寸公差确定，一般可取工件加工尺寸公差的 $\frac{1}{5} \sim \frac{1}{3}$。

（2）定位元件与夹具体的配合尺寸公差，夹紧装置各组成零件间的配合尺寸公差等，则应根据其功用和装配要求，按一般公差与配合原则决定。

2）应标注的技术条件

在夹具总图上应标注的技术条件（位置精度要求）有如下几个方面：

（1）定位元件之间或定位元件与夹具体底面间的位置要求，其作用是保证工件加工面与工件定位基准面间的位置精度。

（2）定位元件与连接元件（或找正基面）间的位置要求。如图 3-7 中，为保证键槽与工件轴心线平行，定位元件 V 形块的中心线必须与夹具定向键侧面平行。

（3）对刀元件与连接元件（或找正基面）间的位置要求。如图 3-7 中对刀块的侧对刀面相对于两定向键侧面的平行度要求，是为了保证所铣键槽与工件轴心线的平行度。

（4）定位元件与导引元件的位置要求。如图 3-60中若要求所钻孔的轴心线与定位基准面垂直，必须以夹具上钻套轴线与定位元件工作表面 A 垂直及定位元件工作表面 A 与夹具体底面 B 平行为前提。

上述技术条件是保证工件相应的加工要求所必需的，其数值应取工件相应技术要求所规定数值的 $\frac{1}{5} \sim \frac{1}{3}$。

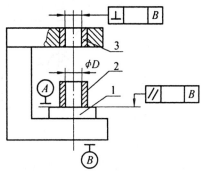

图 3-60　定位元件与导引元件之间的
位置要求
1—定位元件；2—工件；3—导引元件

## 3.5.2　夹具设计举例

图 3-61 所示为 CA6140 车床上接头的零件图。该零件系大批生产，材料为 45 钢，毛坯采用模锻件。现要求设计加工该零件上尺寸为 28H11 的槽口时所使用的夹具。

零件上槽口的加工要求是：保证宽度为 28H11，深度 40mm，表面粗糙度侧面为 $Ra3.2\mu m$，底面为 $Ra6.3\mu m$。并要求两侧面对孔 $\phi20H7$ 的轴心线对称，公差为 0.1mm；两侧面对孔 $\phi10H7$ 的轴心线垂直，公差为 0.1mm。

零件的加工工艺过程安排为：在加工槽口之前，除孔 $\phi10H7$ 尚未进行加工外，其他各面均已加工达到图纸要求。槽口的加工采用三面刃铣刀在卧式铣床上进行。

### 1．工件装夹方案的确定

工件定位方案的确定，首先应考虑满足加工要求。槽口两侧面之间的宽度 28H11 取决于铣刀的宽度，与夹具无关，而深度 40mm 则由调整刀具相对夹具的位置保证。两侧面对

98

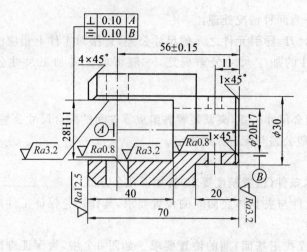

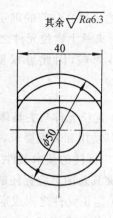

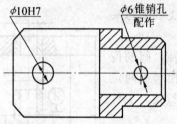

图 3-61 接头零件图

孔 $\phi 10H7$ 轴心线的垂直度要求,因该孔尚未进行加工,故可在后面该孔加工工序中保证。

为此,考虑定位方案,主要应满足两侧面与孔 $\phi 20H7$ 轴心线的对称度要求。根据基准重合原则,应选孔 $\phi 20H7$ 的轴心线为第一定位基准。由于要保证一定的加工深度,故工件沿高度方向的不定度也应限制。此外,从零件的工作性能要求可知,需要加工的两侧面应与已加工过的两外侧面互成 $90°$,因此在工件定位时还必须限制绕孔 $\phi 20H7$ 轴心线的不定度。故工件的定位基准的选择如图 3-62 所示,除孔 $\phi 20H7$(限制沿 $x$、$y$ 轴和绕 $x$、$y$ 轴的不定度)之外,还应以一端面(限制沿 $z$ 轴的不定度)和一外侧面(限制绕 $z$ 轴的不定度)进行定位,共限制六个不定度,属于完全定位。

工件定位方案的确定除了考虑加工要求外,还应结合定位元件的结构及夹紧方案实现的可能性而予以最后确定。

对接头这个零件,铣槽口工序的夹紧力方向,不外乎是沿径向或沿轴向两种。如采用如图 3-63(a)所示的沿径向夹紧方案,由于 $\phi 20H7$ 孔的轴心线是定位基准,故必须采用定心夹紧机构,以实现夹紧力方向作用于主要定位基面。但孔 $\phi 20H7$ 的直径较小,受结构限制不易实现,因此,采用如图 3-63(b)所示的沿轴向夹紧的方案较为合适。

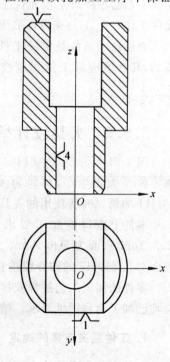

图 3-62 接头零件铣槽口工序的
定位方案

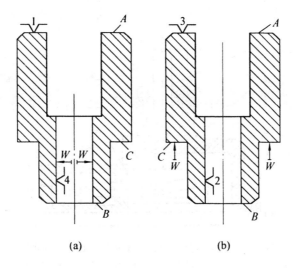

图 3-63　接头零件铣槽口工序的夹紧方案

在一般情况下,为满足夹紧力应主要作用于第一定位基准的要求,就应将定位方案改为以上端面 $A$ 作为第一定位基准。此时,$\phi20H7$ 孔轴心线及另一外侧面则为第二、第三定位基准。若以上端面 $A$ 为主要定位基准,虽然符合"基准重合"原则,但由于夹紧力需自下而上布置,将导致夹具结构的复杂化。

考虑到孔 $\phi20H7$ 与下端面 $B$ 及端台 $C$ 均是在一次装夹下加工的,它们之间有一定的位置精度,且槽口深度尺寸 40mm 为一般公差,故改为以 $B$ 或 $C$ 面为第一定位基准,也能满足加工要求。为使定位稳定可靠,故宜选取面积较大的 $C$ 面为第一定位基准。定位元件则可相应选择一个平面(限制三个不定度)、一个短圆柱销(与 $\phi20H7$ 孔相配合限制两个不定度)和一个挡销(与 $D$ 面接触限制一个自由度),如图 3-64 所示,这时夹紧力就可以自上而下施加于工件上。由于上端面 $A$ 的中间部分还要进行加工,故只能从两边进行夹紧。

考虑到工件为大批生产,为提高生产效率,减轻工人劳动强度,宜采用气动夹紧,即以压缩空气为动力源。若将气缸水平方向作用力转变为垂直方向夹紧力,可利用气缸活塞杆推动一开有斜面槽的滑块,使两钩形压板同时向下压紧工件。为缩短工作行程,斜槽做成两个升角,前端的大升角用于加大夹紧空行程,后端的小升角用于夹紧工件并自锁。当钩形压板向上松开工件时,靠其上斜槽的作用使钩形压板向外张开。夹紧装置的工作原理如图 3-65 所示。

工件装夹方案确定之后,要进行定位误差计算以确定定位元件的结构尺寸与精度,进行夹紧力计算以确定夹紧气缸的尺寸及结构形式,同时对夹紧机构中的薄弱环节进行强度校核以确定夹紧元件的结构尺寸。

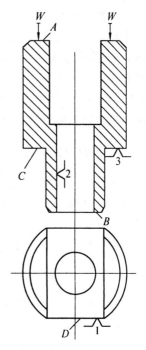

图 3-64　接头零件铣槽口
工序的装夹方案

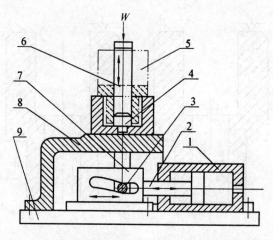

图 3-65　接头零件铣槽口工序夹紧装置工作原理图

1—气缸体；2—活塞；3—浮动支轴；4—定位销；5—工件；6—钩形压板；7—滑块；8—箱体；9—底座

### 2．其他元件的选择与设计

夹具的设计除了考虑工件的定位和夹紧之外，还要考虑夹具如何在机床上定位，以及刀具相对夹具的位置如何得到确定。

对铣床夹具而言，在机床上是以夹具体底面与铣床工作台面接触和夹具体上两个定位键与铣床工作台上的 T 形槽配合而定位的。定位键的结构和使用情况可由《夹具设计手册》查得。

调整刀具与夹具的相对位置是为了保证刀具相对工件有一个正确位置，以保证工序加工要求。铣床夹具上调刀最方便的方法是在夹具上安装一个对刀装置（通常为对刀块）。图 3-66 所示为铣槽口夹具，为保证对称性及深度要求，采用了一个直角对刀块。设计时应使对刀块的工作面（对刀面）与定位元件的工作面有位置尺寸精度要求，其公差一般取相应工序尺寸的 1/5～1/3。由于对刀时铣刀与对刀面之间留有一定的空隙（为避免刀具直接与对刀块接触），所以计算时必须考虑对刀面相对定位元件工作面的位置尺寸。

### 3．夹具总图的绘制

在上述确定工件定位、夹紧方案，选择和设计相应定位元件和夹紧装置，以及选取和设计夹具的其他元件之后，即可进行夹具总图的绘制。接头零件铣槽口工序夹具总图如图 3-66 所示。

在夹具总图上应标注的五类尺寸为：

（1）工件定位孔与定位销 4 的配合尺寸 $\phi20\dfrac{H7}{f7}$。

（2）对刀元件的对刀面与定位元件中心线及工作面间的位置尺寸（$17\pm0.03$）mm 及（$7\pm0.05$）mm。

（3）夹具定位键 18 与夹具底座 16 的配合尺寸 $18\dfrac{H7}{k6}$ 或 $18\dfrac{H7}{n6}$。

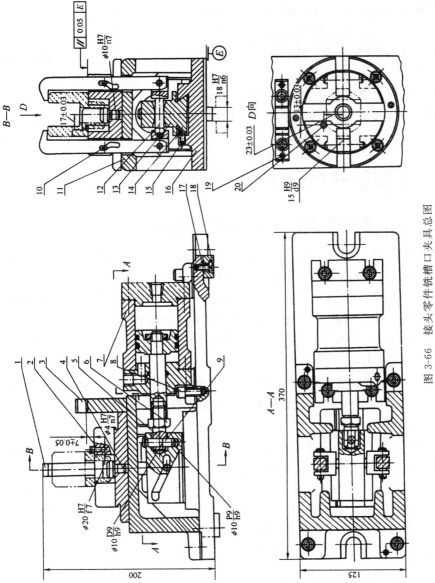

图 3-66 接头零件铣槽口夹具总图

1—钩形压板；2—支座；3—对刀块；4、19—定位销；5—连接轴；6—螺母；7—气缸；8—螺钉；9—轴销；10—小轴；11—箱体；
12—浮动支轴；13—滑块；14—斜铁；15—斜铁；16—底座；17—螺钉；18—定位键；20—挡销

（4）夹具内部的配合尺寸，包括定位销 4 与支座 2 的配合尺寸 $\phi 10\,\dfrac{H7}{n7}$；挡销 20 与支座 2 的配合尺寸 $\phi 4\,\dfrac{H7}{n7}$；轴销 9 与滑块 13 的配合尺寸 $\phi 10\,\dfrac{P9}{h9}$；轴销 9 与连接轴 5 的配合尺寸 $\phi 10\,\dfrac{D9}{h9}$；钩形压板 1 与支座 2 的配合尺寸 $15\,\dfrac{H9}{d9}$。

（5）夹具的外廓尺寸 370mm×200mm×125mm。

在夹具总图上应标注的技术条件为：

（1）定位销 4 和挡销 20 的位置尺寸(23±0.03)mm 和(13±0.03)mm；定位平面与夹具体底面的平行度公差 0.05mm。

（2）对刀块的侧对刀面相对于两定位键 18 侧面的平行度公差 0.05mm 等。

夹具总图绘制完毕，还应在夹具设计说明书中，就夹具的使用、维护和注意事项等给予简要说明。

## 3.6  计算机辅助夹具设计

### 3.6.1  计算机辅助夹具设计系统工作原理

计算机辅助夹具设计(computer aided fixture design,CAFD)是指在人的设计思想指导下，利用计算机系统协助人来完成部分或大部分夹具设计工作。

计算机协助人来完成的夹具设计工作主要是设计中属于事务性的那一部分工作，如设计计算、查阅手册、绘制图形等，而夹具设计中创造性的劳动还需要人来完成。

目前，实际应用的计算机辅助夹具设计系统主要有两种工作方式，即变异式夹具 CAD 和交互式夹具 CAD 系统，如图 3-67 所示。

变异式夹具 CAD 系统与变异式 CAPP 系统的工作原理类似，即以成组技术为基础，通过对工件、工序、夹具的编码，查找与要设计的夹具相类似的夹具，并在此基础上进行修改，生成所需的夹具。

交互式夹具 CAD 系统与人工设计夹具过程类似，设计人员利用计算机软、硬件资源，进行夹具方案构思、计算、绘图，完成夹具设计工作。

计算机辅助夹具设计不仅可以大大提高夹具设计工作的效率，缩短夹具设计周期，而且可以提高设计质量，使传统的主要靠经验类比和估算的夹具设计方法逐渐向科学的、精确的计算和模拟方法转变。此外，采用计算机辅助夹具设计还可为夹具的计算机辅助制造提供必要的信息，并有利于实现设计和制造的集成。

### 3.6.2  计算机辅助夹具设计系统应用软件

夹具 CAD 系统软件有三种类型，即系统软件、支撑软件和应用软件：

（1）系统软件。系统软件包括操作系统、窗口系统、语言编译系统等。

（2）支撑软件。支撑软件包括绘图软件、几何造型软件、数值计算软件、工程分析软件、数据库管理系统等。

以上两类软件是夹具 CAD 系统运行的环境和基础，又称为工作平台。

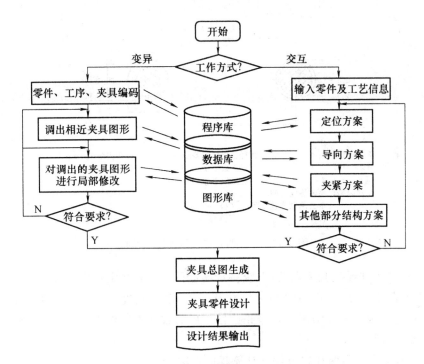

图 3-67 计算机辅助夹具设计系统框图

（3）应用软件。计算机辅助夹具设计系统应用软件是其独有的，也是其核心。它是在系统软件和支撑软件的基础上结合夹具设计特点而开发的、服务于夹具设计的专用软件。应用软件通常以程序、数据或图形的方式存储在计算机辅助夹具设计系统的程序库、数据库或图形库中，通过夹具设计流程程序加以调用。

下面分别对程序库、数据库和图形库进行简要介绍。

### 1. 程序库

程序库是指夹具设计中全部设计计算程序的集合，主要包括以下内容：

（1）定位零件尺寸设计计算及定位精度分析程序；

（2）导向、对刀零件尺寸设计计算及导向精度分析程序；

（3）夹紧力计算及夹紧零件尺寸设计计算程序；

（4）夹具体及其他零件尺寸设计计算程序；

（5）用于夹具设计中平面及空间角度和坐标设计计算程序；

（6）特殊夹具（如节圆卡盘、薄膜卡盘）的设计计算程序；

（7）夹具设计系统流程程序。

上述各种程序均以文件的形式存储在程序库中，或通过夹具设计流程程序自动调用，或采用菜单方式，由设计人员以交互方式直接调用。

例如，若确定采用一面两孔定位方案，设计人员可以从定位方法菜单中选择"一面两孔定位"选项，即可调用一面两孔定位设计计算程序。此时，计算机屏幕上首先显示一面两孔定位简图（见图 3-68），并以菜单方式引导设计人员输入原始参数，如两孔直径及公差、两孔中心距尺寸及公差、工序尺寸及公差、工序位置公差等。

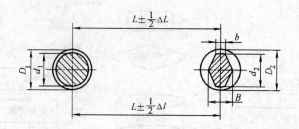

输入：孔1：直径 $D_1=$       ，直径上极限偏差 $ES_1=$     ，直径下极限偏差 $EI_1=$     ，

（工件）孔2：直径 $D_2=$       ，直径上极限偏差 $ES_2=$     ，直径下极限偏差 $EI_2=$     ，

两孔中心距 $L=$       ，中心距偏差 $\pm \Delta l=$     ，

工序公差：两轴连线方向    $T(X)=$     ，

         垂直两轴连线方向    $T(Y)=$     ，

         转角             $T(Angle)=$     。

图 3-68   一面两孔定位信息输入界面

    原始参数输入并经检验无误后，系统将自动运行一面两孔定位设计计算程序，并给出设计结果：两销直径及公差、两销中心距尺寸及公差、菱形销宽度尺寸等。对输出的设计结果，设计人员还可根据实际情况进行修正。修正后的数据重新输入计算机，重新运行有关程序，并重新显示计算结果。

    图 3-69 所示为一面两孔定位设计计算程序框图。

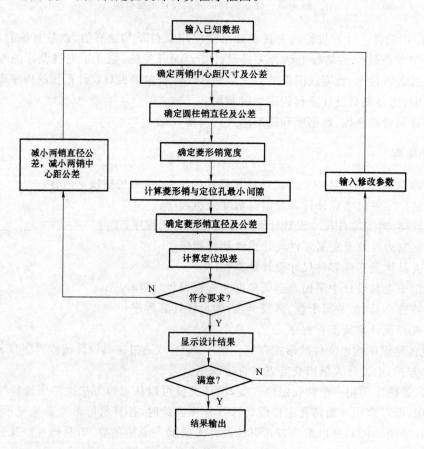

图 3-69   一面两孔定位设计计算程序框图

夹具 CAD 系统程序库的建立,除了要开发夹具设计计算所需要的各种程序外,还需要研制相应的库管理程序,以使程序库有效地进行工作。

### 2．数据库

数据库通常是指以一定组织方式存储在一起的相互有关数据的集合,它能以最佳方式、最少冗余为多种用途服务。计算机辅助夹具设计系统的数据库功能应满足：一是存储夹具设计所用到的各种数据,二是保留夹具设计过程中产生的各种信息。

夹具设计所用到的数据主要包括两大类：一类是标准夹具元件的结构尺寸及公差；另一类是夹具设计中使用的各种表格数据、公式及线图数据等。这两类数据的存储均可利用现有的通用数据库系统来实现。其主要工作是建立数据二维表。

如图 3-70 所示为带肩固定钻套,其结构尺寸见表 3-1。该表实际上对应了数据库中数据的关系框架,即确定了带肩固定钻套数据文件结构。进一步的工作仅仅是增加标识项及用数据库语言对各数据项进行定义,包括各项数据的名称、类型、宽度等。

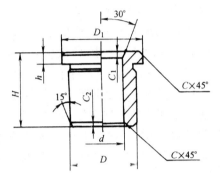

图 3-70　带肩固定钻套

表 3-1　带肩固定钻套参数表

| $d$ | 公差配合 | $D$ | 公差配合 | $D_1$ | $H$ | $h$ | $C$ | ... |
|---|---|---|---|---|---|---|---|---|
| ⋮ | ⋮ | ⋮ | ⋮ | ⋮ | ⋮ | ⋮ | ⋮ | ... |
| 5～6 | F7 | 10 | n6 | 13 | 10,16 | 3 | 0.5 | ... |
| 6～8 | F7 | 12 | n6 | 15 | 10,16 | 3 | 0.5 | ... |
| ⋮ | ⋮ | ⋮ | ⋮ | ⋮ | ⋮ | ⋮ | ⋮ | ... |

### 3．图形库

图形库用于存储夹具设计中的各种图形,主要包括：

(1) 标准夹具元件图形,如定位零件、导向元件、支承零件等；

(2) 夹具设计时用到的通用机械零件图形,如螺钉、螺母、垫圈、轴承等；

(3) 夹具体等非标准夹具元件图形；

(4) 各类典型夹具装配图；

(5) 各类典型夹具部件结构图形,如夹紧机构、分度机构等；

(6) 夹具设计时用到的各种专用符号图形,如定位、夹紧符号等。

图形库中图形的生成方法主要有两种：

1) 直接输入法

利用图形软件的绘图命令,采用交互方式生成图形。这种方法主要用于生成非标准件图形和难以用程序生成的图形。在绘制夹具装配图时,也常用此种方法对拼接的图形进行补充和修改。

2）参数法

许多标准夹具元件、组件及通用机械零件，虽然尺寸不一样，但其结构形式相同，因而可用一种专用程序来生成其图形。例如，图 3-70 所示的带肩固定钻套，其各部分尺寸均由参数 $d$ 确定。因而只要给定参数 $d$，便可由程序自动生成相应的钻套图形。参数法生成图形的优点是在图形库中不必存储大量的元件图形，只存储生成元件图形的程序即可，从而可大大减少图形库占用的存储空间。

目前许多图形软件都具有参数化造型（绘图）功能，利用这些软件进行二次开发，可以方便地实现参数法图形生成。

在使用参数法生成图形时，"参数"的获得主要有两种方法：

（1）在设计过程中，按系统菜单提示，交互输入零件结构尺寸。这种方法主要用于生成非标准件图形，或需要对标准零件的某些结构尺寸进行修改时使用。

（2）利用夹具数据库中的数据驱动生成图形。对应于每一种标准夹具零件，数据库中都有一个相应的数据文件，文件中每一条记录对应于一定结构参数的零件图形数据。在夹具设计过程中，根据标准夹具零件的主要结构参数（关键字）检索出该参数对应的零件记录，即获得一组夹具零件的结构尺寸，再调用图形生成程序，即可生成所需的夹具零件图形。

图 3-71 显示了利用 SolidWorks 软件生成固定钻套实体图形的工作原理。

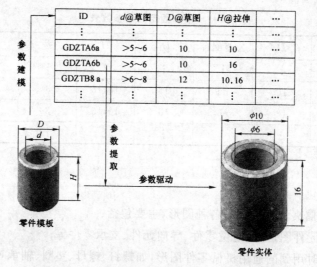

图 3-71　固定钻套实体图形的工作原理

## 3.6.3　夹具装配体及装配图的转换

生成夹具装配体并进一步将其转换为二维夹具装配图是计算机辅助夹具设计的核心。鉴于三维图形软件得到越来越广泛的使用，下面结合一个基于 SolidWorks 软件的计算机辅助夹具设计系统（TD-CAFD）对夹具装配体的生成及二维装配图的转换进行简要说明。

### 3.6.3.1　夹具零件图形的编目与检索

夹具装配体是有关夹具零件实体在三维空间的有序集合。为了生成夹具装配体，首先要解决夹具零件图形的编目与检索问题。实际上设计者在建立图形库时,通常已对夹具零件按其类型、功能进行分类、编目。在使用时,一般只需利用图形软件的自定义"菜单"功能,编制一个夹具设计用的菜单文件,即可通过点菜方式,方便地调出所需要的夹具零件图形,并按要求将其置于夹具装配体的指定位置上。菜单多采用分级形式,如图 3-72 所示。

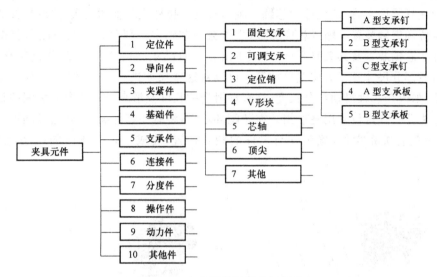

图 3-72　夹具零件图形分级菜单

### 3.6.3.2　夹具装配体的生成

夹具装配体的设计方法通常有两种:自底向上和自顶向下。自底向上的装配体设计是利用已设计好的零件,根据不同的位置和装配约束关系,将一个个零件安装成子装配体或夹具。自顶向下设计则是在装配环境下,根据夹具总体构思和装配约束关系建立零件或特征,零件的特征要参考装配体中其他相关零件的轮廓和位置来确定,当装配体中其他相关零件的轮廓和位置发生变化时,所建立的零件及特征也要相应改变。

考虑到夹具中多数零件已标准化,并已经建立了相应的夹具元件库,因此更适于采用自底向上装配体设计方法。TD-CAFD 系统就采用自底向上的方法和交互方式,以工件为基准逐渐展开,最终形成夹具装配体。下面以图 3-73 所示连杆零件加工螺纹底孔和螺钉过孔夹具设计为例说明夹具装配体的设计过程。

#### 1. 工艺分析

工序要求加工 M8 螺纹底孔 $\phi7mm$ 和过孔 $\phi9mm$,保证其轴线与大、小孔轴线所在平面垂直,且与大孔轴线距离为 $(18\pm0.1)mm$,与大孔端面距离为 16mm。根据工序要求应

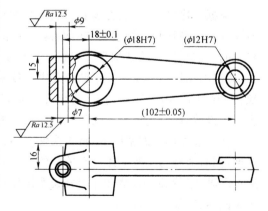

图 3-73　连杆零件

选择大头孔 $\phi18H7$ 为第一定位基准(四点定位),大头孔端面为第二定位基准(三点定位,采用轴向夹紧),以小头孔为第三定位基准(一点定位)。加工方法采用麻花钻钻孔。

### 2. 定位、夹紧装置设计

根据工艺分析,大头孔及其端面定位并轴向夹紧,适宜采用带轴向夹紧装置的芯轴。检索相应的夹具零件库,按定位件—芯轴—轴向夹紧—拉杆式芯轴的层次,选取拉杆式芯轴作为主要定位和夹紧装置。输入相应参数(主参数为芯轴定位部分直径及长度),获得相应规格的拉杆式芯轴装置及其夹具零件,并派生出有关的尺寸,如芯轴滑动部分直径及长度、滑套及端盖各部分尺寸及相关位置尺寸等。可以对这些尺寸进行修改,但其中有些尺寸是相互关联的,如改变芯轴滑动部分长度,将牵动滑套的长度及滑套与端盖台肩之间的距离一起改变。小头孔一点定位采用菱形销。在装配环境下,将有关零件插入,并通过同轴、平行、距离、重合等配合关系操作,确定其与工件的相互位置,完成子装配体一的组装,如图 3-74所示。

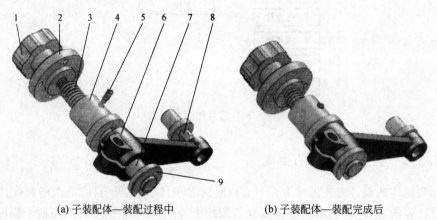

(a) 子装配体—装配过程中          (b) 子装配体—装配完成后

图 3-74  加工连杆螺纹底孔夹具定位和夹紧装置设计

1—手柄;2—端盖;3—弹簧;4—滑套;5—紧定螺钉;6—工件;7—芯轴;8—菱形销;9—开口垫圈

### 3. 导向装置设计

根据工序要求,一次安装要完成 M8 螺纹底孔($\phi7mm$)和螺钉过孔($\phi9mm$)的加工,因而需选用快换钻套。检索相应的夹具元件库,选取快换钻套和固定钻模板,参考工序图及已建立的子装配体一的结构尺寸,输入相应参数,获得相应规格的夹具零件。在钻模板设计中,调出的钻模板模型是关于钻套孔中心线对称的,但考虑到本设计中钻模板上要留有紧定螺钉(图 3-74(a)中件 5)过孔,且该孔与安装钻模板螺钉过孔相干涉,故对原钻模板的模板进行了修改,同时构成了新的(非对称)钻模板模型,丰富了夹具元件库。

在子装配体一的基础上,将快换钻套、衬套、钻套螺钉和钻模板等零件插入,仍以工件为基准,同时兼顾与子装配体一有关的约束(如钻模板的紧定螺钉过孔需与紧定螺钉同轴等),通过同轴、平行、距离、重合等配合关系操作,确定其与工件及子装配体一的相互位置,得到子装配体二,如图 3-75 所示。

#### 4. 夹具体设计

子装配体二完成后,虽然已确定了主要定位零件、夹紧零件、导向零件与工件之间的相对位置,但这种位置关系是不稳定的,且相互之间仍有可能存在不协调甚节相干涉的情况,最终要通过夹具体将这些元件连成一个整体。检索夹具零件库,发现仅有一些底板类和支座类零件的拼装结构可供参考,考虑到工件及夹具整体尺寸不大,宜采用整体式结构,故确定重新设计夹具体。

以子装配体二各元件及相互位置尺寸为依据,采用立板、支座、底板合成的方法构建夹具体。在夹具体设计过程中,要充分顾及已有各零件尺寸及其相互间位置尺寸,同时也可能需要对已有各零件尺寸及其相互间位置尺寸不匹配之处进行必要的修正,直至完全协调一致。这是一个设计—匹配—修改的反复过程,现代流行的三维图形软件的全相关、干涉检验、自动消隐、多种视图、特征管理树等功能将为此提供极大便利。

将设计好的夹具体插入子装配体二,再反复进行同轴、平行、垂直、重合等配合关系操作,最终生成完整的夹具装配体,如图 3-76 所示。

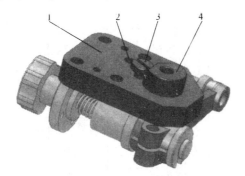

图 3-75　子装配体二

1—钻模板；2—紧定螺钉过孔；
3—钻套螺钉；4—快换钻套

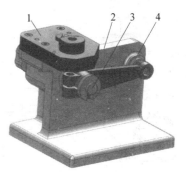

图 3-76　钻连杆螺纹底孔夹具

1—钻模板组件；2—夹具体；
3—拉杆式芯轴组件；4—菱形定位销

### 3.6.3.3　二维夹具装配图的转换

目前在实际生产中,作为正式的工艺文件,三维实体图形还需转换成二维工程图。可以利用现有的三维图形软件将实体模型直接转换为二维工程图,但转换后的图形往往与国家制图标准不完全吻合,还需做一些必要的修正。将图 3-76 所示的夹具装配体直接在 SolidWorks 环境下转换为二维工程图,再将其引入到 AutoCAD 环境下进行适当的调整和修正,最终得到的夹具装配图如图 3-77 所示。

## 3.6.4　计算机辅助夹具设计技术的发展方向

近年来,计算机辅助夹具设计技术有了很大的发展,并已在实际生产中获得应用。但由于夹具设计的复杂性,目前已有的夹具 CAD 系统无论在功能上、自动化程度上,还是在应用范围上都有很大的局限性。为使其获得更加广泛的应用,并发挥更大的效能,还需进行大量的研究工作。下面选择几个主要方法简要介绍。

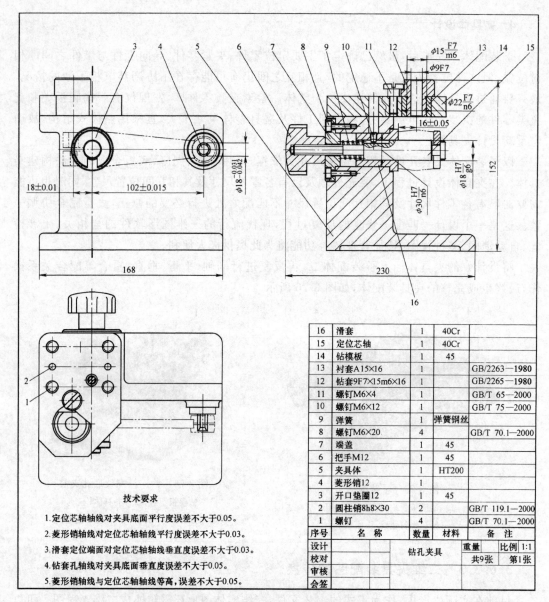

技术要求

1. 定位芯轴轴线对夹具底面平行度误差不大于0.05。

2. 菱形销轴线对定位芯轴轴线平行度误差不大于0.03。

3. 滑套定位端面对定位芯轴轴线垂直度误差不大于0.03。

4. 钻套孔轴线对夹具底面垂直度误差不大于0.05。

5. 菱形销轴线与定位芯轴轴线等高，误差不大于0.05。

| 16 | 滑套 | 1 | 40Cr | |
|----|------|---|------|---|
| 15 | 定位芯轴 | 1 | 40Cr | |
| 14 | 钻模板 | 1 | 45 | |
| 13 | 衬套A15×16 | 1 | | GB/2263—1980 |
| 12 | 钻套9F7×15m6×16 | 1 | | GB/2265—1980 |
| 11 | 螺钉M6×4 | 1 | | GB/T 65—2000 |
| 10 | 螺钉M6×12 | 1 | | GB/T 75—2000 |
| 9 | 弹簧 | 1 | 弹簧钢丝 | |
| 8 | 螺钉M6×20 | 4 | | GB/T 70.1—2000 |
| 7 | 端盖 | 1 | 45 | |
| 6 | 把手M12 | 1 | 45 | |
| 5 | 夹具体 | 1 | HT200 | |
| 4 | 菱形销12 | 1 | | |
| 3 | 开口垫圈12 | 1 | 45 | |
| 2 | 圆柱销8h8×30 | 2 | | GB/T 119.1—2000 |
| 1 | 螺钉 | 4 | | GB/T 70.1—2000 |
| 序号 | 名　称 | 数量 | 材料 | 备　注 |
| 设计 | | | 钻孔夹具 | 重量　　比例 1:1 |
| 校对 | | | | 共9张　　第1张 |
| 审核 | | | | |
| 会签 | | | | |

图 3-77　钻连杆螺纹底孔夹具装配图

## 1. 夹具 CAD 编码系统研究

目前夹具 CAD 编码系统大多是针对具体单位的具体情况而编制的，缺少普遍性。如何将零件、工序、夹具的有关信息加以综合考虑，使编码系统有广泛的适应性，是发展商用夹具 CAD 系统急需解决的问题。

## 2. 基于三维 CAD 软件的夹具 CAD 系统的改进与完善

如前所述，三维 CAD 软件为机床夹具计算机辅助设计提供了极大的方便，基于三维 CAD 软件的夹具 CAD 系统已得到实际应用。但仍有许多问题需要深入研究，如复杂三维装配体细部结构的表达、复杂三维图形向二维机械图的转换等。

### 3. 与 CAD、CAPP 系统的集成

夹具 CAD 系统要想发挥更大的功效,需要实现与 CAD 和 CAPP 系统的集成。这不仅是因为夹具 CAD 系统要从 CAD 和 CAPP 系统获得零件和工艺方面的信息,而且夹具 CAD 也是实现并行设计和计算机集成制造的重要组成部分,CAD 和 CAPP 系统同样要利用夹具 CAD 反馈信息验证和改进自身的设计与规划。

### 4. 发展夹具 CAD 专家系统

夹具设计中存在经验偏多和理论不够成熟的现象,是制约夹具 CAD 技术发展的主要障碍。如何将夹具设计经验概括和总结,用以指导夹具设计,研制夹具设计专家系统是一种可取的方法。诸如夹具规划、夹具结构设计、夹具零部件的选择以及夹具性能评价等问题,可望通过专家系统得到解决。

# 3.7 各类机床夹具

## 3.7.1 车床与圆磨床夹具

车床与圆磨床夹具主要用于加工零件的内外圆柱面、圆锥面、回转成形面、螺纹及端平面等。

### 3.7.1.1 车床夹具的类型与典型结构

根据工件的定位基准和夹具本身的结构特点,车床夹具可分为以下四类:

(1) 以工件外圆表面定位的车床夹具,如各类夹盘和夹头;

(2) 以工件内圆表面定位的车床夹具,如各种芯轴;

(3) 工件顶尖孔定位的车床夹具,如顶尖、拨盘等;

(4) 用于加工非回转体的车床夹具,如各种弯板式、花盘式车床夹具。

当工件定位表面为单一圆柱表面或与待加工表面相垂直的平面时,可采用各种通用车床夹具,如自定心卡盘、单动卡盘、顶尖或花盘等。当工件定位面较为复杂或有其他特殊要求时,应设计专用车床夹具。

图 3-78 所示为一弯板式车床夹具,用于加工轴承座零件的孔和端面。工件以底面和两孔在弯板 6 上定位,用两个压板 5 夹紧。为了控制端面尺寸,夹具上设置了测量基准(测量圆柱 2 的端面)。同时设置了平衡块 1,以平衡弯板及工件引起的偏重。

图 3-79 所示为一花盘式车床夹具,用于加工连杆零件的小头孔。工件以已加工好的大头孔(4 点)、端面(1 点)和小头外圆(6 点)定位,夹具上相应的定位元件是弹性胀套 3、夹具体上的定位凸台 2 和活动 V 形块 7。工件安装时,首先使连杆大头孔与弹性胀套 3 配合,大头孔端面与夹具体定位凸台 2 接触;然后转动调节螺杆 8,移动 V 形块 7,使其与工件小头孔外圆对中;最后拧紧螺钉 5,使锥套 4 向夹具体方向移动,弹性胀套 3 胀开,对工件大头孔定位并同时夹紧。

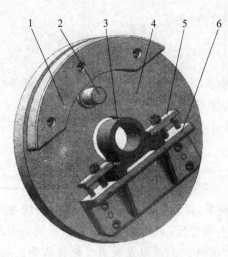

图 3-78　弯板式车床夹具

1—平衡块；2—测量圆柱；3—工件；

4—夹具体；5—压板；6—弯板

图 3-79　花盘式车床夹具

1—夹具体；2—定位凸位；3—弹性胀套；4—锥套；

5—螺钉；6—工件；7—活动 V 形块；8—调节螺杆

### 3.7.1.2　车床夹具设计要点

**1. 车床夹具总体结构**

车床夹具大多安装在机床主轴上，并与主轴一起作回转运动。为保证夹具工作平稳，夹具结构应尽量紧凑，重心应尽量靠近主轴端，且夹具(连同工件)轴向尺寸不宜过大，一般应小于其径向尺寸。对于弯板式车床夹具和偏重的车床夹具，应很好地进行平衡。通常可采用加平衡块(配重)的方法进行平衡(见图 3-78 件 1)。为保证安全，夹具上所有零件或机构不应超出夹具体的外廓，必要时可加防护罩。此外，要求车床夹具的夹紧机构要能提供足够的夹紧力，且有可靠的自锁性，以确保工件在切削过程中不会松动。

**2. 夹具与机床的连接**

车床夹具与机床主轴的连接方式取决于机床主轴轴端的结构及夹具的体积和精度要求。图 3-80 所示为几种常见的连接方式。图 3-80(a)所示的夹具体以长锥柄安装在主轴孔内，这种方式定位精度高，但刚度较差，多用于小型车床夹具与主轴的连接。图 3-80(b)所示夹具以端面 $A$ 和圆孔 $D$ 在主轴上定位，孔与主轴轴颈的配合一般取 H7/h6。这种连接方式制造容易，但定位精度不高。图 3-80(c)所示夹具以端面 $T$ 和短锥面 $K$ 定位，这种安装方式不但定心精度高，而且刚度好。需要注意的是，这种定位方式属于过定位，故要求制造精度很高，通常要对夹具体上的端面和孔进行配磨加工。

车床夹具还经常使用过渡盘与机床主轴连接。过渡盘与机床的连接与上面介绍的夹具体与主轴的连接方法相同。过渡盘与夹具的连接大都采用止口(一个大平面加一短圆柱面)连接方式。当车床上使用的夹具需要经常更换时，或同一套夹具需要在不同机床上使用时，采用过渡盘连接是很方便的。为减小由于增加过渡盘而造成的夹具安装误差，可在安装夹具时，对夹具定位面(或在夹具上专门做出的找正环面)进行找正。

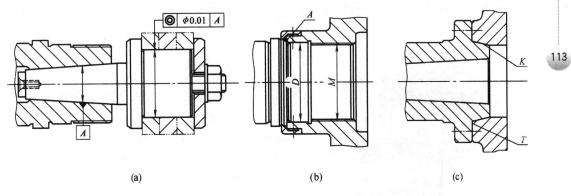

(a)                    (b)                    (c)

图 3-80　夹具在车床主轴上的安装

### 3.7.1.3　圆磨床夹具

圆磨床夹具与车床夹具类似,车床夹具的设计要点同样适合于外圆磨床和内圆磨床夹具,只是夹具精度要求更高。图 3-81 所示的薄膜卡盘是在内圆磨床上使用的夹具。该夹具通过弹性薄膜盘带动卡爪,并经过三个等分(或近似等分)的节圆柱将工件定心夹紧。卡爪的径向位置可以调整,以适应不同直径的工件。卡爪的调整方法是:松开紧固螺钉 5,使卡爪 4 背面的齿纹在齿槽上移动几个齿,再重新旋紧螺钉 5 将其紧固。卡爪每次调整后,需在机床上就地修磨卡爪的工作面,以保证卡爪工作面与机床同轴。三个节圆柱装在保持器内,组成一个卡环,使节圆柱不致掉落。节圆柱直径及其分布圆大小需根据被加工齿轮的模数和齿数确定,其计算可参考有关设计手册。

图 3-81　薄膜卡盘磨齿轮内孔夹具

1—推杆；2—弹性薄膜盘；3—保持架；4—卡爪；
5—螺钉；6—节圆柱；7—工件(齿轮)

## 3.7.2　钻床夹具和镗床夹具

钻床夹具因大都具有刀具导向装置,习惯上又称为钻模,主要用于孔加工。在机床夹具中,钻模占有很大的比例。

### 3.7.2.1　钻模类型与典型结构

钻模根据其结构特点可分为固定式钻模、回转式钻模、翻转式钻模、盖板式钻模和滑柱式钻模等。

**1. 固定式钻模**

固定式钻模在加工中相对于工件的位置保持不变。这类钻模多在立式钻床、摇臂钻床和多轴钻床上使用。图 3-76 所示为一固定式钻模,用于加工连杆零件上的螺纹底孔和螺钉过孔。

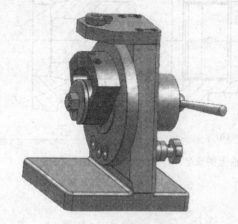

图 3-82　回转式钻模

### 2. 回转式钻模

图 3-82 所示为一回转钻模,用于加工扇形工件上三个有角度关系的径向孔,图 3-83 所示为其结构分解图。工件在定位芯轴 6 上定位,拧紧螺母 4,通过开口垫圈 3 将工件 5 夹紧。转动手柄 19,可将分度盘 7 松开。此时用捏手 21 将定位销 27 从分度盘 7 的定位套 1 中拔出,使分度盘 7 连同工件 5 一起回转 20°,将定位销 27 重新插入定位套 1a 或 1b,即实现了分度。再将手柄 19 转回,锁紧分度盘 7,即可进行加工。

回转式钻模的结构特点是夹具具有分度装置。某些分度装置已标准化(如立轴或卧轴回转工作台),设计回转式钻模时可以充分利用这些装置。图 3-84 所示为利用立轴式通用回转工作台构成回转式钻模的一个实例。此处立轴式通用回转工作台即是夹具的分度装置,也是夹具体。

图 3-83　回转式钻模分解图

1,1a,1b—定位套;2,12,18,22,24—螺钉;3—开口垫圈;4—螺母;5—工件;6—定位芯轴;7—分度盘;8—钻模板;9—可换钻套;10—钻套衬套;11—钻套螺钉;13—圆柱销;14—夹具体;15—芯轴衬套;16—圆螺母;17—端盖;19—手柄;20—连接销;21—捏手;23—小盖;25—滑套;26—弹簧;27—定位销

### 3. 翻转式钻模

图 3-85 所示为一翻转式钻模,用于加工工件上 $\phi$8mm 和 $\phi$5mm 两个孔。加工时,工件

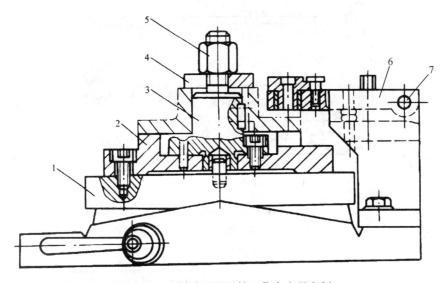

图 3-84 立轴式通用回转工作台应用实例

1—立轴式通用回转工作台；2—定位盘；3—芯轴；4—开口垫圈；5—螺母；6—钻模板；7—铰链

连同夹具一起翻转。对需要在多个方向上钻孔的工件，使用这种钻模非常方便。但加工过程中由于需要人工进行翻转，故夹具连同工件一起的重量不能很大。

### 4. 盖板式钻模

盖板式钻模的特点是没有夹具体。图 3-86 所示为加工车床溜板箱上多个小孔的盖板式钻模，它用圆柱销 2 和菱形销 3 在工件两孔中定位，并通过四个支承钉 4 安放在工件上。盖板式钻模的优点是结构简单，多用于加工大型工件上的小孔。

### 5. 滑柱式钻模

滑柱式钻模是一种具有升降模板的通用可调整钻模。图 3-87 所示为手动滑柱式钻模结构，它由钻模板、滑柱、夹具体、传动和锁紧机构等组成，

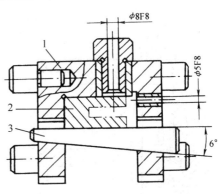

图 3-85 翻转式钻模

1—夹具体；2—工件；3—夹紧斜铁

这些结构已标准化并形成系列。使用时，只需根据工件的形状、尺寸和定位夹紧要求，设计、制造与之相配的专用定位、夹紧装置和钻套，并将其安装在夹具基体上即可。图 3-88 所示为其应用实例。

滑柱式钻模的钻模板上升到一定高度时或压紧工件后应能自锁。在手动滑柱式钻模中多采用锥面锁紧机构。如图 3-87 所示，压紧工件后，作用在斜齿轮上的反作用力在齿轮轴上引起轴向力，使锥体 A 在夹具体的内锥孔中楔紧，从而锁紧钻模板。当加工完毕后，将钻模板升到一定高度，此时钻模板的自重作用使齿轮轴产生反向轴向力，使锥体 A 与锥套 6 的锥孔楔紧，钻模板也被锁死。

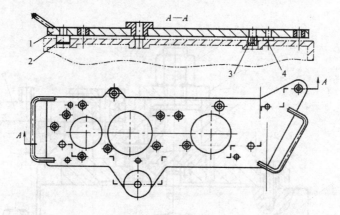

图 3-86　盖板式钻模

1—钻模板；2—圆柱销；3—菱形销；4—支承钉

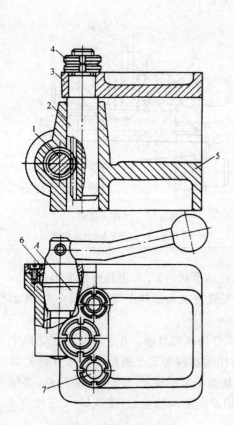

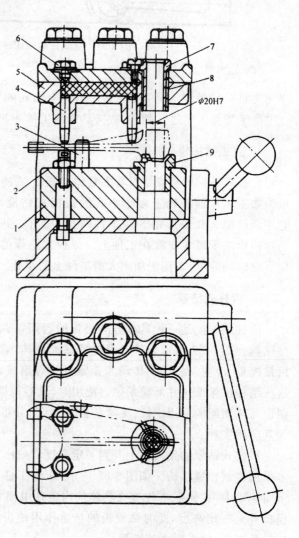

图 3-87　手动滑柱式钻模

1—斜齿轮轴；2—齿条轴；3—钻模板；4—螺母；

5—夹具体；6—锥套；7—滑柱

图 3-88　滑柱式钻模实例

1—底座；2—可调支承；3—挡销；4—压柱；5—压柱体；

6—螺塞；7—钻套；8—衬套；9—定位套

### 3.7.2.2 钻模设计要点

#### 1. 钻套

钻套是引导刀具的元件,用以保证被加工孔的位置,并防止加工过程中刀具的偏斜。

钻套按其结构特点可分为四种类型:固定钻套、可换钻套、快换钻套和特殊钻套。

(1) 固定钻套(见图 3-89(a))。固定钻套直接压入钻模板或夹具体的孔中,位置精度高;但磨损后不易拆卸,故多用于中小批量生产。

(2) 可换钻套(见图 3-89(b))。可换钻套以间隙配合安装在衬套中,而衬套则压入钻模板或夹具体的孔中。为防止钻套在衬套中转动,加一固定螺钉。可换钻套磨损后可以更换,故多用于大批量生产。

(3) 快换钻套(见图 3-89(c))。快换钻套具有快速更换的特点,更换时不需拧动螺钉,只要将钻套逆时针方向转动一个角度,使螺钉头对准钻套缺口,即可取下钻套。快换钻套多用于同一孔需要多个工步(如钻、扩、铰等)加工的情况。

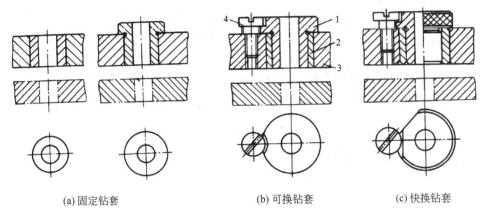

(a) 固定钻套　　　　　　　(b) 可换钻套　　　　　　　(c) 快换钻套

图 3-89　钻套

1—钻套;2—衬套;3—钻模板;4—螺钉

上述三种钻套均已标准化,其规格参数可查阅《夹具设计手册》。

(4) 特殊钻套(见图 3-90)。特殊钻套用于特殊加工场合,如在斜面上钻孔、在工件凹陷处钻孔、钻多个小间距孔等。此时无法使用标准钻套,可根据特殊要求设计专用钻套。

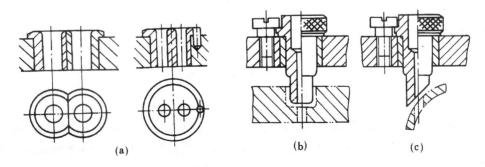

(a)　　　　　　　　　(b)　　　　　　　　　(c)

图 3-90　特殊钻套

钻套中导向孔的孔径及其偏差应根据所引导的刀具尺寸来确定,通常取刀具的上极限尺寸作为引导孔的公称尺寸;孔径公差依加工精度确定,钻孔和扩孔时通常取 F7,粗铰时取 G7,精铰时取 G6。若钻套引导的不是刀具的切削部分而是导向部分,常取配合 H7/f7、H7/g6 或 H6/g5。

钻套高度 $H$(见图 3-91)直接影响钻套的导向性能,同时影响刀具与钻套之间的摩擦情况,通常取 $H=(1\sim2.5)d$。对于精度要求较高的孔、直径较小的孔和刀具刚性较差时应取较大值。

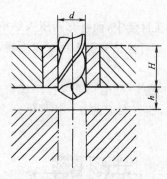

图 3-91　钻套高度与排屑间隙

钻套与工件之间一般应留有排屑间隙,此间隙不宜过大,以免影响导向作用。一般可取 $h=(0.3\sim1.2)d$。加工铸铁、黄铜等脆性材料时可取小值;加工钢等韧性材料时应取较大值。当孔的位置精度要求很高时,也可取 $h=0$。

### 2．钻模板

钻模板用于安装钻套。钻模板与夹具体的连接方式有固定式、铰链式、分离式和悬挂式等几种。

(1) 图 3-82 所示回转式钻模采用固定式钻模板。这种钻模板直接固定在夹具体上,结构简单,精度较高。

(2) 当使用固定式钻模板装卸工件有困难时,可采用铰链式钻模板,图 3-84 所示钻模即采用了铰链式钻模板。这种钻模板通过铰链与夹具体连接,由于铰链处存在间隙,因而精度不高。

(3) 图 3-92 所示为分离式钻模板,这种钻模板是可以拆卸的,工件每装卸一次,钻模板也要装卸一次。与铰链式钻模板相似,分离式钻模板也是为了装卸工件方便而设计的,但精度比铰链式高一些。

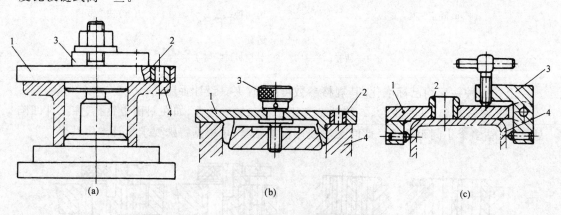

图 3-92　分离式钻模板

1—钻模板;2—钻套;3—夹紧元件;4—工件

(4) 图 3-93 所示为悬挂式钻模板。这种钻模板悬挂在机床主轴上,并随主轴一起靠近或离开工件,它与夹具体的相对位置由滑柱来保证。这种钻模板多与组合机床的多轴头连用。

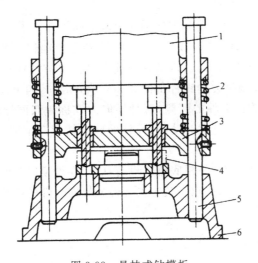

图 3-93 悬挂式钻模板

1—横梁；2—弹簧；3—钻模板；4—工件；5—滑柱；6—夹具体

### 3. 夹具体

钻模的夹具体一般不设定位或导向装置,夹具通过夹具体底面安放在钻床工作台上,可直接用钻套找正并用压板夹紧(或在夹具体上设置耳座用螺栓夹紧)。对于翻转式钻模,通常要求在相当于钻头送进方向设置支脚(见图 3-85)。支脚可以直接在夹具体上做出,也可以做成装配式。支脚一般有四个,以检查夹具安放是否歪斜。支脚的宽度(或直径)一般应大于机床工作台 T 形槽的宽度。

### 3.7.2.3 镗床夹具

具有刀具导向的镗床夹具,习惯上又称为镗模,镗模与钻模有很多相似之处。图 3-94

图 3-94 双面导向镗模

1—底板；2—镗套；3—镗套螺钉；4,9—镗模支架；5—工件(箱体)端面；6—螺柱；7—压板；8—螺母；
10—关节螺柱；11—铰链支座；A—工件底面；B—夹具支承面；G—找正基面

所示为双面导向镗模,用于镗削箱体零件端面上两组同轴孔。工件 5 的底面 A 及底面上两孔与夹具底板支承面 B 及 B 面上的两销(圆柱销＋菱形销)配合,实现完全定位,并用压板 7 夹紧。压板 7 的一端做成开口形式,以实现快速夹紧。关节螺柱 10 可以绕铰链支座 11 回转,以便于装卸工件。安装镗刀的镗杆由镗套 2 支承并导向,四个镗套分别安装在镗模支架 4 和 9 上。镗模支架安放在工件的两侧,这种导向方式称为双面导向。在双面导向的情况下,要求镗杆与机床主轴浮动连接。此时,镗杆的回转精度完全取决于两镗套的精度,而与机床主轴回转精度无关。

为便于夹具在机床上安装,镗模底座上设有耳座,在镗模底座侧面还加工出细长的找正基面(图 3-94 中的 G 面),用以找正夹具定位元件或导向元件的位置以及夹具在机床上安装的位置。

## 3.7.3　铣床夹具

铣床夹具主要用于加工零件上的平面、键槽、缺口及成形表面等。

### 3.7.3.1　铣床夹具的型号与典型结构

由于在铣削过程中,夹具大都与工作台一起作进给运动,而铣床夹具的整体结构又与铣削加工的进给方式密切相关,故铣床夹具常按铣削的进给方式分类,一般可分为直线进给式、圆周进给式和仿形进给式三种。

直线进给式铣床夹具用得最多,根据夹具上同时安装工件的数量,又可分为单件铣夹具和多件铣夹具。图 3-95 所示为铣工件斜面的单件铣夹具。工件 5 以一面两孔定位,为保证夹紧力作用方向指向主要定位面,压板 2 和 8 的前端做成球面。联动机构既使操作简便,又使两个压板夹紧力均衡。为了确定对刀圆柱 4 及圆柱定位销与菱形销 6 的位置,在夹具上设置了工艺孔 O。

图 3-96 所示为铣轴端方头的多件铣夹具,一次安装四个工件同时进行加工。为了提高生产率,且保证各工件获得均匀一致的夹紧力,夹具采用了联动夹紧机构并设置了相应的浮动环节(球面垫圈 4 与压板 6)。

加工时采用四把三面刃铣刀同时铣削四个工件方头的两个侧面,铣削完成后,取下楔铁 8,将回转座 2 转过 90°,再用楔铁 8 将回转座 2 定位并夹紧,即可铣削工件的另外两个侧面,即实现了一次安装完成两个工位的加工。

### 3.7.3.2　铣床夹具设计要点

#### 1. 铣床夹具总体结构

铣削加工的切削力较大,又是断续切削,加工中易引起振动,故要求铣床夹具受力零件要有足够的强度和刚度。夹紧机构所提供的夹紧力应足够大,且有较好的自锁性能。为了提高夹具的工作效率,应尽量采用机动夹紧或联动夹紧机构,并在可能的情况下,采用多件夹紧和多件加工。

#### 2. 对刀装置

对刀装置用来确定夹具相对于刀具的位置。铣床夹具的对刀装置主要由对刀块和塞尺

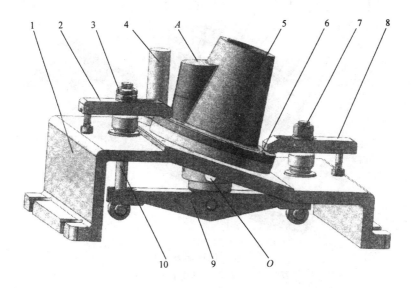

(a) 夹具实体图

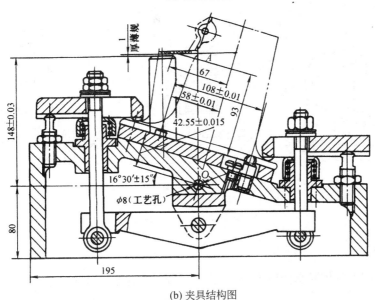

(b) 夹具结构图

图 3-95 铣斜面夹具

1—夹具体；2,8—压板；3—圆螺母；4—对刀圆柱；5—工件；6—菱形销；
7—夹紧螺母；9—杠杆；10—螺柱；A—加工面；O—工艺孔

构成。图 3-97 所示为几种常用的对刀块。其中图 3-97(a)所示为高度对刀块,用于加工平面时对刀；图 3-97(b)为直角对刀块,用于加工键槽或台阶面时对刀；图 3-97(c)为成形对刀块,当采用成形铣刀加工成形表面时,可用此种对刀块对刀。

塞尺用于检查刀具与对刀块之间的间隙,以避免刀具与对刀块直接接触而造成刀具或对刀块的损伤。

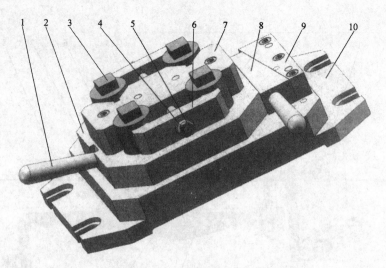

图 3-96 铣轴端方头夹具

1—手柄；2—回转座；3—工件；4—球面垫圈；5—夹紧螺母；6—压板；
7—V形定位块；8—楔铁；9—固定楔块；10—夹具体

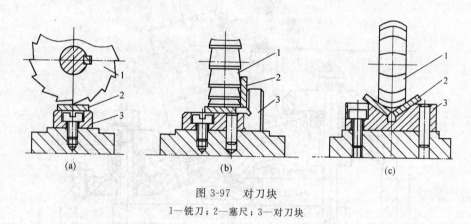

图 3-97 对刀块

1—铣刀；2—塞尺；3—对刀块

## 3. 夹具体

铣床夹具的夹具体要承受较大的切削力，故要求有足够的强度、刚度和稳定性。通常在夹具体上要适当地布置筋板，夹具体的安装面要足够大，且尽可能采用周边接触的形式。

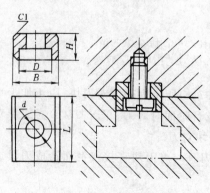

图 3-98 定向键

铣床夹具通常通过定向键与铣床工作台T形槽的配合来确定夹具在铣床工作台上的方位。图 3-98所示为定向键的结构及应用情况。定向键与夹具体的配合多采用H7/h6。为了提高夹具的安装精度，定向键的下部（与工作台T形槽的配合部分）可留有余量以进行修配，或在安装夹具时使定向键一侧与工作台T形槽靠紧，以消除配合间隙影响。铣床夹具大都在夹具体上设计有耳座，并通过T形槽螺栓将夹具紧固在工作台上。

铣床夹具的设计要点同样适合于刨床夹具,其中主要方面也适用于平面磨床夹具。

## 3.7.4 加工中心机床夹具

### 1. 加工中心机床夹具特点

加工中心是一种带有刀库和自动换刀功能的数控镗铣床。加工中心机床夹具与一般铣床或镗床夹具相比,具有以下特点:

(1) 功能简化。一般铣床或镗床夹具具有四种功能,即定位、夹紧、导向和对刀。加工中心机床由于有数控系统的准确控制,加之机床本身的高精度和高刚性,刀具位置可以得到很好的保证。因此,加工中心机床使用的夹具只需具备"定位"和"夹紧"两种功能,就可以满足加工要求,使夹具结构得到简化。

(2) 完全定位。一般铣床或镗床夹具在机床上的安装只需要"定向",常采用定向键(如图 3-1 中的件 3)或找正基面(如图 3-94 中的 G 面)确定夹具在机床上的角向位置。而加工中心机床夹具在机床上不仅要确定其角向位置,还要确定其坐标位置,即要实现完全定位。这是因为加工中心机床夹具定位面与机床原点之间有严格的坐标尺寸要求,以保证刀位相对于夹具和工件的准确。

(3) 开敞结构。加工中心机床的加工工作属于典型的工序集中,工件一次装夹就可以完成多个表面的加工。为此,夹具通常采用开敞式结构,以免夹具各部分(特别是夹紧部分)与刀具或机床运动部件发生干涉和碰撞。有些定位零件可以在工件定位时参与,而当工件夹紧后被卸去,以满足多面加工的要求。

(4) 快速重调。为尽量减少机床加工对象转换时间,加工中心机床使用的夹具通常要求能够快速更换或快速重调。为此,夹具安装时一般采用无校正定位方式。对于相似工件的加工,则常采用可调整夹具,通过快速调整(或快速更换零件),使一套夹具可以同时适应多种零件的加工。

### 2. 加工中心机床夹具的类型

加工中心机床可使用的夹具类型有多种,如专用夹具、通用夹具、可调整夹具等。由于加工中心机床多用于多品种和中小批量生产,故应优先选用通用夹具、组合夹具和通用可调整夹具。

加工中心机床使用的通用夹具与普通机床使用的通用夹具基本结构相同,但精度要求较高,且一般要求能在机床上准确定位。图 3-99 所示为在加工中心机床上使用的正弦平口钳。该夹具利用正弦规原理,通过调整高度规的高度,可以使工件获得准确的角度位置。

夹具底板设置了 12 个定位销孔,孔的位置度误差不大于 0.005mm,通过孔与专用 T 形槽定位销的配合,可以实现夹具在机床工作台上的完全定位。为保证工件在夹具上的准确定位,平口钳的钳口以及夹具上其他基准面的位置精度要求达到 100∶0.003。

图 3-100 所示是专门为加工中心机床设计的通用可调整夹具系统,该系统由图示的基础件和另外一套定位、夹紧调整件组成。基础板内装立式油缸和卧式油缸,通过从上面或侧面把双头螺栓(或螺杆)旋入油缸活塞杆,可以将夹紧零件与油缸活塞连接起来,以实现对工

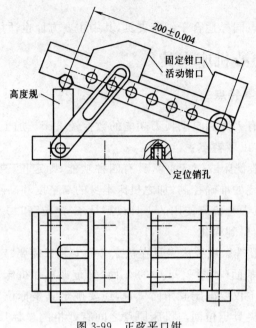

图 3-99　正弦平口钳

件的夹紧。基础板上表面还分布有定位孔和螺孔,并开有 T 形槽,可以方便地安装定位零件。基础板通过底面的定位销,与机床工作台的槽或孔配合,实现夹具在机床上的定位。工件加工时,对不用的孔(包括定位孔和螺孔),需用螺塞封盖,以防切屑或其他杂物进入。

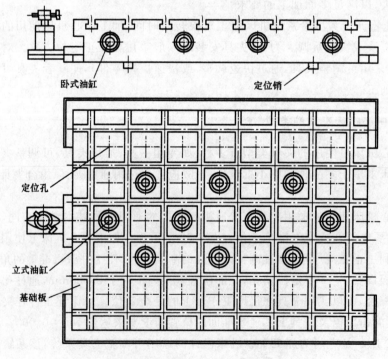

图 3-100　通用可调整夹具系统

组合夹具(特别是孔系列组合夹具)目前在加工中心机床上得到广泛应用。有关组合夹具的结构、特点,将在3.7.5节中介绍。

### 3.7.5 柔性夹具

所谓柔性夹具是指具有加工多种不同工件能力的夹具,包括组合夹具、可调整夹具等。

#### 3.7.5.1 组合夹具

**1. 组合夹具的特点**

组合夹具是一种根据被加工工件的工艺要求,利用一套标准化的零件组合而成的夹具。夹具使用完毕后,可以将零件方便地拆开,清洗后存放,待再次组装时使用。组合夹具具有以下优点:

(1) 灵活多变,万能性强,根据需要可以组装成多种不同用途的夹具。

(2) 可大大缩短生产准备周期。组装一套中等复杂程度的组合夹具只需要几个小时,这是制造专用夹具无法相比的。

(3) 可减少专用夹具设计、制造工作量,并可减少材料消耗。

(4) 可减少专用夹具库存空间,改善夹具管理工作。

由于以上优点,组合夹具在单件小批生产以及新产品试制中得到广泛应用。与专用夹具相比,组合夹具的不足是体积较大,显得笨重。此外,为了组装各种夹具,需要一定数量的组合夹具零件储备,即一次性投资较大。为此,可在各地区建立组装站,以解决中小企业无力建组装室的问题。

**2. 组合夹具的类型**

目前使用的组合夹具有两种基本类型,即槽系组合夹具和孔系组合夹具。槽系组合夹具零件间靠键和销(键槽和T形槽)定位,孔系组合夹具则通过孔与销配合来实现元件间的定位。

图3-101所示为一套组装好的槽系组合夹具零件分解图。其中标号表示出槽系组合夹具的八大类零件,包括基础件2、支承件7、定位件4、导向件8、压紧件6、紧固件5、合件3及其他件1。各类零件的名称基本体现了各类零件的功能,但在组装时又可灵活地交替使用。合件是若干零件所组成的独立部件,在组装时不能拆卸。合件按其功能又可分为定位合件、导向合件、分度合件等。图3-101中的件3为端齿分度盘,属于分度合件。

图3-102所示为铣拨叉槽组合夹具。工件以 $\phi24H7$ 孔及其端面以及大圆弧面定位。在方形基础板1上并排安装多槽大长方支承5和小长方支承b13,再在其上安装侧中孔定位支承12。在件12的侧面螺孔中拧入两个螺钉6,装回转压板15。在定位支承12的中间孔中装入定位销17,定位销大外圆与工件 $\phi24H7$ 孔配合。双头螺柱16通过定位销17和定位支承12拧入回转压板15,用圆螺母18将定位销17紧固。装在支承5上的圆形定位盘4用作工件角度定向,圆形定位盘4的位置尺寸57mm和74.63mm是通过几何计算得到的。厚六角螺母8和10用作可调支承,承受切削力。

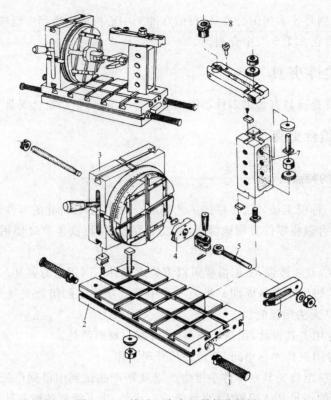

图 3-101　槽系组合夹具零件分解图

1—其他件；2—基础件；3—合件；4—定位件；5—紧固件；6—压紧件；7—支承件；8—导向件

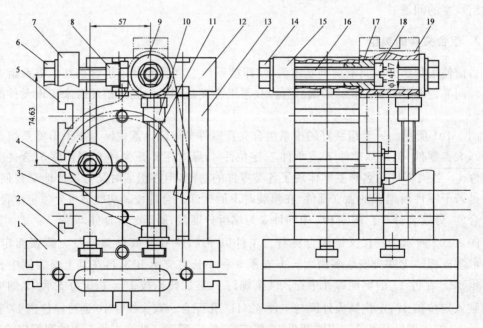

图 3-102　铣拨叉槽组合夹具

1—方形基础板；2—小长方支承 a；3,14,20—六角螺母；4—φ40mm 圆形定位盘；5—大长方支承；6—螺钉；7—右支承角铁；8,10—厚六角螺母；9—垫圈；11—槽用螺栓；12—侧中孔定位支承；13—小长方支承 b；15—回转压板；16—双头螺柱；17—φ24mm 圆形定位销；18—圆螺母；19—工件孔系组合夹具的零件类别与槽系组合夹具相似,也分为八大类,但没有导向件,而增加了辅助件。图 3-103 所示为部分孔系组合夹具零件的分解图,可以看出,孔系组合夹具零件间以孔、销定位和以螺纹连接。孔系组合夹具零件上定位孔的精度为 H6,定位销的精度为 k5,孔心距误差为±0.01mm。

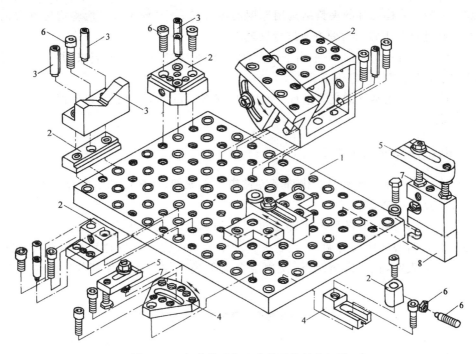

图 3-103　部分孔系组合夹具零件的分解图

1—基础件;2—支承件;3—定位件;4—辅助件;5—压紧件;6—紧固件;7—其他件;8—合件

与槽系组合夹具相比,孔系组合夹具具有精度高、刚度好、易于组装等特点,特别是它可以方便地提供数控编程的基准——编程原点,因此在数控机床上得到广泛应用。

图 3-104 所示为在卧式加工中心机床上使用的孔系组合夹具。工件以底面以及底面的侧面和端面凸缘定位,加工侧面和端面上各孔。由于凸缘具有一定弧度,增加了切边圆柱支承作角向定位,同时切边圆柱支承也可以作为对刀参考点。

### 3. 组合夹具的组装

组合夹具的组装过程是一个复杂的脑力劳动和体力劳动相结合的过程,其实质与专用夹具的设计与装配过程是一样的,一般过程如下:

(1)熟悉原始资料,包括阅读零件图(工序图),了解加工零件的形状、尺寸、公差、技术要求

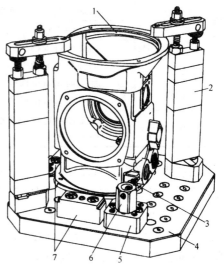

图 3-104　孔系组合夹具

1—工件;2—组合压板;3—调节螺栓;4—方形基础板;5—方形定位连接板;6—切边圆柱支承;7—台阶支承

以及所用的机床、刀具情况,并查阅以往类似夹具的记录。

（2）构思夹具结构方案。根据加工要求选择定位零件、夹紧零件、导向零件、基础零件等（包括特殊情况下设计的专用件），构思夹具结构,拟定组装方案。

（3）组装计算,如角度计算、坐标尺寸计算、结构尺寸计算等。

（4）试装。将构思好的夹具结构用选用的零件搭一个"样子",以检验构思方案是否正确可行。在此过程中常需对原方案进行反复修改。

（5）组装。按一定顺序（一般由下而上,由里到外）将各零件连接起来,并同时进行测量和调整,最后将各零件固定下来。

（6）检验。对组装好的夹具进行全面检查,必要时可进行试加工,以确保组装的夹具满足加工要求。

**4. 组合夹具的精度和刚度**

不少人认为由于组合夹具是由许多零件拼装而成的,其精度和刚度都不如专用夹具。其实这种观点是不全面的。

首先,组合夹具的最终精度大都通过调整和选择装配来达到,因而可避免误差累加的问题。经过精心的组装与调整,组合夹具的组装精度完全可以达到专用夹具所能达到的精度。经验表明,在正常情况下,使用组合夹具进行加工所能保证的工件位置精度可参考表 3-2。

表 3-2　使用组合夹具加工可达到的精度

| 组合夹具类型 | 加工精度内容 | 误差值/mm |
|---|---|---|
| 钻夹具 | 钻、铰两孔中心距 | ±0.05 |
|  | 钻、铰两孔平行度（或垂直度） | 0.05/100 |
|  | 被加工孔与定位面的垂直度（或平行度） | 0.05/100 |
| 镗夹具 | 两孔中心距 | ±0.02 |
|  | 两孔平行度（或垂直度） | 0.01/100 |
|  | 同轴孔的同轴度 | 0.01/100 |
| 车夹具 | 加工面与定位面的距离 | ±0.03 |
|  | 加工面与定位面的平行度或垂直度 | 0.03/100 |
| 铣、刨夹具 | 加工面与定位面的平行度或垂直度 | 0.04/100 |
|  | 斜面角度 | ±2′ |

试验表明,组合夹具的刚度主要取决于组合夹具零件本身的刚度,而与所用零件的数量关系不大。对图 3-105 所示的由钻模板、支承和基础板组合结构所做的静刚度试验表明,夹具主要零件（基础板、支承、钻模板）变形占总变形量的 75%～95%（取决于钻模板的伸出长度、支承高度等）,而钻模板与支承件、支承件与钻模板结合部的变形（包括定位键与 T 形槽的切向变形）只占总变形量的 5%～25%。这说明,若不考虑夹具零件因开 T 形槽等而使其本身刚度下降的因素,拼装结构刚度和整体结构刚度相差不多。若考虑组合夹具零件本身刚度不足,则组合夹具与同样体积专用夹具相比刚度要差一些。

当对夹具刚度要求较高时,可在组装上采取措施。如图 3-106 所示,在钻模板组装结构中增加直角支承,可使其刚度得到有效提高。

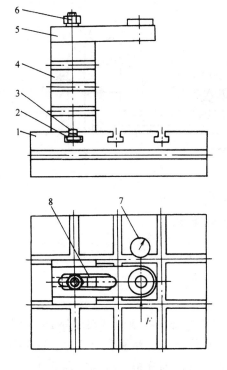

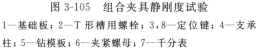

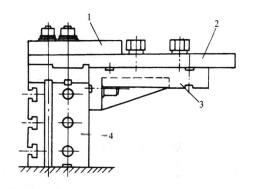

图 3-105 组合夹具静刚度试验
1—基础板；2—T 形槽用螺栓；3,8—定位键；4—支承
柱；5—钻模板；6—夹紧螺母；7—千分表

图 3-106 提高钻模板组装结构刚度方法
1—压板；2—钻模板；3—直角支承；4—长方形支承

　　我国组合夹具的组装工人在长期的组装实践中提出了一种组装组合夹具的"六点组装法"。这是一种提高组合夹具刚度和保证组合夹具使用精度的行之有效的组装方法。其实质是运用夹具设计中的六点定位原理，在组装过程中通过装键或零件组合的方法使夹具零件在与加工精度有关的方向上的自由度得到完全限制，而不是仅仅依靠螺栓紧固来确定其位置。图 3-107(a)所示为用一般方法组装的角度结构，图 3-107(b)为用六点组装法组装的角度结构。在图 3-107(b)所示的结构中，规定的角度值是通过选配零件尺寸而获得的。在尺寸 $A$、$B$ 确定的条件下，通过计算可求出 $H$ 的数值，按 $H$ 值选配长方形支承 2，即可获得所需的角度。至于方形支承 9、12 在水平方向上的位置，也由 $A$ 值确定。为使其准确定位，增加了方形支承 15（其尺寸 $H_1$ 也可通过计算求出），并采用伸长板 11 将件 1、9、12 和 15 紧固在一起。

　　实际表明，用上述两种不同角度结构所构成的铣床夹具在工作一段时间以后，图 3-107(a)所示结构的角度值发生了变化，而图 3-107(b)所示结构的角度值则始终未变。

### 3.7.5.2　可调整夹具

　　可调整夹具具有小范围的柔性，它一般通过调整部分装置或更换部分零件，以适应具有一定相似性的不同零件的加工。这类夹具在成组技术中得到广泛应用，此时又被称为成组夹具。

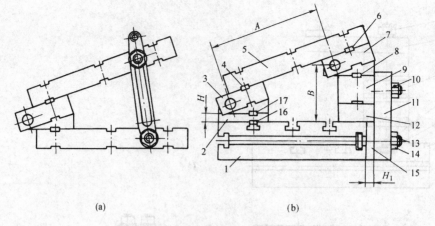

图 3-107　提高钻模板组装结构刚度方法

1—方形基础板；2—长方形支承；3,7—折合板；4,6,8,16,17—平键；5—简式方形基础板；
9,12,15—方形支承；10,14—螺母；11—伸长板；13—槽用螺栓

## 1．可调整夹具的特点

可调整夹具在结构上由基础部分和可调整部分两大部分组成。基础部分是组成夹具的通用部分，在使用中固定不变，通常包括夹具体、夹紧传动装置和操作机构等。此部分结构主要根据被加工零件的轮廓尺寸、夹紧方式以及加工要求等确定。可调整部分通常包括定位零件、夹紧零件、刀具引导零件等。更换工件品种时，只需对该部分进行调整或更换零件，即可进行新的加工。

图 3-108(a)所示为用于成组加工的可调整车床夹具，图 3-108(b)所示为利用该夹具加

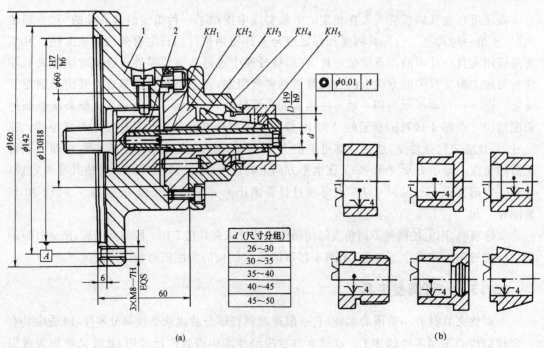

图 3-108　可调整车床夹具

1—夹具体；2—接头；$KH_1$—夹紧螺钉；$KH_2$—定位锥体；$KH_3$—顶环；$KH_4$—定位环；$KH_5$—弹簧胀套

工的部分零件工序示意图。零件以内孔和左端面定位,用弹簧胀套夹紧,加工外圆和右端面。在该夹具中,夹具体 1 和接头 2 是夹具的基础部分,其余各件均为可调整部分。被加工零件根据定位孔径的大小分为五组,每组对应一套可换的夹具零件,包括夹紧螺钉、定位锥体、顶环和定位环,而弹簧胀套则需根据零件的定位孔径来确定。

图 3-109(a)所示为可调整钻模,用于加工图 3-109(b)所示零件上垂直相交的两径向孔。工件以内孔和端面在定位支承 2 上定位,旋转夹紧捏手 4,带动锥头滑柱 3 将工件夹紧。转动调节旋钮 1,带动微分螺杆,可调整定位支承端面到钻套中心的距离为 C,此值可直接从刻度盘上读出。微分螺杆用紧固手柄 6 锁紧。该夹具的基础部分包括夹具体、钻模板、调节旋钮、夹紧捏手、紧固手柄等;夹具的可调整部分包括定位支承、滑柱、钻套等。更换定位支承 2 并调整其位置,可适应不同零件的定位要求。更换钻套 5 则可加工不同直径的孔。

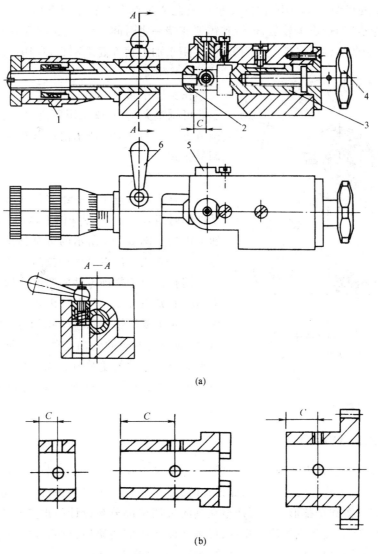

(a)

(b)

图 3-109 可调整钻模

1—调节旋钮;2—定位支承;3—滑柱;4—夹紧捏手;5—钻套;6—紧固手柄

### 2．可调整夹具的调整方式

可调整夹具通常采用四种调整方式：更换式、调节式、综合式和组合式。

（1）更换式

更换式调整方法采用更换夹具零件的方法，实现不同零件的定位、夹紧、对刀或导向。图 3-108 所示的可调整车床夹具就是完全采用更换夹具零件的方法，实现不同零件的定位和夹紧。这种调整方法的优点是使用方便、可靠，且易于获得较高的精度；缺点是夹紧所需更换零件的数量大，使夹具制造费用增加，并给保管工作带来不便。此法多用于夹具上精度要求较高的定位和导向零件的调整。

（2）调节式

调节式调整方法借助于改变夹具上可调零件位置的方法，实现不同零件的装夹和导向。图 3-109 所示的可调整钻模中，位置尺寸 $C$ 就是通过调节螺杆来保证的。采用调节方法所用的零件数量少，制造成本较低，但调整需要花费一定时间，且夹具精度受调节精度的影响。此外，活动的调节零件会降低夹具刚度，故多用于加工精度要求不高和切削力较小的场合。

（3）综合式

在实际中常常综合应用上述两种方法，即在同一套可调整夹具中，既采用更换零件的方法，又采用调节方法。图 3-109 所示的可调整钻模就属于综合调整方式。

（4）组合式

组合式调整方法将一组零件的有关定位或导向零件同时组合在一个夹具体上，以适应不同零件的加工需要。图 3-110 所示的可调整拉床夹具就属于组合调整方式。该夹具用于拉削三种不同杆类零件的花键孔。由于每种零件的花键孔均有角向位置要求，故在夹具上设置了三个不同的角向定位零件——两个菱形销 6 和一个挡销 4。拉削不同工件时，分别安装不同的角向定位零件即可。组合方式由于避免了零件的更换和调节，节省了夹具调整时间。但此类夹具应用范围有限，常用于零件品种数较少而加工数量较大的情况。

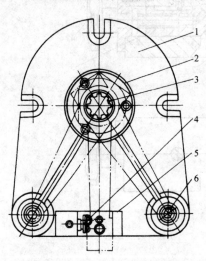

图 3-110　可调整拉床夹具

1—夹具体；2—支承法兰盘；3—球面支承套；
4—挡销；5—支承块；6—菱形销

### 3．可调整夹具的设计

可调整夹具的设计方法与专用夹具设计方法基本相同，主要区别在于其加工对象不是一个零件，而是一组相似的零件。因此设计时，需对所有加工对象进行全面分析，以确定夹具最优的装夹方案和调整形式。可调整夹具的可调整部分是设计的重点和难点，设计者应按选定的调整方式，设计或选用可换件、可调件以及相应的调整机构，并在满足零件装夹和加工要求的前提下，力求使夹具结构简单、紧凑、调整使用方便。

### 3.7.5.3 其他柔性夹具

除了上面介绍的组合夹具和可调整夹具外,近年来还发展了多种形式的柔性夹具,如适应性夹具、仿生式夹具、模块化程序控制夹具以及相变夹具等。适应性夹具是将夹具定位零件和夹紧零件分解为更小的元素,使之适应工件形状的连续变化。仿生式夹具由机器人末端操纵件演变而来,通常利用形状记忆合金实现工件装夹。模块化程序控制夹具通过伺服控制机构,变动夹具零件的位置装夹工件。下面仅对相变夹具进行简要介绍。

利用某些材料具有可控相变的物理性质(从液相转变成固相,再从固相变回液相),可以方便地构造柔性夹具。图 3-111 所示为用叶片曲面定位加工叶片根部榫头的封装块式柔性夹具。先将工件置于模具中,并使其处于正确的位置,然后注入液态相变材料(见图 3-111(a)),待液态相变材料固化后从模具中将工件连同封装块一起取出。再将封装块安装在夹具上,即可加工叶片根部榫头(见图 3-111(b))。加工后再进行固液转变,使工件与相变材料分离。

常用的可控固液两相转变材料有水基材料、石蜡基材料和低熔点合金等。目前应用较多的是Sn、Pb 等低熔点合金。

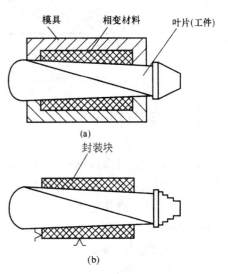

图 3-111 封装块式柔性夹具

相变夹具特别适合于定位表面形状复杂,且刚度较差的工件的装夹;其缺点是相应过程耗时、耗能,且工件表面残余附着物不易清理,某些相变材料在相变过程中还会产生污染。

为避免上述相变夹具的负面作用,近年来研究出了伪相变材料,主要有磁流变材料(magnetor heological fluids)和电流变材料(electror heological fluids)。这些材料在正常情况下处于流动状态,但在磁场或电场作用下则变为固态。与上述相变材料相比,用磁(电)流变材料构成的夹具具有如下优点:

(1) 速度快。相变过程可以在瞬间(毫秒数量级)完成。

(2) 成本低。磁(电)流变材料本身价格较低,使用装置也不复杂,且磁(电)流变材料可以反复利用。

(3) 易操作。相变可以在室温下进行,且操作简单,无污染。

图 3-112 所示为一种伪相变材料液态床式夹具,床右部有以铁磁微粒为基础的磁流变液(体积分数 50%),在磁流变液中放入夹具零件。当有磁场作用时,磁流变液迅速固化,使夹具零件固定,便可对工件进行定位和夹紧,并进行加工。加工完毕后,关闭磁场,磁流变液即刻恢复流动状态,工件可以方便地取出。

伪相变夹具的主要缺点是伪相变材料的强度较低,屈服应力较小,因而多用于定位面形状复杂,且切削力较小的场合。

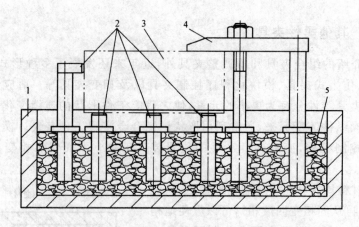

图 3-112　伪相变材料液态床式夹具
1—箱体；2—定位件；3—工件；4—压板；5—磁流变液

## 习题与思考题

3-1　机床夹具都由哪些部分组成？每个组成部分起何作用？试分析使用夹具加工零件时，产生加工误差的因素有哪些？它们与零件公差成什么比例？

3-2　工件在夹具中由于受定位元件的约束而得到定位，与工件被夹紧而得到固定的位置有何不同？工件不受定位元件的约束只靠夹紧而固定在某一位置，是否也算定位了？

3-3　何谓定位误差？定位误差是由哪些因素引起的？定位误差的数值一般应控制在零件公差的什么范围内？

3-4　在夹具中对一个零件进行试切法加工时，是否还有定位误差？为什么？

3-5　工件在夹具中夹紧的目的是什么？夹紧和定位有何区别？对夹紧装置的基本要求是什么？

3-6　试举例论述在设计夹具时，对夹紧力的三要素（力的作用点、方向、大小）有何要求？

3-7　试比较斜楔、螺旋、圆偏心和定心夹紧机构的优缺点，并举例说明它们的使用范围。

3-8　常用的机动夹紧动力装置有哪些？各有何优缺点？

3-9　在习图 3-1(a)所示套筒零件上铣键槽，要求保证尺寸 $50^{0}_{-0.14}$ mm。现有三种定位方案，分别如习图 3-1(b)～(d)所示。试计算三种不同定位方案的定位误差，并从中选择最优方案(已知内孔与外圆的同轴度公差不大于 0.02mm)。

3-10　习图 3-2 所示的齿轮坯，内孔和外圆已加工合格($d=80^{0}_{-0.1}$ mm，$D=35^{+0.025}_{0}$ mm)，现在插床上用调整法加工内键槽，要求保证尺寸 $H=38.5^{+0.2}_{0}$ mm。试分析采用图示定位方法能否满足加工要求(要求定位误差不大于工件尺寸公差的 1/3)？若不满足，应如何改进(忽略外圆与内孔的同轴度误差)？

3-11　习图 3-3 所示零件的锥孔和各平面均已加工好，现在铣床上铣键宽为 $b^{0}_{-\Delta}$ 的键槽，要求保证槽的对称线与锥孔轴线相交，且与 $A$ 面平行，并保证尺寸 $h^{0}_{-\Delta h}$。试问图示定位方案是否合理？如不合理，如何改进？

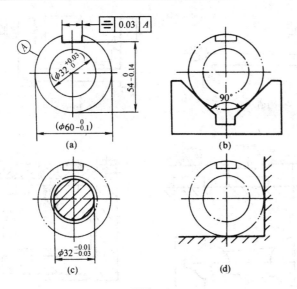

习图 3-1

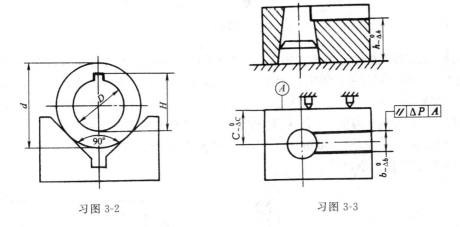

习图 3-2　　　　　　　　　　习图 3-3

3-12　习图 3-4 所示零件,用一面两孔定位加工四面,要求保证尺寸$(18\pm0.05)$mm。若两销直径为 $\phi16^{-0.01}_{-0.02}$ mm,试分析该设计能否满足要求(要求工件安装无干涉,且定位误差不大于工件加工尺寸公差的 1/2)。若满足不了,提出改进办法。

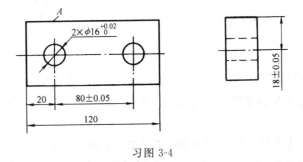

习图 3-4

3-13　指出如习图 3-5 所示各定位、夹紧方案及结构设计中不正确的地方,并提出改进意见。

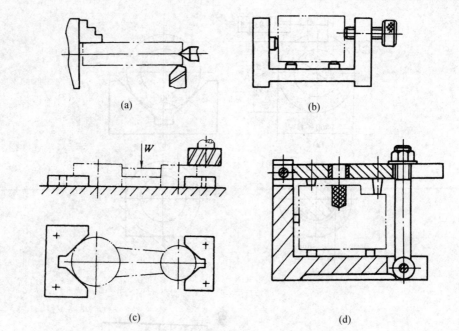

习图 3-5

3-14　如习图 3-6 所示,在龙门刨床上加工工件的上平面,已知工件重量 $G=2500\text{N}$,加工时切削力 $F_z=4000\text{N}$,$F_y=1600\text{N}$,$F_x=800\text{N}$;摩擦系数 $\mu=0.16$,安全系数 $K=1.5$;刨床工作台工作行程加速度 $a_1=5\text{m/s}^2$,空行程加速度为 $a_2=12\text{m/s}^2$,试计算所需夹紧力 $W$ 的大小。

3-15　工件夹紧如习图 3-7 所示,已知加工时刀具对工件切削的两个分力 $F_1=2000\text{N}$,$F_2=5000\text{N}$;$a=60\text{mm}$,$b=260\text{mm}$,$l=20\text{mm}$;摩擦系数 $\mu=0.16$,安全系数 $K=2$,试计算所需的夹紧力 $W$ 的大小。

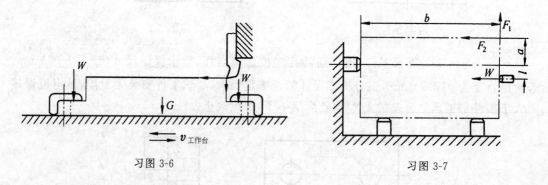

习图 3-6

习图 3-7

3-16　欲在一批圆柱形工件的一端铣槽,要求槽宽与外圆中心线对称,工件外圆为 $D$(单位 mm)。工件的装夹如习图 3-8 所示的三种方案,试分析比较三种装夹方案哪种比较合理? 为什么?

3-17　用鸡心夹头夹持工件车削外圆,如习图 3-9 所示。已知工件直径 $d=69\text{mm}$(装夹部分与车削部分直径相同),工件材料为 45 钢,切削用量为 $a_p=2\text{mm}$,$f=0.5\text{mm/r}$。摩擦系数取 $\mu=0.2$,安全系数取 $K=1.8$,$\alpha=90°$。试计算鸡心夹头上夹紧螺栓所需作用的力矩为多少?

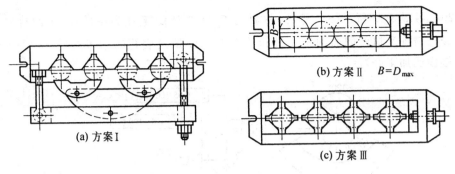

(b)方案Ⅱ  $B=D_{max}$

(a)方案Ⅰ

(c)方案Ⅲ

习图 3-8

3-18　习图 3-10 所示为一斜孔钻模,工件上斜孔的位置由尺寸 $A$、$B$ 及角度 $\alpha$ 确定。若钻模上工艺孔中心至定位面的距离为 $H$,试确定夹具上调整尺寸 $x$ 的数值。

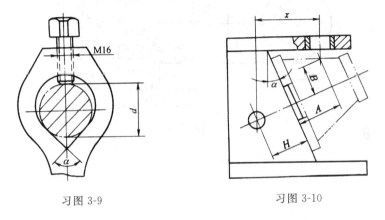

习图 3-9

习图 3-10

3-19　习图 3-11(b)所示钻模用于加工习图 3-11(a)所示工件上的两 $\phi 8^{+0.036}_{0}$ mm 孔,试指出该钻模设计的不当之处。

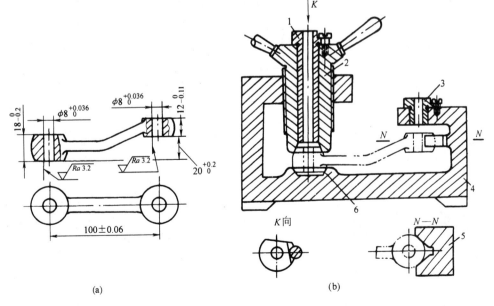

习图 3-11

3-20 习图 3-12 所示拨叉零件，材料为 QT400-18L，毛坯为精铸件，生产批量为 200 件。试设计铣削叉口两侧面的铣夹具和钻 M8—6H 螺纹底孔的钻床夹具（工件上 φ24H7 孔及两端面已加工好）。

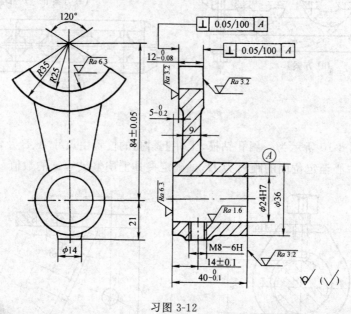

习图 3-12

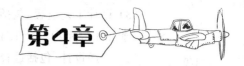

# 第4章

# 机械加工工艺规程的制定

## 4.1 概述

### 1. 机械加工工艺规程的作用

机械加工工艺规程是规定产品或零部件制造工艺过程和操作方法等的工艺文件。

正确的机械加工工艺规程是在总结长期的生产实践和科学试验的基础上，依据科学理论和必要的工艺试验而制定的，并通过生产过程的实践不断得到改进和完善。机械加工工艺规程的作用有以下三个方面：

（1）机械加工工艺规程是组织车间生产的主要技术文件

机械加工工艺规程是车间中一切从事生产的人员都要严格、认真贯彻执行的工艺技术文件，按照它组织和进行生产，就能做到各工序科学地衔接，实现优质、高产和低消耗。

（2）机械加工工艺规程是生产准备和计划调度的主要依据

有了机械加工工艺规程，在产品投入生产之前就可以根据它进行一系列的准备工作，如原材料和毛坯的供应，机床的调整，专用工艺装备（如专用夹具、刀具和量具）的设计与制造，生产作业计划的编排，劳动力的组织，以及生产成本的核算等。有了机械加工工艺规程，就可以制定所生产产品的进度计划和相应的调度计划，使生产均衡、顺利地进行。

（3）机械加工工艺规程是新建或扩建工厂、车间的基本技术文件

在新建或扩建工厂、车间时，只有根据机械加工工艺规程和生产纲领，才能准确确定生产所需机床的种类和数量，工厂或车间的面积，机床的平面布置，生产工人的工种、等级、数量，以及各辅助部门的安排等。

### 2. 机械加工工艺规程的制订程序

制订机械加工工艺规程的原始资料主要是产品图纸、生产纲领、现场加工设备及生产条件等，有了这些原始资料并由生产纲领确定了生产类型和生产组织形式之后，即可着手机械加工工艺规程的制订，其内容和顺序如下：

（1）分析被加工零件；

（2）选择毛坯；

（3）设计工艺过程，包括划分工艺过程的组成、选择定位基准、选择零件表面的加工方法、安排加工顺序和组合工序等；

（4）工序设计，包括选择机床和工艺装备、确定加工余量、计算工序尺寸及其公差、确定切削用量及计算工时定额等；

（5）编制工艺文件。

### 3. 机械加工工艺规程制订研究的问题

为了能优质、高产、低消耗地加工合格产品，在机械加工工艺规程制订中应研究如下问题：

（1）零件工艺性分析和毛坯选择；

（2）工艺过程设计；

（3）工序设计；

（4）提高劳动生产率的工艺措施；

（5）工艺方案的经济分析。

## 4.2　零件的工艺性分析及毛坯的选择

### 4.2.1　零件的工艺性分析

在制订零件的机械加工工艺规程之前，首先应对该零件的工艺性进行分析。零件的工艺性分析包括以下两方面内容。

#### 1. 了解零件的各项技术要求，提出必要的改进意见

分析产品的装配图和零件的工作图，目的是熟悉该产品的用途、性能及工作条件，明确被加工零件在产品中的位置和作用，进而了解零件上各项技术要求制定的依据，找出主要技术要求和加工关键，以便在拟订工艺规程时采取适当的工艺措施加以保证。在此基础上，还可对图纸的完整性、技术要求的合理性以及材料选择是否恰当等方面提出必要的改进意见。如图 4-1(a)所示的汽车板弹簧和弹簧吊耳内侧面的表面粗糙度，可由原设计的 $Ra3.2$ 改为 $Ra25$，这样就可以在铣削加工时增大进给量，以提高生产效率。又如图 4-1(b)所示的方头销零件，其方头部份要求淬硬到 $55\sim60\mathrm{HRC}$，销轴 $\phi8^{+0.010}_{+0.001}$ mm 上有一个 $\phi2^{+0.01}_{0}$ mm 的孔，装配时配作，零件材料为 T8A。小孔 $\phi2^{+0.01}_{0}$ mm 因是配作，不能预先加工好，若采用 T8A 材料淬火，由于零件长度仅 15mm，淬硬头部时势必全部被淬硬，造成 $\phi2^{+0.01}_{0}$ mm 小孔很难加工。若将该零件材料改为 20Cr，可局部渗碳，在小孔 $\phi2^{+0.01}_{0}$ mm 处镀铜保护，则零件的加工就没有什么困难了。

#### 2. 审查零件结构的工艺性

零件结构的工艺性是指所设计的零件在能满足使用要求的前提下制造的可行性和经济性。

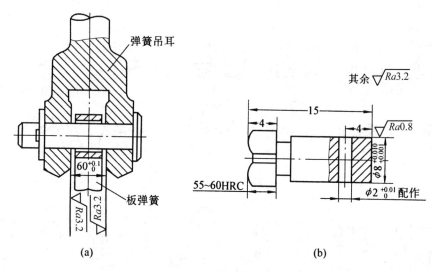

图 4-1　零件加工要求和零件材料选择不当的示例

　　零件的结构对其机械加工工艺过程的影响很大。使用性能完全相同而结构不同的两个零件，其加工难易和制造成本可能有很大差别。所谓良好的工艺性，首先是这种结构便于机械加工，即在同样的生产条件下能够采用简便和经济的方法加工出来。此外，零件结构还应适应生产类型和具体生产条件的要求。

　　图 4-2 所示为零件局部结构是否合理或是否便于加工的一些实例，每个实例的左边系不合理结构，右边为合理的正确结构。

　　零件结构工艺性的涉及面很广，具有综合性，必须全面综合地分析。为满足不同的生产类型和生产条件下，零件结构工艺性更合理，在对零件结构工艺性进行定性分析的基础上，也可采用定量指标进行评价。零件结构工艺性的主要指标项目有：

　　（1）加工精度参数 $K_{ac}$

$$K_{ac} = \frac{产品（或零件）图样中标注有公差要求的尺寸数}{产品（或零件）图样中的尺寸总数}$$

　　（2）结构继承性系数 $K_s$

$$K_s = \frac{产品中借用件数 + 通用件数}{产品零件总数}$$

　　（3）结构标准化系数 $K_{st}$

$$K_{st} = \frac{产品中标准件数}{产品零件总数}$$

　　（4）结构要素统一化系数 $K_e$

$$K_e = \frac{产品中各零件所用同一结构要素数}{该结构要素的尺寸数}$$

　　（5）材料利用系数 $K_m$

$$K_m = \frac{产品净重}{该产品的材料消耗工艺定额}$$

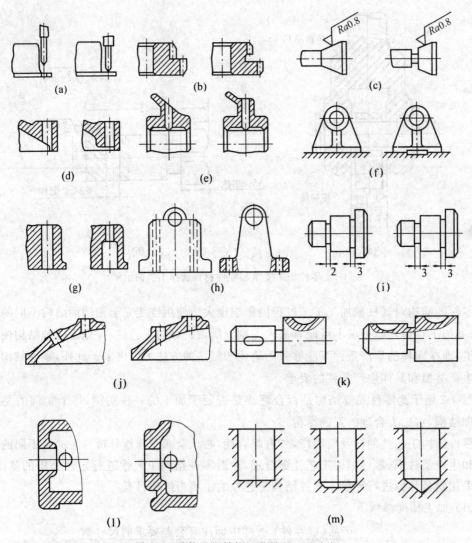

图 4-2　零件局部结构工艺性的一些实例

## 4.2.2　毛坯的选择

在制订零件机械加工工艺规程之前,还要对零件加工前的毛坯种类及其不同的制造方法进行选择。由于零件机械加工的工序数量、材料消耗、加工劳动量等都在很大程度上与毛坯的选择有关,故正确选择毛坯具有重大的技术经济意义。常用的毛坯种类有铸件、锻件、型材、焊接件、冲压件等,而相同种类的毛坯又可能有不同的制造方法,如铸件有砂型铸造、离心铸造、压力铸造和精密铸造等,锻件有自由锻、模锻,精密锻造等。因此,影响毛坯选择的因素很多,必须全面考虑后确定。例如,选择毛坯的种类及制造方法时,总希望毛坯的形状和尺寸尽量与成品零件接近,从而减小加工余量,提高材料利用率,减少机械加工劳动量和降低机械加工费用。但这样往往使毛坯制造困难,需要采用昂贵的毛坯制造设备,增加毛坯的制造成本,可能导致零件生产总成本的增加。反之,若降低毛坯的精度要求,虽增加了机械加工的成本,但可能使零件生产的总成本降低。选择毛坯应主要从以下五个方面考虑。

（1）选择毛坯应该考虑生产规模的大小，它在很大程度上决定了采用某种毛坯制造方法的经济性。如生产规模较大，便可采用高精度和高生产率的毛坯制造方法，这样虽然一次投资较高，但均分到每个毛坯上的成本较少。而且，由于精度较高的毛坯制造方法的生产率一般也较高，既节约原材料又可明显减少机械加工劳动量；再者，毛坯精度高还可简化工艺和工艺装备，降低产品的总成本。

（2）选择毛坯应考虑工件结构形状和尺寸大小。例如复杂的薄壁毛坯，一般不能采用金属型铸造；尺寸较大的毛坯，往往不能采用模锻、压铸和精铸。再如，某些外形较特殊的小零件，由于机械加工很困难，则往往采用较精密的毛坯制造方法，如压铸、熔模铸造等，以最大限度地减少加工量。

（3）选择毛坯应考虑零件机械性能的要求。相同的材料采用不同的毛坯制造方法，其机械性能往往不同。例如，金属型浇铸的毛坯，其强度高于砂型浇铸的毛坯，离心浇铸和压力浇铸的毛坯，其强度又高于金属型浇铸的毛坯。强度要求高的零件多采用锻件，有时也可采用球墨铸铁件。

（4）选择毛坯，应从本厂的现有设备和技术水平出发考虑可行性和经济性。例如，我国生产的第一台12000t水压机的大立柱，整锻困难，就采用焊接结构；72500kW水轮机的大轴，采用了铸焊结构，中间轴筒用钢板滚压焊成，大法兰用铸钢件，然后将它们焊成一体。

（5）选择毛坯还应考虑利用新工艺、新技术和新材料的可能性，如精铸、精锻、冷轧、冷挤压、粉末冶金和工程塑料等。应用这些毛坯制造方法后，可大大减少机械加工量，有时甚至可不再进行机械加工，经济效果非常显著。

# 4.3 工艺过程设计

在对零件工艺性进行分析和选定毛坯之后，即可制订机械加工工艺过程，一般可分两步进行。第一步是设计零件从毛坯到成品零件所经过的整个工艺过程，这一步是零件加工的总体方案设计；第二步是拟定各个工序的具体内容，即工序设计。这两步内容是密切联系的，在设计工艺过程时应考虑有关工序设计的问题，在进行工序设计时又有可能修改已设计的工艺过程。

由于零件的加工质量、生产率、经济性和工人的劳动强度等都与工艺过程有着密切关系，为此应在进行充分调查研究的基础上，多设想一些方案，经分析比较，最后确定一个最合理的工艺过程。

设计工艺过程时所涉及的问题主要有划分工艺过程的组成、选择定位基准、选择零件表面加工方法、安排加工顺序和组合工序等，现分述如下。

## 4.3.1 工艺过程的组成

零件的机械加工工艺过程是按一定的顺序逐步进行的。为了便于组织生产，合理使用设备和劳动力，以确保加工质量和提高生产效率，机械加工工艺过程由一系列工序、安装、工位和工步等组成（详见第1章）。

### 4.3.2 定位基准的选择

正确地选择定位基准是设计工艺过程的一项重要内容。

在最初的工序中只能选择未经加工的毛坯表面(即铸造、锻造或轧制等表面)作为定位基准,这种表面称为粗基准。用加工过的表面作定位基准称为精基准。另外,要在工件上专门设计的定位面,称为辅助基准。

**1. 粗基准的选择**

粗基准的选择影响各加工面的余量分配及不需加工表面与加工表面之间的位置精度。这两方面的要求常常是相互矛盾的,因此在选择粗基准时,必须首先明确哪一方面是主要的。

如图 4-3 所示的毛坯,在铸造时内孔 2 与外圆 1 有偏心,因此在加工时,如果用不需加工的外圆 1 作为粗基准(用三爪自定心卡盘夹持外圆 1)加工内孔 2,则内孔 2 与外圆是同轴的,即加工后的壁厚是均匀的,但内孔 2 的加工余量不均匀(见图 4-3(a))。如选用内孔 2 作粗基(用四爪卡盘夹持外圆 1,然后按内孔 2 找正),则内孔 2 的加工余量均匀,但它与外圆 1 不同轴,加工后的壁厚不均匀(见图 4-3(b))。

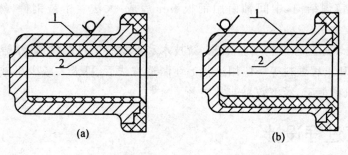

图 4-3 选择不同粗基准时的不同加工结果

1—外圆；2—内孔

选择粗基准时,一般应遵循的原则为:

(1) 若必须首先保证工件上加工表面与不加工表面之间的位置要求,则应以不加工表面作为粗基准。如果在工件上有很多不需加工的表面,则应以其中与加工表面的位置精度要求较高的表面作粗基准。如图 4-4 所示零件,由于 $\phi 22_{0}^{+0.033}$ mm 孔要求与 $\phi 40$ 外圆同轴,因此在钻 $\phi 22_{0}^{+0.033}$ mm 孔时,应选择外圆作粗基准,利用定心夹紧机构使外圆与所钻孔同轴。

(2) 如果必须首先保证工件某重要表面的余量均匀,应选择该表面作粗基准。例如床身导轨面不仅精度要求高,而且导轨表面要有均匀的金相组织和较高的耐磨性,这就要求导轨面的加工余量较小而且均匀(因为铸件表面不同深度处的耐磨性相差很多),故首先应以导轨面作为粗基准加工床身的底平面,然后再以床身的底平面为精基准加工导轨面(见图 4-5(a)),反之将造成导轨面余量不均匀(见图 4-5(b))。

(3) 选作粗基准的表面应平整,没有浇口、冒口或飞边等缺陷,以便定位可靠。

(4) 粗基准一般只能使用一次,即不应重复使用,以免产生较大的位置误差。

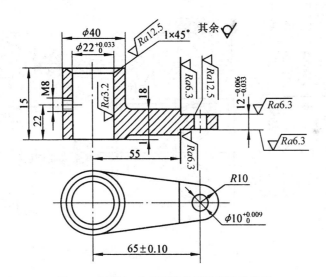

图 4-4　不需加工表面较多时粗基准的选择

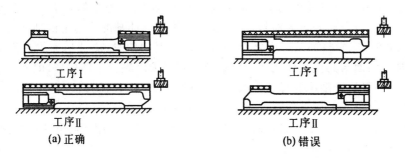

图 4-5　床身加工的粗基准选择

**2．精基准的选择**

选择精基准应考虑如何保证加工精度和装夹准确方便，一般应遵循如下原则：

（1）用设计基准作为精基准以便消除基准不重合误差，即所谓"基准重合"原则。例如图 4-6(a)所示的零件，其孔间距($20\pm0.04$)mm 和($30\pm0.03$)mm 有很严格的要求，$\phi30^{+0.015}_{0}$ mm 孔与 $B$ 面的距离($35\pm0.1$)mm 却要求不高。当 $\phi30^{+0.015}_{0}$ mm 孔和 $B$ 面加工好后，加工 $2\times\phi18$mm 孔时，如果如图 4-6(b)那样以 $B$ 面作为精基准，夹具虽然比较简单，但孔间距($20\pm0.04$)mm 很难保证，除非把尺寸($35\pm0.1$)mm 的公差缩小到($35\pm0.03$)mm 以下。但如果改用图 4-6(c)所示的夹具，直接以 2 个孔 $\phi18$mm 的设计基准 $\phi30^{+0.015}_{0}$ mm 的中心线作为精基准，虽然夹具较复杂，但很容易保证尺寸($20\pm0.04$)mm 和($30\pm0.03$)mm 的要求。

（2）当工件以某一组精基准定位可以较方便地加工其他各表面时，应尽可能在多数工序中采用此组精基准定位，即所谓"基准统一"原则。选作统一基准的表面一般都应是面积较大、精度较高的平面、孔以及其他距离较远的几个面的组合，例如：

① 箱体零件用一个较大的平面和两个距离较远的孔作精基准（没有孔时用大平面及两个与大平面垂直的边作精基准，或者专门加工出两个工艺孔）；

② 轴类零件用两个顶尖孔作精基准；

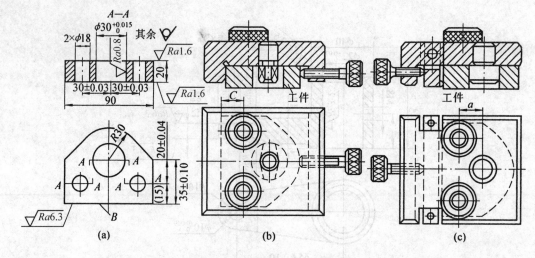

图 4-6 "基准重合"原则的示例

③ 圆盘类零件(如齿轮等)用其端面和内孔作精基准。

使用统一基准并不排斥个别工序采用其他基准,特别当统一的基准与设计基准不重合时,可能因基准不重合误差过大而超差,这时应直接用设计基准作为定位基准。

(3) 当精加工或光整加工工序要求余量尽量小而均匀时,应选择加工表面本身作为精基准,而该加工表面与其他表面之间的位置精度则要求由先行工序保证,即遵循"自为基准"的原则。例如在最后磨削床身导轨面时,为了使加工余量小而均匀以提高导轨面的加工精度和磨削生产率,可在磨头上装百分表,在床身下装可调支承,以导轨面本身为精基准调整找正。其他如用浮动铰刀铰孔、用圆拉刀拉孔、用珩磨头珩孔、用无心磨床磨外圆等,都是以加工表面本身作为精基准的例子。

图 4-7 所示为镗连杆小头孔时以本身作为精基准的夹具。工件除以大孔中心和端面为定位基准外,还以被加工的小头孔中心为定位基准,用削边定位插销定位。定位以后,在小头两侧用浮动平衡夹紧装置在原处夹紧。然后拔出定位插销,伸入镗杆对小头孔进行加工。

(4) 为了获得均匀的加工余量或较高的位置精度,在选择精基准时,可遵循"互为基准"原则。例如加工精密齿轮,当高频淬火把齿面淬硬后,需再进行磨齿。因其淬硬层较薄,所以磨削余量应小而均匀,这样就得先以齿面为基准磨内孔(见图 4-8),再以孔为基准磨齿面,以保证齿面余量均匀。

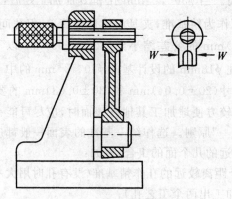

图 4-7 已加工表面本身为精基准的示例

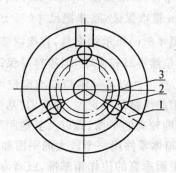

图 4-8 以齿形表面定位磨内孔

1—三爪卡盘;2—滚柱;3—工件

（5）精基准的选择应使定位准确,夹紧可靠。为此,精基准的面积与被加工表面相比,应有较大的长度和宽度,以提高其位置精度。

### 4.3.3 零件表面加工方法的选择

零件表面的加工方法首先取决于加工表面的技术要求。但应注意,这些技术要求不一定就是零件图所规定的要求,有时还可能由于工艺上的原因而在某些方面高于零件图上的要求。如由于基准不重合而提高对某些表面的加工要求,或由于被作为精基准而可能对其提出更高的加工要求。

当明确了各加工表面的技术要求后,即可据此选择能保证该要求的最终加工方法,并确定需几个工步和各工步的加工方法。所选择的加工方法应满足零件的质量、良好的加工经济性和高的生产效率的要求,为此,选择加工方法时应考虑下列各因素:

（1）任何一种加工方法能获得的加工精度和表面粗糙度都有一个相当大的范围,但只有在某一个较窄的范围才是经济的,这个范围的加工精度就是经济加工精度。为此,在选择加工方法时,应选择相应的能获得经济加工精度的加工方法。例如,公差为 IT7 级和表面粗糙度为 $Ra0.4$ 的外圆表面,通过精车是可以达到精度要求的,但不如采用磨削经济。各种加工方法可达到的经济加工精度和表面粗糙度,可参阅《工艺设计手册》中的有关资料。

（2）要考虑工件材料的性质。例如,淬火钢可采用磨削加工,但有色金属采用磨削加工就会发生困难,一般采用金刚镗削或高速精细车削加工。

（3）要考虑工件的结构形状和尺寸大小。例如,回转工件可以用车削或磨削等方法加工孔,而箱体上 IT7 级公差的孔,一般就不宜采用车削或磨削,而通常采用镗削或铰削加工。孔径小的宜用铰孔,孔径大或长度较短的孔则宜用镗孔。

（4）要考虑生产率和经济性要求。大批大量生产时,应采用高效率的先进工艺,如平面和孔的加工采用拉削代替普通的铣、刨和镗孔等加工方法。甚至可以从根本上改变毛坯的制造方法,如用粉末冶金来制造油泵齿轮,用石蜡铸造柴油机上的小零件等,均可大大减少机械加工的劳动量。

（5）要考虑工厂或车间的现有设备情况和技术条件。选择加工方法时应充分利用现有设备,挖掘企业潜力,发挥工人的积极性和创造性。但也应考虑不断改进现有的加工方法和设备,采用新技术和提高工艺水平,此外还应考虑设备负荷的平衡。

### 4.3.4 加工顺序的安排

零件表面的加工方法确定之后,就要安排加工的先后顺序,同时还要安排热处理、检验等其他工序在工艺过程中的位置。零件加工顺序安排得是否合适,对加工质量、生产率和经济性有较大的影响。现将有关加工顺序安排的原则和应注意的问题分述如下。

#### 1. 加工阶段的划分

零件各个表面,往往不是依次加工完各个表面,而是将各表面的粗、精加工分开进行,为此,一般都将整个工艺过程划分几个加工阶段,这就是在安排加工顺序时所应遵循的工艺过程划分阶段原则。按加工性质和作用的不同,工艺过程可划分为如下几个阶段:

（1）粗加工阶段——这阶段的主要作用是切去大部分加工余量,为半精加工提供定位基准,因此主要是提高生产率问题。

(2)半精加工阶段——这阶段的作用是为零件主要表面的精加工做好准备(达到一定的精度和表面粗糙度,保证一定的精加工余量),并完成一些次要表面的加工(如钻孔、攻螺纹、铣键槽等),一般在热处理前进行。

(3)精加工阶段——对于零件上精度和表面粗糙度要求高(精度在 IT7 级或以上,表面粗糙度在 $Ra0.8$ 以下)的表面,还要安排精加工阶段。这阶段的任务主要是提高加工表面的各项精度和降低表面粗糙度。

有时由于毛坯余量特别大,表面十分粗糙,在粗加工前还需要去黑皮的加工阶段,称为荒加工阶段。为了及时地发现毛坯的缺陷和减少运输工作量,通常把荒加工放在毛坯车间中进行。此外,对零件的精度和表面粗糙度要求特别高的表面还应在精加工后进行光整加工,称为光整加工阶段。

划分加工阶段的原因在于:

(1)粗加工时切去的余量较大,因此产生的切削力和切削热都较大,功率的消耗也较多,所需要的夹紧力也大,从而使加工过程中工艺系统的受力变形、受热变形和工件的残余应力变形较大,不可能达到高的加工精度和表面质量,需要有后续的加工阶段逐步减小切削用量,逐步修正工件的原有误差。此外,各加工阶段之间的时间间隔相当于自然时效,有利于使工件消除残余应力和充分变形,以便在后续加工阶段中得到修正。

(2)粗加工阶段中可采用功率大而精度一般的高效率设备,而精加工阶段中则应采用相应的精密机床。这样,既发挥了机床设备的各自性能特点,又可延长高精度机床的使用寿命。

(3)零件的工艺过程中插入了必要的热处理工序,这样也就使工艺过程以热处理为界,自然地划分为几个各具不同特点和目的的加工阶段。例如,在精密主轴的加工中,在粗加工后进行消除残余应力的时效处理,半精加工后进行淬火,精加工后进行冰冷处理和低温回火,最后再进行光整加工。

(4)粗加工后可及早发现毛坯的缺陷,及时修补或报废。

(5)零件表面的精加工安排在最后,可防止或减少表面损伤。

零件加工阶段的划分也不是绝对的,当加工质量要求不高、工件刚度足够、毛坯质量高和加工余量小时,可以不划分加工阶段,如在自动机上加工的零件。有些重型零件,由于安装运输费时又困难,也常在一次装夹中完成全部的粗加工和精加工。有时为了减少夹紧力的影响,并使工件消除残余应力及其产生的变形,在粗加工后可松开工件,再以较小的力重新夹紧,进行精加工。但是,对于精度要求高的重型零件,仍要划分加工阶段,并插入时效等消除残余应力的处理。

应当指出,工艺过程划分加工阶段是对零件加工的整个过程而言,不能以某一表面的加工和某一工序的加工来判断。例如,有些定位基准面,在半精加工阶段甚至在粗加工阶段就需加工得很准确,而某些钻小孔的粗加工工序,又常常安排在精加工阶段。

**2. 机械加工顺序的安排**

一个零件上往往有几个表面需要加工,这些表面不仅本身有一定的精度要求,而且各表面间还有位置要求。为了达到这些精度要求,各表面的加工顺序就不能随意安排,必须遵循一定的原则,这就是定位基准的选择和转换决定着加工顺序,以及前工序为后续工序准备好定位基准的原则。

(1) 作为精基准的表面应在工艺过程一开始就进行加工,因为后续工序中加工其他表面时要用它来定位,即"先基准后其他"。

(2) 在加工精基准面时,需要用粗基准定位。在单件、小批生产,甚至成批生产中,对于形状复杂或尺寸较大的铸件和锻件,以及尺寸误差较大的毛坯,在机械加工工序之前首先应安排划线工序,以便为精基准加工提供找正基准。

(3) 精基准加工好以后,接着应对精度要求较高的各主要表面进行粗加工、半精加工和精加工。精度要求特别高的表面还需要进行光整加工。主要表面的精加工和光整加工一般放在最后阶段进行,以免受其他工序的影响。次要表面的加工可穿插在主要表面加工工序之间。即"先主要后次要,先粗后精"。

(4) 在重要表面加工前,对精基准应进行一次修正,以利于保证重要表面的加工精度。当位置精度要求较高,而加工是由一个统一的基准面定位、分别在不同工序中加工几个有关表面时,这个统一基准面本身的精度必须采取措施予以保证。

例如在轴加工中,同轴度要求较高的几个台阶圆柱面的加工,从粗车、精车一直到精磨,全是用顶尖孔作基准来定位的。为了减少几次转换装夹带来的定位误差,应使顶尖孔有足够高的精度,为此常把顶尖孔提高到 IT6 级精度和 $Ra0.1 \sim Ra0.2$ 的表面粗糙度,并在热处理之后,精加工之前安排修研顶尖孔工序。

再如箱体零件,轴孔中心线不仅有平行度要求,与轴孔端面还有垂直度要求。为了保证这些位置精度,在加工时就需对其统一的基准面(箱体装配基面或顶面)专门增加精刨、磨削、刮研等工序。

(5) 对于和主要表面有位置要求的次要表面,例如箱体主轴孔端面上的轴承盖螺钉孔,对主轴孔有位置要求,就应排在主轴孔加工后加工,因为加工这些次要表面时,切削力、夹紧力小,一般不影响主要表面的精度。

(6) 对于容易出现废品的工序,精加工和光整加工可适当放在前面,某些次要小表面的加工可放在其后。因为加工这些小表面时,切削力和夹紧力都小,不会影响其他已加工表面的精度。次要表面后加工,这可减少由于加工主要表面产生废品而造成的工时损失。

### 3. 热处理工序的安排

热处理工序在工艺过程中的安排是否恰当,是影响零件加工质量和材料使用性能的重要因素。热处理的方法、次数和在工艺过程中的位置,应根据零件材料和热处理的目的而定。

(1) 退火与正火

为了得到较好的表面质量、减少刀具磨损,需要对毛坯预先进行热处理,以消除组织的不均匀,降低硬度,细化晶粒,提高加工性。对高碳钢零件用退火降低其硬度,对低碳钢零件却要用正火的办法,硬度略高于正火;对锻造毛坯,因表面软硬不均不利于切削,通常也进行正火处理。退火、正火等一般应安排在机械加工之前进行。

(2) 时效

为了消除残余应力应进行时效处理(其中包括人工时效和自然时效)。残余应力无论在毛坯制造还是在切削加工时都会残留下来,不设法消除就要引起工件变形,降低产品质量,甚至造成废品。

对于尺寸大、结构复杂的铸件,需在粗加工之前进行一次时效处理,以消除铸造残余应力;粗加工之后、精加工之前还要安排一次时效处理,一方面可将铸件原有的残余应力消除一部分,另一方面又将粗加工时所产生的残余应力消除,以保证粗加工后所获得的精度稳定。对一般铸件,只需在粗加工后进行一次时效处理即可,或者在铸造毛坯以后安排一次时效处理。对精度要求高的铸件,在加工过程中需进行两次时效处理,即粗加工后、半精加工前以及半精加工之后、精加工前,均需安排时效处理。例如坐标镗床箱体的加工工艺路线中即安排两次人工时效:

铸造→退火→粗加工→人工时效→半精加工→人工时效→精加工

对于精度高、刚性差的零件,如精密丝杠(IT6级精度)的加工,一般安排三次时效处理:粗车毛坯后、粗磨螺纹后、半精磨螺纹后。

(3) 淬火

淬火可以提高材料的机械性能(硬度和抗拉强度等),淬火后尚需回火以取得所需要的硬度与组织。由于工件淬火后常产生较大的变形,因此淬火工序一般安排在精加工阶段的磨削加工之前进行。

(4) 渗碳和渗氮

由于渗碳的温度高,容易产生变形,因此一般渗碳工序安排在精加工之前进行。

氮化处理是为了提高零件表面硬度和抗腐蚀性,一般安排在工艺过程的后部、该表面的最终加工之前。氮化处理前应调质。

(5) 表面处理

为了提高零件的抗腐蚀能力、耐磨性、抗高温能力和导电率等,一般都采用表面处理的方法。如在零件的表面镀上一层金属镀层(铬、锌、镍、铜以及金、银、钼等)或使零件表面形成一层氧化膜(如钢的发蓝、铝合金的阳极化和镁合金的氧化等)。表面处理工序一般安排在工艺过程的最后进行。

**4. 辅助工序的安排**

辅助工序种类很多,包括中间检验、洗涤、防锈、特种检验和表面处理等。

(1) 检验

检验工序一般安排在粗加工全部结束之后、精加工之前,送往外车间加工的前后(特别是热处理前后),花费工时工序和重要工序的前后,以便及时控制质量,避免浪费工时。

(2) 特种检验

X射线、超声波探伤等多用于工件材料内部质量的检验,一般安排在工艺过程的开始。荧光检验、磁力探伤主要用于工件表面质量的检验,通常安排在精加工阶段。如果荧光检验用于检查毛坯的裂纹,则安排在加工前进行。

(3) 清洗、涂防锈油

一般安排在最后工序。

## 4.3.5 工序的集中与分散

同一个工件,同样的加工内容,可以安排两种不同形式的工艺规程:一种是工序集中,另一种是工序分散。所谓工序集中,是使每个工序包括尽可能多的工步内容,因而使总的工序数目减少;所谓工序分散,是将工艺路线中的工步内容分散在更多的工序中完成,因而每道工序的工步少,工艺路线长。

工序分散的特点是:

(1) 所使用的机床设备和工艺装备都比较简单,容易调整,生产工人也便于掌握操作技术,容易适应更换产品;

(2) 有利于选用最合理的切削用量,减少机动工时;

(3) 机床设备数量多,生产面积大,工艺路线长。

工序集中的特点是:

(1) 有利于采用高效的专用设备和工艺装备,显著提高生产率;

(2) 减少了工序数目,缩短了工艺过程,简化了生产计划和生产组织工作;

(3) 减少了设备数量,相应地减少了操作工人人数和生产面积,工艺路线短;

(4) 减少了工件装夹次数,不仅缩短了辅助时间,而且由于一次装夹加工较多的表面,就容易保证它们之间的位置精度;

(5) 专用机床设备、工艺装备的投资大,调整和维修费事,生产准备工作量大,转为新产品的生产也比较困难。

工序的分散和集中各有特点,必须根据生产规模、零件的结构特点和技术要求、机床设备等具体生产条件综合分析,以便决定采用哪一种原则来组合工序。

传统的流水线、自动线生产多采用工序分散的组织形式(个别工序亦有相对集中的形式,例如对箱体类零件采用专用组合机床加工孔系),这种组织形式可以实现高生产率生产,但适应性较差。

采用高效自动化机床,以工序集中的形式组织生产(典型例子是采用加工中心机床组织生产),除具有上述工序集中的优点以外,生产适应性强,转产相对容易,因而虽然设备价格昂贵,但仍然受到越来越多的重视。

当零件的加工精度要求比较高时,常需要把工艺过程划分为不同的加工阶段,在这种情况下,工序必须比较分散。

# 4.4 工序设计

零件的工艺过程设计以后,就应进行工序设计。工序设计的内容是为每一工序选择机床和工艺装备,确定加工余量、工序尺寸和公差,确定切削用量、工时定额及工人技术等级等。

## 4.4.1 机床和工艺装备的选择

### 4.4.1.1 机床的选择

选择机床应遵循以下原则:

(1) 机床的加工范围应与零件的外廓尺寸相适应;

(2) 机床的精度应与工序加工要求的精度相适应;

（3）机床的生产率应与零件的生产类型相适应。

### 4.4.1.2　工艺装备的选择

工艺装备包括夹具、刀具和量具，其选择原则如下。

（1）夹具的选择

在单件小批生产中，应尽量选用通用夹具和组合夹具。在大批大量生产中，则应根据工序加工要求设计制造专用夹具。

（2）刀具的选择

刀具的选择主要取决于工序所采用的加工方法、加工表面的尺寸、工件材料、所要求的精度和表面粗糙度、生产率及经济性等，在选择时一般应尽可能采用标准刀具，必要时可采用高生产率的复合刀具和其他一些专用刀具。

（3）量具的选择

量具的选择主要是根据生产类型和要求检验的精度。在单件小批生产中，应尽量采用通用量具量仪，而在大批大量生产中则应采用各种量规和高生产率的检验仪器和检验夹具等。

## 4.4.2　加工余量及工序尺寸的确定

零件在机械加工工艺过程中，各个加工表面本身的尺寸及各个加工表面相互之间的距离尺寸和位置关系，在每一道工序中是不相同的，它们随着工艺过程的进行而不断改变，一直到工艺过程结束，达到图纸上所规定的要求。在工艺过程中，某工序加工应达到的尺寸称为工序尺寸。

工序尺寸的正确确定不仅和零件图上的设计尺寸有关系，还与各工序的工序余量有关系。

### 4.4.2.1　加工余量的确定

#### 1. 加工余量的概念

加工余量是指在加工过程中，从被加工表面上切除的金属层厚度。加工余量分工序余量和加工总余量（毛坯余量）二种。相邻两工序的工序尺寸之差称为工序余量。毛坯尺寸与零件图的设计尺寸之差称为加工总余量（毛坯余量），其值等于各工序的工序余量总和。

由于加工表面的形状不同，加工余量又可分为单边余量和双边余量两种。如平面加工，加工余量为单边余量，即实际切除的金属层厚度。又如轴和孔的回转面加工，加工余量为双边余量，实际切除的金属层厚度为工序余量的一半。

因各工序切除层厚度大小不等，就产生了工序余量的最大值和最小值。在工艺过程中，用极值法还是用调整法计算工序余量的最大值和最小值，它们的概念是不同的。极值法按照试切加工原理计算，调整法按照加工过程中误差复映的原理计算。为了便于加工和计算，工序尺寸一般按"入体原则"标注极限偏差。对于外表面的工序尺寸取上偏差为零，而对于内表面的工序尺寸取下偏差为零。平面和回转面加工时的工序余量和工序尺寸的关系见图 4-9、图 4-10。

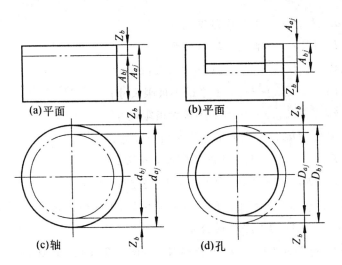

图 4-9　平面和回转面加工时的工序余量

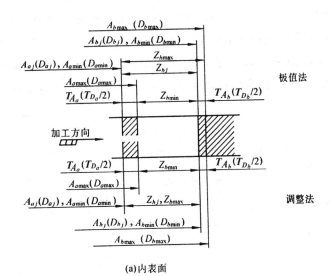

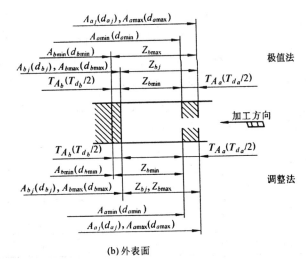

图 4-10　工序余量和工序尺寸的关系

图中：$A_{aj}(d_{aj},D_{aj})$——上工序基本尺寸；

$A_{bj}(d_{bj},D_{bj})$——本工序基本尺寸；

$A_{a\max}(d_{a\max},D_{a\max})$——上工序最大极限尺寸；

$A_{a\min}(d_{a\min},D_{a\min})$——上工序最小极限尺寸；

$A_{b\max}(d_{b\max},D_{b\max})$——本工序最大极限尺寸；

$A_{b\min}(d_{b\min},D_{b\min})$——本工序最小极限尺寸；

$T_{A_a}(T_{d_a},T_{D_a})$——上工序的工序尺寸公差；

$T_{A_b}(T_{d_b},T_{D_b})$——本工序的工序尺寸公差；

$Z_b,Z_{b\max},Z_{b\min}$——本工序的工序基本余量、工序最大余量、工序最小余量；

$T_{Z_b}$——本工序的工序余量公差。

图 4-9(a)、(c)和图 4-10(b)为外表面加工，图 4-9(b)、(d)和图 4-10(a)为内表面加工。

工序余量的计算公式见表 4-1。从表中可看出这二种方法计算工序最大余量和工序最小余量的结果不一样。极值法计算的工序最大余量偏大，工序最小余量偏小，使得工序余量波动较大，工序余量的公差过大。所以在制订机械加工工艺规程中，单件或小批量生产时用极值法计算，大批量生产和生产稳定时用调整法计算，这样可节省材料，降低成本。

表 4-1　工序余量的计算公式

| 加工面 | 有关余量的名称 方法 | 极 值 法 | 调 整 法 |
|---|---|---|---|
| 平面 | 外表面 本工序基本余量 | $Z_{bj}=A_{aj}-A_{bj}=A_{a\max}-A_{b\max}$ $=Z_{b\max}-T_{A_b}=Z_{b\min}+T_{A_a}$ | $Z_{bj}=A_{aj}-A_{bj}=A_{a\max}-A_{b\max}$ $=Z_{b\max}=Z_{b\min}+T_{A_a}-T_{A_b}$ |
| | 本工序最大余量 | $Z_{b\max}=A_{a\max}-A_{b\min}=A_{bj}+T_{A_b}$ $=Z_{b\min}+T_{A_a}+T_{A_b}$ | $Z_{b\max}=A_{a\max}-A_{b\max}=Z_{bj}$ $=Z_{b\min}+T_{A_a}-T_{A_b}$ |
| | 本工序最小余量 | $Z_{b\min}=A_{a\min}-A_{b\max}=Z_{bj}-T_{A_a}$ $=Z_{b\max}-T_{A_a}-T_{A_b}$ | $Z_{b\min}=A_{a\min}-A_{b\min}=Z_{bj}-T_{A_a}+T_{A_b}$ $=Z_{b\max}-T_{A_a}+T_{A_b}$ |
| | 本工序余量的公差 | $T_{Z_b}=Z_{b\max}-Z_{b\min}=T_{A_a}+T_{A_b}$ | $T_{Z_b}=Z_{b\max}-Z_{b\min}=T_{A_a}-T_{A_b}$ |
| | 内表面 本工序基本余量 | $Z_{bj}=A_{bj}-A_{aj}=A_{b\min}-A_{a\min}$ $=Z_{b\max}-T_{A_b}=Z_{b\min}+T_{A_a}$ | $Z_{bj}=A_{bj}-A_{aj}=A_{b\min}-A_{a\min}$ $=Z_{b\max}=Z_{b\min}+T_{A_a}-T_{A_b}$ |
| | 本工序最大余量 | $Z_{b\max}=A_{b\max}-A_{a\min}=Z_{bj}+T_{A_b}$ $=Z_{b\min}+T_{A_a}+T_{A_b}$ | $Z_{b\max}=A_{b\max}-A_{a\max}=Z_{bj}$ $=Z_{b\min}+T_{A_a}-T_{A_b}$ |
| | 本工序最小余量 | $Z_{b\min}=A_{b\min}-A_{a\max}=Z_{bj}-T_{A_a}$ $=Z_{b\max}-T_{A_a}-T_{A_b}$ | $Z_{b\min}=A_{b\min}-A_{a\max}=Z_{bj}-T_{A_a}+T_{A_b}$ $=Z_{b\max}-T_{A_a}+T_{A_b}$ |
| | 本工序余量的公差 | $T_{Z_b}=Z_{b\max}-Z_{b\min}=T_{A_a}+T_{A_b}$ | $T_{Z_b}=Z_{b\max}-Z_{b\min}=T_{A_a}-T_{A_b}$ |

| 加工面 | 有关余量的名称 ＼ 方法 | 极　值　法 | 调　整　法 |
|---|---|---|---|
| 圆柱面（外表面） | 本工序基本余量 | $2Z_{bj} = d_{aj} - d_{bj} = d_{a\max} - d_{b\max}$ $= 2Z_{b\max} - T_{d_b} = 2Z_{b\min} + T_{d_a}$ | $2Z_{bj} = d_{a\max} - d_{b\max}$ $= 2Z_{b\max} = 2Z_{b\min} + T_{d_a} - T_{d_b}$ |
| | 本工序最大余量 | $2Z_{b\max} = d_{a\max} - d_{b\min} = 2Z_{bj} + T_{d_b}$ $= 2Z_{b\min} + T_{d_a} + T_{d_b}$ | $2Z_{b\max} = d_{a\max} - d_{b\max} = 2Z_{bj}$ $= 2Z_{b\min} + T_{d_a} - T_{d_b}$ |
| | 本工序最小余量 | $2Z_{b\min} = d_{a\min} - d_{b\max} = 2Z_{bj} - T_{d_a}$ $= 2Z_{b\max} - T_{d_a} - T_{d_b}$ | $2Z_{b\min} = d_{a\min} - d_{b\min} = 2Z_{bj} - T_{d_a} + T_{d_b}$ $= 2Z_{b\max} - T_{d_a} + T_{d_b}$ |
| | 本工序余量的公差 | $T_{Z_b} = Z_{b\max} - Z_{b\min}$ $= (T_{d_a} + T_{d_b})/2$ | $T_{Z_b} = Z_{b\max} - Z_{b\min} = (T_{d_a} - T_{d_b})/2$ |
| 圆柱面（内表面） | 本工序基本余量 | $2Z_{bj} = D_{bj} - D_{aj} = D_{b\min} - D_{a\min}$ $= 2Z_{b\max} - T_{D_b} = 2Z_{b\min} + T_{D_a}$ | $2Z_{bj} = D_{bj} - D_{aj} = D_{b\min} - D_{a\min} = 2Z_{b\max}$ $= 2Z_{b\min} + T_{D_a} - T_{D_b}$ |
| | 本工序最大余量 | $2Z_{b\max} = D_{b\max} - D_{a\min} = 2Z_{bj} + T_{D_b}$ $= 2Z_{b\min} + T_{D_a} + T_{D_b}$ | $2Z_{b\max} = D_{b\min} - D_{a\min} = 2Z_{bj}$ $= 2Z_{b\min} + T_{D_a} - T_{D_b}$ |
| | 本工序最小余量 | $2Z_{b\min} = D_{b\min} - D_{a\max} = 2Z_{bj} - T_{D_a}$ $= 2Z_{b\max} - T_{D_a} - T_{D_b}$ | $2Z_{b\min} = D_{b\max} - D_{a\max} = 2Z_{bj} - T_{D_a} + T_{D_b}$ $= 2Z_{b\max} - T_{D_a} + T_{D_b}$ |
| | 本工序余量的公差 | $T_{Z_b} = Z_{b\max} - Z_{b\min}$ $= (T_{D_a} + T_{D_b})/2$ | $T_{Z_b} = Z_{b\max} - Z_{b\min} = (T_{D_a} - T_{D_b})/2$ |

## 2．加工余量的确定方法

加工余量的大小对零件的加工质量和生产率以及经济性均有较大的影响。余量过大将增加金属材料、动力、刀具和劳动量的消耗，并使切削力增大而引起工件的变形较大；反之，余量过小则不能保证零件的加工质量。确定加工余量的基本原则是在保证加工质量的前提下尽量减少加工余量。目前，工厂中确定加工余量的方法一般有以下三种：

（1）靠经验确定，但这种方法不够准确，为了保证不出废品，余量总是偏大，多用于单件小批生产。

（2）查阅有关加工余量的手册来确定，这种方法应用比较广泛。

（3）加工余量分析计算法，这种方法是在了解和分析影响加工余量基本因素的基础上，加以综合计算来确定余量的大小。

图 4-11 所示为用调整法加工一个平面时工序最小余量的组成。

由表 4-1 可知，本工序的最小工序余量为

$$Z_{b\min} = A_{a\min} - A_{b\min}$$

它一般由以下四部分组成：

（1）上工序加工后的表面粗糙度 $Rz_a$，应在本工序切去。

（2）上工序加工后产生的表面缺陷层 $T_{缺a}$，亦应在本工序切去。

（3）上工序加工后形成的表面形状及空间位置误差，它包括弯曲度、平面度、同轴度、平行度和垂直度等应在本工序予以修正的各种形位误差，其向量值以 $\rho_a$ 表示。

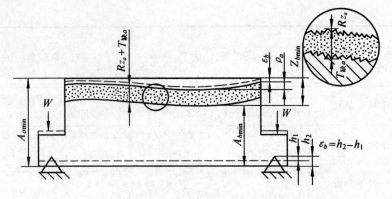

图 4-11　调整法加工平面时工序最小余量的组成

（4）本工序工件的装夹误差，如圆柱表面加工时工件装夹时的偏心，夹紧工件时由于夹紧力的波动使工件的定位基准产生的变动量等，这些误差也都要求加大余量以求补偿。装夹误差也是向量值，以 $\varepsilon_b$ 表示。

因此，最小余量可以表示为

$$Z_{b\min} = Rz_a + T_{缺a} + | \rho_a + \varepsilon_b |$$

式中 $Rz_a$、$T_{缺a}$ 等值可以参考有关手册。

计算每一道工序的工序尺寸，可参考图 4-12。图中，$Z_{1j}$、$Z_{2j}$、$Z_{3j}$ 和 $Z_{4j}$ 分别为粗加工、半精加工、精加工和终加工的基本余量；$T_{A_1}$、$T_{A_2}$、$T_{A_3}$ 和 $T_{A_4}$ 分别为粗加工、半精加工、精加工和终加工的公差，其中 $T_{A_4}$ 也就是零件图所规定的公差，$T_M$ 为毛坯尺寸的公差。从最终加工工序尺寸逐步向前推算，便可得到各工序尺寸及毛坯尺寸。例如图 4-12（b）所示的外表面加工，当各工序的工序余量确定后，即可计算各工序尺寸及毛坯尺寸，依次为

终加工的工序尺寸　　　$A_4$

精加工工序尺寸　　　$A_3 = A_4 + Z_{j}$

半精加工工序尺寸　　　$A_2 = A_3 + Z_{3j} = A_4 + Z_{4j} + Z_{3j}$

粗加工工序尺寸　　　$A_1 = A_2 + Z_{2j} = A_4 + Z_{4j} + Z_{3j} + Z_{2j}$

毛坯基本尺寸　　　$M_j = A_1 + Z_{1j} = A_{4j} + Z_{4j} + Z_{3j} + Z_{2j} + Z_{1j}$

加工总余量（毛坯余量）为

$$Z_{总} = \sum_{i=1}^{n} Z_{ij}$$

式中：$Z_{ij}$——第 $i$ 个工序的工序基本余量；

$n$——工序的个数。

工序尺寸的公差，如 $T_{A_1}$、$T_{A_2}$ 和 $T_{A_3}$，一般根据经济加工精度选取。但若后续工序是一些光整加工工序（如研磨、珩磨、金刚镗等），它们有一最合适的加工余量范围，过大会使光整加工工时过长，甚至达不到光整加工的要求（会破坏原有精度及表面粗糙度）；过小又会使加工面的某些部位加工不出来，因此确定光整加工的前一工序的公差时要考虑这一因素。

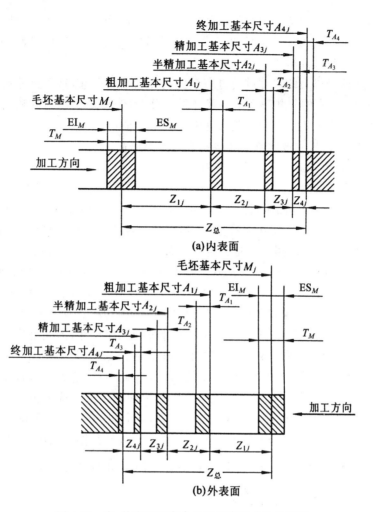

图 4-12 内、外表面工序余量和工序尺寸的分布图

### 4.4.2.2 工序尺寸的确定

#### 1. 工序尺寸及工艺尺寸链

在零件的机械加工工艺过程中,各工序的工序尺寸及工序余量在不断地变化,其中一些工序尺寸在零件图上往往不标出或不存在,需要在制订工艺过程时予以确定。而这些不断变化的工序尺寸之间又存在着一定的联系,需要用工艺尺寸链原理去分析它们的内在联系,掌握它们的变化规律,正确地计算出各工序的工序尺寸。

1) 工序尺寸链及其组成环、封闭环的确定

工艺尺寸是根据加工的需要,在工艺附图或工艺规程中所给出的尺寸。尺寸链是互相联系且按一定顺序排列的封闭尺寸组,由此可知,工艺尺寸链是在零件加工过程中的各有关工艺尺寸所组成的尺寸组。把列入工艺尺寸链中的每一个工序尺寸称为环。在零件加工过程中最后形成的一环(必有这样一个工艺尺寸,并且也仅有这样一尺寸)称为封闭环。那么在工艺尺寸链中对封闭环有影响的全部环称为组成环。组成环分为两类,一类叫增环,另一

类叫减环。增环是本身的变动引起封闭环同向变动的环,即增环增大时封闭环增大或增环减小时封闭环也减小;减环是本身的变化引起封闭环反向变动的环,即减环增大时封闭环减小或减环减小时封闭环增大。

有时两个或两个以上的尺寸链通过一个公共环联系在一起,这种尺寸链称为相关尺寸链。这时应注意:其中的公共环在某一尺寸链中作封闭环,那么在与其相关的另一尺寸链中必为组成环。从以上概念可知工艺尺寸链有以下特征:

(1) 封闭性,工艺尺寸彼此首尾连接构成封闭图形;

(2) 关联性,封闭环随所有组成环变动而变动;

(3) 封闭环的一次性。

图 4-13(a)所示的零件图中,标注了尺寸 $A_1 = (60 \pm 0.2)$mm 及 $A_0 = (25 \pm 0.3)$mm 两个尺寸,尺寸 $A_2$ 未予标注。现在要检查 $A_0$ 的尺寸是否合格,但这个尺寸不便直接测量,只能由 $A_1$ 和 $A_2$ 两个尺寸来判断 $A_0$ 是否合格。若尺寸 $A_1$ 已经检查合格,则要通过测量尺寸 $A_2$ 来判断 $A_0$ 是否合格,因此,必须从这三个尺寸的相互关系中来计算出 $A_2$ 的尺寸及公差,作为检查 $A_0$ 的依据。在这个检查工序中,$A_1$ 是已经检查合格的尺寸,$A_2$ 是检查工序中直接测量得到的尺寸,$A_0$ 是应保证的设计尺寸,它是 $A_1$ 及 $A_2$ 两个尺寸所共同形成的尺寸,因此它是最后得到的尺寸。尺寸 $A_2$ 就是要计算的工序尺寸,为此要建立相应的工艺尺寸链并作出工艺尺寸链简图。在这个工艺尺寸链中有 $A_1$、$A_2$ 及 $A_0$ 三个环。其中 $A_0$ 是由 $A_1$ 及 $A_2$ 所共同形成的,因此是封闭环,$A_1$ 及 $A_2$ 是组成环。工艺尺寸链简图的绘法是先从封闭环开始,按照各有关尺寸在工序图上的原有位置和顺序依次首尾相接绘出代表各有关尺寸的线段(大致按比例画),直到尺寸线段的终端回到封闭环尺寸线段的起端而形成一个封闭的图形,这个如图 4-13(b)所示的图形就是工艺尺寸链简图。封闭环用 $A_0$ 表示;组成环 $A_1$ 为增环,用 $\vec{A_1}$ 表示;与之相反,组成环 $A_2$ 为减环,用 $\overset{\leftarrow}{A_2}$ 表示。

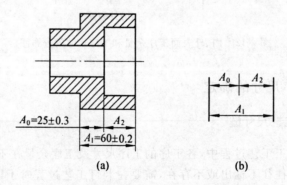

图 4-13  检查工件时的工艺尺寸链

2) 工艺尺寸链的计算式

工艺尺寸链的计算方法有两种,即极值法和概率法。

(1) 极值法计算公式

$$A_{0j} = \sum_{i=1}^{m} \varepsilon_i A_{ij} = \sum \vec{A}_{ij} - \sum \overset{\leftarrow}{A}_{ij}$$

$$A_{0\max} = \sum \vec{A}_{i\max} - \sum \overset{\leftarrow}{A}_{i\min}$$

$$A_{0\min} = \sum \vec{A}_{i\min} - \sum \overleftarrow{A}_{i\max}$$

$$\mathrm{ES}_{A_0} = \sum \mathrm{ES}_{\vec{A}_i} - \sum \mathrm{EI}_{\overleftarrow{A}_i}$$

$$\mathrm{EI}_{A_0} = \sum \mathrm{EI}_{\vec{A}_i} - \sum \mathrm{ES}_{\overleftarrow{A}_i}$$

$$T_{A_0} = \sum_{i=1}^{m} T_{A_i}$$

式中：$A_{0j}$，$A_{0\max}$，$A_{0\min}$——封闭环的基本尺寸、最大极限尺寸和最小极限尺寸；

$\vec{A}_{ij}$，$\vec{A}_{i\max}$，$\vec{A}_{i\min}$——组成环中增环的基本尺寸、最大极限尺寸和最小极限尺寸；

$\overleftarrow{A}_{ij}$，$\overleftarrow{A}_{i\max}$，$\overleftarrow{A}_{i\min}$——组成环中减环的基本尺寸、最大极限尺寸和最小极限尺寸；

$\mathrm{ES}_{A_0}$，$\mathrm{ES}_{\vec{A}_i}$，$\mathrm{ES}_{\overleftarrow{A}_i}$——封闭环、增环和减环的上偏差；

$\mathrm{EI}_{A_0}$，$\mathrm{EI}_{\vec{A}_i}$，$\mathrm{EI}_{\overleftarrow{A}_i}$——封闭环、增环和减环的下偏差；

$T_{A_0}$，$T_{A_i}$——封闭环、组成环的公差；

$m$——尺寸链的组成环数；

$\varepsilon_i$——传递系数，对直线尺寸链中的增环 $\varepsilon_i = +1$，减环 $\varepsilon_i = -1$。

上述六个工艺尺寸链的计算式，分别用于封闭环和组成环的基本尺寸、最大极限尺寸、最小极限尺寸、上偏差、下偏差和公差的计算。

（2）概率法计算公式

将工艺尺寸链中各环的基本尺寸改用平均尺寸标注，且公差变为对称分布的形式。这时组成环的平均尺寸为

$$A_{iM} = \frac{A_{i\max} + A_{i\min}}{2} = A_{ij} + \frac{\mathrm{ES}_{A_i} + \mathrm{EI}_{A_i}}{2}$$

封闭环的平均尺寸为

$$A_{0M} = \frac{A_{0\max} + A_{0\min}}{2} = A_{0j} + \frac{\mathrm{ES}_{A_0} + \mathrm{EI}_{A_0}}{2} = \sum \vec{A}_{iM} - \sum \overleftarrow{A}_{iM}$$

式中：$\vec{A}_{iM}$——增环的平均尺寸；

$\overleftarrow{A}_{iM}$——减环的平均尺寸。

封闭环的公差为

$$T_{A_0} = \sqrt{\sum_{i=1}^{m} T_{A_i^2}}$$

采用概率法，各环尺寸及偏差可标注为如下形式：

$$A_0 = A_{0M} \pm \frac{T_{A_0}}{2}$$

$$A_i = A_{iM} \pm \frac{T_{A_i}}{2}$$

### 2. 工序尺寸计算举例

1）同一表面需要经过多次加工时的工序尺寸计算

加工精度和表面粗糙度要求较高的外圆、内孔和平面等，往往都要经过多次加工，这时

各次加工的工序尺寸计算比较简单,不必列出尺寸链后再进行计算,只要确定各次加工的加工余量直接进行计算便可。但需说明,对于平面加工,只有当各次加工时的基准不变的情况下才可以直接进行计算。

**【例】** 加工某一个钢制零件上的一个孔,设计尺寸为 $\phi 72.5^{+0.03}_{0}$ mm,表面粗糙度为 $Ra0.4$。现经粗镗、半精镗、精镗、粗磨和精磨五次加工,计算各次加工的工序尺寸及其公差。

查表确定各工序的双边工序余量为

| | |
|---|---|
| 精磨 | 0.2mm |
| 粗磨 | 0.3mm |
| 精镗 | 1.5mm |
| 半精镗 | 2.0mm |
| 粗镗 | 4.0mm |
| 总余量 | 8.0mm |

则各工序的基本尺寸分别为

精磨后(由零件图知)$\phi 72.5$mm

粗磨后　　　$72.5 - 0.2 = \phi 72.3$(mm)

精镗后　　　$72.3 - 0.3 = \phi 72$(mm)

半精镗后　　$72 - 1.5 = \phi 70.5$(mm)

粗镗后　　　$70.5 - 2 = \phi 68.5$(mm)

毛坯孔　　　$68.5 - 4 = \phi 64.5$(mm)

各工序的尺寸公差按加工方法的经济精度确定,并按"入体原则"标注为

精磨(由零件图可知)　　　$\phi 72.5^{+0.03}_{0}$ mm

粗磨(按 IT8 级)　　　$\phi 72.3^{+0.046}_{+0}$ mm

精镗(按 IT9 级)　　　$\phi 72^{+0.074}_{0}$ mm

半精镗(按 IT10 级)　　　$\phi 70.5^{+0.12}_{0}$ mm

粗镗(按 IT12 级)　　　$\phi 68.5^{+0.3}_{0}$ mm

毛坯　　　$\phi (64.5 \pm 1)$mm

根据计算结果可绘出工序余量、工序尺寸及其公差的分布图,见图 4-14。

2)基准不重合时的工序尺寸计算

(1)定位基准与设计基准不重合时的工序尺寸计算

采用调整法加工一批零件,若所选的定位基准与设计基准不重合,那么该加工表面的设计尺寸就不能由加工直接得到,这时,就需进行有关的工序尺寸计算以保证设计尺寸的精度要求,并将计算的工序尺寸标注在该工序的工序图上。

例如,图 4-15(a)所示零件的加工,镗孔工序的定位基准为 $A$ 面,但孔的设计基准是 $C$ 面,属于基准不重合。加工时镗刀按定位基准 $A$ 面调整,故需对该工序尺寸 $A_3$ 进行计算。

要确定工序尺寸 $A_3$ 应控制在什么范围内才能保证设计尺寸 $A_0$ 的要求,首先应查明与

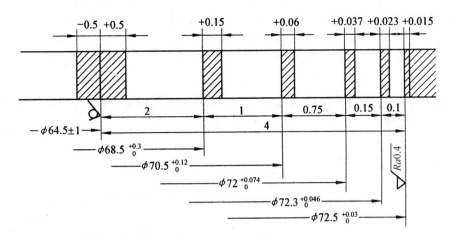

图 4-14 孔的工序余量、工序尺寸及其公差的分布图

该尺寸有联系的各尺寸,并绘出如图 4-15(b) 所示的工艺尺寸链简图。

由于工件在镗孔前 $A$、$B$ 和 $C$ 面都已加工完毕,故尺寸 $A_1$ 和 $A_2$ 在本工序中是已有的尺寸,而尺寸 $A_3$ 将是本工序加工直接得到的尺寸,因此这三个尺寸都是尺寸链中的直接尺寸,它们都是组成环。尺寸 $A_0$ 是最后得到的尺寸,所以是封闭环。为了计算方便,可将各尺寸换算成平均尺寸。

由工艺尺寸链简图可知组成环 $A_2$ 和 $A_3$ 是增环,$A_3$ 是减环。根据前述计算式可得

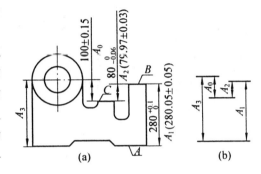

图 4-15 定位基准与设计基准不重合时的工序尺寸计算

$$A_{0M} = \vec{A}_{2M} + \vec{A}_{3M} - \vec{A}_{1M}$$
$$A_{3M} = A_{0M} + A_{1M} - A_{2M} = 100 + 280.05 - 79.97 = 300.08(\text{mm})$$
$$T_{A_0} = T_{A_1} + T_{A_2} + T_{A_3}$$
$$T_{A_3} = T_{A_0} - T_{A_1} - T_{A_2} = 0.3 - 0.10 - 0.06 = 0.14(\text{mm})$$

则

$$A_3 = 300.08 \pm 0.07 = 300^{+0.15}_{+0.01}(\text{mm})$$

若图纸规定的设计尺寸 $A_0$ 为 $(100 \pm 0.08)$mm,则封闭环公差已等于尺寸 $A_1$ 和 $A_2$ 两者的公差之和,尺寸 $A_3$ 的公差为零,这是不能实现的。为此,可压缩 $T_{A_1}$ 及 $T_{A_2}$,留给尺寸 $A_3$ 必要的公差。如将尺寸 $A_1$ 的公差压缩为 0.06mm,并取其上偏差 $+0.06$mm,尺寸 $A_2$ 的公差压缩为 0.04mm,并取其为下偏差 $-0.04$mm,则 $A_3$ 的公差为 0.06mm。用同样的方法计算得

$$A_3 = 300.05 \pm 0.03 = 300^{+0.08}_{+0.02}(\text{mm})$$

可见,当各组成环公差的总和等于封闭环公差时就要压缩各组成环的公差以保证封闭环的公差。这意味着要提高组成环的加工精度,有时可能还要改变组成环的原来加工方法以保证压缩后的公差。

（2）测量基准与设计基准不重合时的工序尺寸计算

在加工或检查零件的某个表面时，有时不便按设计基准直接进行测量，就要选择另外一个合适的表面作为测量基准，以间接保证设计尺寸，为此，需要进行有关工序尺寸的计算。

如图 4-16(a)所示的零件，图示的尺寸 $10_{-0.4}^{\ 0}$ mm 不便测量，于是改为测量尺寸 $A_2$，以间接保证这个设计尺寸。为此，需计算工序尺寸 $A_2$。

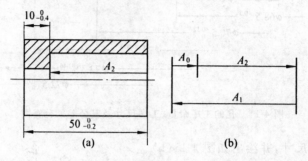

图 4-16　测量基准与设计基准不重合时的工序尺寸计算

绘出工艺尺寸链简图（见图 4-16(b)），其中 $A_2$ 为测量直接得到的尺寸，$A_1$ 为已有尺寸，$A_0$ 则为由此两个尺寸最后形成的尺寸。所以，$A_1$、$A_2$ 为组成环，$A_0$ 为封闭环。根据工艺尺寸链计算式，有

$$A_{0j} = \vec{A}_{1j} - \vec{A}_{2j}$$
$$A_{2j} = A_{1j} - A_{0j} = 50 - 10 = 40 (\text{mm})$$
$$\text{ES}_{A_0} = \text{ES}_{\vec{A}_1} - \text{ES}_{\vec{A}_2}$$
$$\text{EI}_{A_2} = \text{ES}_{A_1} - \text{ES}_{A_0} = 0 - 0 = 0$$
$$\text{EI}_{A_0} = \text{EI}_{\vec{A}_1} - \text{ES}_{\vec{A}_2}$$

则

$$\text{ES}_{A_2} = \text{EI}_{A_1} - \text{EI}_{A_0} = -0.2 + 0.4 = 0.2 (\text{mm})$$
$$A_2 = 40_{\ 0}^{+0.20} \text{mm}$$

这里应指出，当 $A_2$ 尺寸超差时，尺寸 $A_0$ 不一定超差。例如，当 $A_2$ 的实际尺寸为 40.4mm，已超过规定值，所以认为 $A_0$ 不合格而报废，但如果 $A_1$ 的实际尺寸为 50mm，则 $A_0 = 50 - 40.4 = 9.6 (\text{mm})$，仍符合零件图的要求，所以是假废品。一般情况下，测量尺寸超差的值如不超过另一组成环的公差，就可能产生假废品。这时，就应再测出另一组成环的实际尺寸，以判定是否是废品。

3）零件加工过程中的中间工序尺寸的计算

在零件的机械加工过程中，凡与前后工序尺寸有关的工序尺寸属于中间工序尺寸，这类工序尺寸的计算又可分成以下几种类型。

（1）与加工余量有关的中间工序尺寸的计算

图 4-17(a)所示的阶梯轴，其设计尺寸如图所示。零件已钻好顶尖孔，其轴向尺寸的加工过程如下：

① 车外圆及端面 3（保留顶尖孔），保证尺寸 $A_1$；

② 车平面 1(保留顶尖孔)至尺寸 $80_{-0.2}^{~0}$ mm(直接测量),车小直径外圆至 $A_a$(直接测量);

③ 热处理;

④ 磨端面 2 至尺寸 $30_{-0.14}^{~0}$ mm(直接测量)。

各工序的工序简图如图 4-17(b)所示,第一道工序尺寸 $A_1$ 的计算属于前述同一表面多次加工的工序尺寸计算,仅与工序余量有关,而第二道工序尺寸 $A_a$ 计算则还与后工序加工有关,故属于中间工序尺寸计算。

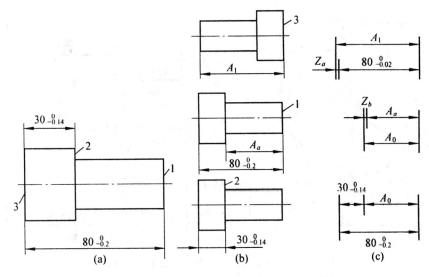

图 4-17　阶梯轴加工的工序简图及工艺尺寸链

为应用余量计算公式确定中间工序尺寸 $A_a$,除需确定磨端面 2 的余量 $Z_b$ 外,还需确定与下一工序有关的工序尺寸。由图 4-17(c)所示的第二工序和第四工序的尺寸关系中可知,中间工序尺寸 $A_a$ 与第四工序磨端面后得到的尺寸 $A_0$ 直接有关,两者之间仅差端面余量 $Z_b$。

尺寸 $A_0$ 可从解工艺尺寸链中求得。由于尺寸 $80_{-0.2}^{~0}$ mm 和 $30_{-0.14}^{~0}$ mm 均为直接加工得到的,故 $A_0$ 为三者组成尺寸链的封闭环,有

$$A_{0\max} = 80 - 29.86 = 50.14 = A_{b\max}$$

$$A_{0\min} = 79.8 - 30 = 49.8 = A_{b\min}$$

则

$$A_0 = 50_{-0.20}^{+0.14} \text{mm} = A_b, \quad T_{A_0} = 0.34 \text{mm} = T_{A_b}$$

为求 $A_a$,可利用前述调整法加工内表面余量的计算公式,经查表得 $Z_{b\min} = 0.5$mm,并取 $T_{A_a} = 0.4$mm$(> T_{A_b})$,则

$$Z_{b\min} = A_{b\max} - A_{a\max}$$

$$A_{a\max} = A_{b\max} - Z_{b\min} = 50.14 - 0.5 = 49.64 (\text{mm})$$

$$A_{a\min} = A_{a\max} - T_{A_a} = 49.64 - 0.4 = 49.24 (\text{mm})$$

$$A_a = 49.5_{-0.26}^{+0.14} \text{mm}$$

$$Z_{b\max} = Z_{b\min} + T_{A_a} - T_{A_b} = 0.5 + 0.4 - 0.34 = 0.56 (\text{mm})$$

$$T_{Z_b} = Z_{b\max} - Z_{b\min} = 0.06 \text{mm}$$

（2）工序基准是尚待继续加工的设计基准时的中间工序尺寸计算

加工图 4-18(a)所示的零件，其上有一具有键槽的内孔，加工过程为

① 镗孔至 $\phi 39.6^{+0.10}_{0}$ mm；

② 插键槽，工序基准为镗孔后的内孔母线，工序尺寸为 $A$；

③ 热处理；

④ 磨内孔至 $\phi 40^{+0.05}_{0}$ mm，同时保证 $43.6^{+0.34}_{0}$ mm 的设计尺寸。

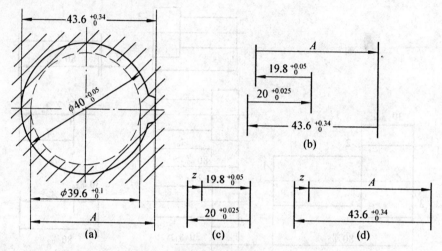

图 4-18　零件上内孔及键槽加工的工艺尺寸链

现要计算中间工序尺寸 $A$，需作出如图 4-18(b)所示的工艺尺寸链简图。图中尺寸 $19.8^{+0.05}_{0}$ mm 是前工序镗孔所得到的半径尺寸，是直接尺寸，是组成环；尺寸 $20^{+0.025}_{0}$ mm 是将在后工序磨孔直接得到的尺寸，在尺寸链中是不受其他环影响的直接尺寸，也是组成环；尺寸 $A$ 则是在本工序中加工直接得到的尺寸，所以也是组成环；尺寸 $43.6^{+0.34}_{0}$ mm 则是将在磨孔工序中间接得到的尺寸，它又是由上述三个组成环共同形成的尺寸，所以是尺寸链中的封闭环。现根据工艺尺寸链计算公式计算中间工序尺寸 $A$ 如下：

$$A_{0j} = 43.6 = 20 + A_j - 19.8$$
$$A_j = 43.4$$
$$ES_{A_0} = 0.34 = 0.025 + ES_A - 0$$
$$ES_A = 0.315\text{mm}$$
$$EI_{A_0} = 0 = 0 + EI_A - 0.05$$
$$EI_A = 0.05\text{mm}$$

则得到插键槽的中间工序尺寸 $A$ 为

$$A = A_{j+EI_A}^{+ES_A} = 43.4^{+0.315}_{+0.050} = 43.45^{+0.265}_{0}\text{mm}$$

即按此工序尺寸插键槽，磨孔后即可保证设计尺寸 $43.6^{+0.34}_{0}$ mm。

此外，还可以根据磨孔余量来计算中间工序尺寸 $A$，为此需绘出 4-18(c)、(d)两个工艺尺寸链简图。

在图 4-18(c)中，余量 $z$ 是由镗孔得到的尺寸和磨孔得到的尺寸所形成的，故是此尺寸链的封闭环，尺寸 $19.8^{+0.05}_{0}$ mm 和尺寸 $20^{+0.025}_{0}$ mm 都是组成环。经计算得

$$z = 0.2^{+0.025}_{-0.050}\mathrm{mm}$$

在图 4-18(d)中,余量 $z$ 和尺寸 $A$ 都是组成环,尺寸 $43.6^{+0.34}_{0}\mathrm{mm}$ 是由该两个组成环所形成的尺寸,所以是封闭环。经计算得

$$A = 43.4^{+0.315}_{+0.050} = 43.45^{+0.265}_{0}\mathrm{mm}$$

结果相同。

设计尺寸 $43.6^{+0.34}_{0}\mathrm{mm}$ 的公差是 $0.34\mathrm{mm}$,中间工序尺寸 $A$ 的公差是 $0.265\mathrm{mm}$,两者差为 $0.075\mathrm{mm}$,恰等于余量 $z$ 公差。这就是以尚待继续加工的设计基准为工序基准时中间工序尺寸的计算特点。

(3) 为了保证应有的渗氮(或渗碳、电镀)层深度的工序尺寸计算

有些零件的表面要求渗氮(或渗碳、电镀),在零件图上还规定了渗(或镀)层厚度,这就要求计算有关的工序尺寸以确定渗氮(或渗碳、电镀)的渗(或镀)层厚度,从而保证零件图所规定的渗(或镀)层厚度。

如图 4-19(a)所示的轴颈衬套,内孔 $\phi145^{+0.04}_{0}\mathrm{mm}$ 的表面要求渗氮,渗层厚为 $0.3\sim0.5\mathrm{mm}$。内孔表面的加工过程为:

① 磨内孔到 $\phi144.76^{+0.04}_{0}\mathrm{mm}$;

② 渗氮(其厚度为 $\delta$);

③ 磨内孔到 $\phi145^{+0.04}_{0}\mathrm{mm}$,达到设计要求,并保证磨后零件表面所留的渗层厚度为零件图所规定的 $0.3\sim0.5\mathrm{mm}$。

渗氮工序的渗层厚度的 $\delta$ 计算如下:绘出如图 4-19(b)所示的工艺尺寸链简图,图中各尺寸为半径的平均尺寸,应保证的渗层($0.4\pm0.1$)mm 是封闭环。经计算得渗氮工序时的渗层厚度为

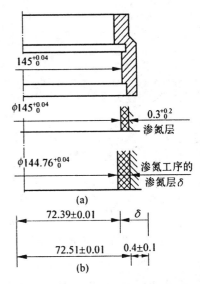

图 4-19 轴颈衬套及保证渗层厚度的工艺尺寸链

$$\delta = (0.52\pm0.08)\mathrm{mm}$$

则

$$\delta = 0.44\sim0.60\mathrm{mm}$$

4) 箱体零件孔系加工工序中坐标尺寸的计算

图 4-20(a)所示为箱体零件孔系加工的工序简图,$O_1$ 孔的坐标位置为 $(x_1, y_1)$,需计算 $O_2$ 及 $O_3$ 孔相对 $O_1$ 孔的坐标位置。$O_1$、$O_2$ 两孔中心距为 $L = (100\pm0.1)\mathrm{mm}$,$\alpha = 30°$,此两孔在坐标镗床上加工。为满足两孔中心距要求,现计算 $O_2$ 孔的相对坐标尺寸 $L_x$ 及 $L_y$。

由图 4-20(b)的尺寸链简图可知,它是由 $L_x$、$L_y$ 和 $L$ 三个尺寸组成的平面尺寸链,其中 $L$ 是在按 $L_x$、$L_y$ 坐标尺寸调整加工后才获得的,是封闭环,而 $L_x$、$L_y$ 则是组成环。对平面尺寸链,需将 $L_x$、$L_y$ 向 $L$ 尺寸线上投影,这样即可转化为 $L_x\cos\alpha$、$L_y\sin\alpha$ 及 $L$ 组成的线性尺寸链并进行计算。

由箱体工序图上几何关系可知

$$L_{xj} = L_j\cos30° = 86.6\mathrm{mm}$$

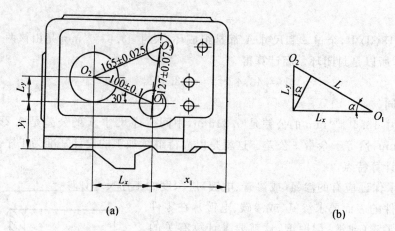

图 4-20  箱体零件镗孔工序图及镗孔工艺尺寸链

$$L_{yj} = L_j \sin 30° = 50\text{mm}$$

由线性尺寸链关系知

$$T_L = T_{L_x} \cos\alpha + T_{L_y} \sin\alpha$$

设

$$T_{L_x} = T_{L_y}$$

则

$$T_{L_x} = T_{L_y} = \frac{T_L}{\cos\alpha + \sin\alpha} = \frac{0.2}{\cos 30° + \sin 30°} = 0.146(\text{mm})$$

最后得镗 $O_2$ 孔的工序尺寸为

$$L_x = (86.6 \pm 0.073)\text{mm}, \quad L_y = (50 \pm 0.073)\text{mm}$$

同理,也可计算 $O_3$ 孔的相对坐标尺寸。

5) 工序尺寸计算的综合例题

图 4-21 所示为车床床头箱体加工顶面、底面及主轴孔的部分工艺过程,需计算确定下例各工序的工序尺寸及其公差。

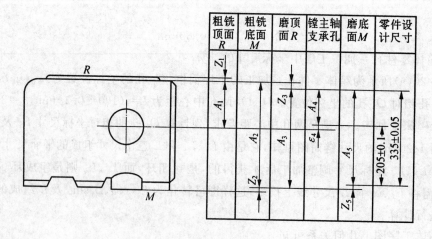

图 4-21  车床床头箱体部分工艺过程的尺寸加工联系图

① 工序3：粗铣顶面$R$，定位基准为主轴支承孔，保证尺寸$A_1$；

② 工序5：粗铣底面$M$，定位基准为顶面$R$，保证尺寸$A_2$；

③ 工序6：磨顶面$R$，定位基准为底面$M$，保证尺寸$A_3$，磨削余量$Z_3=0.35$mm；

④ 工序7、8、9：镗主轴支承孔，定位基准为顶面$R$，保证尺寸$A_4$，箱体主轴毛坯孔与待加工主轴孔的同轴度为$\varepsilon=\pm0.5$mm；

⑤ 工序12：磨底面$M$，定位基准为顶面$R$，保证尺寸$A_5$，亦即零件图上规定的尺寸$(335\pm0.5)$mm，磨削余量$Z_5=0.25$mm。

根据图4-21所示的各工序的尺寸联系，利用尺寸链和余量的基本公式，从后向前逐步求出各工序尺寸。

（1）由零件图知

$$A_5=(335\pm0.05)\text{mm}$$

（2）$A_4$可从包含该尺寸的尺寸链（见图4-22(a)）中求出。镗后主轴孔至底面距离尺寸$(205\pm0.1)$mm是该工序要保证的技术要求，故为封闭环，有

$$A_4=(130\pm0.05)\text{mm}$$

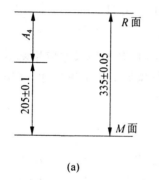

(a)

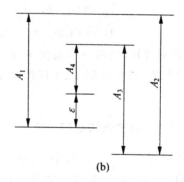

(b)

图4-22　包含$A_4$和$A_1$的工艺尺寸链

（3）$A_3$是磨削顶面$R$后所获得的尺寸，再磨去余量$Z_5\approx0.25$mm，即得所要求的尺寸$A_5$。根据外表面余量计算公式，有

$$Z_{5\min}=0.25=A_{3\min}-A_{5\min}=A_{3\min}-334.95$$

则

$$A_{3\min}=0.25+334.95=335.20(\text{mm})$$

若按IT10规定$A_3$的公差等级，$TA_3=0.23$mm，则$A_{3\max}=335.43$mm。将该尺寸标注为单向入体偏差形式，即

$$A_3=335.43_{-0.23}^{0}\text{mm}$$

（4）$A_2$是粗铣底面后所获得尺寸，去掉余量$Z_3=0.35$mm，即得$A_3$。根据外表面余量计算公式，有

$$Z_{3\min}=0.35=A_{2\min}-335.20$$

则

$$A_{2\min}=335.55\text{mm}$$

若按IT11级规定$A_2$的公差，即$TA_2=0.36$mm，有

168

$$A_{2\text{max}} = 335.91\text{mm}$$

根据"公差入体"原则,将 $A_2$ 标注为单向偏差,即

$$A_2 = 335.91_{-0.36}^{0}\text{mm}$$

(5) $A_1$ 可从有关尺寸链中求出(见图 4-22(b))。在此尺寸链中,$\varepsilon$ 为所镗孔实际中心(即毛坯孔中心)与理论中心之偏差。因孔的中心位置是由底面标注的,但加工时采用了顶面为定位基准,经多次基准变换要产生误差。当 $A_2$、$A_3$、$A_4$ 已给定的情况下,$A_1$ 的大小就决定了 $\varepsilon$ 值,故 $\varepsilon$ 是最后得到的尺寸,为封闭环,有

$$A_{1M} - \varepsilon_M - A_{4M} + A_{3M} - A_{2M} = 0$$
$$A_{1M} = \varepsilon_M + A_{4M} - A_{3M} + A_{2M}$$

因 $\varepsilon = (0 \pm 0.5)\text{mm}$,故

$$A_{1M} = 335.73 - 335.315 + 130 + 0 = 130.415(\text{mm})$$

令 $T_\varepsilon$ 为同轴度公差,则

$$T_\varepsilon = T_{A_1} + T_{A_2} + T_{A_3} + T_{A_4}$$

则

$$T_{A_1} = 1 - 0.36 - 0.23 - 0.1 = 0.31(\text{mm})$$

$$A_1 = (130.415 \pm 0.155)\text{mm}$$

由上述诸例可知,当对一个表面进行调整法加工时,其工序尺寸应用基本余量公式计算。对于基准转换、试切法加工、工序尺寸复核及非机械加工等工序尺寸,多用尺寸链极值法公式计算。

### 3. 工艺尺寸跟踪图表法确定工序尺寸

在零件的机械加工工艺过程中,计算工序尺寸时运用工艺尺寸链计算式逐个对单个工艺尺寸链计算,称为单链计算法。如前面所述,画一个工艺尺寸链简图就需计算一次,这种单链计算法仅适用于工序较少的零件。若对于工序多、基准不重合或基准多次变换的零件,工序尺寸计算也用单链计算,就很复杂繁琐,往往容易出错。一旦出错需返工计算,而前后工序的工序尺寸又相互牵联着,在实际的工艺尺寸链计算中常会出现全部或大部分返工计算的现象。所以对零件所有工序尺寸进行整体联系计算可避免差错。

工艺尺寸跟踪图表法就是整体联系计算的方法,它运用经济加工精度来计算工序尺寸和工序余量,并考虑到全部工序尺寸间存在的有机联系。工艺尺寸跟踪图表法是把全部工序尺寸和工序余量画在同一张图标上,直观地查找它们之间的传递过程和简便地计算工序尺寸和工序余量的方法。这种图表法还能便于利用计算机进行辅助计算。现以套筒零件(见图 4-23)为例,简介尺寸跟踪图表法的运用过程。

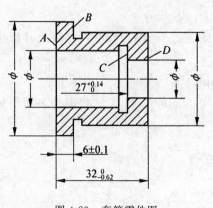

图 4-23  套筒零件图

图 4-23 所示零件有关轴向尺寸加工工序如下:

① 工序 1:轴向以 $D$ 面定位,粗车 $A$ 面,然后以 $A$ 面为基准粗车 $C$ 面,保证工序尺寸 $A_1$ 和 $A_2$;

② 工序 2:轴向以 $A$ 面定位,粗、精车 $B$ 面,保

证工序尺寸 $A_3$；粗车 $D$ 面，保证工序尺寸 $A_4$；

③ 工序3：轴向以 $B$ 面定位，精车 $A$ 面，保证工序尺寸 $A_5$，精车 $C$ 面，保证工序尺寸 $A_6$；

④ 工序4：热处理；

⑤ 工序5：用电火花磨削法磨 $B$ 面，控制磨削余量 $Z_7$。

绘制尺寸跟踪图表如图 4-24 所示，将有关尺寸、余量一一填入，具体方法及步骤如下。

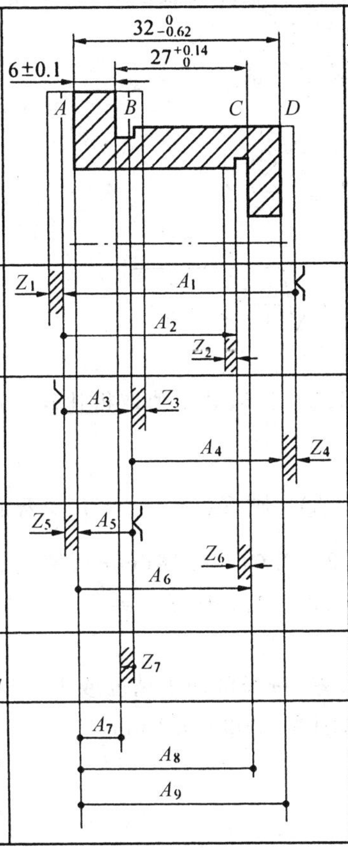

| 工序号 | 工序内容 | | 工序尺寸公差 $\pm\dfrac{T_{A_i}}{2}$ | 余量公差 $\pm\dfrac{T_{Z_i}}{2}$ | 最小余量 $Z_{i\min}$ | 平均余量 $Z_{iM}$ | 平均尺寸 $A_{iM}$ |
|---|---|---|---|---|---|---|---|
| 1 | 粗车 $A$ 面 保证 $A_1$ 粗车 $C$ 面 保证 $A_2$ | | ±0.3 | 毛坯 | 1.2 | | 33.8 |
| | | | ±0.2 | 毛坯 | 1.2 | | 26.8 |
| 2 | 粗精车 $B$ 面 保证 $A_3$； 精车 $D$ 面 保证 $A_4$ | | ±0.1 | 毛坯 | 1.2 | | 6.58 |
| | | | ±0.23 | ±0.63 | 1 | 1.63 | 25.59 |
| 3 | 精车 $A$ 面 保证 $A_5$ 精车 $C$ 面 保证 $A_6$ | | ±0.08 | ±0.18 | 0.3 | 0.48 | 6.1 |
| | | | ±0.07 | ±0.45 | 0.3 | 0.75 | 27.07 |
| 4 | 靠磨 $B$ 面 控制余量 $Z_7$ | | ±0.02 | ±0.02 | ±0.08 | 0.1 | |
| 设计尺寸 | $6\pm0.1$ $27.07\pm0.07$ $31.69\pm0.31$ | | 按工序尺寸链或按经济加工精度确定 | 按余量尺寸链确定 | 按经验选取 | 前二栏相加 | 按线选加 |

注：图中"——→"表示工序尺寸；"〉"表示定位基准；"•——•"表示封闭环；"╪"表示测量基准；

"▨"表示工序余量；"—→|"表示加工表面。

图 4-24 尺寸跟踪图表

1）工序尺寸公差 $\pm\dfrac{T_{A_i}}{2}$ 的填写

工序尺寸公差的计算和确定是整个图表法计算过程的基础。确定工序尺寸公差必须符合两个原则：

（1）所确定的工序尺寸公差不应超过图纸上要求的公差，应能保证最后加工尺寸的公差符合设计要求；

（2）各工序尺寸公差应符合该工序加工的经济性，有利于降低加工成本。

根据这两个原则，首先逐项初步确定各工序尺寸的公差（可参阅《工艺人员手册》中有关

"尺寸偏差的经济精度"来确定),按对称标注形式自下而上填入"$\pm\dfrac{T_{A_i}}{2}$"栏内。

(1) 对间接保证的设计尺寸,以它作封闭环,按图解跟踪法去找出有关组成环。尺寸跟踪规则为:由被计算的间接保证的设计尺寸两端开始一起向上找箭头,找到箭头就拐弯到该工序尺寸起点,然后继续向上找箭头,一直找到两端的跟踪路线在某一个工序尺寸起点相遇为止。各组成环的公差可按等公差或等精度法将设计尺寸的公差按极值法分配给各组成环。当设计尺寸精度较高(封闭环公差很小)组成环又较多时,为了使每个工序尺寸尽可能公差大一些,也可以用概率法去分配设计尺寸的公差。

可按下列公式计算间接保证的设计尺寸公差

① 极值法

$$\frac{1}{2}T_{A_0} = \sum_{i=1}^{m}\frac{1}{2}T_{A_i}$$

② 概率法

$$\frac{1}{2}T_{A_0} = \kappa\sqrt{\frac{1}{4}\sum_{i=1}^{m}(T_{A_i})^2}$$

式中:$m$——组成环的个数;

$\kappa$——组成环的分布特性系数,$\kappa=1.2\sim1.5$,若 $\kappa$ 值取得比较大时,计算结果保险,反之,比较冒险。

如 $(6\pm0.1)$mm 的尺寸链为 $A_7-Z_7-A_5$,则 $T_{A_7}=T_{Z_7}+T_{A_5}$,若靠磨量为 $Z_7\pm\dfrac{T_{Z_7}}{2}=$ $(0.1\pm0.02)$mm,则 $T_{A_5}=T_{A_7}-T_{Z_7}=0.2-0.04=0.16$(mm),填入表中。又如设计尺寸 $(31.69\pm0.31)$mm,其尺寸链为 $A_9-A_5-A_4$,则 $T_{A_9}=T_{A_5}+T_{A_4}$,$T_{A_5}$ 已定,$T_{A_4}=$ $T_{A_9}-T_{A_5}=0.62-0.16=0.46$(mm)。

(2) 不进入尺寸链计算的工序尺寸公差,按经济加工精度或工厂经验值确定,如取粗车为 $0.3\sim0.6$mm,精车为 $0.1\sim0.3$mm,磨削为 $0.02\sim0.1$mm。

2) 余量(公差)$\pm\dfrac{T_{Z_i}}{2}$ 的填写

通常分以下两种情况:

(1) 以待定公差的余量作封闭环,图解跟踪法查找有关的组成环,按 $T_{A_0}=\sum\limits_{i=1}^{m}T_{A_i}$ 的关系,将各组成环公差值(从第一栏内可直接找出)相加求得 $T_{Z_i}$。

如 $Z_6$ 的尺寸链为

$$Z_6-A_8-A_5-A_3-A_2$$

则

$$T_{Z_6}=T_{A_8}+T_{A_5}+T_{A_3}+T_{A_2}=0.14+0.16+0.2+0.4=0.9\text{(mm)}$$

$$\pm\frac{T_{Z_6}}{2}=\pm0.45\text{mm}$$

又如 $Z_4$ 的尺寸链为

$$Z_4-A_4-A_3-A_1$$

则

$$\pm\frac{T_{Z_4}}{2}=\pm\left(\frac{T_{A_4}}{2}+\frac{T_{A_3}}{2}+\frac{T_{A_1}}{2}\right)=\pm(0.23+0.1+0.3)=\pm0.63\mathrm{mm}$$

（2）没有进入尺寸链关系的余量多系由毛坯切除得来,余量公差较大,可不必填(也可填入毛坯公差),如表中第二栏前三行可空格,这里写作"毛坯"。

3）最小余量 $z_{i\min}$ 的填写

此项资料若充分,可利用余量的四项构成通过计算求得,一般情况下按经验取值,如取磨削为 $0.08\sim0.12\mathrm{mm}$,精车为 $0.1\sim0.3\mathrm{mm}$,粗车为 $0.8\sim1.5\mathrm{mm}$。

4）平均余量 $Z_{iM}$ 的填写

计算确定工序余量的原则是工序余量足够和合理,特别是要确保工序余量的最小值足以消除图 4-11 中各项因素,因此工序的平均余量

$$Z_{iM}\geqslant Z_{i\min}+\frac{T_{Z_i}}{2}$$

可见,只要将表中余量公差 $\dfrac{T_{Z_i}}{2}$ 与最小余量栏 $Z_{i\min}$ 直接相加即得本栏数值。如 $Z_{7M}=Z_{7\min}+\dfrac{T_{Z_7}}{2}=0.08+0.02=0.1(\mathrm{mm})$,又如 $Z_6=0.3+0.45=0.75(\mathrm{mm})$。

5）计算确定各工序的平均尺寸

从待求尺寸两端沿竖线上、下寻找,看它可从由哪些已知的工序尺寸、设计尺寸、加工余量叠加而成,所以,简称其计算方法为"按线叠加"。如 $A_{4M}=A_{9M}-A_{5M}=31.69-6.1=25.59(\mathrm{mm})$,又如 $A_{2M}=A_{8M}+Z_{5M}-Z_{6M}=27.07+0.48-0.75=26.8(\mathrm{mm})$。可见,此栏尺寸可利用图中已有尺寸求得。

最后将各工序尺寸改写成入体分布形式 $A_i$。如 $A_1=34.1_{-0.6}^{0}\mathrm{mm}$,$A_2=26.6_{0}^{+0.4}\mathrm{mm}$。

综上所述,利用图解跟踪表格法确定工序尺寸,一方面它利用了跟踪图可以很快找到尺寸链的优势;另一方面又利用了工序平均尺寸、平均余量与余量公差、工序尺寸公差的内在关系,配置表格,可以用简单计算很快求得各项数值的特点,为我们提供了很大的方便。

#### 4. 工艺尺寸链的计算机辅助计算

利用工艺尺寸链跟踪图表,为计算机辅助计算工艺尺寸链提供了方便。其具体步骤和方法如下:

（1）标记

如图 4-25 所示,将该零件从毛坯到成品零件在加工过程中所得到的各端面分别记为 $A,A_1,A_2,B_2,B_1,B,C,C_1,C_2,D_1,D$;将各工序尺寸按加工顺序分别记为 $DA_1,A_1C_1,A_1B_1,B_1D_1,B_1A_2,A_2C_2$（如以 $D$ 面为定位基准粗车 $A$ 面至 $A_1$ 面得到的工序尺寸记

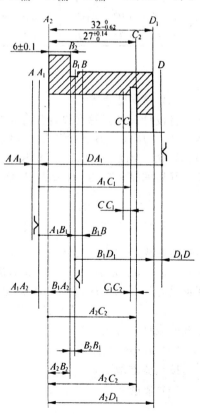

图 4-25 尺寸式关系及符号表示

作 $DA_1$，其他同理）；各设计尺寸分别记为 $A_2B_2$，$A_2C_2$，$A_2D_1$；将工序间余量分别记为 $AA_1$，$CC_1$，$B_1B$，$D_1D$，$A_1A_2$，$C_1C_2$，$B_2B_1$（如粗车 $A$ 面至 $A_1$ 面得到的工序余量记作 $AA_1$，其他同理）。

（2）建立尺寸式表格，确定尺寸链关系

图 4-25 所示工艺对应的尺寸式表格见图 4-26。

| 工序号 | 工序名称 | 工序尺寸代号 | 余量尺寸式 | 工序尺寸公差 $\pm \dfrac{T_{A_i}}{2}$ | 余量公差 $\pm \dfrac{T_{Z_i}}{2}$ | 最小余量 $Z_{i\min}$ | 平均余量 $Z_{iM}$ | 平均尺寸 $A_{iM}$ |
|---|---|---|---|---|---|---|---|---|
| 1 | 粗　车 $\begin{array}{c} A \\ C \end{array}$ | $DA_1$ <br> $A_1C_1$ | $AA_1$ <br> $CC_1$ | $\pm 0.3$ <br> $\pm 0.2$ | | 1.2 <br> 1.2 | | 33.8 <br> 26.8 |
| 2 | 粗精车 $\begin{array}{c} B \\ D \end{array}$ | $A_1B_1$ <br> $B_1D_1$ | $B_1B$ <br> $D_1D = D_1B_1A_1D$ | $\pm 0.1$ <br> $\pm 0.23$ | $\pm 0.63$ | 1.2 <br> 1 | 1.63 | 6.58 <br> 25.59 |
| 3 | 精　车 $\begin{array}{c} A \\ C \end{array}$ | $BA_2$ <br> $A_2C_2$ | $A_1A_2 = A_1B_1A_2$ <br> $C_1C_2 = C_1A_1B_1A_2C_2$ | $\pm 0.08$ <br> $\pm 0.07$ | $\pm 0.18$ <br> $\pm 0.45$ | 0.3 <br> 0.3 | 0.48 <br> 0.75 | 6.1 <br> 27.07 |
| | 靠磨 $B$ | $B_2B_1$ | $B_2B_1 = B_2B_1$ | $\pm 0.02$ | $\pm 0.02$ | 0.08 | 0.1 | 解尺寸式联立方程得来 |
| 设计尺寸 | $6 \pm 0.1$ <br> $27.07 \pm 0.07$ <br> $31.69 \pm 0.31$ | $A_2B_2$ <br> $A_2C_2$ <br> $A_2D_1$ | $A_2B_2 = A_2B_1B_2$ <br> $A_2C_2 = A_2C_2$ <br> $A_2D_1 = A_2B_1D_1$ | | | | | |

图 4-26　尺寸式表格

（3）确定尺寸式

将设计尺寸式写在设计尺寸栏内每个设计尺寸之后，如 $A_2B_2 = A_2B_1B_2$，该尺寸链组成为 $A_2B_2 - B_2B_1 - B_1A_2$，将该尺寸链简称为 $A_2B_1B_2$；又如 $A_2D_1 = A_2B_1D_1$，该尺寸链组成为：$A_2D_1 - B_1D_1 - B_1A_2$，将该尺寸链简称为 $A_2B_1D_1$。并将其公差值以双向对称分布形式填入其后的第一栏内，如 $A_2B_2$ 后面第一栏内的"$\pm 0.1$mm"。

（4）工序尺寸公差

和尺寸跟踪图表法一样，按 $T_{A_0} = \displaystyle\sum_{i=1}^{m} TA_i$ 的关系式将设计尺寸公差分配给各组成环，所以最好先确定设计尺寸公差值小、组成环又多的尺寸各环公差值。如先确定 $A_2B_2$（公差为 0.2mm），使 $B_1B_2 = \pm 0.02$mm，$B_1A_2 = \pm 0.08$mm；再确定 $A_2D_1$。然后再确定那些直接保证设计尺寸的工序尺寸的公差，如设计尺寸 $A_2C_2$ 的公差 $\pm 0.07$mm 可直接填入工序尺寸 $A_2C_2$ 后的第一栏内。若它进入其他尺寸链，则按其他尺寸链分配的公差值（注意不能大于已知的设计尺寸公差）。

（5）最小余量选取

按经验选取。

（6）余量公差

可由余量尺寸式关系，根据已确定的各工序尺寸公差按 $T_{A_0} = \displaystyle\sum_{i=1}^{m} T_{A_i}$ 的关系直接求得各余量公差。其中 $D_1D=D_1B_1A_1D$ 表示该尺寸链是由 $D_1D-B_1D_1-A_1B_1-DA_1$ 组成；$A_1A_2=A_1B_1A_2$ 表示该尺寸链是由 $A_1A_2-B_1A_2-A_1B_1$ 组成；$C_1C_2=C_1A_1B_1A_2C_2$ 表示该尺寸链是由 $C_1C_2-A_1C_1-A_1B_1-B_1A_2-A_2C_2$ 组成。

（7）平均余量

最小余量加余量公差的一半即可得出（即前二栏数值相加）。

（8）平均尺寸

将各尺寸式写成计算方程式，联立求解可得各段尺寸。

由 $A_2C_2=A_2C_2$ ,得
$$A_2C_2 = 27.07\text{mm}$$

由 $A_2B_2=A_2B_1B_2$ 得 $B_1A_2-B_1B_2=B_1A_2-0.1=6$ ,则
$$B_1A_2 = 6.1\text{mm}$$

由 $A_2D_1=A_2B_1D_1$ 得 $B_1A_2+B_1D_1=6.1+B_1D_1=31.69$ ,得
$$B_1D_1 = 25.59\text{mm}$$

由 $C_1C_2=C_1A_1B_1A_2C_2$ 得
$$-A_1C_1+A_1B_1-B_1A_2+A_2C_2$$
$$=0.75$$
$$=27.07-6.1+A_1B_1-A_1C_1$$

由 $A_1A_2=A_1B_1A_2$ 得 $A_1B_1-B_1A_2=A_1B_1-6.1$ ,则
$$A_1B_1 = 6.58\text{mm}$$

由 $DA_1-B_1D_1-A_1B_1=DA_1-25.59-6.58=1.63$ ,得
$$DA_1 = 33.8\text{mm}$$

将 $A_1B_1=6.58\text{mm}$ 代入 $C_1C_2$ 式求得
$$A_1C_1 = 26.8\text{mm}$$

至此全部工序尺寸求出。

根据上述尺寸关系式，我们就可以利用计算机计算各工序尺寸公差、余量公差、工序尺寸值等，即利用计算机的编程语言（如 C 语言、Pasic 语言等）来描述上述关系式，运用计算机灵活、准确、快速的特点得到所要求的结果。其工艺尺寸链辅助计算流程如图 4-27 所示。

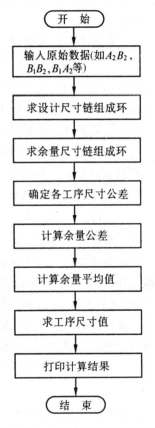

图 4-27　工艺尺寸链计算机辅助计算流程图

# 4.5　时间定额及提高劳动生产率的工艺措施

## 4.5.1　时间定额的估算

在一定生产条件下，规定生产一件产品或完成一道工序所消耗的时间称为时间定额。合理的时间定额能促进工人的生产技能和技术熟练程度不断提高，调动工人的积极性，从而

不断促进生产向前发展和不断提高劳动生产率。时间定额是安排生产计划、成本核算的主要依据,在设计新厂时,又是计算设备数量、布置时间、计算工人数量的依据。

时间定额 $t_{定额}$ 由以下几项组成:

(1)基本时间 $t_{基}$

直接改变生产对象的尺寸、形状、相对位置、表面状态或材料性质等工艺过程所消耗的时间称为基本时间。$t_{基}$ 包括刀具的趋近、切入、切削加工和切出等时间。

(2)辅助时间 $t_{辅}$

为实现工艺过程所必须进行的各种辅助动作所消耗的时间称为辅助时间,如装卸工件、启动和停开机床、改变切削用量、测量工件等所消耗的时间。

基本时间和辅助时间的总和称为作业时间 $t_{作}$。它是直接用于制造产品或零部件所消耗的时间。

(3)布置工作地时间 $t_{布}$

为使加工正常进行,工人照管工作地(如更换刀具、润滑机床、清理切屑、收拾工具等)所消耗的时间称为布置工作地时间。

$t_{布}$ 很难精确估计,一般按作业时间 $t_{作}$ 的百分数 $\alpha(2\% \sim 7\%)$ 来计算。

(4)休息和自然需要时间 $t_{休}$

$t_{休}$ 指工人在工作班时间内为恢复体力和满足生理上的需要所消耗的时间。$t_{休}$ 也按作业时间的百分数 $\beta$(一般取 $2\%$)来计算。

所有上述时间的总和称为单件时间,即

$$t_{单件} = t_{基} + t_{辅} + t_{布} + t_{休} = (t_{基} + t_{辅})(1 + \alpha + \beta) = t_{作}(1 + \alpha + \beta)$$

(5)准备终结时间 $t_{准终}$

工人为了生产一批产品或零部件进行准备和结束工作所消耗的时间,如熟悉工艺文件、领取毛坯、安装刀具和夹具、调整机床以及在加工一批零件终结后所需要拆下和归还工艺装备、发送成品等所消耗的时间。

准备终结时间对一批零件只需要一次,零件批量越大,分摊到每个工件上的准备终结时间越少。为此,成批生产时的单件时间定额为

$$t_{定额} = t_{单件} + \frac{t_{准终}}{N_{零}} = (t_{基} + t_{辅})(1 + \alpha + \beta) + \frac{t_{准终}}{N_{零}}$$

大量生产时,因为零件批量 $N_{零}$ 很大,$\frac{t_{准终}}{N_{零}}$ 就可以忽略不计,故这时的单件时间定额为

$$t_{定额} = (t_{基} + t_{辅})(1 + \alpha + \beta) = t_{单件}$$

## 4.5.2 提高劳动生产率的工艺措施

劳动生产率是指一个工人在单位时间内生产出的合格产品的数量,也可以用完成单件产品或单个工序所耗费的劳动时间来衡量。

劳动生产率是衡量生产效率的一个综合性指标,它表示一个工人在单位时间内为社会创造财富的多少。不断地提高劳动生产率是降低成本、增加积累和扩大社会再生产的主要途径。

**1. 缩减基本时间**

（1）提高切削用量

增大切削速度、进给量和切削深度都可以缩减基本时间，从而减少单件时间。这是机械加工中广泛采用的提高劳动生产率的有效方法。

近年来国外出现了聚晶金钢石和聚晶立方氮化硼等新型刀具材料，切削普通钢材的切削速度可达 900m/min。在加工 60HRC 以上的淬火钢、高镍合金钢时，在 980℃ 仍能保持其红硬性，切削速度可在 900m/min 以上。

高速滚齿机的切削速度可达 65～75m/min。

磨削方面，近年的发展趋势是在不影响加工精度的条件下，尽量采用强力磨削，提高金属的切除率，磨削速度已达 60m/s 以上。

（2）减少切削行程长度

减少切削行程长度也可以缩减基本时间。例如，用几把车刀同时加工同一表面，用宽砂轮作切入磨削，均可明显提高劳动生产率。某厂用宽 300mm、直径 600mm 的砂轮采用切入法磨削花键轴上长度为 200mm 的表面，单件时间由原来的 4.5min 减少到 45s。切入法加工时，要求工艺系统具有足够的刚性和抗振性，横向进给量要适当减小以防止振动，同时要求增大主电动机的功率。

（3）合并工步

用几把刀具或一把复合刀具对同一工件的几个不同表面或同一表面进行加工，把原来单独的几个工步集中为一个复合工步。各工步的基本时间就可以全部或部分重合，从而减少了工序的基本时间。

（4）采用多件加工

多件加工有三种方式：

顺序多件加工，即工件顺着行程方向一个接着一个装夹，如图 4-28（a）所示。这种方法减少了刀具切入和切出的时间，也减少了分摊到每一个工件的辅助时间。

平行多件加工，即在一次行程中同时加工 $n$ 个平行排列的工件，如图 4-28（b）所示。

平行顺序多件加工为上述两种方法的综合应用，如图 4-28（c）所示。这种方法适用于工件较小、批量较大的情况。

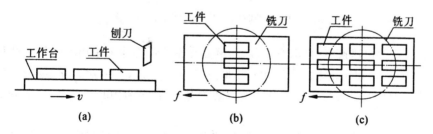

图 4-28 顺序多件、平行多件和平行顺序多件加工

（5）改变加工方法，采用新工艺、新技术

在大批大量生产中采用拉削、滚压代替铣、铰、磨削，在中、小批生产中采用精刨或精磨、金刚镗代替刮研等，都可以明显提高劳动生产率。又如用电火花加工机床加工冲模可以减

少很多钳工工作量；用充气电解加工锻模，一个锻模的加工时间从 40～50h 缩短到 1～2h；用粗磨代替铣平面，不但一次可切去大部分余量，而且磨出的平面精度高，可直接作为定位面；用冷挤压齿轮代替剃齿，劳动生产率可提高 4 倍，表面粗糙度可达 $Ra0.4～Ra0.8$。

在毛坯制造中，诸如精锻、挤压、粉末冶金、石蜡浇铸、爆炸成形等新工艺的应用，都可以从根本上减少大部分的机械加工劳动量，并节约原材料，从而取得十分显著的经济效益。

**2. 缩减辅助时间**

如果辅助时间占单件时间的 55％～70％ 以上，若仍采用提高切削用量来提高生产率，就不会取得显著的效果。

(1) 采用先进夹具。这不仅可以保证加工质量，而且大大减少了装卸和找正工件的时间。

(2) 采用转位夹具或转位工作台、直线往复式工作台以及几根芯轴等，使在加工时间内装卸另一个或另一组工件，从而使装卸工件的辅助时间与基本时间重合，如图 4-29(a) 所示。

(3) 采用连续加工，例如在立式或卧式连续回转工作台铣床（见图 4-29(b)）和双端面磨床上加工等。由于工件连续送进，使机床的空程时间明显缩减，装卸工件又不需停止机床，能显著提高生产率。

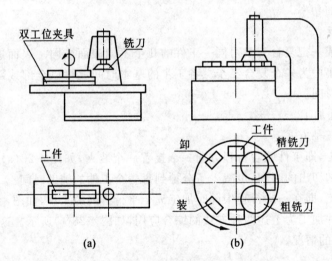

图 4-29 辅助时间与基本时间重合的示例

(4) 采用各种快速换刀、自动换刀装置，例如在钻床或镗床上采用不需停车即可装卸钻头的快换夹头，车床和铣床上广泛采用不重磨硬质合金刀片、专用对刀样板或对刀样件，机外对刀的快换刀夹及数控机床上的自动换刀装置等，可以节省刀具的装卸、刃磨和对刀的辅助时间。

(5) 采用主动检验或数字显示自动测量装置。零件在加工过程中需要多次停机测量，尤其在精密零件和重型零件的加工中更是如此。这不仅降低了劳动生产率，不易保证加工精度，而且还增加了工人的劳动强度。主动测量的自动测量装置能在加工过程中测量工件的实际尺寸，并能用测量的结果控制机床的自动补偿调整。这在内、外圆磨床和金刚镗床等机床上已取得了显著效果。

### 3．缩减准备终结时间

（1）使夹具和刀具调整通用化

把结构形状、技术条件和工艺过程都比较接近的工件归为一类，制定出典型的工艺规程并为之选择设计好一套工、夹具。这样，在更换下批同类工件时，就不需要更换工、夹具或只需经过少许调整就能投入生产，从而减少了准备终结时间。

（2）采用可换刀架或刀夹

例如六角车床，若每台配备几个备用转塔刀架或刀夹，事先按加工对象调整好，当更换加工对象时，把事先调整好的刀架或刀夹换上，用较少的准备终结时间即可进行加工。

（3）采用刀具的微调和快调

在多刀加工中，在刀具调整上往往要耗费大量工时。如果在每把刀具的尾部装上微调螺丝，就可以使调整时间大为减少。

（4）减少夹具在机床上的安装找正时间

如在夹具体上装有定向键，安装夹具时，只要将定向键靠向机床工作台 T 形槽的一边就可迅速将夹具在机床上定好位，而不必找正夹具。

（5）采用准备终结时间极少的先进加工设备

如液压仿形、插销板式程序控制和数控机床等。

### 4．实施多台机床看管

多台机床看管是一种先进的劳动组织措施。由于一个工人同时管理几台机床（同类型或不同类型），工人劳动生产率可相应提高几倍。

如图 4-30 所示，如果一个工人看管三台机床，则当工人做完第一台机床上的手动操作后，即转到第二台机床，然后转到第三台机床。完成一个循环后，又回到第一台机床。组织多机床看管的必要条件是：

（1）如果一个工人看管 $m$ 台机床，则任意 $m-1$ 台机床上的手工操作时间之和必须小于其余一台机床的机动时间。设在这些机床上执行相同的工序，则有

$$t_{机动} \geqslant (m-1)t_{手动}$$

式中：$t_{机动}$——一台机床机动工作的时间；

$\quad\quad t_{手动}$——一台机床上所需要的手工操作时间，包括工人实际的手动操作时间和从一台机床转移到另一台机床所需的时间。

（2）每台机床都有自动停车装置。

（3）布置机床时应考虑工人往返行程最短。

由 $t_{机动} \geqslant (m-1)t_{手动}$ 可得同时看管的机床计算台数为

$$m_{计算} = \frac{t_{单件}}{t_{手动}}$$

式中：$t_{单件}$——单个零件的工序时间。

### 5．进行高效和自动化加工

大批大量生产中由于零件批量大，生产稳定，可采用专用的组合机床和自动线。零件加

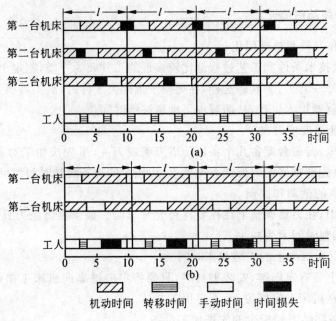

图 4-30　多机看管的时间循环

工的整个工作循环都是自动进行,操作工人的工作只是在自动线一端装上毛坯,在另一端卸下成品,以及监视自动线的工作是否在正常进行。这种生产方式的劳动生产率极高。

在机械加工行业中,属于大批大量生产的产品是少数,以品种论不超过 20%。故研究中、小批生产的高效和自动化加工受到广泛的重视。

人们对中、小批生产情况进行了分析,得到如图 4-31 所示的曲线。从图中看出,一般产品的主要零件占零件总数的 10%,但它们的制造成本却占总制造成本的 50%;占总数 40% 的中型零件,其制造成本占总成本的 30%;占总数 50% 的小型零件,制造成本只占 20%。主要零件制造成本较高的原因是它们消耗较多的材料,一般说来机械加工劳动量也大。

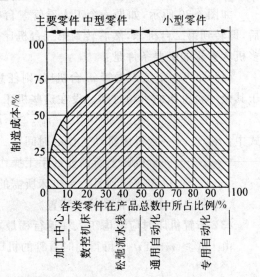

图 4-31　零件类型与制造成本的关系

因此,对中、小批生产主要零件用加工中心;中型零件用数控机床、流水线或非强制节拍的自动线;小型零件则视情况不同,可用各种自动机及简易程控机床为最经济。

（1）自动机和简易程控机床加工

小型零件若数量较大,可用专用的自动机床或通用的自动机床加工;若批量不大,用一般的自动机床加工就不合适了,因为一般自动机床的工作循环多半是用凸轮控制的,每换一个工件就要更换或制造一套凸轮,周期长、成本高,只适用于大批大量生产。为适应中小批生产,出现了液压和电气操纵的自动机床,如各种类型的半自动和全自动磨床、自动化插齿机、插销板式程序控制半自动液压仿形车床及其他类型的简易程控机床，可以很方便地调整出所需的自动控制程序。

（2）数控机床加工

数控机床的工作原理是根据被加工工件的加工尺寸及加工轨迹的特点，按数控（numerical control，NC）程序代码规定的格式编写NC加工程序，然后将NC程序输入给数控机床的控制计算机；控制计算机通过解释NC程序去控制伺服进给电机，进而驱动机床的工作台或刀架按预定轨迹实现加工。这种加工方法甚至可以实现三维复杂曲面的加工。按电机控制方式可分为开环控制和闭环控制。开环控制的执行器通常为步进电机；闭环控制的执行器通常为直流伺服电机或交流伺服电机，再配以光栅（或磁栅）尺或码盘将当时工作台或刀架的位置反馈给控制计算机。因此，闭环控制方式的控制精度更高（可实现 $1\mu m$ 甚至更小的进给当量）。

这样，计算机和自动控制系统就可以完全代替工人操作，自动加工出所需要的零件。数控机床上更换加工对象时，只需另行编制NC加工程序，机床调整简单，明显减少了准备终结时间和辅助时间，缩短了生产周期。因此非常适宜于小批量、周期短、改型频繁、形状复杂以及精度要求高的中小型零件加工。

（3）加工中心机床加工

这种机床一般就是多工序可自动换刀的镗铣床或加工中心。它有多坐标控制系统，例如可实现点位控制进行钻、镗、铰或连续控制进行铣削。各种刀具装在一个刀库中，可由程序控制器发出指令进行换刀。这样，加工中心机床便可完成钻、扩、铰、镗、铣和攻螺纹等复杂零件所有各面（除底面外）的加工。它改变了传统小批生产中一人、一机、一刀和一个工件的落后工艺，把许多相关工序集中在一起，形成了以一个工件为中心的多工序自动加工机床，它本身就相当于一条自动生产线。

# 4.6 工艺方案的技术经济分析

一个零件的机械加工工艺过程往往可以拟定出几个不同的方案，这些方案都能满足该零件的技术要求，但是它们的经济性是不同的，因此要进行经济分析比较，选择一个在给定的生产条件下最为经济的方案。

当新建或扩建时，在确定了主要零件的工艺规程、工时定额、设备需要量和厂房面积等以后，通常要计算车间的技术经济指标。例如单位产品所需劳动量（工时及台时）、单位工人年产量（台数、重量、产值或利润）、单位设备的年产量、单位生产面积的年产量等。在车间设计方案完成后，总是要将上述指标与国内外同类产品的加工车间的同类指标进行比较，以衡量其设计水平。

有时，在现有车间中制订工艺规程时，也需计算一些技术经济指标。例如劳动量（工时及台时）、工艺装备系数（专用工、夹、量具与机床数量之比）、设备构成比（专用设备与通用设备之比）、工艺过程的分散与集中程度（用一个零件的平均工序数目来表示）等。

对工艺方案进行经济分析时，通常采用如下两种方法：其一是对同一加工对象的几种工艺方案进行比较；其二是计算一些技术经济指标，再加以分析。

### 4.6.1 工艺方案的比较

当用于同一加工内容的几种工艺方案均能保证所要求的质量和劳动生产率指标时,一般可通过经济评比加以选择。

经济分析就是比较不同方案的生产成本的多少,生产成本最少的方案就是最经济的方案。生产成本是制造一个零件或一台产品所必需的一切费用总和。在分析工艺方案的优劣时,只需分析与工艺过程有关的生产费用,这部分生产费用就是工艺成本。工艺成本又可分为可变费用和不变费用两大类。表 4-2 列出了零件生产成本的组成情况。

表 4-2　零件生产成本的组成

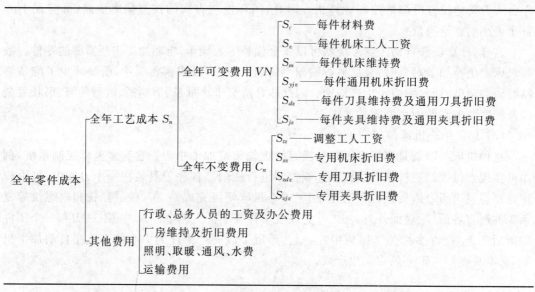

注:有些费用是随生产批量而变化的,如调整费、用于在制品占用资金等,在一般情况下不予单列。

从上表可以看出,可变费用(如材料费、通用机床折旧费等)是与年产量有关并与之成正比例的费用,用 $V$ 表示;不变费用(如专用机床折旧费等)是与年产量的变化没有直接关系的费用,用 $C_n$ 表示。由于专用机床是专为某零件的某加工工序所用,它不能被用于其他工序的加工,当产量不足,负荷不满时,就只能闲置不用。由于设备的折旧年限(或年折旧费用)是确定的,因此专用机床的全年费用不随年产量变化。

零件(或工序)的全年工艺成本 $S_n$ 为

$$S_n = VN + C_n$$

式中:$V$——每零件的可变费用;

$N$——零件的年生产纲领;

$C_n$——全年不变费用。

单个零件(或单个工序)的工艺成本 $S_d$ 为

$$S_d = V + \frac{C_n}{N}$$

根据以上两式就可以进行不同工艺方案的经济分析比较。如现有三个不同的工艺方

案,它们的全年工艺成本为

$$S_{n1} = C_{n1} + V_1 N$$

$$S_{n2} = C_{n2} + V_2 N$$

$$S_{n3} = C_{n3} + V_3 N$$

由于全年工艺成本 $S_n$ 与年产量 $N$ 成线性正比关系,可以作出如图 4-32 的图形。在图中对第一方案来说,当年产量 $N$ 超过 $N_1$ 时,就需增加一套专用机床和专用工艺装备,因此不变费用 $C_{n1}$ 就要增加一倍。同样,当 $N$ 再增到某一值时,$C_n$ 还要增加。这种关系在图上表现为折线。

现在就可以根据该图对这三种不同的工艺方案进行经济分析比较。当年产量从零到 $N_1$ 时第一种方案经济;从 $N_1$ 到 $N_3$ 时第二种方案经济;超过 $N_3$ 时则第三种方案经济。如果只比较第一和第二两个方案,则 $N_1$ 在零到 $N_1$ 和 $N_3$ 到 $N_4$ 范围内第一方案经济,除此以外则第二方案经济。

顺便指出,当工件的复杂程度增加时,例如具有复杂曲面的成形零件,则不论年产量多少,采用数控机床加工在经济上都是合理的,如图 4-33 所示。当然,在同一用途的各种数控机床之间仍然需要进行经济评比。

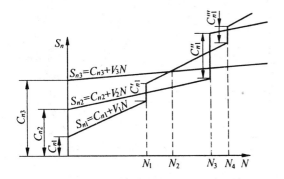

图 4-32　比较三个工艺方案的经济性的图解法

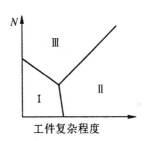

图 4-33　工件复杂程度与机床选择

Ⅰ—通用机床;Ⅱ—数控机床;Ⅲ—专用机床

## 4.6.2　技术经济分析

对于工艺方案的技术经济指标进行计算和分析,是制订零件加工工艺规程,尤其是在新建或扩建车间时所必须进行的工作。技术经济指标的好坏是衡量工艺方案合理性的重要依据之一。

某车间生产五种规格的车床溜板箱,其结构基本相同,只是零件的形状、尺寸有所不同。因此,可根据成组技术的原理,将组成该部件的零件进行分类,成组加工。如可将零件分为短轴、长轴、箱体、板件等几组。

除了采用通常的单件生产方式(方案Ⅰ)外,尚可考虑采用水平不同的成组生产单元(方案Ⅱ～Ⅳ)。现对四种方案进行分析对比,各方案的设备与工人如表 4-3 所示。

表 4-3　四种方案的设备与工人比较表

| 方案 I | | | | 方案 II | | | | 方案 III | | | | 方案 IV | | |
|---|---|---|---|---|---|---|---|---|---|---|---|---|---|---|
| | 组 | 设备种类 | 台数 | 组 | 设备种类 | 台数 | 组 | 设备种类 | 台数 | 组 | 设备种类 | 台数 | | |
| 设备 | 1 | 车床 | 7 | 1 | 数控车床 | 1 | 1 | 数控车床 | 1 | 1 | 数控车床 | 3 | | |
| | 2 | 铣床 | 8 | | 铣床 | 1 | | 铣床 | 1 | | | | | |
| | 3 | 钻床 | 5 | 2 | 数控车床 | | | 数控车床 | | | 数控铣床 | 4 | | |
| | | | | | 铣床 | | | 铣床 | | | | | | |
| | | | | | 钻床 | | | 钻床 | | | | | | |
| | 4 | 龙门铣床 | 3 | 3 | 龙门铣床 | 3 | 3 | 加工中心 | 4 | 2 | 加工中心 | 5 | | |
| | | | | | 铣床 | 1 | | | | | | | | |
| | | | | | 车床 | 1 | | | | | | | | |
| | | | | | 钻床 | 3 | | | | | | | | |
| | | | | 4 | 铣床 | 2 | 4 | 数控铣床 | 3 | | | | | |
| | | | | | 数控铣床 | 2 | | 车床 | 1 | | | | | |
| | | | | | 车床 | 1 | | 钻床 | 1 | | | | | |
| | | | | | 钻床 | 1 | | 平面磨床 | 1 | | | | | |
| | | | | | 平面磨床 | 1 | | | | | | | | |
| | 5 | 平面磨床 | 1 | 5 | 外圆磨床 | 1 | 3 | 平面磨床 | | | | | | |
| | | 外圆磨床 | 1 | | 内圆磨床 | 1 | | 外圆磨床 | | | | | | |
| | | 内圆磨床 | 1 | | 拉床 | 1 | | 内圆磨床 | | | | | | |
| | | 拉床 | 1 | | | | | 拉床 | | | | | | |
| | | | | | | | | | | 其他 | 自动运输系统 | | | |
| | | | | | | | | | | | 工业机器人 | | | |
| | | 合计 | 27 | | 合计 | 24 | | 合计 | 19 | | 合计 | 18 | | |
| 工人 | | 直接人员 | 26 | | 直接人员 | 22 | | 直接人员 | 13 | | 直接人员 | 4 | | |
| | | 间接人员 | 14 | | 间接人员 | 16 | | 间接人员 | 12 | | 间接人员 | 10 | | |
| | | 合计 | 40 | | 合计 | 38 | | 合计 | 25 | | 合计 | 14 | | |

（1）方案 I：所用的设备均为通用设备，采用图 4-34 所示的机群式布置形式。

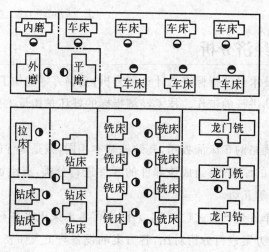

图 4-34　方案 I 的设备布置

（2）方案Ⅱ：按轴、箱体、板件组成四个成组单元，如图4-35所示，共采用三台数控车床、两台数控铣床，磨床与拉床为各单元共用。

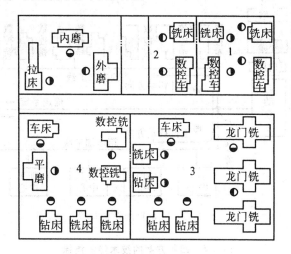

图4-35　方案Ⅱ的设备布置

（3）方案Ⅲ：同样组成四个成组单元，如图4-36所示，共采用三台数控车床、三台数控铣床和四台加工中心，磨床与拉床为各单元共用。

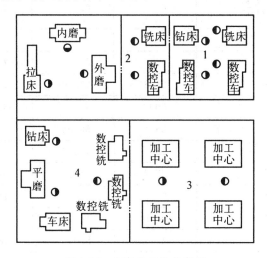

图4-36　方案Ⅲ的设备布置

（4）方案Ⅳ：采用柔性制造系统（flexible manufacturing system，FMS），该方案大量采用数控机床和加工中心，还采用自动仓库、输送带系统和工业机器人，实现工件的装卸、搬运和储存自动化。该系统由中央计算机控制，设备布置见图4-37。工件由左侧输入，在分类装置处被分成轴和箱体两大类，其中轴类输送到上半部加工线，箱体输送到下半部加工线。加工完的工件被输送到中间传送带上，从右侧向左侧输出，并暂时存放在自动仓库中，其中若有需要继续加工的工件，则按调度程序再进行有关加工。

四种方案的部分技术经济指标参考表4-4。每套部件的产值为4000元，人均月工资（包括奖金）为600元。

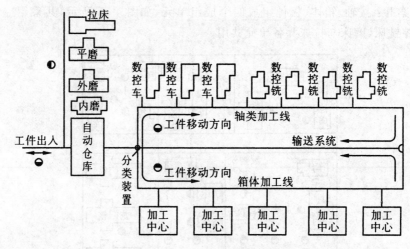

图 4-37  方案 Ⅳ 的设备布置

表 4-4  四种方案的技术经济指标

| 指　　标 | 方案 Ⅰ | 方案 Ⅱ | 方案 Ⅲ | 方案 Ⅳ |
|---|---|---|---|---|
| 生产设备总数/台 | 27 | 24 | 19 | 18 |
| 设备构成比 = $\dfrac{高效机床}{通用机床}$ | 0 | 0.26 | 1.11 | 3.5 |
| 设备折旧费/(万元/年) | 28 | 64 | 168 | 420 |
| 工作人员总数/人 | 40 | 38 | 25 | 14 |
| 工资总额/(万元/年) | 28.8 | 27.36 | 18 | 10.08 |
| 产量/(套/年) | 300 | 484 | 880 | 1560 |
| 材料费/(万元/年) | 36 | 58.08 | 105.6 | 187.2 |
| 产值/(万元/年) | 120 | 193.6 | 352 | 624 |
| 盈利[①]/(万元/年) | 27.2 | 44.16 | 60.4 | 6.72 |
| 人均产值/(万元/年) | 3 | 5.09 | 14.08 | 44.57 |
| 人均盈利/(万元/年) | 0.68 | 1.16 | 2.42 | 0.48 |
| 台均产值/(万元/年) | 4.44 | 8.07 | 18.53 | 34.67 |
| 台均盈利[①]/(万元/年) | 1.01 | 1.84 | 3.18 | 0.37 |

[①] 为了简化计算,比较各种方案的盈利时,只考虑本生产单位内的设备折旧费、工作人员工资与材料费三项费用,即
　　年盈利额 = 年产量 ×(产品单价 - 材料单价)- 年工资总额 - 年设备折旧费

当所比较的各方案生产能力不完全相同时,用技术经济指标进行分析对比是较好办法。

值得注意的是,当产品产值不太高,而年产量又增加不多时,实施高水平成组技术的经济效益有时不一定显著。尤其当设备投资很大时,反而可能使效益下降,特别是在工资水平不高的地区尤为如此。因此,在推广成组技术时,首先应选择附加值高的高新技术产品。在这种情况下,即使产量增加不多,采用高水平成组技术也是合适的。

# 4.7 机械加工工艺规程制定及举例

## 4.7.1 制定机械加工工艺规程的基本要求

制定机械加工工艺规程的基本要求,一是在保证产品质量的前提下,尽量提高劳动生产率和降低成本;二是在充分利用本企业现有生产条件基础上,尽可能采用国内、外先进工艺技术和经验,并保证良好的劳动条件。

由于工艺规程是直接指导生产和操作的重要技术文件,所以工艺规程还应正确、完整、统一和清晰,所用术语、符号、计量单位、编号都要符合相应标准。

## 4.7.2 机械加工工艺规程的制定原则

制定机械加工工艺规程应遵循如下原则:

(1) 必须可靠地保证零件图上技术要求的实现。在制定机械加工工艺规程时,如果发现零件图某一技术要求规定得不适当,只能向有关部门提出建议,不得擅自修改零件图或不按零件图去做。

(2) 在规定的生产纲领和生产批量下,一般要求工艺成本最低。

(3) 充分利用现有生产条件,少花钱、多办事。

(4) 尽量减轻工人的劳动强度,保障生产安全,创造良好、文明的劳动条件。

## 4.7.3 制定机械加工工艺规程的内容和步骤

### 1. 对零件进行工艺分析

在加工工艺规程制定之前,应首先对零件进行工艺分析,主要内容应包括:

(1) 分析零件的作用及零件图上的技术要求;

(2) 分析零件主要加工表面的尺寸、形状及位置精度、表面粗糙度以及设计基准等;

(3) 分析零件的材质、热处理及机械加工的工艺性。

### 2. 确定毛坯

毛坯的种类和质量对零件加工质量、生产率、材料消耗以及加工成本都有密切关系。毛坯的选择应从生产批量的大小、零件的复杂程度、加工表面及非加工表面的技术要求等几方面综合考虑。正确选择毛坯的制造方式,可以使整个工艺过程更加经济合理,故应慎重对待。在通常情况下,主要由生产类型来决定。

### 3. 制定零件的机械加工工艺路线

(1) 制定工艺路线。在对零件进行分析的基础上,制定零件的工艺路线和划分粗、精加工阶段。对于比较复杂的零件,可以先考虑几个方案,分析比较后,再从中选择比较合理的加工方案。

(2) 选择定位基准,进行必要的工序尺寸计算。根据粗、精基准选择原则合理选定各工序的定位基准。当某工序的定位基准与设计基准不相符时,需对它的工序尺寸进行计算。

（3）确定工序集中与分散的程度，合理安排各表面的加工顺序。

（4）确定各工序的加工余量和工序尺寸及其公差。

（5）选择机床及工、夹、量、刃具。机械设备的选用应当既保证加工质量，又要经济合理。在成批生产条件下，一般应采用通用机床和专用工、夹具。

（6）确定各主要工序的技术要求及检验方法。

（7）确定各工序的切削用量和时间定额。

单件小批量生产厂，切削用量多由操作者自行决定，机械加工工艺过程卡片中一般不作明确规定。在中批，特别是在大批量生产厂，为了保证生产的合理性和节奏的均衡，则要求必须规定切削用量，并不得随意改动。

（8）填写工艺文件。

## 4.7.4  制定机械加工工艺规程举例

成批生产某型号车床，现要制定其开合螺母外壳下半部的机械加工工艺规程。零件图如图 4-38 所示。

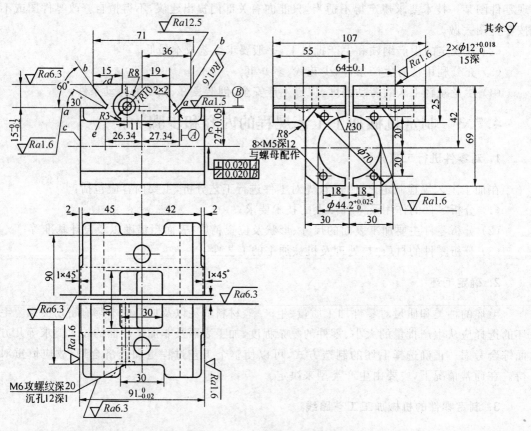

图 4-38  开合螺母外壳下半部

### 1. 对零件图进行工艺分析

该零件的主要加工面有：

燕尾导轨面 $aa$ 和 $bb$，它们是部件装配时的装配基准，与相配导轨配合，因此它们本身应有较高的形状精度,此外,它们又是 $\phi12^{+0.018}_{0}$mm 和 $\phi44.2^{+0.025}_{0}$mm 孔的设计基准。

$\phi44.2^{+0.025}_{0}$mm 孔用来装配开合螺母,本身有一定的尺寸精度要求,其中心线对燕尾导轨面又有平行度和垂直度要求。

两个端面 $cc$ 在装配时,将与开合螺母的两个内侧面配合,因此对它们之间的尺寸规定了 0.02mm 的公差,并对 $\phi44.2^{+0.025}_{0}$mm 孔中心线有垂直度要求;$\phi12^{+0.018}_{0}$mm 为销孔,用于对开螺母的开合。

关于非加工面与加工面间的要求,零件图上仅标出了导轨 $d$ 面的厚度为 25mm,是不注公差的尺寸,虽说不难保证,但由于基准不重合,有关毛坯尺寸亦有较大差异,所以必要时还得计算一下有关的工艺尺寸,以查明导轨面厚度是否产生过大的误差。根据该零件的结构及作用,主要应保证 $\phi44.2^{+0.025}_{0}$mm 孔壁厚和它的均匀性,但在零件图上并未明确提出,在安排工艺时必须予以考虑。

**2. 选择毛坯**

零件的材料是铸铁,所以选择铸件毛坯。小批生产可用木模手工造型的毛坯,成批生产时则用金属模机器造型的毛坯。前者可用Ⅲ级精度的铸件,后者可用Ⅱ级精度的铸件。为了保证 $\phi44.2^{+0.025}_{0}$mm 孔的加工质量和使加工方便,将其上下两部分铸成一个整体毛坯,分型面可以通过 $\phi44.2^{+0.025}_{0}$mm 孔中心线垂直于 $aa$ 导轨面。$\phi44.2^{+0.025}_{0}$mm 孔铸出毛坯孔(留有余量),要求其中心对 $\phi70$ 外圆中心的偏移小于 1mm 并对 25mm 导轨壁厚的不加工面 $e$ 有 ±0.3mm 的距离精度要求。$\phi70$ 外圆的尺寸精度亦不应大于 ±0.3mm。燕尾导轨面不予铸出,铸件应进行人工时效,消除残余应力后再进行机械加工,否则工件切开将产生较大的变形。

**3. 工艺过程设计**

1)定位基准的选择
(1)精基准的选择

从上述对零件图的工艺分析可知燕尾导轨面是装配基准,又是 $\phi44.2^{+0.025}_{0}$mm 和 $\phi12^{+0.018}_{0}$mm 孔的有关距离尺寸要求和位置要求的设计基准。它的面积亦较大,根据先面后孔的原则,应选它为加工其他有关表面的精基准。

(2)粗基准的选择

选择粗基准时,首先考虑保证 $\phi44.2^{+0.025}_{0}$mm 和 $\phi70$mm 外圆不需加工表面间壁厚的均匀性。此时 $\phi44.2^{+0.025}_{0}$mm 孔的加工余量的均匀性可不考虑。因为这两者是难于同时保证的。对加工余量不均匀所引起的误差,可以通过多次行程予以修正。如果用 $\phi44.2^{+0.025}_{0}$mm 毛坯孔作为粗基准,则由于它直径较小而长度较大,定位亦不可靠,其加工余量的均匀性仍难以保证。并且若以它为粗基准加工燕尾导轨面,再以燕尾导轨面作为精基准加工 $\phi44.2^{+0.025}_{0}$mm 孔,将使孔的壁厚很不均匀,不仅影响零件的强度,而且切开后会变形。根据以上分析,所选择的粗基准应保证在以燕尾导轨面为精基准加工 $\phi44.2^{+0.025}_{0}$mm 孔时,其轴心线基本上与 $\phi70$mm 外圆的轴心线重合。具体选择哪组表面为粗基准,在下面再叙述。

2）加工方法的选择

燕尾导轨面是与相配件的配合面，又是加工其他表面的精基准，其终加工最好是刮研。其前面的工步可选择粗刨、精刨或精铣。

$\phi 44.2^{+0.025}_{0}$ mm 孔的终加工可用精铰或精镗，其前面的工步则为粗镗、半精镗、粗铰或精镗。

两端面 $cc$ 之间有 0.02mm 的距离尺寸精度要求，终加工为互为基准进行研磨。其前面的工序可为粗车或粗铣、精车或精铣。

$\phi 12^{+0.018}_{0}$ mm 孔的加工方法为钻、粗铰、精铰。

其他加工面的加工方法从略。

3）确定加工顺序和组合工序

（1）小批生产

在小批生产时，第一道工序为划线，划出作为精基准的燕尾导轨面的加工线。划加工线的基准就是粗基准。粗基准是 $\phi 70$mm 外圆的轴心线、$\phi 12^{+0.018}_{0}$ mm 两孔中心线和 25mm 壁厚的不加工毛坯面。$\phi 70$mm 外圆轴心线是 $aa$ 导轨面加工线距该中心尺寸的基准；$\phi 12^{+0.018}_{0}$ mm 两孔中心连线是导轨面加工线的划线基准；以 25mm 导轨的毛坯面 $e$ 为基准划出 $aa$ 面的加工线，可得到较均匀的壁厚。第二道工序将工件按划线找正装夹在虎钳中，在牛头刨床上粗、精刨燕尾导轨面和粗刨出底面 $d$。第三道工序是刮研导轨面。此后就可用已加工好的导轨面作为精基准加工其他表面。第四道工序是加工 $\phi 12^{+0.018}_{0}$ mm 两孔，以导轨面作为精基准，另外为保证在镗 $\phi 44.2^{+0.025}_{0}$ mm 孔时壁厚的均匀性，还应以 $\phi 70$mm 外圆毛坯面的一点（该点处于 $\phi 70$mm 外圆的平行 $aa$ 导轨面的中心线上）作为粗基准。第五道工序是在车床上镗 $\phi 44.2^{+0.025}_{0}$ mm 的孔，工件装在花盘上的弯板上，弯板上可布置简单的定位元件，使作为精基准的 $aa$ 导轨面与车床主轴轴心线平行并相距一定的尺寸，以保证零件图要求；$bb$ 导轨面则与车床主轴轴心线垂直；此外 $\phi 12^{+0.018}_{0}$ mm 孔在一个菱形定位销中定位，以保证孔壁厚均匀。在镗孔时可粗车、精车一个端面 $c$。然后再掉头装夹车另一端面 $c$。以后工序是磨两端面、切开、加工 M6 螺孔和锪 $\phi 10$mm 孔。还应安排辅助工序，包括切开前安排检查工序；由于该零件在装配时成对装配，所以在切开后还应安排一个钳工工序，在上下部打配对号码，同时去毛刺。于是，小批生产时，该零件加工工序和工序的组合可安排如下：

划线—粗、精刨导轨面及刨底面 $d$—刮研导轨面—钻、铰 $\phi 12^{+0.018}_{0}$ mm 孔—在车床上粗、精镗 $\phi 44.2^{+0.025}_{0}$ mm 孔并粗、精车两端面—磨两端面—检查—切开—上下部打配对号码并去毛刺—钻、攻 M6 螺孔—锪 $\phi 12$mm 孔。

（2）成批生产

在成批生产时，为了提高生产率，燕尾导轨面的加工方法改为粗刨、精铣和刮研。如果加工导轨面的粗基准时仍用上述划线时的基准，即两端 $\phi 70$mm 外圆在两个 V 形块中定位，消除四个不定度，使加工后的 $aa$ 面对 $\phi 70$mm 外圆轴心线有一定的距离尺寸和平行度；$\phi 70$mm 外圆一端用挡销定位，以消除沿 $\phi 70$mm 外圆轴心的不定度，使加工后的 $bb$ 面对称于 $\phi 12^{+0.018}_{0}$ mm 两孔中心连线；在导轨厚 25mm 的不加工面 $e$ 并距 $\phi 70$mm 外圆中心最远的一点放一个支承钉,以消除绕 $\phi70\text{mm}$ 外圆轴心线的不定度。选用这一组粗基准存在两个问题:一是由于燕尾导轨面粗刨和精铣不可能在一个工序中,因此粗基准在刨、铣两个工序中重复使用,定位误差大,不易保证加工精度;二是难于设计一个简单可靠的夹紧方案,在划线找正装夹时,可在虎钳中通过两端面 $cc$ 沿 $\phi70\text{mm}$ 外圆轴心线轴向夹紧工件,但在上述定位方案的夹具中,就不便轴向夹紧工件,因为已由活动 V 形块消除了轴向不定度,若采用轴向夹紧的方案,必须用浮动夹紧机构,夹具结构很复杂。如通过 $\phi44.2^{+0.025}_{0}\text{mm}$ 的毛坯孔内壁夹紧,就要采用可移动的压板,此外为了避免夹紧变形和使装夹稳定可靠,还需另加辅助支承,夹具结构仍是复杂,且操作费时。

通过上述分析,在成批生产中,选用这一组粗基准来加工燕尾导轨面不是一个理想的方案。所以要改变加工方案。先设想一个方案,第一道工序粗刨导轨面时仍用这一组粗基准,$d$ 面按距 $aa$ 面一定的工艺尺寸刨出,同时按一定的工艺尺寸在一个端面 $c$ 上刨出一段平面(因有压板,不能全部刨出);然后以这两个表面作为精基准定位,通过两端 $\phi70\text{mm}$ 外圆向上压 $d$ 面,精铣燕尾导轨面。这个方案虽有利于保证精铣导轨面的精度,但切削力向下,装夹工件也麻烦,同时夹具结构仍然比较复杂,也不是理想方案。

另一方案,第一道工序以两端 $\phi70\text{mm}$ 外圆表面及导轨厚 25mm 的不加工面 $e$ 定位,通过 $d$ 面夹紧,铣出两端 $c$ 面;第二道工序以一个铣出的端面、25mm 导轨厚的不加工面 $e$ 及 $\phi70\text{mm}$ 外圆浮动 V 形块实现完全定位,沿 $\phi70\text{mm}$ 外圆轴心线夹紧工件,粗刨 $b$、$a$、$d$ 面;第三道工序以同一方式定位,精铣燕尾导轨面。这个方案装夹方便可靠、夹具比较简单,且这两个工序所用的夹具结构相似。虽然粗基准用了两次,但不是主要定位基准,且由于定位元件的布置方式保证了工件的粗基准与定位元件的接触点在两个夹具中基本不变,不会引起过大的定位误差。所以这个方案比较理想。

燕尾导轨面精铣后再刮研,此后即可用它们为精基准加工其他表面,加工顺序和定位方式与前述小批生产相似。大孔加工虽仍可在车床上进行,但工件应安装在车床溜板上的镗模中,用尺寸刀具加工,以提高生产率。

在切开时,用燕尾导轨面和孔 $\phi12^{+0.018}_{0}\text{mm}$ 定位,在卧式铣床上用锯片铣刀铣开。

成批生产时,加工顺序和工序的组合安排如下:

粗铣两个端面 $c$—粗刨燕尾导轨面和 $d$ 面—精铣燕尾导轨面—刮研燕尾导轨面—钻、铰 $\phi12^{+0.018}_{0}\text{mm}$ 孔—镗 $\phi44.2^{+0.025}_{0}\text{mm}$ 孔—精铣两个端面 $c$—磨两个端面 $c$—检查—切开—去毛刺,打配对号码—钻、攻 M6 螺孔并锪 $\phi12\text{mm}$ 孔。

### 4. 工序设计

工序设计的主要内容有机床和工艺装备的选择、确定余量、计算工序尺寸、确定切削用量和时间定额等。

在成批生产中主要采用通用机床,适当采用专用夹具,本例的工序尺寸的计算比较简单,在此不再赘述。

### 5. 填写工艺文件

表 4-5 为工艺过程卡片,表 4-6 为镗 $\phi44^{+0.025}_{0}\text{mm}$ 孔的工序卡片。

表4-5　机械加工工艺过程卡片

| （工厂名） | 机械加工工艺过程卡片 | | 产品型号 | | 零（部）件号 | | | | 共（　）页 | |
| --- | --- | --- | --- | --- | --- | --- | --- | --- | --- | --- |
| | | | 产品名称 | | 零（部）件名称 | 开合螺母外壳下半部 | | | 第（　）页 | |
| 材料牌号 | | 毛坯种类 | 铸件 | 毛坯外型尺寸 | | 每毛坯可制件数 | | 每台件数 | | 备注 |

| 工序号 | 工序名称 | 工序内容 | 车间 | 工段 | 设备 | 工艺装备 | 工时 准终 | 工时 单件 |
| --- | --- | --- | --- | --- | --- | --- | --- | --- |
| 0 | 铸 | 铸造、清砂、退火 | 铸造 | | | | | |
| 10 | 铣 | 粗铣两端面 $c$ | 机加 | | X6125 | 铣夹具，端铣刀 $\phi110$，0.05/150 游标卡尺 | | |
| 20 | 刨 | 粗刨燕尾导轨面和 $d$ 面 | 机加 | | B6050 | 虎钳，刨刀 6，刨刀 1，样板 | | |
| 30 | 铣 | 精铣燕尾导轨面 | 机加 | | X6125 | 虎钳，55°角铣刀，样板 | | |
| 40 | 钳 | 刮研燕尾导轨面 | 机加 | | | 研具 | | |
| 50 | 钻 | 钻、铰 $2\times\phi12^{+0.018}_{0}$ mm 孔 | 机加 | | Z5025 | 翻转式钻模，钻头 $\phi11.8$，铰刀 $\phi12H7$ 快换夹头，塞规 $\phi12H7$ | | |
| 60 | 镗 | 镗 $\phi44.2^{+0.025}_{0}$ mm 孔 | 机加 | | C6136 | 镗模，K34 单尺镗刀，镗杆 I，W18Cr4V 镗刀块 3 镗杆 II，塞规 $\phi44.2H7$ | | |
| 70 | 铣 | 精铣两个端面 $c$ | 机加 | | X6125 | 端铣刀 $\phi110$，0.05/150 游标卡尺 卡规 | | |
| 80 | 磨 | 磨两个端面 $c$ | 机加 | | | | | |
| 90 | 检查 | | 机加 | | | | | |
| 100 | 铣 | 铣开 | 机加 | | X6125 | 铣夹具，锯片铣刀 $b=3$，$\phi200$ | | |
| 110 | 钳 | 去毛刺、打号对配码 | 机加 | | | | | |
| 120 | 钻 | 钻、攻 M6 螺孔并锪 $\phi12$ 孔 | 机加 | | Z5025 | 钻头 $\phi4.9$，丝锥 M6，锪孔刀 $\phi12$ 攻螺纹夹头 M6，塞规 | | |
| 1 | 检 | 最终检查 入库 | | | | | | |

| | | | 设计（日期） | 审核（日期） | 标准化（日期） | 会签（日期） |
| --- | --- | --- | --- | --- | --- | --- |
| 标记 | 处数 | 更改文件号 | 签字 | 日期 | 标记 | 处数 | 更改文件号 | 签字 | 日期 |

插图　描校　底图号　装订号

表4-6　机械加工工序卡片

| （工厂名） | 机械加工工艺过程卡片 | 产品型号 | | 零（部）件名称 | 开合螺母外壳下半部 | 共（ ）页 |
|---|---|---|---|---|---|---|
| | | 产品名称 | | 零（部）件名称 | | 第（ ）页 |

| | | 车间 | 机加 | 工序号 | 60 | 工序名称 | 镗孔 | 材料牌号 | |
|---|---|---|---|---|---|---|---|---|---|
| | | 毛坯种类 | 铸件 | 毛坯外型尺寸 | | 每毛坯可制件数 | | 每台件数 | |
| | | 设备名称 | 车床 | 设备型号 | C6136 | 设备编号 | | 同时加工件数 | |
| | | 夹具编号 | | 夹具名称 | 镗模 | | | 切削液 | |
| | | 工位器具编号 | | 工位器具名称 | | | | 工序工时 准终／单件 | |

| 工步号 | 工步内容 | 工艺装备 | 主轴转速 r/min | 切削速度 m/min | 进给量 mm/r | 切削深度 mm | 进给次数 | 工步工时 机动／辅助 |
|---|---|---|---|---|---|---|---|---|
| 1. | 粗镗孔到 $\phi40$ | K34 单刃镗刀·镗杆 I | 450 | 42.2 | 0.28 | 3.00 | 1 | |
| 2. | 半精镗孔至 $\phi42.5$ | W18Cr4V 镗刀块·镗杆 II | 187 | 22.6 | 0.42 | 1.25 | 1 | |
| 3. | 精镗孔至 $\phi43.5$ | W18Cr4V 镗刀块·镗杆 II | 187 | 23.2 | 0.22 | 0.50 | 1 | |
| 4. | 细镗孔至 $\phi44.2^{+0.025}_{0}$ | W18Cr4V 镗刀块·镗杆 II | 187 | 23.5 | 0.22 | 0.35 | 1 | |
| | | 塞规 $\phi44.2$H7 | | | | | | |
| | | | 设计（日期） | 审核（日期） | 标准化（日期） | 会签（日期） | | |
| 标记 | 处数 | 更改文件号 | 签字 | 日期 | 标记 | 处数 | 更改文件名 | 签字 | 日期 |

插图

描校

底图号

装订号

## 4.8 数控加工工艺设计

### 4.8.1 数控加工的主要特点

数控加工的主要特点有:

(1) 数控机床传动链短、刚度高,可通过软件对加工误差进行校正和补偿,因此加工精度高。

(2) 数控机床是按设计好的程序进行加工,加工尺寸的一致性好。

(3) 在程序控制下,几个坐标可以联动并能实现多种函数的插补运算,所以能完成卧式机床难以加工或不能加工的复杂曲线、曲面及型腔等。

(4) 此外,有的数控机床(加工中心)带自动换刀系统和装置、转位工作台以及可自动交换的动力头等,在这样的数控机床上可实现工序的高度集中,生产率比较高,并且夹具数量少,夹具的结构也可以相对简单。

由于数控加工有上述特点,所以在安排工艺过程时,有时可考虑安排数控加工。

### 4.8.2 数控加工工序设计

如前所述,如果在工艺过程中安排有数控工序,则不管生产类型如何都需要对该工序的工艺过程作出详细规定,形成工艺文件,指导数控程序的编制,指导工艺准备工作和工序的验收。从工艺角度来看数控工序,其主要设计内容和普通工序没有差别,这些内容包括定位基准的选择、加工方法的选择、加工路线的确定、加工阶段的划分、加工余量及工序尺寸的确定、刀具的选择以及切削用量的确定等。但是,数控工序设计必须满足数控加工的要求,其工艺安排必须做到具体、细致。

#### 1. 建立工件坐标系

数控机床的坐标系统已标准化,标准坐标系统是右手直角笛卡儿坐标系统。工件坐标系的坐标轴对应平行于机床坐标系的坐标轴,其坐标原点就是编程原点。因此,工件坐标系的建立与编程中的数值计算有关。为简化计算,坐标原点可选择在工序尺寸的尺寸基准上。

在工件坐标系内可以使用绝对坐标编程,也可以使用相对坐标编程。如图 4-39 中,点 $B$ 的坐标尺寸可以表示为 $B(25,25)$,即以坐标原点为基准的绝对坐标尺寸;也可以表示为 $B(15,5)$,这是以点 $A$ 为基准的相对坐标尺寸。

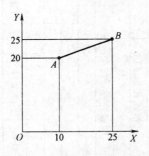

图 4-39 绝对坐标与相对坐标

#### 2. 编程数值计算

数控机床具有直线和圆弧插补功能。当工件的轮廓是由直线和圆弧组成时,在数控程序中只要给出直线与圆弧的交点、切点(简称基点)坐标值,加工中遇到直线,刀具将沿直线指向直线的终点,遇到圆弧将以圆弧的半径为半径指向圆弧的终点。当工件轮廓是由非圆曲线组成时,通常的处理方法是用直线段或圆弧段去逼近非圆曲线,通过计算直线段或圆弧段与非圆曲线交点(简称节点)的坐标值来体现逼近结果。随着逼近精度的提高,这种计算的工作量会很大,需要借助计算机来完成。因此,编程前根据零件尺寸计算出基点或节点的坐标值是不可少的工艺工作。除此之外,编程前应将单向偏差标注的工艺尺寸换算成对称偏差标注;当粗、精加工集中在同一工序中完成时,还要计算工步之间的加工余量、工步尺寸及公差等。

### 3. 确定对刀点、换刀点、切入点和切出点

为了使工件坐标系与机床坐标系建立确定的尺寸联系,加工前必须对刀。对刀点应直接与工序尺寸的尺寸基准相联系,以减小基准转换误差,保证工序尺寸的加工精度。通常选择在离开工序尺寸基准一个塞尺的距离用塞尺对刀,以免划伤工件。此外,还应考虑对刀方便,以确保对刀精度。

由于数控工序集中,常需要换刀。若用机械手换刀则应有足够的换刀空间,避免发生干涉,确保换刀安全。若采用手工换刀,则应考虑换刀方便。

切入点和切出点的选择也是设计数控工序时应该考虑的一个问题。刀具应沿工件的切线方向切入和切出(见图 4-40),避免在工件表面留下刀痕。

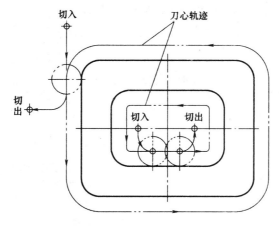

图 4-40　立铣刀切入、切出

### 4. 划分加工工步

由于数控工序集中了更多的加工内容,所以工步的划分和工步设计就显得非常重要,它将影响到加工质量和生产率。例如,同一表面是否需要安排粗、精加工,不同表面的先后加工顺序应该怎样安排,如何确定刀具的加工路线等,所有这些工艺问题都要按一般工艺原则给出确定的答案;同时还要为各工步选择加工刀具(包括选择刀具类型、刀具材料、刀具尺寸以及刀柄和连接件),分配加工余量,确定切削用量等。

此外,数控加工工序还应确定是否需要有工步间的检查,何时安排检查;是否需要考虑误差补偿;是否需要切削液,何时开关切削液等。总之,在数控工序设计中要回答加工过程中可能遇到的各种工艺问题。

## 4.8.3　数控编程简介

根据数控工序设计,按照所用数控系统的指令代码和程序格式,正确无误地编制数控加

工程序是实现数控加工的关键环节之一。数控机床将按照编制好的程序对零件进行加工。可以看出,数控编程工作是重要的,没有数控编程,数控机床就无法工作。数控编程方法分为手工编程和自动编程。手工编程是根据数控机床提供的指令由编程人员直接编写的数控加工程序。手工编程适合于简单程序的编制。自动编程可分为:①由编程人员用自动编程语言编制源程序,计算机根据源程序自动生成数控加工程序;②利用 CAD/CAM 软件,以图形交互方式生成工件几何形状和刀具相对工件的运动轨迹,系统根据图形信息和相关的工艺信息自动生成数控加工程序。自动编程适合于计算量大的复杂程序的编制。

### 1. 数控程序代码及其有关规定

目前,国际上通用的数控程序指令代码有两种标准,一种是国际标准化组织(International Organization for Standardization, ISO)标准,另一种是美国电子工业协会(U. S. Energy Information Administration, EIA)标准。我国规定了等效于 ISO 标准的准备功能 G 和辅助功能 M 代码(见表 4-7 和表 4-8)。G 代码分为模态代码(时序有效代码)和非模态代码。表中 4-7 字母 a、c、d 等所对应的 G 代码为模态代码,它表示该代码一经被使用就一直有效(如 a 组中的 G00),后续程序再用时可省略不写,直到出现同组其他的 G 代码(如 G03)时才失效。G 代码表中的"＊"号表示该代码为非模态代码,它只在程序段内有效,下一程序段需要时必须重写。

表 4-7　准备功能 G 代码

| 代码 | 功能保持到被取消或被同样字母表示的程序指令所代替 | 功能仅在所出现的程序段内有作用 | 功能 | 代码 | 功能保持到被取消或被同样字母表示的程序指令所代替 | 功能仅在所出现的程序段内有作用 | 功能 |
|---|---|---|---|---|---|---|---|
| (1) | (2) | (3) | (4) | (1) | (2) | (3) | (4) |
| G00 | a | | 点定位 | G34 | a | | 螺纹切削,增螺距 |
| G01 | a | | 直线插补 | G35 | a | | 螺纹切削,减螺距 |
| G02 | a | | 顺时针方向圆弧插补 | G36~G39 | ＃ | ＃ | 永不指定 |
| G03 | a | | 逆时针方向圆弧插补 | G40 | d | | 刀具补偿/刀具偏置注销 |
| G04 | | ＊ | 暂停 | | | | |
| G05 | ＃ | ＃ | 不指定 | G41 | d | | 刀具补偿(左) |
| G06 | a | | 抛物线插补 | G42 | d | | 刀具补偿(右) |
| G07 | ＃ | ＃ | 不指定 | G43 | ＃(d) | ＃ | 刀具偏置(正) |
| G08 | | ＊ | 加速 | G44 | ＃(d) | ＃ | 刀具偏置(负) |
| G09 | | ＊ | 减速 | G45 | ＃(d) | ＃ | 刀具偏置(＋/＋) |
| G10~G16 | ＃ | ＃ | 不指定 | G46 | ＃(d) | ＃ | 刀具偏置(＋/－) |
| G17 | c | | XY 平面选择 | G47 | ＃(d) | ＃ | 刀具偏置(－/－) |
| G18 | c | | XZ 平面选择 | G48 | ＃(d) | ＃ | 刀具偏置(－/＋) |
| G19 | c | | YZ 平面选择 | G49 | ＃(d) | ＃ | 刀具偏置(0/＋) |
| G20~G32 | ＃ | ＃ | 不指定 | G50 | ＃(d) | ＃ | 刀具偏置(0/－) |
| G33 | a | | 螺纹切削,等螺距 | G51 | ＃(d) | ＃ | 刀具偏置(＋/0) |

续表

| 代码 | 功能保持到被取消或被同样字母表示的程序指令所代替 | 功能仅在所出现的程序段内有作用 | 功能 | 代码 | 功能保持到被取消或被同样字母表示的程序指令所代替 | 功能仅在所出现的程序段内有作用 | 功能 |
|---|---|---|---|---|---|---|---|
| (1) | (2) | (3) | (4) | (1) | (2) | (3) | (4) |
| G52 | #(d) | # | 刀具偏置(-/0) | G69 | #(d) | # | 刀具偏置(外角) |
| G53 | f | | 直线偏移,注销 | G70~G79 | # | # | 不指定 |
| G54 | f | | 直线偏移 X | G80 | e | | 固定循环注销 |
| G55 | f | | 直线偏移 Y | G81~G89 | e | | 固定循环 |
| G56 | f | | 直线偏移 Z | G90 | j | | 绝对尺寸 |
| G57 | f | | 直线偏移 XY | G91 | j | | 增量尺寸 |
| G58 | f | | 直线偏移 XZ | G92 | | * | 预置寄存 |
| G59 | f | | 直线偏移 YZ | G93 | k | | 时间倒数,进给率 |
| G60 | h | | 准确定位1(精) | G94 | k | | 每分钟进给 |
| G61 | h | | 准确定位2(中) | G95 | k | | 主轴每分钟进给 |
| G62 | h | | 快速定位(粗) | G96 | l | | 恒线速度 |
| G63 | | * | 攻螺纹 | G97 | l | | 每分钟转数(主轴) |
| G64~G67 | # | # | 不指定 | G98~G99 | # | # | 不指定 |
| G68 | #(d) | # | 刀具偏置(内角) | | | | |

注:(1) #号代码如选作特殊用途,必须在程序格式说明中说明。

(2) 如在直线切削控制中没有刀补偿,则 G43~G52 可指定作其他用途。

(3) 在(2)列中加括号的字母(d)可以被同列中没有加括号的字母 d 注销或代替,亦可被有括号的字母(d)注销或代替。

(4) G45~G52 的功能可用于机床上任意两个预定的坐标。

(5) 控制机上没有 G53~G59、G63 功能时,可以指定作其他用途。

**表 4-8 辅助功能 M 代码**

| 代码 | 功能开始时间 | | 功能保持到被注销或被适当程序指令代替 | 功能仅在所出现的程序段内有作用 | 功能 |
|---|---|---|---|---|---|
| | 与程序段指令运动同时开始 | 在程序段指令运动完成后开始 | | | |
| (1) | (2) | (3) | (4) | (5) | (6) |
| M00 | | * | | * | 程序停止 |
| M01 | | * | | * | 计划停止 |
| M02 | | * | | * | 程序结束 |
| M03 | * | | * | | 主轴顺时针方向 |
| M04 | * | | * | | 主轴逆时针方向 |
| M05 | | * | * | | 主轴停止 |
| M06 | # | # | | * | 换刀 |
| M07 | * | | * | | 2号切削液开 |
| M08 | * | | * | | 1号切削液开 |
| M09 | | * | * | | 切削液关 |

| 代码 | 功能开始时间 | | 功能保持到被注销或被适当程序指令代替 | 功能仅在所出现的程序段内有作用 | 功能 |
|---|---|---|---|---|---|
| | 与程序段指令运动同时开始 | 在程序段指令运动完成后开始 | | | |
| (1) | (2) | (3) | (4) | (5) | (6) |
| M10 | ＃ | ＃ | ＊ | | 夹紧 |
| M11 | ＃ | ＃ | ＊ | | 松开 |
| M12 | ＃ | ＃ | ＃ | ＃ | 不指定 |
| M13 | ＊ | | ＊ | | 主轴顺时针方向,切削液开 |
| M14 | ＊ | | ＊ | | 主轴逆时针方向,切削液开 |
| M15 | ＊ | | | ＊ | 正运动 |
| M16 | ＊ | | | ＊ | 负运动 |
| M17～M18 | ＃ | ＃ | ＃ | ＃ | 不指定 |
| M19 | | ＊ | ＊ | | 主轴定向停止 |
| M20～M29 | ＃ | ＃ | ＃ | ＃ | 永不指定 |
| M30 | | ＊ | | ＊ | 程序结束 |
| M31 | ＃ | ＃ | | ＊ | 互锁旁路 |
| M32～M35 | ＃ | ＃ | ＃ | ＃ | 不指定 |
| M36 | ＊ | | ＊ | | 进给范围1 |
| M37 | ＊ | | ＊ | | 进给范围2 |
| M38 | ＊ | | ＊ | | 主轴速度范围1 |
| M39 | ＊ | | ＊ | | 主轴速度范围2 |
| M40～M45 | ＃ | ＃ | ＃ | ＃ | 如有需要作为齿轮换挡,此外不指定 |
| M46～M47 | ＃ | ＃ | ＃ | ＃ | 不指定 |
| M48 | | ＊ | ＊ | | 注销M49 |
| M49 | ＊ | | ＊ | | 进给率修正旁路 |
| M50 | ＊ | | ＊ | | 3号切削液开 |
| M51 | ＊ | | ＊ | | 4号切削液开 |
| M52～M54 | ＃ | ＃ | ＃ | ＃ | 不指定 |
| M55 | ＊ | | ＊ | | 刀具直线位移,位置1 |
| M56 | ＊ | | ＊ | | 刀具直线位移,位置2 |
| M57～M59 | ＃ | ＃ | ＃ | ＃ | 不指定 |
| M60 | | ＊ | | ＊ | 更换工件 |
| M61 | ＊ | | ＊ | | 工件直线位移,位置1 |
| M62 | ＊ | | ＊ | | 工件直线位移,位置2 |
| M63～M70 | ＃ | ＃ | ＃ | ＃ | 不指定 |
| M71 | ＊ | | ＊ | | 工件角度位移,位置1 |
| M72 | ＊ | | ＊ | | 工件角度位移,位置2 |
| M73～M89 | ＃ | ＃ | ＃ | ＃ | 不指定 |
| M90～M99 | ＃ | ＃ | ＃ | ＃ | 永不指定 |

注:(1)"＃"号代码如选作特殊用途,必须在程序说明中说明。

(2)M90～M99可指定为特殊用途。

辅助功能代码即 M 代码用来指定机床或系统的某些操作或状态,如机床主轴的起动与停止,切削液的开与关,工件的夹紧与松开等。

除上述 G 代码和 M 代码以外,ISO 标准还规定了主轴转速功能 S 代码,刀具功能 T 代码,进给功能 F 代码和尺寸字地址码 X、Y、Z、I、J、K、R、A、B、C 等,供编程时选用。

标准中,指令代码功能分为指定、不指定和永不指定三种情况,所谓"不指定"是准备以后再指定,"永不指定"是指生产厂可自行指定。

由于标准中的 G 代码和 M 代码有"不指定"和"永不指定"的情况存在,加上标准中标有"♯"号代码亦可选作其他用途,所以不同数控系统的数控指令含义就可能有差异。编程前,必须仔细阅读所用数控机床的说明书,熟悉该数控机床数控指令代码的定义和代码使用规则,以免出错。

### 2.程序结构与格式

数控程序由程序号和若干个程序段组成。程序号由地址码和数字组成,如 05501。程序段由一个或多个指令组成,每条指令为一个数据字,数据字由字母和数字组成。例如:

$$N05 \quad G00 \quad X-10.0 \quad Y-10.0 \quad Z8.0 \quad S1000 \quad M03 \quad M07$$

为一个程序段,其中,数据字 N05 为程序段顺序号;数据字 G00 使刀具快速定位到某一点;X、Y、Z 为坐标尺寸地址码,其后的数字为坐标数值,坐标数值带"+、−"符号,"+"号可以省略;S 为机床主轴转速代码,S1000 表示机床主轴转速为 1000r/min;M03 规定主轴顺时针旋转;M07 规定开切削液。在程序段中,程序段的长度和数据字的个数可变,而且数据字的先后顺序无严格规定。

上面程序段中带有小数点的坐标尺寸表示的是毫米长度。在数据输入中,若漏输入小数点,有的数控系统认为该数值为脉冲数,其长度等于脉冲数乘脉冲当量。因此,在输入数据或检查程序时对小数点要给予特别关注。

## 4.8.4 数控加工工序综合举例

图 4-41 为某零件的零件图,图中 A、B 面和外形 85mm×56mm 四面已加工。本工序拟采用立式数控铣床加工凸台的四面和 C 面。试编写该工序的加工程序。

根据零件图的尺寸和技术要求,选用直径为 $\phi 20$mm 的高速钢立铣刀加工,把加工过程分为粗铣和精铣两个工步。图 4-42(a)所示为该工序的工序简图,图中标明了所选择的坐标系,示意了对刀位置和切入、切出方式以及切入、切出点,给出了刀具示意图和刀心轨迹图。按刀心轨迹在工件坐标系内计算了各基点的绝对坐标(见图 4-42(b))。根据工艺手册的推荐,确定切削用量:主轴转速为 500r/min,进给速度为 120mm/min。精加工余量定为 0.5mm。按精加工工步编写的加工程序表见表 4-9。

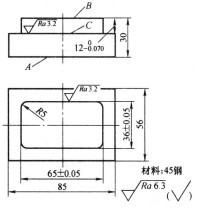

图 4-41 零件图

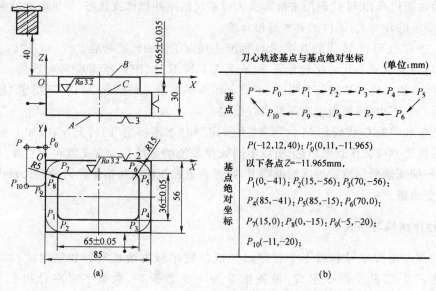

图 4-42  数控加工工序图

**表 4-9  按精加工工步编程**

| 程　　序 | 程序段说明 |
|---|---|
| O08 | 程序号 |
| N01　G92　X−12.0　Y12.0　Z40.0 | 对刀点 $P$（2mm 塞尺对刀） |
| N02　G90　G00　X0.0　Y11.0　Z−11.965 | 绝对坐标，快速移动至 $P_0$ |
| N03　G01　Y−41.0　S500　M03　F120　M08 | 直线插补至 $P_1$；主轴转速为 500r/min，顺时针；进给速度为 120mm/min；开冷却液 |
| N04　G03　X15.0　Y−56.0　R15.0 | 逆时针圆弧插补至 $P_2$（左下角圆角） |
| N05　G01　X70.0 | 直线插补至 $P_3$ |
| N06　G03　X85.0　Y−41.0　R15.0 | 右下角圆角至 $P_4$ |
| N07　G01　Y−15.0 | 直线插补至 $P_5$ |
| N08　G03　X70.0　Y0.0　R15.0 | 右上角圆角至 $P_6$ |
| N09　G01　X15.0 | 直线插补至 $P_7$ |
| N10　G03　X0.0　Y−15.0　R15.0 | 左上角圆角至 $P_8$ |
| N11　G02　X−5.0　Y−20.0　R5.0 | 退出加工，关切削液 |
| N12　G01　X−11.0　M09 | |
| N13　G00　X−12.0　Y12.0　Z40.0 | 快速返回对刀点 $P$ |
| N14　M05 | 主轴停转 |
| N15　M30 | 程序结束 |

　　粗加工工步应留出精加工工步的加工余量（0.5mm），可通过刀心轨迹的移动来实现。可以看出，粗加工中所有基点的数值需要随刀心轨迹的移动而重新计算，这是很麻烦的。实际上，可以利用数控系统提供的刀具补偿功能，按凸台轮廓的实际尺寸编程，加工时刀具偏移一个刀具半径（本例中刀具向前进方向的右边偏移 10mm），即可加工出合格的零件。

表 4-10 是为上述工序编写的具有刀具补偿功能的加工程序。程序中,将刀具半径 10mm 设置在存储器中,当要把该程序用于粗加工时,只要将存储器中的刀具半径数值修改为 10.5mm,不需要修改程序中各基点的坐标值。

表 4-10 利用数控系统的刀具补偿功能编程

| 程 序 | 程序段说明 |
| --- | --- |
| O08 | 程序号 |
| ♯101＝10 | 刀具半径为 10mm |
| N01 G92 X－22.0 Y42.0 Z40.0 | 对刀点 $P$($X$ 方向,2mm 塞尺对刀) |
| N02 G90 G00 Z－11.965 S500 M03 | 绝对坐标 $Z$ 方向下刀,主轴顺时针转动 |
| N03 G17 G42 G00 X0.0 Y22.0 M08 D101 | 刀具右偏 10mm,在 $XY$ 平面内快进,开切削液 |
| N04 G01 Y－31.0 F120 | 直线插补至 $P_1$,进给速度为 120mm/min |
| N05 G03 X5.0 Y－36.0 R5.0 | 逆时针圆弧插补至 $P_2$(左下角圆角) |
| N06 G01 X60.0 | 直线插补至 $P_3$ |
| N07 G03 X65.0 Y－31.0 R5.0 | 右下角圆角至 $P_4$ |
| N08 G01 Y－5.0 | 直线插补至 $P_5$ |
| N09 G03 X60.0 Y0.0 R5.0 | 右上角圆角至 $P_6$ |
| N10 G01 X5.0 | 直线插补至 $P_7$ |
| N11 G03 X0.0 Y－5.0 R5.0 | 左上角圆角至 $P_8$ |
| N12 G02 X－15.0 Y－20.0 R15.0 | 退出加工,关切削液 |
| N13 G01 X－21.0 M09 | |
| N14 G40 G00 X－22.0 Y42.0 Z40.0 | 注销刀具补偿,快速返回对刀点 $P$ |
| N15 M05 | 主轴停转 |
| N16 M30 | 程序结束 |

编程人员应熟悉所用数控系统提供的各种编程功能,掌握更多的编程技巧,把程序编写得更好。

### 4.8.5 工序安全与程序试运行

数控工序的工序安全问题不容忽视。数控工序的不安全因素主要来源于加工程序中的错误。将一个错误的加工程序直接用于加工是很危险的。例如,程序中若将 G01 错误地写成 G00,即把本来是进给指令错误地输入成快进指令,则必然会发生撞刀事故。再如,在立式数控钻铣床上,若将工件坐标系设在机床工作台台面上,程序中错误地把 G00 后的 $Z$ 坐标数值写成 0.00 或负值,则刀具必将与工件或工作台相撞。另外,程序中的任何坐标数据错误都会导致产生废品或发生其他安全事故等。因此,对编写完的程序一定要经过认真检查和校验,进行首件试加工。只有确认程序无误后,才可投入使用。

## 4.9 计算机辅助工艺过程设计

计算机辅助工艺过程设计(computer aided process planning,CAPP)是指用计算机编制零件的加工工艺过程。

长期以来,工艺过程编制是由工艺人员凭经验进行的。如果由几位工艺人员各自编制同一零件的工艺过程,其方案一般各不相同,而且很可能都不是最佳方案。这是因为工艺设计涉及的因素多,因果关系错综复杂。计算机辅助工艺过程设计改变了依赖个人经验编制工艺过程的状况,它不仅提高了工艺过程设计的质量,而且使工艺人员从繁琐、重复的工作中摆脱出来,集中精力去考虑提高工艺水平和产品质量问题。

计算机辅助工艺过程设计(CAPP)是联系计算机辅助设计(CAD)和计算机辅助制造(CAM)系统之间的桥梁。

## 4.9.1 计算机辅助工艺过程设计的基本方法

目前国内外研制的 CAPP 系统大体可分为三种类型:样件法、创成法和综合法。其中样件法又称为变异法、派生法。

### 1. 样件法

样件法 CAPP 是在成组技术的基础上,将同一零件组中所有零件的主要型面特征合成主样件,再按主样件制定出适合本厂条件的典型工艺规程,并以文件的形式存储在计算机中,如图 4-43(a)所示的"准备阶段"。当需编制一个新零件的工艺规程时,计算机会根据该零件的成组编码识别它所属的零件组,并调用该族主样件的典型工艺文件;然后根据输入的型面编码、尺寸和表面粗糙度等参数,从典型工艺文件中筛选出有关工序,并进行切削用量计算。对所编制的工艺规程,还可以通过人机对话方式进行修改,最后输出零件的工艺规程,如图 4-43(b)所示的"编制阶段"。样件法原理简单,易于实现,但它是以前人的经验为基础的,而且所编制的工艺规程通常只局限于特定的工厂和产品。图 4-44 所示为一轴类零件组的主样件,在该主样件上覆盖了该零件族中的特征,并用型面尺寸代号来表示,同时,各个型面又用编码来表示,这样比较清楚。

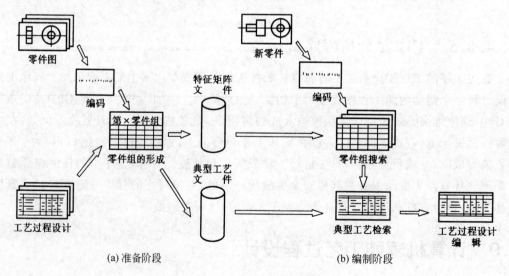

图 4-43 样件法 CAPP

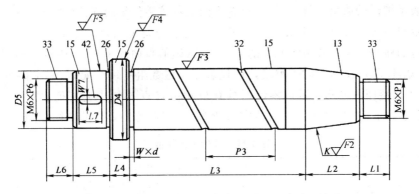

图 4-44 轴类零件组的主样件及其型面代号和编码

型面尺寸代号：$D$—直径；$L$—长度；$K$—锥度；$W$—槽宽或键宽；$d$—槽深；$F$—表面粗糙度等级
型面编码：13—外锥面；15—外圆面；26—退刀槽；32—油槽；33—外螺纹；42—键槽

### 2．创成法

创成法 CAPP 是利用对各种工艺决策制定的逻辑算法语言自动地生成工艺规程。创成法只要求输入零件的图形和工艺信息，如材料毛坯表面粗糙度、加工精度要求等，计算机便自动地分析组成该零件的各种几何要素，对每个几何要素规定相应的加工要素（如加工方法、加工顺序等逻辑关系），以及各几何要素之间的逻辑关系（例如先粗加工，后精加工；先加工定位基准面，后加工其他表面等原则），即由计算机按照决策逻辑和优化公式，在不需要人工干预的条件下制定工艺规程。

由于组成复杂零件的几何要素很多，每一种要素可用不同的加工方法实现，它们之间的顺序又可以有多种组合方案，因此，工艺过程设计历来是一项经验性强而制约条件多的工作，往往要依靠工艺人员多年积累的丰富经验和知识作出决策，而不能仅仅依靠计算。为此，人们将人工智能的原理和方法引入到计算机辅助工艺过程设计中来，产生了 CAPP 专家系统。它不仅弥补了样件法 CAPP 的不足，而且更加符合实际，具有更大的灵活性和适应性。

尽管如此，目前利用创成法来制订工艺过程尚局限于某一特定类型的零件，其通用系统尚待研究。

### 3．综合法

综合法 CAPP 以样件法为主、创成法为辅，如其工序设计用样件法，而工步设计用创成法等。此方法综合考虑了样件法和创成法的优缺点，兼取两者之长，拥有光明的发展前途。

## 4.9.2 样件法 CAPP

### 1．各种工艺信息的数字化

（1）零件编码的矩阵化

首先，按照所选用的零件分类编码系统（如 JLBM-1），将本厂生产的零件进行编码。为了使零件按其编码输入计算机后能够找到相应的零件组（族），必须先将零件的编码转换为矩阵。如某零件按 JLBM-1 系统编码为 25270 03004 67679，为了形成该零件的矩阵，首先需将该零件编码的一维数组转换成二维数组（见表 4-11）。在这个二维数组中，数组元素的

第一个数表示编码的数位序号(码位),第二个数表示该零件编码在该码位上的码值。于是,这个二维数组就可以用矩阵来表示了。矩阵列的序号就是二维数组元素的第一个数(码位),矩阵行的序号就是二维数组元素的第二个数(码值),如表 4-11(a)所示。矩阵中行和列的交点(即矩阵元素)由"1"和"0"组成,"1"代表了二维数组的一个元素,表示该零件具有相应的结构-工艺特征,"0"则表示该零件不具有与此相应的结构-工艺特征。由于这个由"1"和"0"元素组成的矩阵反映了零件的结构-工艺特征,因此称为零件的特征矩阵。

**表 4-11　零件编码转换**

| 一维数组 | 2 | 5 | 2 | 7 | 0 | 0 | 3 | 0 | 0 | 4 | 6 | 7 | 6 | 7 | 9 |
|---|---|---|---|---|---|---|---|---|---|---|---|---|---|---|---|
| 二维数组 | 1,2 | 2,5 | 3,2 | 4,7 | 5,0 | 6,0 | 7,3 | 8,0 | 9,0 | 10,4 | 11,6 | 12,7 | 13,6 | 14,7 | 15,9 |

| | 1 | 2 | 3 | 4 | 5 | 6 | 7 | 8 | 9 | 10 | 11 | 12 | 13 | 14 | 15 |
|---|---|---|---|---|---|---|---|---|---|---|---|---|---|---|---|
| 0 | 0 | 0 | 0 | 0 | 1 | 1 | 0 | 1 | 1 | 0 | 0 | 0 | 0 | 0 | 0 |
| 1 | 0 | 0 | 0 | 0 | 0 | 0 | 0 | 0 | 0 | 0 | 0 | 0 | 0 | 0 | 0 |
| 2 | 1 | 0 | 1 | 0 | 0 | 0 | 0 | 0 | 0 | 0 | 0 | 0 | 0 | 0 | 0 |
| 3 | 0 | 0 | 0 | 0 | 0 | 0 | 1 | 0 | 0 | 0 | 0 | 0 | 0 | 0 | 0 |
| 4 | 0 | 0 | 0 | 0 | 0 | 0 | 0 | 0 | 0 | 1 | 0 | 0 | 0 | 0 | 0 |
| 5 | 0 | 1 | 0 | 0 | 0 | 0 | 0 | 0 | 0 | 0 | 0 | 0 | 0 | 0 | 0 |
| 6 | 0 | 0 | 0 | 0 | 0 | 0 | 0 | 0 | 0 | 0 | 1 | 0 | 1 | 0 | 0 |
| 7 | 0 | 0 | 0 | 1 | 0 | 0 | 0 | 0 | 0 | 0 | 0 | 1 | 0 | 1 | 0 |
| 8 | 0 | 0 | 0 | 0 | 0 | 0 | 0 | 0 | 0 | 0 | 0 | 0 | 0 | 0 | 0 |
| 9 | 0 | 0 | 0 | 0 | 0 | 0 | 0 | 0 | 0 | 0 | 0 | 0 | 0 | 0 | 1 |

(a) 零件

| | 1 | 2 | 3 | 4 | 5 | 6 | 7 | 8 | 9 | 10 | 11 | 12 | 13 | 14 | 15 |
|---|---|---|---|---|---|---|---|---|---|---|---|---|---|---|---|
| 0 | 0 | 0 | 1 | 1 | 1 | 1 | 1 | 1 | 1 | 0 | 1 | 1 | 0 | 0 | 0 |
| 1 | 0 | 0 | 1 | 1 | 0 | 0 | 1 | 0 | 0 | 0 | 0 | 0 | 0 | 0 | 0 |
| 2 | 1 | 0 | 0 | 1 | 1 | 0 | 0 | 0 | 0 | 1 | 0 | 0 | 0 | 0 | 1 |
| 3 | 0 | 0 | 0 | 0 | 1 | 0 | 0 | 0 | 0 | 1 | 0 | 0 | 0 | 0 | 0 |
| 4 | 0 | 0 | 0 | 0 | 0 | 0 | 0 | 0 | 0 | 0 | 0 | 1 | 1 | 0 | 1 |
| 5 | 0 | 1 | 0 | 0 | 0 | 0 | 0 | 0 | 0 | 0 | 1 | 1 | 1 | 0 | 0 |
| 6 | 0 | 0 | 0 | 0 | 0 | 0 | 0 | 0 | 0 | 1 | 1 | 1 | 1 | 1 | 0 |
| 7 | 0 | 0 | 0 | 1 | 0 | 0 | 0 | 0 | 0 | 0 | 1 | 0 | 0 | 0 | 0 |
| 8 | 0 | 0 | 0 | 0 | 0 | 0 | 0 | 0 | 0 | 0 | 0 | 0 | 0 | 0 | 0 |
| 9 | 0 | 0 | 0 | 0 | 0 | 0 | 0 | 0 | 0 | 0 | 0 | 0 | 0 | 0 | 1 |

(b) 零件组

**(2) 零件组特征的矩阵化**

将同一零件组内所有零件的编码都转换成特征矩阵,并叠加起来,就得到零件组的特征矩阵,如表 4-11(b)所示。

**(3) 主样件的设计**

为了使主样件能更好地反映整个零件组的结构-工艺特征,需要对组内零件进行结构-工艺特征方面的频谱分析。频数大的特征必须反映到主样件上,频数小的特征可以舍去,从而使主样件既能反映绝大部分特征,又不至于过于复杂。

一般可从型面、尺寸及工艺特征等诸方面进频谱分析。图 4-45 所示为某一轴类零件组型面特征的频谱分析图。可以看出,频数较多的有外圆柱面、沉割槽、倒角和外螺纹等,频数较少的是成形表面和滚花。因此,在设计主样件时,可以不包括成形表面和滚花,有需要时可通过插入操作对计算机输出的工艺规程进行修改。

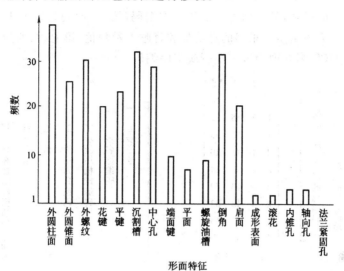

图 4-45 某一轴类零件组型面特征频谱分析图

采用类似的方法也可对尺寸及工艺特征(包括型面参数和加工工序)进行频谱分析。

(4) 零件型面的数字化

零件的编码虽然表示了零件的结构-工艺特征,但是它不能表示零件的所有表面。机械加工的工序工步必须针对零件的每个具体表面,因此必须对零件的每个表面编码,如图 4-44 中用 33 表示外螺纹,13 表示外锥面,15 表示外圆面等。

(5) 工序工步名称的数字化

为使计算机能按统一的方法调出工序和工步名称,必须对所有工序工步按其名称进行统一编码。假设某一 CAPP 系统有 99 个不同工步,就可用 $1,2,\cdots,99$ 这 99 个数来表示这些工步的编码,如用 32、33 分别表示粗车、精车,44 表示磨削等。热处理、检验等非机械加工工序以及装夹、调头装夹等操作也被当作一个工步编码,如用 1 表示装夹,5 表示检验,10 表示调头装夹,14 表示钻中心孔等。

有了零件各种型面和各种工步的编码之后,就可用一个($N\times 4$)的矩阵来表示零件的综合加工工艺路线,如图 4-46(a)所示。图 4-46(b)所示为一个简单零件综合工艺路线的示例。矩阵中的行是以工步为单位的,每一个工步占一行。总工步数就决定了矩阵的行数。矩阵中第一列为工序的序号,多工步工序的工序号是相同的。矩阵中第二列为工序中工步的序号。第三列为该工步所加工零件表面的型面编码。如果该工步不是加工零件型面的操作,则用"0"表示。第四列为该工步名称编码。由图 4-46(b)中矩阵第一、二列可知,该工艺路线由 4 道工序组成,其中第一、二工序都有 4 个工步。在第三列中,"0"表示该工步不加工零件型面,15 表示外圆面,13 表示外锥面。第四列中工步编码的含义已在前面讲过。由此可见,图 4-46(b)的矩阵描述了一个由圆柱面与圆锥面组成的零件综合加工工艺路线,即装夹,钻中心孔,粗、精车外圆面—调头装夹,钻中心孔,粗、精车外圆锥面—磨外圆面—检验

实际零件的工艺路线虽然可以很复杂,但其原理是相同的。

（6）工序工步内容的数字化

如图 4-47 所示,矩阵中的每一行表示一个工步,矩阵的总行数由总的工步数确定。矩阵的第一列为工步的序号,第二列为工步的名称编码,第三、四列是该工步所用机床和刀具的编码,第五、六列为该工步所采用的进给量和背吃刀量数值,第七、八列为计算切削数据和基本时间的公式编码,第九列为该工步所属工序编码。

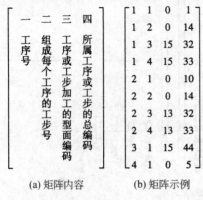

图 4-46　主样件综合加工工艺路线矩阵　　　图 4-47　工步内容矩阵

以上各种工艺信息的数字化方法只是一种原理性的介绍,对于每个具体的 CAPP 软件,还会有其各自的特点。

**2. CAPP 的数据库**

各种工艺信息经过数字化以后,便形成了大量的数据,这些数据必须以文件的形式集合起来,存在存储器中,形成数据库,以备检索和调用。典型的文件有成组编码特征矩阵文件、典型工艺（主样件工艺）文件、工艺数据文件等。

# 习题与思考题

4-1　什么是机械加工的工艺过程、工艺规程? 工艺规程在生产中起什么作用?

4-2　制订工艺规程时,为什么要划分加工阶段? 什么情况下可以不划分或不严格划分加工阶段?

4-3　什么是工序、安装、工位、行程?

4-4　什么是劳动生产率? 提高劳动生产率的工艺措施有哪些?

4-5　什么是时间定额、单件时间?

4-6　何谓生产成本与工艺成本? 两者有何区别? 比较不同工艺方案的经济性时,需要考虑哪些因素?

4-7　习图 4-1 所示零件的 A、B、C 面,$\phi 10^{+0.027}_{0}$ mm 及 $\phi 30^{+0.033}_{0}$ mm 孔均已加工。试分

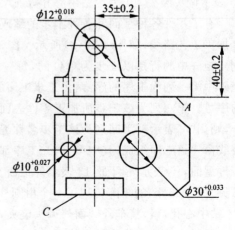

习图 4-1

析加工 $\phi 12_{0}^{+0.018}$ mm 孔时,选用哪些表面定位最合理? 为什么?

4-8 如习图 4-2 所示床身,主要加工工序如下:

① 加工导轨面 $A$、$B$、$C$、$D$、$E$、$F$:粗铣、半精刨、粗磨、精磨;

② 加工底面 $J$:粗铣、半精刨、精刨;

③ 加工压板及齿条安装面 $G$、$H$、$I$:粗刨、半精刨;

④ 加工床头箱安装面 $K$、$L$:粗铣、精铣、精磨;

⑤ 其他:划线、人工时效、导轨面高频淬火。

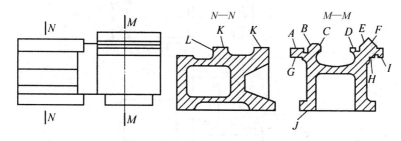

习图 4-2

试将上述各工序安排成合理的工艺路线,并指出各工序的定位基准(零件为小批量生产)。

4-9 习图 4-3～习图 4-6 所示各零件均为成批生产,试拟定其工艺路线,并指出各工序的定位基准。

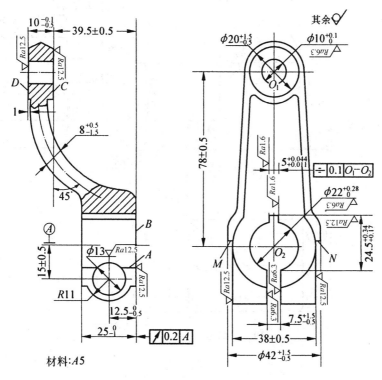

习图 4-3

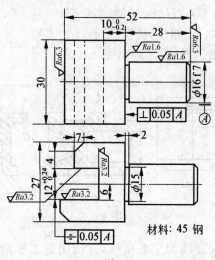

材料：45 钢

习图 4-4

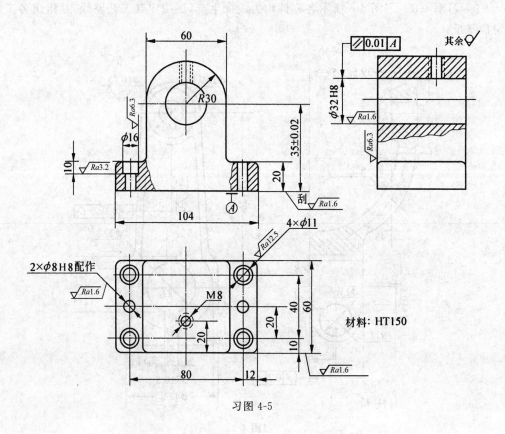

材料：HT150

习图 4-5

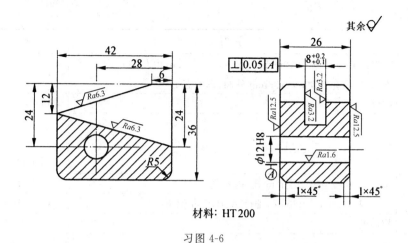

材料：HT200

习图 4-6

4-10 习图 4-7 所示的矩形零件，其上平面加工工序为粗铣、精铣、粗磨、半精磨、精磨。为保证图纸要求，试确定各工序的加工余量、基本尺寸及公差。

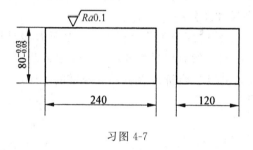

习图 4-7

4-11 习图 4-8 所示盘状零件，按生产批量不同有下列两种加工方案（见习表 4-1），计划年产量按 5000 件，试比较两种方案的经济性。

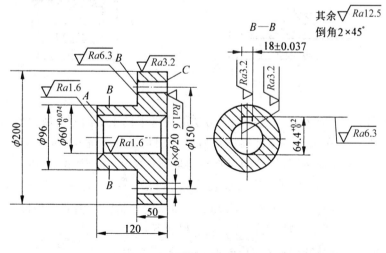

习图 4-8

**习表 4-1**

| 方案 | 工序 | 工 序 内 容 | 所 用 设 备 |
|---|---|---|---|
| I | 1 | 车端面 $C$ 及外圆 $\phi200$mm，镗孔 $\phi60^{+0.074}_{0}$ mm，内孔倒角调头，车端面 $A$，内孔倒角，车 $\phi96$mm 外圆，车端面 $B$ | C620-1 |
| | 2 | 插键槽 | B5020 |
| | 3 | 划线<br>钻孔<br>去毛刺 | 平台<br>Z525<br>钳工台 |
| II | 1 | 车端面 $C$，镗 $\phi60^{+0.074}_{0}$ mm 孔，内孔倒角 | C620-1 |
| | 2 | 车外圆 $\phi200$mm、$\phi96$mm，端面 $A$、$B$，内孔倒角 | C620-1（可涨芯轴） |
| | 3 | 拉键槽 | L6110（专用夹具） |
| | 4 | 钻孔 | Z525（钻模） |
| | 5 | 去毛刺 | 钳工台 |

4-12　习图 4-9 所示工件，成批生产时以端面 $B$ 定位加工表面 $A$，保证尺寸 $10^{+0.20}_{0}$ mm。试标注铣此缺口时的工序尺寸及公差。

4-13　习图 4-10 所示工件的部分工艺过程为：以端面 $B$ 及外圆定位粗车端面 $A$，留精车余量 0.4mm 镗内孔至 $C$ 面。然后以尺寸 $60^{0}_{-0.05}$ mm 定距装刀精车端面 $A$。孔的深度要求为 $(22\pm0.10)$mm。试标出粗车端面 $A$ 及镗内孔深度的工序尺寸 $L_1$，$L_2$ 及其公差。

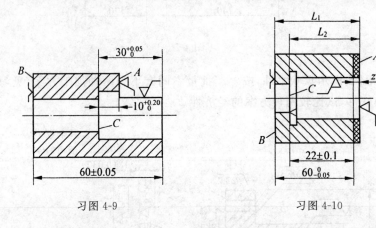

习图 4-9　　　　　　　　　　　习图 4-10

4-14　何谓加工经济精度？选择加工方法时应考虑的主要问题有哪些？

4-15　习图 4-11 所示为某零件简图，其内、外圆均已加工完毕，现铣键槽，深度要求为 $5^{+0.3}_{0}$ mm。该尺寸不便直接测量，试问可直接测量哪些尺寸？试标出它们的尺寸及公差。

4-16　某成批生产的小轴，工艺过程为车、粗磨、精磨、镀铬。镀铬后尺寸要求为 $\phi52^{0}_{-0.03}$ mm，镀铬层厚度为 0.008～0.012mm。试求镀前精磨小轴的外径尺寸及公差。

4-17　习图 4-12 所示工件，某部分工艺过程如下：

① 以 $A$ 面及 $\phi30$ 外圆定位车 $D$ 面、$\phi20$mm 外圆及 $B$ 面；

② 以 $D$ 面及 $\phi20$ 外圆定位车 $A$ 面、钻孔并镗孔至 $C$ 面；

③ 以 $A$ 面定位磨 $D$ 面至图纸要求尺寸 $30^{0}_{-0.05}$ mm。

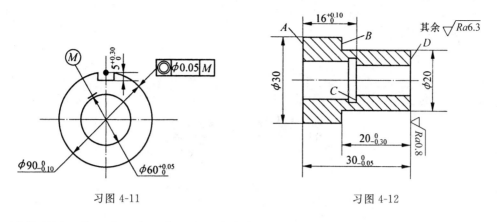

习图 4-11                                              习图 4-12

试分别用工艺尺寸跟踪图表法和尺寸式表格确定各中间工序的工序尺寸及上下偏差以及加工余量。

4-18　习图 4-13(a)所示为某零件简图,其部分工序如习图 3-13(b)～(d)所示。试校核工序图上所标注的工序尺寸及上下偏差是否正确? 若有错误应如何修正?

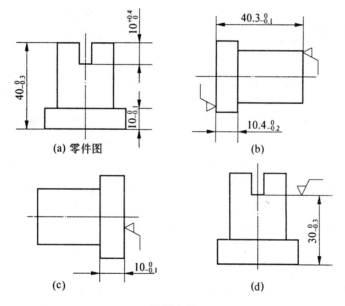

习图 4-13

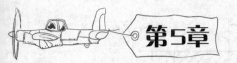

# 第5章

# 机械加工精度

## 5.1 概述

### 5.1.1 加工精度

对任何一台机器或仪器,为了保证它们的使用,必然要对其组成零件提出许多方面的质量要求。加工精度质量要求是其中的一个方面,此外还有强度、刚度、表面硬度、表面粗糙度等方面的质量要求。

任何一个零件,其加工表面本身或各加工表面之间的尺寸、加工表面形状和它们之间的相互位置都是通过不同的机械加工方法获得的。实际加工所获得的零件在尺寸、形状或位置方面都不能绝对准确和一致,它们与理想零件相比总有一些差异,为此,在零件图上对其尺寸、形状和有关表面间的位置都必须以一定形式标注出能满足该零件使用性能的允许误差或偏差,这就是公差。习惯上以公差值的大小或公差等级表示对零件的机械加工精度要求。对一个零件来说,公差值或公差等级越小,表示对它的机械加工精度要求越高。在机械加工中,所获得的每个零件的实际尺寸、形状和有关表面之间的位置,都必须在零件图上所规定的有关的公差范围之内。可靠地保证零件图纸所要求的精度是机械加工最基本的任务之一。

加工精度是指零件加工后的实际几何参数(尺寸、形状和位置)对理想几何参数的符合程度。加工精度包括尺寸精度、形状精度和位置精度三个方面。

(1)尺寸精度:指加工后零件表面本身或表面之间的实际尺寸与理想尺寸之间的符合程度。这里所提出的理想尺寸是指零件图上所标注的有关尺寸的平均值。

(2)形状精度:指加工后零件各表面的实际形状与表面理想形状之间的符合程度。这里所提出的表面理想形状是指绝对准确的表面形状,如平面、圆柱面、球面、螺旋面等。

(3)位置精度:指加工后零件表面之间的实际位置与表面之间理想位置的符合程度。这里所提出的表面之间理想位置是指绝对准确的表面之间位置,如两平面平行、两平面垂直、两圆柱面同轴等。

对任何一个零件来说,其实际加工后的尺寸、形状和位置误差若在零件图所规定的公差范围内,则在机械加工精度这个质量要求方面能够满足要求,即是合格品。若有其中任何一项超出公差范围,则是不合格品。

## 5.1.2　加工误差

### 1. 加工误差和原始误差

加工误差是指零件加工后的实际几何参数对理想几何参数的偏离程度。无论是用试切法加工一个零件,还是用调整法加工一批零件,加工后会发现可能有很多零件在尺寸、形状和位置方面与理想零件有所不同,它们之间的差值分别称为尺寸、形状或位置误差。

零件加工后产生的加工误差,主要是由机床、夹具、刀具、量具和工件所组成的工艺系统在完成零件加工的任何一道工序的加工过程中有很多误差因素在起作用,这些造成零件加工误差的因素称为原始误差。

在零件加工中,造成加工误差的主要原始误差大致可划分为如下两个方面。

（1）工艺系统的原有误差

在零件未进行正式切削加工以前,加工方法本身存在着加工原理误差或由机床、夹具、刀具、量具和工件所组成的工艺系统本身就存在有某些误差因素,它们将在不同程度上以不同的形式反映到被加工的零件上去,造成加工误差。工艺系统原有的原始误差主要包括加工原理误差、机床误差、夹具和刀具误差、工件误差、测量误差,以及定位和安装调整误差等。

（2）加工过程中的其他因素

在零件的加工过程中,由于力、热和磨损等因素的影响,将破坏工艺系统的原有精度,使工艺系统有关组成部分产生新的附加的原始误差,从而进一步造成加工误差。加工过程中其他造成原始误差的因素主要包括工艺系统的受力变形、工艺系统热变形、工艺系统磨损和工艺系统残余应力等。

### 2. 加工误差的性质

在零件加工过程中,虽然有很多原始误差在不同程度上以不同形式反映到被加工零件上造成各种加工误差,但从它们的性质上分,不外乎有系统误差和随机误差两大类。

1）系统误差

在相同的工艺条件下,加工一批零件时产生的大小和方向不变或按加工顺序作有规律性变化的误差,就是系统误差。前者称为常值系统误差,后者称为变值系统误差。

机床、夹具、刀具和量具本身的制造误差,机床、夹具和量具的磨损,加工过程中刀具的调整以及它们在恒定力作用下的变形等造成的加工误差,一般都是常值系统误差。机床、夹具和刀具等在热平衡前的热变形,加工过程中刀具的磨损等都是随时间的顺延而作规律性变化的,故它们所造成的加工误差一般可认为是变值系统误差。

2）随机误差

在相同的工艺条件下,加工一批零件时产生的大小和方向不同且无变化规律的加工误差称为随机误差。

零件加工前的毛坯或工件的本身误差（如加工余量不均或材质软硬不等）、工件的定位误差、机床热平衡后的温度波动以及工件残余应力变形等所引起的加工误差均属于随机误差。

虽然引起随机误差的因素很多,它们的作用情况又是错综复杂的,但我们可以用数理统计的方法找出随机误差的规律,并用来控制和掌握随机误差。

在完全排除变值系统误差的情况下加工一批零件的轴颈,加工后准确地测量出每个轴颈的尺寸,并记录下来。然后,按尺寸的大小把整批零件分成若干组,每一组零件的尺寸处在一定的尺寸间隔范围内。同一尺寸间隔内的零件数量称为频数,频数与这批零件总数的比值叫做频率。以频数或频率为纵坐标,零件尺寸为横坐标,则可得若干个点,用直线将这些点连接起来,就可得到一根折线(见图 5-1(a)中实线)。当加工零件数量增加、尺寸间隔减到很小(即组数分得很多)时,这根折线就非常接近于曲线,这类曲线叫做实验分布曲线(见图 5-1(a)中虚线)。

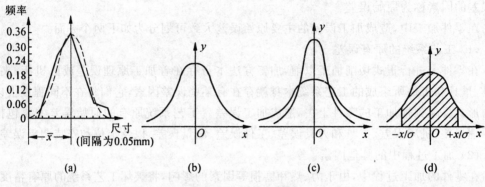

图 5-1　误差分布曲线

图中曲线上频率的最大值处于这批零件轴颈的算术平均尺寸的位置。平均尺寸的横坐标位置就是这批零件的尺寸分布中心(或误差聚集中心)。整批零件中最大尺寸和最小尺寸之差,就是尺寸分散范围。

从实验分布曲线可以归纳出一些随机误差的规律:

(1) 随机误差有大有小,它们对称分布在尺寸分布中心的左右;

(2) 距尺寸分布中心越近的随机误差,出现的可能性越大,反之越小;

(3) 随机误差在实用中可以认为有一定的分散范围。

实践证明,在一般无某种优势因素影响的情况下,在机床上用调整法加工一批零件时得到的实验分布曲线符合正态分布曲线(见图 5-1(b))。以尺寸分布中心为坐标原点,其方程式为

$$y = \frac{1}{\sigma \sqrt{2\pi}} e^{\frac{x^2}{2\sigma^2}}$$

曲线方程式的纵坐标 $y$ 代表尺寸分布曲线的分布密度,分布密度等于以尺寸间隔值除以频数所得的商。横坐标 $x$ 表示各零件实测尺寸相对于平均尺寸的偏差值。$x$ 即等于图 5-1(a)中的 $x_i - \bar{x}$,$\sigma$ 为均方根偏差,其值为

$$\sigma = \sqrt{\frac{\sum_{i=1}^{n}(x_i - \bar{x})^2}{n}}$$

式中: $n$ ——一批零件总数;

$x_i$ ——一批零件中某零件的实测尺寸。

由正态分布曲线方程可知：$x=0$ 时，$y=\dfrac{1}{\sigma\sqrt{2\pi}}$ 是曲线纵坐标的最大值；在 $\pm|x|$ 处，$y$ 值相等，即曲线对称于 $y$ 轴；当 $x=\pm\infty$ 时，$y\to 0$，即曲线以 $x$ 轴为其渐近线。

对曲线下的面积进行积分，有

$$A=\frac{1}{\sigma\sqrt{2\pi}}\int_{-\infty}^{+\infty}\mathrm{e}^{-\frac{x^2}{2\sigma^2}}\mathrm{d}x=1$$

即曲线下的面积等于 1，亦即相当于所有各种尺寸零件数之和占这批零件数的 100%。

图 5-1(c)所示为不同 $\sigma$ 值的两条正态分布曲线，$\sigma$ 越大，$y_{\max}$ 越小，曲线趋向平坦并向两端伸展。

欲求任意尺寸范围内的零件数占这批零件数的百分比（即频率），可通过相应的定积分求得。例如，在 $\pm\dfrac{x}{\sigma}$ 范围内的面积（见图 5-1(d)），可求积分如下：

$$A=\frac{1}{\sqrt{2\pi}}\int_{-\frac{x}{\sigma}}^{+\frac{x}{\sigma}}\mathrm{e}^{-\frac{x^2}{2\sigma^2}}\mathrm{d}\left(\frac{x}{\sigma}\right)$$

部分 $\dfrac{x}{\sigma}$ 取值及其对应的 $A$ 的数值可由表 5-1 查得。

表 5-1　$\dfrac{x}{\sigma}$ 取值及其对应的 $A$ 的数值

| $\dfrac{x}{\sigma}$ | $A$ | $\dfrac{x}{\sigma}$ | $A$ | $\dfrac{x}{\sigma}$ | $A$ | $\dfrac{x}{\sigma}$ | $A$ |
|---|---|---|---|---|---|---|---|
| 0 | 0.0000 | 0.3 | 0.2359 | 1.5 | 0.8664 | 3 | 0.9973 |
| 0.1 | 0.0746 | 0.5 | 0.3830 | 2.0 | 0.9542 | 3.5 | 0.9994 |
| 0.2 | 0.1856 | 1.0 | 0.6826 | 2.5 | 0.9876 | 4 | 0.9999 |

由上表可知，随机误差出现在 $x=\pm3\sigma$ 以外的概率仅占 0.27%，这个数值很小，故可认为随机误差的实用分散范围就是 $\pm3\sigma$。

## 5.1.3　加工精度的研究内容

研究加工精度的根本目的就在于通过减少和控制各种原始误差来不断提高机器零件的加工精度，以适应机器性能和使用寿命方面不断提高的要求。在机械制造业中，对加工精度的要求越来越高，从加工精度不断提高的过程就可明显地看到这一点。据统计，从 19 世纪初开始，加工的极限精度几乎每隔 50 年提高一个数量级，即由 1800 年的 1mm 提高到 1850 年的 0.1mm，1900 年的 0.01mm 和 1950 年的 0.001mm。而从 20 世纪 50 年代开始，机械加工精度提高的步伐更加迅速，到 1970 年，其最高精度已达到 0.0001mm，目前超精密加工的极限精度为 0.000005mm，预计到 2020 年可达 $10^{-6}$ mm，即 1 纳米。此外，我国的齿轮和丝杠的精度标准已由原来的旧标准五级改为包括尚未定具体数值待发展级在内的新标准十级，我国公差标准也由原来的旧标准十二级改为新标准的二十级。这些都充分说明了对加工精度要求不断提高的总趋势。

为了适应加工精度不断提高的趋势和解决机械加工中出现的新问题，加工精度研究的主要内容包括：

(1) 加工精度的获得方法；

（2）工艺系统原有误差对加工精度的影响及其控制；

（3）加工过程中其他因素对加工精度的影响及其控制；

（4）加工总误差的分析与估算；

（5）保证和提高加工精度的主要途径。

# 5.2 加工精度的获得方法

在机械加工中，根据生产批量和生产条件的不同，可采用如下一些获得加工精度的方法。

## 5.2.1 尺寸精度的获得方法

在机械加工中，获得尺寸精度的方法主要有下述四种。

（1）试切法

试切法是获得零件尺寸精度最早采用的加工方法，同时也是目前常用的能获得高精度尺寸的主要方法之一。所谓试切法，即是在零件加工过程中不断对已加工表面的尺寸进行测量，并相应调整刀具相对工件加工表面的位置，直到达到尺寸精度要求的加工方法。零件上轴颈尺寸的试切车削加工、轴颈尺寸的在线测量磨削、箱体零件孔系的试镗加工及精密量块的手工精研等，均属试切法加工。

（2）调整法

调整法是在成批生产条件下采用的一种加工方法。所谓调整法，即是按试切好的工件尺寸、标准件或对刀块等调整确定刀具相对工件定位基准的准确位置，并在保持此准确位置不变的条件下，对一批工件进行加工的方法。如在多刀车床或六角自动车床上加工轴类零件、在铣床上铣槽、在无心磨床上磨削外圆及在摇臂钻床上用钻床夹具加工孔系等，均属调整法加工。

（3）尺寸刀具法

尺寸刀具法是在加工过程中采用具有一定尺寸的刀具或组合刀具，以保证被加工零件尺寸精度的方法。如用方形拉刀拉方孔，用钻头、扩孔钻、铰刀或镗刀块加工内孔及用组合铣刀铣工件两侧面和槽面等，均属尺寸刀具法加工。

（4）自动控制法

自动控制法是在加工过程中，通过由尺寸测量装置、动力进给装置和控制机构等组成的自动控制系统，使加工过程中的尺寸测量、刀具的补偿调整和切削加工等一系列工作自动完成，从而自动获得所要求尺寸精度的一种加工方法。如在无心磨床上磨削轴承外圆时，通过测量装置控制导轮架进行微量的补偿进给，从而保证工件的尺寸精度，以及在数控机床上，通过数控装置、测量装置及伺服驱动机构，控制刀具在加工时应具有的准确位置，从而保证零件的尺寸精度等，均属自动控制法加工。

## 5.2.2 形状精度的获得方法

在机械加工中，获得形状精度的方法主要有下述两种。

（1）成形运动法

成形运动法是以刀具的刀尖作为一个点相对工件作有规则的切削成形运动，从而使加工表面获得所要求形状的加工方法。此时,刀具相对工件运动的切削成形面即是工件的加工表面。

机器上的零件虽然种类很多,但它们的表面不外乎由几种简单的几何形面所组成。常见的零件表面有圆柱面、圆锥面、平面、球面、螺旋面和渐开线面等,这些几何形面均可通过成形运动法加工出来。

在生产中,为了提高效率,往往不是使用刀具刃口上的一个点,而是采用刀具的整个切削刃口(即线工具)加工工件,如采用拉刀、成形车刀及宽砂轮等对工件进行加工。这时由于制造刀具刃口的成形运动已在刀具的制造和刃磨过程中完成,故可明显简化零件加工过程中的成形运动。采用宽砂轮横进给磨削、成形车刀切削及螺纹表面的车削加工等,都是这方面的实例。

在采用成形刀具的条件下,通过它相对工件作展成啮合运动,还可以加工出形状更为复杂的几何形面。如各种花键表面和齿形表面的加工,就常常采用这种方法。此时,刀具相对工件作展成啮合的成形运动,其加工后的几何形面即是刀刃在成形运动中的包络面。

(2) 非成形运动法

非成形运动法加工零件的表面形状精度的获得不是靠刀具相对工件的准确成形运动,而是靠在加工过程中对加工面表面形状的不断检验和工人对其进行精细修整加工的方法。

非成形运动法虽然是获得零件表面形状精度最原始的加工方法,但直到目前为止,某些复杂的形状表面和形状精度要求很高的表面仍然采用它,如具有较复杂空间型面锻模的精加工、高精度测量平台和平尺的精密刮研加工及精密丝杠的手工研磨加工等。

### 5.2.3　位置精度的获得方法

在机械加工中,获得位置精度的方法主要有下述两种。

(1) 一次装夹获得法

一次装夹获得法加工零件的有关表面间的位置精度是直接在工件的同一次装夹中,由各有关刀具相对工件的成形运动之间的位置关系保证的。如轴类零件外圆与端面、端台的垂直度,箱体孔系加工中各孔之间的同轴度、平行度和垂直度等,均可采用一次装夹获得法。

(2) 多次装夹获得法

多次装夹获得法加工零件的有关表面间的位置精度是由刀具相对工件的成形运动与工件定位基准面(亦是工件在前几次装夹时的加工面)之间的位置关系保证的。如轴类零件上键槽对外圆表面的对称度,箱体平面与平面之间的平行度、垂直度,箱体孔与平面之间的平行度和垂直度等,均可采用多次装夹获得法。在多次装夹获得法中,又可根据工件的不同装夹方式划分为直接装夹法、找正装夹法和夹具装夹法。

## 5.3　工艺系统原有误差对加工精度的影响及其控制

由于对零件加工精度影响的工艺系统的原有误差因素很多且错综复杂,为了便于抓住主要的影响因素,现分别对零件加工精度的三个方面——尺寸精度、形状精度和位置精度进行分析。

### 5.3.1　工艺系统原有误差对尺寸精度的影响及其控制

#### 5.3.1.1　影响尺寸精度的主要因素

在机械加工中,虽然获得尺寸精度的方法有试切法、调整法、尺寸刀具法和自动控制法等四种,但对调整法和尺寸刀具法进行分析时则发现调整法所依据的试切工件或标准样件的尺寸和尺寸刀具法所使用刀具的尺寸都是靠试切法加工获得的。而自动控制法的实质就是试切法加工的自动化,它的基础也是试切法。因此,分析影响获得尺寸精度的因素,从根本上来说,主要是分析影响试切法精度的因素。此外,采用调整法加工获得一批零件尺寸精度时,还应分析影响这一批零件尺寸精度的其他因素。因此,影响零件获得尺寸精度的主要因素为:

(1) 尺寸测量精度,即试切法加工时对工件试切尺寸的测量精度;

(2) 微量进给精度,即试切法加工时机床进刀机构的微量进给精度;

(3) 微薄切削层的极限厚度,即试切法加工时能切下微薄切削层的最小厚度;

(4) 定位和调整精度,即调整法加工时工件的定位及刀具的调整精度。

#### 5.3.1.2　尺寸测量精度

零件尺寸精度的获得,往往首先受到尺寸测量精度的限制。目前,有不少零件从现有的加工工艺方法来看,完全可以加工得非常精确,但由于尺寸测量精度不高而无法分辨。例如,常见的滚动轴承中的钢球,采用滚磨和滚研的方法可以加工得很准确,但因为没有相应精度的测量工具而不能进行精确的尺寸测量和尺寸分组。过去只能制造出尺寸精度为 $0.5\mu m$ 的钢球,而现在则可制造出尺寸精度为 $0.1\mu m$ 或更高精度的钢球。然而,钢球的加工工艺方法并没有什么变化,主要是尺寸测量精度有了相应的提高。当前,精确的尺寸测量方法是利用光波干涉原理将被测尺寸与激光光波波长相比较,其测量精度可达 $0.01\mu m$。这种光波干涉测量法主要用于实体基准——精密量块和精密刻度尺的测量。对一般机器零件的尺寸,则主要采用万能量具、量仪进行测量。

##### 1. 尺寸测量方法

在机械加工中,常采用如下几种测量方法:

(1) 绝对测量和直接测量,其测量示值直接表示被测尺寸的实际值,如用游标卡尺、百分尺、千分尺和测长仪等具有刻度尺的量具或量仪测量零件尺寸的方法。

(2) 相对测量,其测量示值只反映被测尺寸相对于某个定值基准的偏差值,而被测尺寸的实际值等于基准与偏差值的代数和。例如在具有小范围细分刻线尺或表头的各种测微仪、比较仪上,用精密量块调零后再测零件尺寸的方法。

(3) 间接测量,其测量示值只是与被测尺寸有关的一些尺寸或几何参数,测出后还必须再按它们之间的函数关系计算出被测零件的尺寸,如采用三针和百分尺测量螺纹中径、采用弓高弦长规测量非整圆样板或大尺寸圆弧直径等。

##### 2. 影响尺寸测量精度的主要因素

采用上述几种尺寸测量方法对零件尺寸进行测量,从其测量过程、测量条件及使用的测量工具来看,影响尺寸测量精度的主要因素有如下几个方面。

1) 测量工具本身精度的影响

在对零件尺寸进行测量时,由于使用的测量工具不可能制造得绝对准确,因而测量工具的精度必然对被测零件尺寸的测量精度产生直接的影响。测量工具精度采用由示值误差、示值稳定性、回程误差和灵敏度等四个方面综合起来的极限误差 $\Delta_{lim}$(测量工具可能产生的最大测量误差)表示。各种常用测量工具的极限误差值可以从各种测量工具的使用说明书中查出,也可参考表 5-2 的数据选用。

当选择使用测量工具时,应明确分清测量工具的最小分度值(刻度值)和测量工具的测量精度(极限误差)这两个概念。对一般常用的万能量具和量仪来说,其测量精度大多低于最小分度值。例如,从表 5-2 中可知,当采用分度值为 0.05mm 的游标卡尺测量 80～120mm 范围内的工件内尺寸时,其极限误差为 ±0.06mm,若测量一工件的尺寸为 88.64 mm,则此工件的实际尺寸应为(88.64±0.06)mm。又如,采用分度值为 0.01mm 的内径百分尺测量一工件内孔尺寸为 $\phi 45.35$mm 时,则其实际尺寸为 $\phi(45.35\pm0.01)$mm。

表 5-2 常用测量工具和测量方法的极限误差 $\Delta_{lim}$

| 量具及量仪名称 | 相对测量法用量块 | | 被测尺寸分段/mm | | | | | | | |
|---|---|---|---|---|---|---|---|---|---|---|
| | | | 1～10 | 10～50 | 50～80 | 80～120 | 120～180 | 180～260 | 260～360 | 360～500 |
| | 等 | 级 | 测量的极限误差/$\mu$m | | | | | | | |
| 刻度值为 0.001mm 的各式比较仪及测微表 | 3 4 5 | 0 | 0.5 | 0.7 | 0.8 | 0.9 | 1.0 | 1.2 | 1.5 | 1.8 |
| | | 1 | 0.6 | 0.8 | 1.0 | 1.2 | 1.4 | 2.0 | 2.5 | 3.0 |
| | | 2 | 0.7 | 1.0 | 1.4 | 1.8 | 2.0 | 2.5 | 3.0 | 3.5 |
| | | 3 | 0.8 | 1.5 | 2.0 | 2.5 | 3.0 | 4.5 | 6.0 | 8.0 |
| 刻度值为 0.002mm 的千分表(标准段内使用) | 5 | 2 | 1.2 | 1.5 | 1.8 | 2.0 | 2.8 | 3.0 | 4.0 | 5.0 |
| | | 3 | 1.4 | 1.8 | 2.5 | 3.0 | 3.5 | 5.0 | 6.5 | 8.0 |
| 刻度值为 0.001mm 的千分表(在 0.1mm 内使用) | 3 | | 3.0 | 3.0 | 3.5 | 4.0 | 5.0 | 6.0 | 7.0 | 8.5 |
| 一级杠杆式百分表(在 0.1mm 内使用) | 3 | | 8 | 8 | 9 | 9 | 9 | 10 | 10 | 11 |
| 二级杠杆式百分表(在 0.1mm 内使用) | 3 | | 10 | 10 | 10 | 11 | 11 | 12 | 12 | 13 |
| 一级钟表式百分表(在 0.1mm 内使用) | 3 | | 15 | 15 | 15 | 15 | 15 | 16 | 16 | 16 |
| 二级钟表式百分表(在任一转内使用) | 3 | | 20 | 20 | 20 | 20 | 22 | 22 | 22 | 22 |
| 一级内径百分表(在指针转动范围内使用) | 3 | | 16 | 16 | 17 | 17 | 18 | 19 | 19 | 20 |
| 二级内径百分表(在指针转动范围内使用) | 3 | | 22 | 22 | 26 | 26 | 28 | 28 | 32 | 36 |

| 量具及量仪名称 | 相对测量法用量块 | 被测尺寸分段/mm | | | | | | | |
|---|---|---|---|---|---|---|---|---|---|
| | | 1～10 | 10～50 | 50～80 | 80～120 | 120～180 | 180～260 | 260～360 | 360～500 |
| | 等 级 | 测量的极限误差/$\mu$m | | | | | | | |
| 杠杆千分尺 | | 3 | 4 | — | — | — | — | — | — |
| 0 级百分尺 | | 4.5 | 5.6 | 6 | 7 | 8 | 10 | 12 | 15 |
| 1 级百分尺 | | 7 | 8 | 9 | 10 | 12 | 15 | 20 | 15 |
| 2 级百分尺 | | 12 | 13 | 14 | 15 | 18 | 20 | 25 | 30 |
| 1 级测深百分尺 | | 14 | 16 | 18 | 22 | — | — | — | — |
| 2 级测深百分尺 | | 22 | 25 | 30 | 35 | — | — | — | — |
| 3 级测深百分尺 | | 16 | 18 | — | — | — | — | — | — |
| 内径百分尺 | | 24 | 30 | — | — | — | — | — | — |
| 刻度值为 0.02mm 游标卡尺量外尺寸/量内尺寸 | 绝对测量法 | — | 16 | 18 | 20 | 22 | 25 | 30 | 35 |
| 刻度值为 0.05mm 游标卡尺量外尺寸/量内尺寸 | | 40 | 40 | 45 | 45 | 50 | 50 | 60 | 70 |
| | | | 50 | 60 | 60 | 70 | 70 | 80 | 90 |
| 刻度值为 0.10mm 游标卡尺量外尺寸/量内尺寸 | | 80 | 80 | 90 | 100 | 100 | 100 | 110 | 110 |
| | | | 100 | 130 | 130 | 150 | 150 | 150 | 150 |
| 刻度值为 0.02mm 的游标深度尺及高度尺 | | 150 | 150 | 160 | 170 | 190 | 200 | 210 | 230 |
| | | — | 200 | 230 | 260 | 280 | 300 | 300 | 300 |
| 刻度值为 0.05mm 的游标深度尺及高度尺 | | 60 | 60 | 60 | 60 | 60 | 60 | 70 | 80 |
| 刻度值为 0.10mm 的游标深度尺及高度尺 | | 100 | 100 | 150 | 150 | 150 | 150 | 150 | 150 |
| | | 200 | 250 | 300 | 300 | 300 | 300 | 300 | 300 |

2) 测量过程中测量部位、目测或估计不准的影响

在对零件尺寸进行测量的过程中,测量者的视力、判断能力和测量经验等都会影响尺寸测量精度。当采用卡钳、游标卡尺或百分尺测量轴颈或孔径尺寸时,往往由于测量的部位不准确而造成测量误差。如图 5-2 所示,按图示的几何关系,通过近似计算可求得由于测量偏离被测部位 $\varphi$ 角时,被测轴颈或孔径的测量误差。

当测量轴颈 $d$ 时(见图 5-2(a)),其测量误差 $\Delta d$ 为

$$\Delta d = d - d' = 2\Delta r = 2r(1 - \cos\varphi) = 4r\sin^2\frac{\varphi}{2}$$

因 $\varphi$ 很小,$\sin\frac{\varphi}{2} \approx \frac{\varphi}{2}$,故

$$\Delta d = 4r\left(\frac{\varphi}{2}\right)^2 = r\varphi^2$$

当测量孔径 $D$ 时(见图 5-2(b)),其测量误差 $\Delta D$ 为

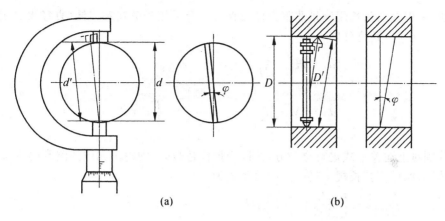

图 5-2 测量部位不准确的影响

$$\Delta D = D' - D = \sqrt{D^2 + D^2 \tan^2 \varphi} - D = D\sqrt{1 + \tan^2 \varphi} - D$$

$$= D\left(\frac{1}{\cos\varphi} - 1\right) = D\left(\frac{1 - \cos\varphi}{\cos\varphi}\right) = \frac{2D\sin^2\frac{\varphi}{2}}{\cos\varphi}$$

因 $\varphi$ 很小，$\cos\varphi \approx 1$，$\sin\frac{\varphi}{2} \approx \frac{\varphi}{2}$故

$$\Delta D \approx \frac{D}{2}\varphi^2$$

由上述分析可知，当 $\varphi$ 角一定时，被测工件的尺寸越大，造成的测量误差也越大，故在测量大尺寸的轴颈或孔径时应特别注意保持正确的测量部位。

此外，在测量过程中目测刻度值时，往往由于观测方向不垂直而产生斜视的测量误差，这种测量误差有时甚至大到半格之多。在精密测量时，若量仪指针停留在两条示值刻线之间时，这就要求用目测来估计指针移过刻线的小数部分，也会产生目测估计不准的误差。

3）测量过程中所使用的对比标准、其他测量工具的精度及数学运算精度的影响

当采用相对测量或间接测量时，还应考虑所使用的对比标准、其他测量工具的精度及数学运算的精度等影响因素。当采用机械式测微仪和精密量块测量工件直径（见图 5-3（a））、用千分尺和三针测量精密螺纹中径 $d_2$（见图 5-3（b））或通过弓高弦长规测量计算非整圆样板直径（见图 5-3（c））时，所使用的精密量块、三针、弓高弦长规的精度及有关的数学运算的精度，都对测量精度有所影响。

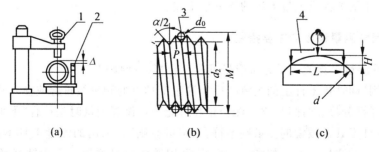

图 5-3 对比标准和其他测量工具精度的影响

1—机械测微仪；2—精密量块；3—三针；4—弓高弦长规

例如,采用弓高弦长规测量非整圆样板直径 $d$ 及采用千分尺和三针(直径为 $d_0$)测量精密螺纹中径 $d_2$ 时,其值分别为

$$d = H + \frac{L^2}{4H}$$

$$d_2 = M - d_0 \left( 1 + \frac{1}{\sin \frac{\alpha}{2}} \right) = \frac{P}{2} \cot \frac{\alpha}{2}$$

现分别对上述关系式进行全微分,并以增量代替微分,则得出相应的测量误差与其他测量工具精度(如弓高弦长规、三针等)的关系式为

$$\Delta d = \frac{L}{2H} \Delta L - \left[ \left( \frac{L}{2H} \right)^2 - 1 \right] \Delta H$$

$$\Delta d_2 = \Delta M - \Delta d_0 \left( 1 + \frac{1}{\sin \frac{\alpha}{2}} \right) + \frac{1}{2} \cot \frac{\alpha}{2} \Delta P + \frac{1}{\sin^2 \frac{\alpha}{2}} \left( d_0 \cos \frac{\alpha}{2} - \frac{P}{2} \right) \Delta \alpha$$

式中: $P$——被测螺纹的螺距。

4) 单次测量判断不准的影响

尺寸测量精度的高低是由测量误差 $\Delta_{测}$ 来衡量的,而测量误差的大小则以实际测得值 $L_{测}$ 与所谓"真值" $L_{真}$ 之差表示,即

$$\Delta_{测} = L_{测} - L_{真}$$

然而,真值在测量前并不知道,其本身就是要通过测量确定的。为了衡量测量误差的大小,就需要寻找一个非常接近真值的数值代替真值以评价测量精度的高低。为此,只有在排除测量过程中系统误差的前提下,对某一测量尺寸进行多次重复测量,多次重复测量值的算术平均值 $\overline{L}$ 即很接近其真值,一般以 $\overline{L}$ 代替 $L_{真}$。

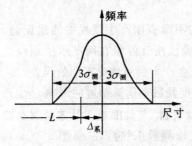

图 5-4  单次测量的判断不准造成的测量误差

在对零件尺寸进行测量时,若只根据一次测量的数据来确定被测尺寸的大小,则由于一次测量结果的随机性而不能更准确地判断其值与 $\overline{L}$ 的接近程度(见图 5-4),测量误差 $\Delta_{测}$ 为所使用测量工具的系统误差 $\Delta_{系}$ 与随机误差 $\Delta_{随}$ 之代数和,即

$$\Delta_{测} = \Delta_{系} \pm \frac{\Delta_{随}}{2} = \Delta_{系} \pm 3\sigma_{测}$$

式中: $\sigma_{测}$——测量工具或测量方法的均方根偏差。

### 3. 保证尺寸测量精度的主要措施

1) 选择的测量工具或测量方法应尽可能符合"阿贝原则"

"阿贝原则"即是指零件上的被测线应与测量工具上的测量线重合或在其延长线上。例如,常用的外径百分尺、测深尺、立式测长仪和万能测长仪等测量时是符合"阿贝原则"的,而游标卡尺及各种工具显微镜的测量则不符合"阿贝原则"。采用的测量工具不符合"阿贝原则",则存在较大的测量误差。如图 5-5 所示,采用游标卡尺测量一个小轴直径尺寸 $d$ 比采用百分尺测量存在更大的测量误差。下面分析测头移动时,由于配合间隙产生相同的倾斜

角 $\varphi$ 而引起的测量误差。

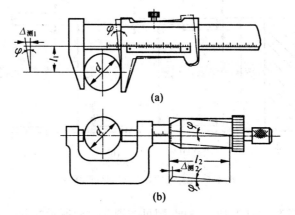

图 5-5　游标卡尺和百分尺的测量误差

采用游标卡尺测量时的测量误差为（如图 5-5(a)）

$$\Delta_{测1} = l_1\tan\varphi \approx l_1\varphi$$

当 $l_1 = 15\text{mm}$，$\varphi = 1' = 0.00029$ 时，有

$$\Delta_{测1} = 15 \times 0.00029 = 0.00435(\text{mm})$$

采用百分尺测量时的测量误差为（如图 5-5(b)）

$$\Delta_{测2} = l_2 - l_2\cos\varphi \approx \frac{l_2}{2}\varphi^2$$

当 $l_2 = 40\text{mm}$，$\varphi = 1' = 0.00029$ 时，有

$$\Delta_{测2} = \frac{40}{2} \times 0.00029^2 = 0.0000017(\text{mm})$$

则 $\Delta_{测1}$ 约为 $\Delta_{测2}$ 的 2559 倍。

2) 合理选择测量工具及测量方法

由于在进行尺寸测量过程中所使用的各种量具、量仪、长度基准件和其他测量工具等也都是按一定的公差制造的,故在应用时也必然有它们相应的精度范围。在对零件尺寸进行测量之前,首先应了解所采用的各种测量工具或测量方法所能达到的测量精度,然后再根据被测零件的尺寸精度合理地选取相应精度的测量工具或测量方法。

由于在尺寸测量过程中存在着测量误差,因此在测量具有一定尺寸精度要求的零件时,就必须解决测量误差 $\Delta_{测}$ 与零件制造公差 $T_{制}$ 之间的精度合理分配问题。例如,采用某种测量工具或测量方法对零件尺寸进行测量时,它们之间的分配关系如图 5-6 所示。

从保证零件的加工精度来看,要求由制造公差和测量误差组成的保证公差 $T_{保}$ 应严格地限制在零件的尺寸公差 $T$ 的范围之内,即 $T_{保} = T = T_{制} + \Delta_{测}$（见图 5-6(a)）。但这样会由于测量误差占去相当部分的零件尺寸公差,而使零件加工困难以至提高成本。为了使零件的加工不致过于困难,可以相应地控制测量误差,但这样又会增加所使用的量具本身制造的困难及它的成本（见图 5-6(b)）。若兼顾加工和测量两个方面,则可将保证公差适当地扩大到被测零件的尺寸公差范围之外,即 $T_{保} = T_{制} + \Delta_{测} = T + \Delta_{测}$（见图 5-6(c)）。这时虽可较合理地解决零件加工与量具本身制造的困难,但可能会将处于零件尺寸公差之外和保证公差之内的废品误认为合格产品。

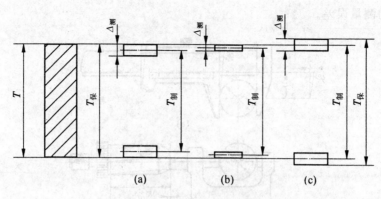

图 5-6  $\Delta_{测}$ 与 $T_{制}$ 之间的分配关系

在生产中,若要确保零件的加工精度,则可按图 5-6(a)所示的分配关系控制零件的制造公差。例如,某零件直径尺寸为 $\phi 45^{+0.06}_{0}$ mm,若采用测量工具的极限误差为 $\Delta_{\lim}=0.01$ mm,则此时应控制的制造公差为 $T_{制}=0.06-2\times0.01=0.04$ (mm)。为此,工人在加工此零件直径尺寸时,则应按 $\phi 45^{+0.05}_{+0.01}$ mm 加工,这样得到的实际尺寸不会超出图纸给定的尺寸范围。

在生产中,为了兼顾零件的加工精度和成本,若允许将可能误收进来的废品率控制在一定的范围之内,则可按图 5-6(c)所示的分配关系,即按测量工具或测量方法的极限误差与被测零件尺寸公差之间的比值——测量方法精度系数 $K_{方}$,来选取测量工具或测量方法应具有的精度,即

$$K_{方}=\frac{\Delta_{\lim}}{T}$$

$K_{方}$ 一般可取 $\frac{1}{10}\sim\frac{1}{3}$,也可根据被测零件尺寸精度的公差等级,参考表 5-3 选择相应的 $K_{方}$。

表 5-3  测量方法精度系数 $K_{方}$

| 公差等级 | IT5 | IT6 | IT7 | IT8 | IT9 | IT10 | IT11~IT16 |
|---|---|---|---|---|---|---|---|
| $K_{方}$ / % | 32.5 | 30 | 27.5 | 25 | 20 | 15 | 10 |

例如,被测零件为 $\phi 80^{+0.03}_{0}$ mm 的轴颈,所需相应的测量工具选择过程如下:

(1) 由被测零件的轴颈尺寸 $\phi 80^{+0.05}_{0}$ mm 可知其为 IT7 级公差。

(2) 查表 5-3 得 $K_{方}=27.5\%$,故选用测量工具的极限误差为 $\Delta_{\lim}=K_{方}\times T=0.275\times0.03=0.00825$ (mm)。

(3) 由表 5-2 中查得,可选用分度值为 0.01mm 的 0 级百分尺。

3) 合理使用测量工具

(1) 使用量具或量仪量程中测量误差最小的标准段进行测量。相对测量时,对百分表类的量仪,最好使用其线性关系较好的标准段对零件尺寸进行测量。机械式测微仪,由于其传动结构有原理性误差,最好使用示值为零附近的非线性误差较小的那一段量程对零件尺寸进行测量。若选用机械式测微仪,为了减少其原理误差的影响,最好选用量程等于或大于被测零件尺寸公差两倍的量仪。

（2）采用具有示值误差校正值的量具或量仪进行测量,这时可以通过消除所使用测量工具本身的系统误差(即量具的示值误差)提高测量精度。

4）采用多次重复测量

对被测零件尺寸进行多次重复测量,然后对测量数据进行处理,就可以得到较接近于被测零件尺寸真值的测量结果。

前面曾提及,当对一个被测零件尺寸进行多次重复测量时,在只有单纯的随机误差因素影响下,其大量测得值的算术平均值就非常趋近其真值。然而,实际进行重复测量的次数 $n$ 是有限的,这时有限 $n$ 次重复测量的算术平均值的分布规律与大量 $N$ 次重复测量中各测量值的分布规律之间的关系如图 5-7 所示。

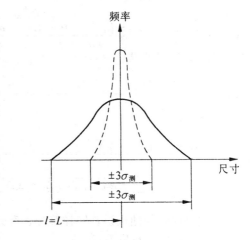

图 5-7  有限 $n$ 次重复测量的算术平均值分布规律与大量 $N$ 次重复测量中各测量值分布规律间的关系

由图 5-7 可知,有限次重复测量的次数 $n$ 越多,其算术平均值的分布范围(见图中虚线)越小,即越集中于尺寸分布中心。有限 $n$ 次重复测量的算术平均值的分布规律与大量 $N$ 次重复测量中各测量值的分布规律之间的关系可推导如下:

对被测零件尺寸经大量 $N$ 次重复测量,其各次测量值为 $L_1, L_2, \cdots, L_N$。经统计计算得

$$\overline{L} = \frac{L_1 + L_2 + \cdots + L_N}{N}$$

$$\sigma_{测} = \sqrt{\frac{(L_1 - \overline{L})^2 + (L_2 - \overline{L})^2 + \cdots + (L_N - \overline{L})^2}{N}}$$

$$= \sqrt{\frac{\Delta_1^2 + \Delta_2^2 + \cdots + \Delta_N^2}{N}}$$

若将这些大量 $N$ 次重复测量值等分为 $m$ 组,每组均为有限 $n$ 次重复测量,则每组测量值的算术平均值为 $l_1, l_2, \cdots, l_n$,即

$$l_1 = \frac{L_1 + L_2 + \cdots + L_n}{n}$$

$$l_2 = \frac{L_{n+1} + L_{n+2} + \cdots + L_{2n}}{n}$$

$$\vdots$$

$$l_m = \frac{L_{(m-1)n+1} + L_{(m-1)n+2} + \cdots + L_{mn}}{n}$$

经统计计算得

$$\overline{l} = \frac{l_1 + l_2 + \cdots + l_m}{m} = \frac{L_1 + L_2 + \cdots + L_n + L_{n+1} + \cdots + L_{2n} + \cdots + L_{mn}}{mn}$$

$$= \frac{L_1 + L_2 + \cdots + L_n}{N} = \overline{L}$$

$$\sigma_{测n} = \sqrt{\frac{(l_1 - \overline{l})^2 + (l_2 - \overline{l})^2 + \cdots + (l_m - \overline{l})^2}{m}} = \sqrt{\frac{\Delta_1'^2 + \Delta_2'^2 + \cdots + \Delta_m'^2}{m}}$$

由于

$$\Delta'_1 = l_1 - \bar{l} = \frac{L_1 + L_2 + \cdots + L_n}{n} - \frac{n\bar{L}}{n} = \frac{\Delta_1 + \Delta_2 + \cdots + \Delta_n}{n}$$

$$\Delta'_2 = l_2 - \bar{l} = \frac{L_{n+1} + L_{n+2} + \cdots + L_{2n}}{n} - \frac{n\bar{L}}{n} = \frac{\Delta_{n+1} + \Delta_{n+2} + \cdots + \Delta_{2n}}{n}$$

$$\vdots$$

$$\Delta'_m = l_m - \bar{l} = \frac{L_{(m-1)n+1} + L_{(m-1)n+2} + \cdots + L_{mn}}{n} - \frac{n\bar{L}}{n} = \frac{\Delta_{(m-1)n+1} + \Delta_{(m-1)n+2} + \cdots + \Delta_{mn}}{n}$$

代入上式,有

$$\sigma_{测n} = \sqrt{\frac{(\Delta_1 + \Delta_2 + \cdots + \Delta_n)^2 + (\Delta_{n+1} + \Delta_{n+2} + \cdots + \Delta_{2n})^2 + \cdots + (\Delta_{(m-1)n+1} + \Delta_{(m-1)n+2} + \cdots + \Delta_{mn})^2}{n^2 m}}$$

$$= \sqrt{\frac{(\Delta_1^2 + \Delta_2^2 + \cdots + \Delta_{mn}^2) + 2(\Delta_1\Delta_2 + \Delta_2\Delta_3 + \cdots + \Delta_{m(n-1)}\Delta_{mn})}{n^2 m}}$$

因尺寸重复测量的随机误差同样符合正态分布规律,故式中根号内的 $2(\Delta_1\Delta_2 + \Delta_2\Delta_3 + \cdots + \Delta_{m(n-1)}\Delta_{mn})$ 部分的数值为零,即

$$\sigma_{测n} = \sqrt{\frac{\Delta_1^2 + \Delta_2^2 + \cdots + \Delta_N^2}{nN}} = \frac{\sigma_测}{\sqrt{n}}$$

经上述推导说明:有限 $n$ 次重复测量的算术平均值分布中心 $\bar{l}$ 与大量 $N$ 次重复测量中各测量值的分布中心 $\bar{L}$ 重合;有限 $n$ 次重复测量的算数平均值的分布宽度 $6\sigma_{测n}$ 仅为大量 $N$ 次重复测量中各测量值分布宽度 $\sigma_测$ 的 $\frac{1}{\sqrt{n}}$,亦即有限 $n$ 次重复测量的算术平均值的随机测量误差 $\Delta_{测n}$ 仅为单次测量时的随机测量误差 $\Delta_随$ 的 $\frac{1}{\sqrt{n}}$。

有限 $n$ 次重复测量的测量误差为

$$\Delta_{测n} = \Delta_系 \pm \frac{\Delta_随}{2} = \Delta_系 \pm 3\sigma_{测n} = \Delta_系 \pm \frac{3\sigma_测}{\sqrt{n}}$$

为保证一定的测量精度,并兼顾测量效率,一般取有限次重复测量的次数 $n = 5 \sim 15$。

对有限 $n$ 次重复测量值进行处理,若事先没有经过统计得到大量重复测量值的均方根偏差 $\sigma_测$,则可用 $n$ 个测量值的均方根偏差 $\sigma_{测n}$ 计算,有

$$\sigma_{测n} = C_校 \sqrt{\frac{\sum_{i=1}^{n} \Delta_i^2}{n(n-1)}}$$

式中:$C_校$——有限次重复测量次数较少时的校正系数,可按表 5-4 选取;

$\Delta_i$——有限 $n$ 次重复测量中各次测量值的残差,有 $\Delta_i = L_i - \bar{L}$。

表 5-4    有限次重复测量次数较少时的校正系数

| 重复测量次数 $n$ | 5 | 10 | 15 | $> 20$ |
| --- | --- | --- | --- | --- |
| 校正系数 $C_校$ | 1.14 | 1.06 | 1.04 | $\approx 1$ |

例如,采用试切法加工一零件的轴颈尺寸,为了提高试切时尺寸测量的精度而进行 5 次重复测量,其测量值分别为 40.56,40.57,40.55,40.56,40.55mm,现通过测量数据处理确

定此试切轴颈的实际尺寸 $d$。有

$$d = \bar{d} \pm 3\sigma_{测n}$$

$$\bar{d} = \frac{\sum_{i=1}^{n}}{n} = \frac{40.56 + 40.57 + 40.55 + 40.56 + 40.55}{5} = 40.558(\text{mm})$$

$$\sigma_{测n} = C_{校}\sqrt{\frac{\sum_{i=1}^{n}\Delta_i^2}{n(n-1)}} \ .$$

$$= 1.14 \times \sqrt{\frac{2 \times (40.55 - 40.558)^2 + 2 \times (40.56 - 40.558)^2 + (40.57 - 40.558)^2}{5 \times (5-1)}}$$

$$= 0.0042(\text{mm})$$

则

$$d = (40.558 \pm 0.0126)\text{mm}$$

### 5.3.1.3 微量进给精度

#### 1. 微量进给方法及影响微量进给精度的因素

在机床上实现微量进给的方法,大多是通过一套减速机构实现的,如通过图 5-8 所示的蜗杆蜗轮、行星齿轮或棘轮棘爪等减速装置,均可获得微小的进给量。

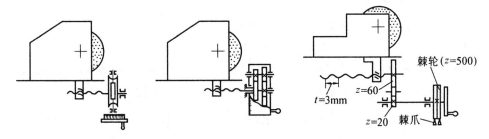

图 5-8　常用的微量进给机构

对于常见的各种机械减速的微量进给机构,从传动的角度看,进给手轮转动一小格使工作台进给移动 $1\mu m$ 或更小的数值是很容易实现的。但在实际进行的低速微量进给过程中,常常会出现如图 5-9(a)所示的现象,即当开始转动进给手轮时,只是消除了进给机构的内部间隙,工作台并没有移动,再将进给手轮转动一下,工作台可能还不移动;直到进给手轮转动到某一个角度,工作台才开始移动,但此刻工作台往往一下突然移动一个较大的距离;而后,又处于停滞不动的状态。这种在进给手轮低速微量转动过程中,工作台由不动到移动,再由移动到停滞不动的反复过程,称为跃进(或爬行)现象。图 5-9(b)所示即为一个进给刀架的实测结果。

产生这种现象的根本原因在于进给机构中各相互运动的零件表面之间存在着摩擦力,其中主要的是进给系统的最后环节——机床工作台与导轨之间的摩擦力。这些摩擦力在开始转动进给手轮时就阻止工作台移动,并促使整个进给机构产生相应的弹性变形。随着进

226

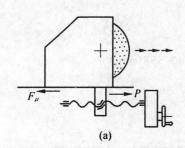

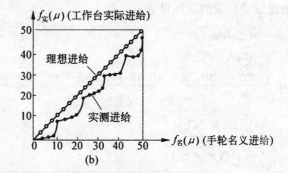

图 5-9　低速微量进给时的跃进(或爬行)现象

一步转动进给手轮,进给机构的弹性变形程度和相应产生的弹性驱动力 $P$ 逐渐增大,当其值达到能克服工作台与床身导轨之间的静摩擦力 $G\mu_0$(即 $P_1 \geqslant G\mu_0$)时,工作台便开始进给移动了。工作台一开始移动,相互运动表面由静摩擦状态变为动摩擦状态,这时由于摩擦系数下降而使工作台产生一个加速度,因而工作台就会移动一个较大的距离。当工作台移动一定距离后,又会因动摩擦力 $G\mu$ 大于逐渐由于弹性恢复而减小的弹性驱动力(即 $G\mu > P_2$)而暂时停止下来,又恢复到静止不动的状态。这样周而复始地进行,即出现了跃进现象。

　　为了进一步分析影响微量进给精度的因素,可将整个进给机构简化为一个弹性系统,产生跃进的过程如图 5-10(a)所示。由图示可知,工作台开始移动的条件为

$$P_1 = Kx_2 = G\mu_0 > G\mu$$

式中:$G$——工作台重量;

　　$\mu_0$、$\mu$——工作台导轨面的静、动摩擦系数;

　　$K$——进给机构的弹性模量(传动刚度)。

　　工作台开始移动后,每次可能产生的跃进距离 $x_3$ 的大小,可粗略地通过功能转换(见图 5-10(b))的原理进行定性分析。设 $x_3 < x_2$ 且 $\mu_0$、$\mu$ 均为常数,则

$$\frac{1}{2}Kx_2^2 - \frac{1}{2}K(x_2-x_3)^2 = G\mu x_3$$

$$Kx_3^2 - 2(Kx_2 - G\mu)x_3 = 0$$

$$x_3[Kx_3 - 2(Kx_2 - G\mu)] = 0$$

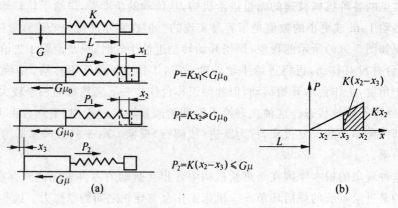

图 5-10　跃进现象产生的过程及功能转换

解此方程,有

$$x_3 = 0(不符合实际情况)$$

$$Kx_3 - 2(Kx_2 - G\mu) = 0$$

$$x_3 = \frac{2(Kx_2 - G\mu)}{K} = \frac{2G(\mu_0 - \mu)}{K}$$

从上述的粗略分析可知,在低速微量进给过程中,跃进现象的产生与整个进给机构的传动刚度、工作台重量和静、动摩擦系数有关。虽然微量进给过程中,动摩擦系数并不是一个常数,故每次跃进的距离也不是一个定值,但仍可确定工作台每次产生跃进的距离 $x_3$ 与进给机构的传动刚度 $K$、工作台重量 $G$ 和静、动摩擦系数 $\mu_0$、$\mu$ 的大致关系为

$$x_3 \propto \frac{G(\mu_0 - \mu)}{K}$$

即工作台每次产生跃进的距离与工作台重量和静、动摩擦系数的差值成正比,而与进给机构的传动刚度成反比。

### 2.提高微量进给精度的主要措施

1)提高进给机构的传动刚度

(1)在进给机构结构允许的条件下,可以适当加粗进给机构中传动丝杠的直径,缩短传动丝杠的长度,以减少其在进给传动时的受力变形。设计进给机构中的传动丝杠,若按一般的强度、磨损等条件计算,所需直径尺寸往往很小,以至刚度较低。为此,可适当加大直径尺寸,一般可参考下述经验公式进行计算:

$$d_2 = 1.5\sqrt{L}$$

式中:$d_2$——传动丝杠的螺纹中径;

　　$L$——传动丝杠的长度。

(2)尽量消除进给机构中各传动元件之间的间隙,特别是最后传动环节——丝杠和螺母之间的间隙。精加工用外圆磨床进给机构中的丝杠和螺母之间的间隙,可通过重锤或油缸产生的与磨削径向分力方向一致的外力消除之,如图5-11所示。这不仅可以消除间隙,还可以产生一定的预加载荷,从而进一步提高丝杠和螺母的刚度。

(3)尽量缩短进给机构的传动链。为了提高微量进给精度,还可以采用传动链极短的高刚度无间隙的微量进给机构。这类微量进给机构是利用某些金属材料在磁场、电压、温度和负荷等物理因素作用下,其长度发生变化的性质设计的。磁致伸缩微量进给机构就是其中的一种。

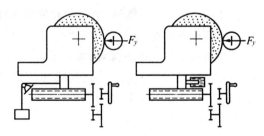

图5-11　消除丝杠、螺母间隙的装置

铁磁材料(如镍、钴、铁等合金材料)在磁场中的长度将随周围磁场强度的变化而变化,其长度变化量 $\Delta L$ 和铁磁材料本身长度 $L$ 成正比,即

$$\Delta L = \lambda L$$

式中:$\lambda$——铁磁材料的磁致伸缩系数。

各种铁磁材料磁致伸缩系数的大小与磁场强度 $H$ 或产生磁场的电流强度与线圈匝数有关,图 5-12 所示为部分铁磁材料磁致伸缩性能的试验曲线。磁致伸缩系数一般很小,为 $10^{-6} \sim 10^{-4}$,即长度为 1m 的磁致伸缩棒,其伸缩量仅为 $1 \sim 100 \mu m$。因此,通过选用不同长度的磁致伸缩棒和改变通入线圈的电流强度,就可以获得精确的微小进给量。

为了实现较大行程的精确进给,可采用如图 5-13 所示的装置,通过前后两个夹头的依次放松或夹紧,并配合铁磁材料的磁致伸缩作用,即可精确地连续微量进给。

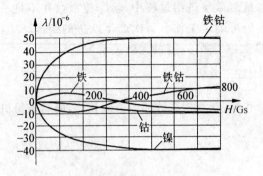
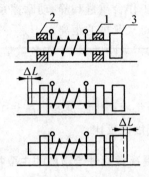

图 5-12　部分铁磁材料的磁致伸缩系数 λ 与
　　　　磁场强度 $H$ 的关系曲线

图 5-13　连续微量进给装置示意图
1,2—夹头；3—磁致伸缩杆

这种装置顺次循环动作一次(即夹头 1 夹紧,夹头 2 松开—接通电源,磁致伸缩杆 3 缩短 $\Delta L$—夹头 2 夹紧,夹头 1 松开—切断电源,磁致伸缩杆 3 又恢复原长度),精确地移动一个微小距离 $\Delta L$。由于铁磁材料的磁致伸缩性能是稳定的,进给装置的磁致伸缩杆的刚度又很高,只要连续作上述循环动作,就可以获得精度很高的连续微量进给。夹头 1 和 2 可采用薄壁套筒式液性塑料夹头,并通过电气或液压系统对其动作的先后顺序及总进给行程进行控制。

这种连续微量进给装置的总进给行程较小,一般多作为机床进给机构上的一个附加微进给环节使用。

2) 减少进给机构各传动副之间的摩擦力和静、动摩擦系数的差值

(1) 采用滚珠丝杠螺母、滚动导轨或静压螺母、静压导轨

采用滚珠丝杠螺母和滚动导轨结构,变滑动摩擦为滚动摩擦,由于滚动摩擦系数很小且几乎不随速度的提高而下降,故可显著提高微量进给精度。采用静压螺母和导轨,可使各滑动副表面之间保持着一定压力的油膜层,变固体摩擦为液体摩擦,这样可以显著降低静、动摩擦系数并使它们数值相近,从而提高微量进给精度。

(2) 采用特殊的润滑油

理想的润滑油应具有表面张力小且吸附力强的性能,这样才能在相对滑动面上形成一层不易被挤掉的薄油膜层。从经常采用的润滑油来看,这两个性能往往是矛盾的。黏度小的润滑油,虽然表面张力小,容易形成薄油膜层,但它的吸附力也小,很容易被挤破;而黏度大的润滑油,虽然吸附力大,油膜层不易被挤破,但由于表面张力也很大,又很难形成一层较薄的油膜层。

若在一般的润滑油中添加少量表面活性物质,就可以形成表面张力小而吸附力又很强的油膜层。油酸物质的分子呈长链状,其一端带有正电荷,另一端带有负电荷,故可牢固地

以其一端吸附在金属表面上,整齐定向排列。在电场作用下,可以使润滑油中的非极性分子极化,吸附在油酸分子上,从而形成一层强度较大的油膜层,其厚度为 $0.9\sim1.2\mu m$。

凡是具有羧基(—COOH)或羟基(—OH)的物质,都含有这种极性分子。目前,效果较好的有硬脂酸铝(添加量 $1.75\%\sim2\%$)和软脂酸(添加量 $2\%$)。例如,在平面磨床的导轨上使用 20 号润滑油时,其工作台产生跃进的临界速度为 $600mm/min$,当改用含 $2\%$硬脂酸铝的 12 号润滑油时,其临界速度下降到 $50mm/min$。

（3）采用新的导轨材料

理想的导轨材料应是摩擦系数小且动摩擦系数无下降特性的材料。导轨材料中,大多数塑料的摩擦系数都很小,但其动摩擦系数一般仍有下降的特性。塑料中的聚四氟乙烯则有所不同,它的静摩擦系数很小($\mu_0\approx0.04$),且动摩擦系数几乎无下降特性,是一种较理想的滑动导轨材料。但这种塑料的刚度低并很难与金属粘接在一起,故不能直接应用。为了解决这个问题,可在厚度为 $1.5\sim3mm$ 的钢板上(按导轨宽度预先裁好)先喷镀一层青铜粉或烧结一层细目的青铜网作为中间层,然后在聚四氟乙烯溶液中浸附上一层厚度为 $25\sim50\mu m$ 的薄膜,最后用机械方法或粘接剂固定在床身和工作台上。

3）合理布置进给机构中传动丝杠的位置

在机床进给机构的设计中,还必须合理布置进给丝杠的位置,否则会由于扭侧力矩的作用使工作台与床身导轨搭角接触,从而增加了摩擦阻力,影响进给精度,严重时甚至可能造成"卡死"现象。

对外圆磨床,其砂轮架进给丝杠的位置可通过受力分析和计算确定。如图 5-14 所示,若砂轮架重量 $G$ 作用在两导轨中间,则左右两导轨面上的摩擦力分别为

$$F_{\mu 1} = \frac{1}{2}G_{\mu 0} = 0.5G_{\mu 0}$$

$$F_{\mu 2} = \frac{1}{2}G_{\mu 0}\cos 45° = 0.35G_{\mu 0}$$

现对两导轨上摩擦力的合力 $R$ 取力矩,则

$$F_{\mu 1}(L-a) = 2F_{\mu 2}a$$

$$0.5G_{\mu 0}(L-a) = 0.7G_{\mu 0}a$$

$$a \approx 0.42L$$

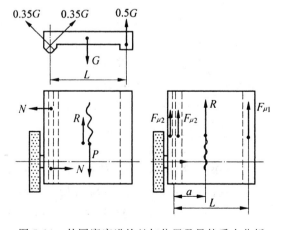

图 5-14　外圆磨床进给丝杠位置及导轨受力分析

即砂轮架的进给丝杠位置应布置在距 V 形导轨 $0.42L$ 处,可防止产生扭侧力矩。

在平面磨床上,由于砂轮架在垂直导轨上升降,故在其重力的作用下若进给丝杠的位置布置不当,造成对垂直导轨的扭侧力矩则更为严重,在设计时更应给予重视。

4) 采用高精度直线电机

直线电机是一种能将电能直接转换成直线运动机械能,而不需要任何中间转换机构的传动装置。它可以看成是一台旋转电机按径向剖开,并展成平面而成。直线电机与旋转电机相比,主要有如下几个特点:

(1) 结构简单。由于直线电机不需要把旋转运动变成直线运动的附加装置,因而使得系统本身的结构大为简化,重量和体积大大下降。

(2) 定位精度高。在需要直线运动的地方,直线电机可以实现直接传动,因而可以消除中间环节所带来的各种定位误差,故定位精度高。若采用计算机控制,还可以大大提高整个系统的定位精度。

(3) 反应速度快、灵敏度高,随动性好。直线电机容易做到其动子用磁悬浮支承,因而使得动子和定子之间始终保持一定的空气隙而不接触,这就消除了定、动子间的接触摩擦阻力,因而大大地提高了系统的灵敏度、快速性和随动性。

(4) 工作安全可靠、寿命长。直线电机可以实现无接触传递力,机械摩擦损耗几乎为零,所以故障少、免维修,因而工作安全可靠、寿命长。

目前直线电机已经广泛应用到高精度数控机床上,提高了数控机床的进给精度。

#### 5.3.1.4 微薄切削层的极限厚度

#### 1. 微薄切削加工方法及影响微薄切削层极限厚度的主要因素

在机械加工中,实现微薄切削的加工方法有如下几种:

(1) 精密车削,主要用于有色金属及其合金、未淬硬钢和铸铁的加工;

(2) 精密磨削,主要用于黑色金属,特别是淬硬钢的加工;

(3) 研磨及超精加工,主要用于黑色金属、各种合金钢和淬硬钢的加工。

无论是采用精密车削、精密磨削、研磨及超精加工等哪种加工方法,加工时所能切下金属层的最小极限厚度主要取决于刀具或磨粒的刃口半径 $\rho$。

在机械加工中,所使用的刀具或砂轮能切下的金属层的实际厚度,总是与理论的切削层厚度不同。每次行程切削后总是会留有一层极薄的金属层切不下来,这一金属层的厚度就是影响尺寸精度的极限厚度 $a_{\lim}$。它的大小和刀具或磨粒刃口半径 $\rho$ 之间的关系可以通过对切削刃口前每个被切金属质点的受力情况分析求得。

如图 5-15(a)所示,在自由切削的条件下,刀具切削刃口对其上的每个金属质点切削合力 $F_r$,主要产生两个方向的分力 $F_z$ 及 $F_y$,其中水平分力 $F_z$ 将推金属质点向前移动,而垂直分力 $F_y$ 则将金属质点压向金属内部。对 $M_1$ 点处(此时 $F_{z1} > F_{y1}$)的金属质点,由于形成切屑的金属剪切滑移面处于被切金属质点 $M_1$ 的上方,易于形成切屑;而对 $M_2$ 点处(此时 $F_{z2} < F_{y2}$)的金属质点,则由于形成切屑的金属剪切滑移面处于被切金属质点 $M_2$ 的下方,产生挤压而没有切屑形成。切屑能否形成的分界点,即为 $F_z = F_y$ 的那一点 $M$(见图 5-15(b))。

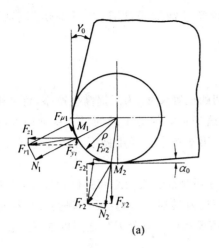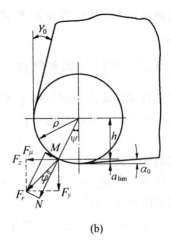

(a)　　　　　　　　　　　　(b)

图 5-15　刀具切削刃口前金属质点的受力情况分析

由图 5-15(b)可知

$$a_{\lim} = \rho - h = \rho(1 - \cos\psi)$$

因

$$\psi = 45° - \varphi = 45° - \arctan\frac{F_\mu}{N}$$

当$\frac{F_\mu}{N} = 0.3 \sim 0.8$时,可得

$$\psi = 6° \sim 28°$$

故

$$a_{\lim} = \rho[1 - \cos(6° \sim 28°)] = (0.005 \sim 0.117)\rho$$

由上述分析可知,当切削层厚度大于 $a_{\lim}$ 时,金属可以被切下来。此外,生产实践证明,微薄切削能切下金属层的最小极限厚度 $a_{\lim}$ 可达刀具或磨粒刃口半径 $\rho$ 的 1/10 左右。

**2. 实现微薄切削层加工的主要措施**

(1) 选择切削刃口半径小的刀具材料或磨料,并对刀具刃口进行精细研磨

对于磨削、研磨加工所使用的砂轮或磨料,应尽量选取粒度号大的细磨粒,利用刃口半径非常小的磨粒进行相应的微薄切削层的磨削加工。

对于切削加工,应尽可能减小所使用刀具的切削刃口半径。刀具切削刃口半径的大小主要与刀具材料和刃磨方法有关。在刀具楔角相同的条件下,选用碳素工具钢刀具可获得比高速钢和硬质合金刀具小的切削刃口半径。为了得到更小的切削刃口半径,还可采用金刚石刀具。在相同的刀具材料条件下,对刀具切削刃口进行一般刃磨后再进行研磨,可获得较小的切削刃口半径。若想获得更小的刀具切削刃口半径,则还需要在一般研磨的基础上再进行精密研磨。

(2) 提高刀具刚度

为了实现微薄切削,必须提高整个工艺系统的刚度,而其中所使用刀具的刚度又是其中关键的环节。可以采取提高刀具淬火硬度的办法来提高其刚度。如精车精密丝杠螺纹,采

用淬硬后硬度为 68HRC 以上的高速钢车刀，经过精细研磨后，切下的切削层厚度可达 0.004mm。

### 5.3.1.5　定位和调整精度

加工一批零件有关表面的尺寸或它们之间的位置尺寸，为了提高生产率，可采用调整法在工件的一次装夹或多次装夹中获得。这时，这一批零件加工后的尺寸精度还取决于工件的定位和刀具的调整精度。工件的定位精度在第 3 章中已详细做了分析和论述，这里着重分析刀具的调整精度。

对一批零件来说，无论是加工表面本身尺寸还是加工表面之间的位置尺寸，若想获得其精度都需解决刀具的调整精度问题。当采用一把刀具加工时，主要是调整刀具相对工件的准确位置；当同时采用几把刀具加工时，则还需要调整刀具与刀具之间的准确位置。

#### 1. 刀具调整方法和影响刀具调整精度的主要因素

生产中常采用的刀具调整方法主要有按标准样件或对刀块（导套）调整刀具及按试切一个工件后的实测尺寸调整刀具两种方法。

当采用标准样件或对刀块（导套）调整刀具时，影响刀具调整精度的主要因素有标准样件本身的尺寸精度、对刀块（导套）相对工件定位基准之间的尺寸精度、刀具调整时的目测精度及切削加工时刀具相对工件加工表面的弹性退让和行程挡块的受力变形等。

若采用按试切一个工件后的实测尺寸调整刀具，虽可避免上述一些因素的影响，提高刀具的调整精度，但对于一批工件，可能导致由于进给机构的重复定位误差和按试切一个工件尺寸调整刀具的不准确性，引起加工后这一批零件尺寸分布中心位置的偏离。

如图 5-16(a)所示，行程挡块的重复定位误差将造成一批工件加工后轴向尺寸 $l$ 的分散。由于是按试切一个工件后的实测尺寸调整刀具的径向位置的，不能将试切加工一批工件的平均尺寸 $\bar{d}$ 准确调整到理想尺寸 $d_{理}$ 从而造成加工后这批零件尺寸分布中心位置的偏离。这种由于不能准确判断一批工件尺寸分布中心位置而可能产生的刀具调整误差，称为判断误差，其最大值为 $\Delta_{判} = \pm 3\sigma$（见图 5-16(b)）。

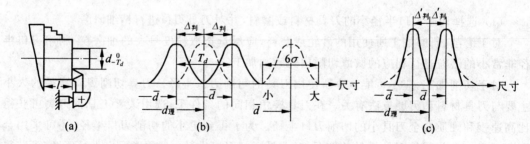

图 5-16　调整刀具时可能产生的误差

#### 2. 提高刀具调整精度的主要措施

（1）提高进给机构的重复定位精度

对机床上进给机构进行重复定位，可采用行程挡块或量仪。当采用行程挡块时，进给机构的重复定位精度主要与行程挡块的刚度有关。一般情况下采用刚性挡块，其重复定位精度可达 0.01～0.05mm。行程挡块刚度较低时,其重复定位精度仅能达到 0.10～0.30mm。因此,当采用行程挡块刚度较低时,必须尽量提高行程挡块本身的刚度及其接触刚度。为进一步提高进给机构的重复定位精度,还可采用万能量仪(如百分表或千分比较仪)实现之。但这时在加工过程中只能采用手动进给,不能实现自动停车和反向,这将影响劳动生产率。

(2) 提高对一批工件尺寸分布中心位置判断的准确性

为了进一步提高对一批工件尺寸分布中心位置判断的准确性,可采取多试切几个工件的办法。例如,按提高尺寸测量精度的多次重复测量原理,采取按试切一组 $n$ 个工件的平均尺寸调整刀具的办法,就可以进一步提高对一批工件尺寸分布中心位置判断的准确性。如图 5-16(c)所示,这时由于判断不准而引起的刀具调整误差由 $\Delta_判 = 3\sigma$ 下降到 $\Delta'_判 = \dfrac{3\sigma}{\sqrt{n}}$。

## 5.3.2 工艺系统原有误差对形状精度的影响及其控制

### 5.3.2.1 影响形状精度的主要因素

在机械加工中,获得零件加工表面形状精度的基本方法是成形运动法,当零件形状精度要求超过现有机床设备所能提供的成形运动精度时,还可采用非成形运动法。

虽然组成零件的几何形面的种类很多,但就其加工时所采用的成形运动来看不外乎是由回转运动和直线运动这两种最基本的运动形式所形成。如圆柱面和圆锥面是由一个回转运动和一个直线运动形成;平面是由两个直线运动形成;球面是由两个回转运动形成;渐开线齿面则是由两个回转运动和一个直线运动形成等。在加工中,要想获得准确的表面形状,就要求各成形运动本身及它们之间的关系均应准确。如加工圆柱面时,不仅要求回转运动和直线运动本身准确,还要求它们之间具有准确的相互位置关系——即直线运动与回转运动轴线平行。当加工螺旋面或渐开线齿面时,除了要求各成形运动本身和它们之间的相互位置关系准确外,还要求有关成形运动之间具有准确的速度关系。采用成形刀具加工时,还与成形刀具的制造安装精度有关。因此,采用成形运动法获得零件表面形状,影响其精度的主要因素有:

(1) 各成形运动本身的精度;

(2) 各成形运动之间的相互位置关系精度;

(3) 各成形运动之间的速度关系精度;

(4) 成形刀具的制造和安装精度。

采用非成形运动法获得零件加工表面形状,影响其精度的主要因素是对零件加工表面形状的检测精度。

### 5.3.2.2 各成形运动本身的精度

#### 1. 回转运动精度

准确的回转运动主要取决于在加工过程中其回转中心相对刀具(或工件)的位置始终不变。当在机床上通过主轴部件夹持工件(或刀具)进行加工时,其回转运动精度则主要取决于机床主轴的回转精度。

### 1）机床主轴回转精度的概念

机床主轴作回转运动时，主轴的各个截面必然有它的回转中心。理想的回转中心在空间相对刀具（或工件）的位置是固定不变的。如图 5-17(a) 所示，在主轴的任一截面上，主轴回转时若只有一点 $O$ 的速度始终为零，则这一点 $O$ 即为理想的回转中心。但在主轴的实际回转过程中，理想的回转中心是不存在的，而是存在着一个其位置时刻变动的回转中心（见图 5-17(b) 的 $O_1$ 点），此中心称为瞬时回转中心。主轴各截面瞬时回转中心的连线叫瞬时回转轴线，理想回转中心的连线叫理想回转轴线，对刚性主轴它们都是直线。

机床主轴回转精度的高低，主要以在规定测量截面内主轴一转或数转内诸瞬时回转中心相对其平均位置的变动范围（见图 5-17(c)）来衡量。这个变动范围越小，则主轴回转精度越高。

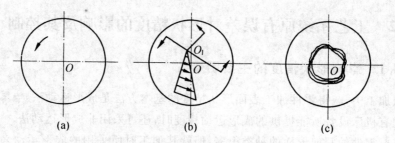

图 5-17 主轴回转中心与主轴回转精度

### 2）机床主轴回转精度分析

现以车床滑动轴承主轴为例进行分析。在车床上加工工件的外圆表面，如图 5-18 所示。当车刀加工至工件的某一截面位置时，在切削合力 $F_r$、传动力 $F_{传}$ 及主轴重力 $G$ 等合成的合力及力矩的作用下，其主轴前后支承轴颈分别与前后轴承孔的 $M_1$ 和 $M_2$ 点接触。这

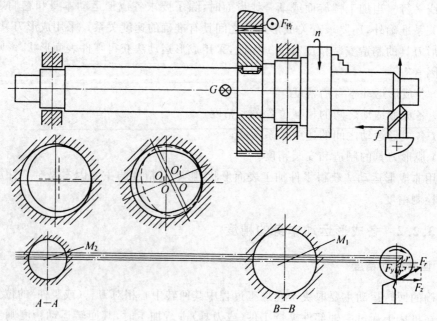

图 5-18 车床滑动轴承主轴的回转精度分析

时车床主轴的回转精度主要取决于主轴瞬时回转轴线相对其平均位置的变动程度,即主要取决于主轴前后支承轴颈的形状精度及它们之间的位置精度,而轴承孔的形状精度影响则较小。若主轴前后支承轴颈没有圆度误差,则主轴瞬时回转轴线始终处于某一固定位置,此时主轴回转运动没有任何误差。若主轴前后支承轴颈有圆度误差(如椭圆),则由于在加工过程中主轴瞬时回转轴线相对其平均位置有变动,使随其一同回转的工件的加工截面也被加工成相应的圆度误差(椭圆)。

在实际车削加工过程中,由于工件材料、加工余量和切削条件等因素的影响,很难保持切削合力 $F_r$ 的大小和方向恒定。此外,主轴和所夹持的工件也会由于刀具加工位置的不同,使其重力 $G$ 的大小和位置发生变化。因此,很难保持主轴前后支承轴颈与前后轴承孔的接触点不变,故主轴轴承孔的形状精度也将对主轴回转精度有所影响,只是其影响程度比主轴轴颈的要小得多。

对于其他类型机床主轴,影响主轴回转精度的主要因素也可参照上述分析方法进行具体分析。如镗床滑动轴承主轴,若作用在主轴上各种力的大小和方向不变,可使主轴前后支承轴颈上某两个固定点 $M_1$ 和 $M_2$ 始终沿前后轴承孔滑动,这时镗床主轴的瞬时回转轴线的运动轨迹将与轴承孔的形状相似。若镗床主轴轴承孔无圆度误差,则镗床主轴回转时其瞬时回转轴线相对其平均位置的变动量为零,故其回转运动没有任何误差。若镗床主轴轴承孔有圆度误差(如棱圆),则由于镗床主轴瞬时回转轴线相对其平均位置的变动而产生主轴回转运动误差,加工后工件内孔也会出现圆度误差(棱圆)。因此,镗床滑动轴承主轴的回转精度主要取决于主轴轴承孔的形状精度及它们之间的位置精度,而对主轴前后支承轴颈的形状精度要求可适当降低。

3) 提高回转运动精度的主要措施

提高回转运动精度的主要措施可从提高零件加工时所使用机床主轴的回转精度和保证零件加工时的回转精度两个方面入手。

(1) 提高机床主轴回转精度的主要措施

① 采用精密滚动轴承并预加载荷

由于在主轴部件上采用了精密滚动轴承,并通过预加载荷的方法消除了轴承间隙(有时甚至造成微量的过盈),这不仅消除了轴承间隙的影响,而且还可以提高主轴轴承刚度,使主轴回转精度进一步提高。对 NN30 和 NNU49 型主轴轴承的装配间隙,推荐采用表 5-5 所列数据。

表 5-5　NN30 和 NNU49 型主轴轴承的装配间隙　　　　　　　μm

| 速度参数 $d \times n_{max}/(mm \times (r/min))$ | 轴承精度等级 | | |
| --- | --- | --- | --- |
| | D 级 | C 级 | 高于 C 级 |
| $\leqslant 0.5 \times 10^5$ | $-3 \sim +3$ | $-5 \sim 0$ | $-5 \sim +2$ |
| $(0.5 \sim 1.5) \times 10^5$ | $0 \sim +6$ | $-2 \sim +3$ | $-3 \sim 0$ |
| $(1.5 \sim 2.5) \times 10^5$ | $+5 \sim +2$ | $-1 \sim +4$ | $-2 \sim +3$ |

注:对大直径高转速主轴取大值。

在装配轴承时,可通过先试装调整所需间隙(或过盈),并测好此时轴承端面与主轴的轴向间隙,再根据实测的间隙配磨调整垫圈,装上此垫圈后即可达到预定的装配间隙(或过盈)。

② 改进滑动轴承结构,采用短三瓦自位轴承

为了适应精密磨削加工的需要,可将外圆磨床滑动轴承的原长三瓦结构改为短三瓦自位轴承结构。这样,就可明显减小主轴回转时的轴承间隙,从而提高砂轮主轴的回转精度。

③ 采用液体或气体静压轴承

为进一步提高主轴回转精度,在很多精密机床的主轴部件上采用静压轴承结构,这种结构有如下特点:

(a) 主轴刚度高。液体静压轴承主轴刚度一般比滚动轴承主轴的刚度提高 5～6 倍。例如,对油腔面积为 $60mm \times 100mm = 6000mm^2$、油压为 3MPa 及油封间隙为 0.02mm 的四油腔静压轴承主轴,其刚度可达 800kN/mm 以上。

(b) 回转精度高。由于在各轴承孔的油腔中有压力油,油腔又是对称分布,故对主轴轴颈圆度误差中的椭圆度反应极不敏感。此外,这对主轴轴颈其他类型的形状误差也可起到均化作用,如对具有棱圆度误差的主轴,经均化作用可使工作时的回转运动误差减小到轴颈形状误差的 $1/5～1/3$,甚至更小。

(c) 轴承的加工工艺性好。静压轴承轴承孔的加工精度要求可比精密滑动轴承低,往往只需将几个径向封油边加工到要求精度即可。

(d) 空气静压轴承还具有不发热、压缩空气不需要回收处理和结构简单等优点,故更适于在轻载的精密机床主轴上采用。

(2) 保证零件加工时回转精度的主要措施

① 采用固定顶尖定位加工

为了保证零件加工时的瞬时回转轴线不变,对轴类零件可采用两个固定顶尖定位的加工方案。零件在加工过程中,由于始终围绕两个固定顶尖的连线转动,故可加工出圆度很高的外圆表面。采用两个固定顶尖定位,此方法很早以前就被采用了,但目前仍是获得高回转精度的主要方法,并被广泛应用于检验仪器和精密机床的结构中。

采用两个固定顶尖定位的加工方案为保证零件在加工时的回转精度,还必须保证两个固定顶尖、零件上的两个顶尖孔本身的精度和它们之间的位置精度。

若零件上两个顶尖孔本身有形状误差,如图 5-19(a)所示,其右端顶尖孔的研磨质量不良,经检验有明显的三点接触情况,用其定位并对零件外圆进行磨削加工时,由于零件瞬时回转轴线位置的变动,虽进行多次精磨,但零件的外圆仍有圆度误差,其形状如图 5-19 (b)所示,呈现与零件右端顶尖孔相似的三棱形。

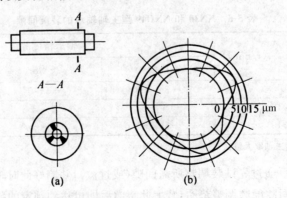

图 5-19　顶尖孔形状误差对零件回转精度的影响

若零件上两个顶尖孔有同轴度误差,也同样会影响零件在加工时的回转精度。如图 5-20 所示,零件每回转一周的过程中,由于顶尖孔与固定顶尖实际接触面积的不同,加工时会产生不同程度的接触变形,从而使零件原有准确回转运动受到影响。

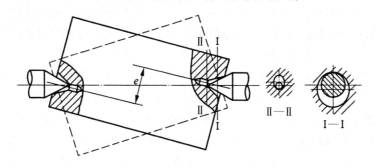

图 5-20 两顶尖孔同轴度误差对零件回转精度的影响

从上述分析可知,要使零件在加工时具有精确的回转运动,除需将机床上两个具有准确形状的固定顶尖调整到同一轴线上外,还要求被加工零件具有准确的顶尖孔。为了获得较准确的顶尖孔和提高顶尖孔的加工效率,在成批生产中可采用专用的铣端面钻顶尖孔机床。图 5-21(a)即为这种机床加工时的示意图。此外,为提高顶尖孔与固定顶尖的配合精度和接触精度,还可采用具有圆弧母线的顶尖孔(对小直径尺寸零件)和短锥顶尖孔(对未淬硬零件)结构,如图 5-21(b)所示。对于小直径尺寸的零件,由于采用了圆弧母线顶尖孔,就可以使两个具有同轴度误差的顶尖孔零件在加工回转时,顶尖孔与固定顶尖接触面积变化不大,从而保证了零件在加工时的回转精度。对未淬硬的零件,采用短圆锥顶尖孔结构,则可在零件加工前通过两个硬质合金顶尖对其进行挤压跑合而进一步提高两个顶尖孔的同轴度及其与固定顶尖的接触精度。

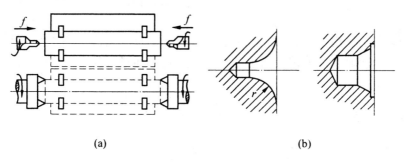

(a)           (b)

图 5-21 专用铣端面钻顶尖孔机床加工示意图及顶尖孔形式

② 采用无心磨削加工。

在加工精密薄壁套类零件(如滚动轴承的内外圈)时,加工后的形状精度往往受到所使用的内圆磨床主轴回转精度的限制。如加工圆度精度要求为 $0.001 \sim 0.002$mm 或更高的超精密轴承时,其轴承的内外圈就很难用现有的机床加工出来。但若在加工轴承内外圈时使其回转精度不受加工机床主轴回转精度的影响,就可以突破这个限制而取得更高的加工精度。现在生产中广泛采用的电磁无心磨削加工就是解决这一问题的有效措施。电磁无心磨削的加工原理是建立在自为基准、互为基准和反复进行磨削基础之上的,即轴承内外圈的外圆可通过以其本身定位的无心磨削获得较精确的形状,再以此为精基准对其内孔进行精密无心磨削。这样经过多次无心精密磨削,就可不断提高轴承内外圈的形状精度。显然,此时工件的回转精度已不再受内圆磨床主轴回转精度的任何影响。

电磁无心磨削装置的工作原理如图 5-22 所示。从图中可以看出,工件支承在可调整其位置的两个固定支承 $A$ 和 $B$ 上,以外圆及一端面定位,由电磁线圈产生的电磁力将工件吸在电磁吸盘上。由于工件的几何中心相对机床主轴回转中心有一偏心 $e$,故当机床主轴以每分钟 $n$ 转转动时,则工件相对主轴有一个打滑转速 $\Delta n$,即工件相对电磁吸盘产生不断打滑的现象,并以每分钟 $n-\Delta n$ 转转动着。此时,工件将承受一个摩擦力矩 $M_\mu$ 和一个径向摩擦力 $F_\mu$。摩擦力矩 $M_\mu$ 使工件转动,以实现正常的磨削加工,而径向摩擦力 $F_\mu$ 则始终处于与主轴回转中心 $O_主$ 和工件几何中心 $O_工$ 连线垂直的方向,并与磨削加工时的磨削力 $F_r$ 合成一个总合力 $R$,将工件牢靠地与两个已固定的可调支承接触,以保证工件磨削加工表面的形状精度。

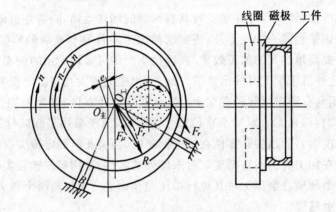

图 5-22　电磁无心磨削装置的工作原理

采用电磁无心磨削装置加工轴承圈时,由于排除了机床主轴回转精度的影响,故经过精细调整可以大大提高其内外圆表面加工的形状精度。如对直径 100mm 以下的轴承圈,加工后的圆度误差可控制到 $0.2\sim1.5\mu m$。

**2. 直线运动精度**

准确的直线运动主要取决于机床导轨的精度及其与工作台之间的接触精度。

1) 机床导轨精度标准

各类机床为了保证在其上移动部件的直线运动精度,对机床导轨都规定有如下几个方面的精度要求:

(1) 导轨在水平面内的直线度(见图 5-23(a));

(2) 导轨在垂直平面内的直线度(见图 5-23(b));

(3) 导轨与导轨之间在垂直方向的平行度(见图 5-23(c))。

对一般机床,要求导轨在两个平面内的直线度公差和两导轨之间在垂直方向的平行度公差均为 1000:0.02,其相互配合的导轨面间的接触精度为每平方厘米不少于 16 个接触斑点。而对于精密机床,则要求导轨在两个平面内的直线度公差和两导轨之间在垂直方向

239

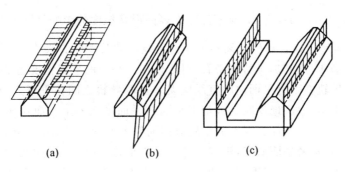

图 5-23　机床导轨的精度要求

的平行度公差均为 1000：0.01，其相互配合的导轨面间的接触精度为每平方厘米不少于 20 个接触斑点。

2）机床导轨误差对机床移动部件直线运动及零件形状精度的影响

机床导轨的误差将造成在其上移动部件的直线运动误差，从而在不同程度上反映到被加工工件的形状误差上去。现以车床和平面磨床为例，对机床导轨误差的影响进行分析。

（1）车床导轨误差对刀具直线运动及零件形状精度的影响

当车床导轨只在水平面内有直线度误差时，如图 5-24(a)所示，将使刀具本身的成形运动不呈直线，此时刀尖相对工件回转轴线将在加工表面的法线方向（即加工误差的敏感方向）按导轨的直线度误差作相应的位移运动，从而造成零件加工表面的轴向形状误差，其值 $\Delta r$ 几乎等于导轨在水平面内相应部位的直线度误差 $\Delta y$。当车床导轨只在垂直平面内有直线度误差时，如图 5-24(b)所示，虽也同样使刀尖本身的成形运动不呈直线，但由于此时刀尖相对工件回转轴线将在加工表面的切线方向（即加工误差的非敏感方向）变化，故对零件加工表面的形状精度影响极小，它们之间的关系为 $\Delta r \approx \dfrac{\Delta z^2}{d}$，一般可忽略不计。当车床两导轨之间在垂直方向存在平行度误差时，如图 5-24(c)所示，工作台在直线进给运动中将产生摆动，刀尖本身的成形运动也将变成一条空间曲线。若前后导轨在某一段位置的平行度误差为 $\Delta n$，则在其相应的零件加工部位上将造成的形状误差约为 $\Delta r = \Delta y = \dfrac{H}{B} \Delta n$。一般车床

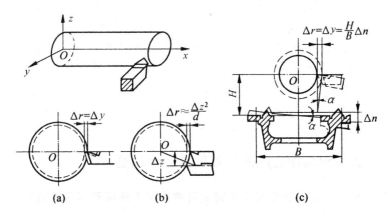

图 5-24　车床导轨误差对加工表面形状精度的影响

$\dfrac{H}{B} = \dfrac{2}{3}$，外圆磨床为 $H = B$，故 $\Delta n$ 对零件加工表面形状精度的影响是不可忽视的。

（2）平面磨床导轨误差对砂轮架和工作台直线运动及零件形状精度的影响

对一般平面磨床，从其加工特点来看，对零件加工平面的形状精度起主要影响作用的是砂轮架和工作台导轨在垂直平面内的直线度误差及两导轨之间在垂直方向的平行度误差，这些导轨误差几乎是 1∶1 地反映到被加工平面的平面度误差上。而导轨在水平面内的直线度误差，则由于它们不在加工误差的敏感方向而对零件加工平面的形状精度影响极小。

同理，对柜台式精密平面磨床，影响零件加工平面形状精度的主要因素是工作台纵、横进给导轨在垂直平面内的直线度误差和导轨之间在垂直方向的平行度误差。

3）提高直线运动精度的主要措施

综上所述，直线运动精度主要取决于机床导轨的精度及其与工作台导轨的接触精度，故提高直线运动精度的关键就在于提高机床导轨的制造精度及其精度保持性，为此可采取如下一些措施：

（1）选用合理的导轨形状和导轨组合形式，并在可能的条件下增加工作台与床身导轨的配合长度

机床导轨的形状很多，如矩形、三角形和燕尾形等。从导轨与导轨的组合形式来看，又可采用双矩形、双三角形或矩形与三角形组合等。虽然机床导轨的形状和导轨的组合形式很多，但从导轨的承载情况、制造精度和使用过程中的精度保持性等方面综合分析，可获得直线运动精度高和精度保持性好的导轨形状和导轨组合形式是 90°的双三角形导轨。采用90°双三角形导轨时，可通过双凸和双凹形检具对机床床身和工作台导轨进行精确的检测，也可以进行互检，故能大大提高机床导轨副的制造精度和接触精度。这种类型机床导轨的磨损主要产生在垂直方向，它对导轨在垂直平面内的直线度精度影响较大，而对其在水平面内的直线度和两导轨之间在垂直方向的平行度精度影响很小。因此，对机床导轨在垂直方向是加工误差的非敏感方向的加工机床来说，可以在较长时间内保持它的原有精度。

在设计与床身导轨相配合的工作台时，应在结构允许的条件下适当增加其长度，这样可使床身导轨和工作台导轨的加工误差在工作时均化，从而进一步提高工作台的直线运动精度。

（2）提高机床导轨的制造精度

在选用合理的导轨形状和导轨组合形式的基础上，提高直线运动精度的关键在于提高导轨的加工精度和配合接触精度。为此，要求尽可能提高导轨磨床精度和工作台导轨加工时的配磨精度。对于精度要求更高的机床导轨，则只能采用非成形运动法获得。

（3）采用静压导轨

在机床上采用液体或气体静压导轨结构，由于在工作台与床身导轨之间有一层压力油或压缩空气，既可对导轨面的直线度误差起均化作用，又可防止导轨面在使用过程中的磨损，故能进一步提高工作台的直线运动精度及其精度保持性。

### 5.3.2.3　各成形运动之间的相互位置关系精度

**1. 各成形运动之间的相互位置关系精度对零件加工表面形状精度的影响**

在机械加工中，为获得一个零件加工表面的准确形状，不仅要求各成形运动准确，而且

还要求它们之间的相互位置关系也要准确,否则将对零件加工表面的形状精度产生影响。下面分别以车床、镗床、铣床和球面磨床加工为例,分析其影响。

(1) 车削加工时的影响

在车床上加工外圆表面时,如图 5-25(a)所示。若想获得准确的圆柱面,除了工件回转运动与刀具直线运动都要求准确外,还要求刀具的直线运动与工件的回转运动轴线平行,否则加工出来的外圆表面就不会是一个准确的圆柱面。

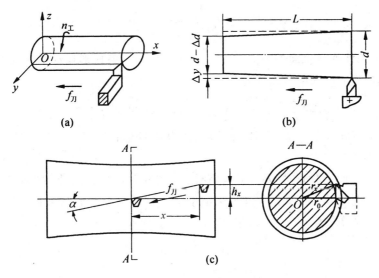

图 5-25　车削加工外圆表面时的影响

若刀具的直线运动在 $xOy$ 平面内与工件回转运动轴线不平行,则加工后将是一个圆锥面(见图 5-25(b))。例如,刀具直线运动与工件回转运动轴线的平行度误差为 400∶0.01,加工工件外圆表面为 $L=400\mathrm{mm}$、$d=40\mathrm{mm}$ 时,加工后两端的直径差为

$$\Delta d = \Delta y = \frac{2 \times 0.01 \times 400}{400} = 0.02 (\mathrm{mm})$$

若刀具的直线运动与工件回转运动轴线不在同一平面内,即在空间交错平行,则加工出来的表面将是一个双曲面(见图 5-25(c))。为了进一步分析,现取一典型情况,即当刀具加工到工件中部时其刀尖恰好与工件回转轴线处于同一水平位置。若刀具直线运动处于与 $xOz$ 平行的平面上,且其在 $xOz$ 平面上的投影与工件回转运动轴线之间的平行度误差为 $\tan\alpha$ 时,则距工件中部为 $x$ 处的刀尖将高于工件回转运动轴线的距离为 $h_x$,这时从 $A$—$A$ 剖视中可知,在 $x$ 点处加工后的工件半径 $r_x$ 将大于工件中部加工半径 $r_0$。$r_x$ 与 $x$ 之间的关系如下:

$$r_x = \sqrt{r_0^2 + h_x^2} = \sqrt{r_0^2 + x^2\tan^2\alpha}$$

$$r_x^2 = r_0^2 + x^2\tan^2\alpha$$

$$\frac{r_x^2}{r_0^2} - \frac{x^2\tan^2\alpha}{r_0^2} = 1$$

$$\frac{r_x^2}{r_0^2} - \frac{x^2}{r_0^2\cot^2\alpha} = 1$$

由上述关系式可知，$r_x$ 与 $x$ 为一双曲线函数，因而绕工件回转轴线而得到的表面也必然是一个双曲面。双曲面误差反映在 $x$ 处截面的加工半径误差 $\Delta r$ 的大小为

$$\Delta r = r_x - r_0 = \sqrt{r_0^2 + h_x^2} - r_0$$
$$\Delta r + r_0 = \sqrt{r_0^2 + h_x^2}$$
$$\Delta r^2 + 2\Delta r \cdot r_0 + r_0^2 = r_0^2 + h_x^2$$

因 $\Delta r^2$ 值很小，可略忽不计，故

$$\Delta r = \frac{h_x^2}{2r_0}$$

例如，加工工件外圆表面仍为 $L=400\text{mm}$、$d=40\text{mm}$，各成形运动之间的平行度误差为 $400 : 0.01$，则加工后的轴向形状误差为

$$\Delta d = 2\Delta r \approx \frac{2 \times 0.05^2}{2 \times 40} = 0.0000625(\text{mm})$$

这样微小的形状误差是完全可以忽略的，这也说明在非敏感方向的原始误差对加工精度的影响是很小的。

在车床上车削加工端面时，要求刀具直线运动与工件的回转运动轴线垂直，否则将产生加工后端面的内凹或外凸。如图 5-26(a)所示，若上述的垂直度不能保证而有误差 $\tan\alpha$ 时，则加工后端面的平面度误差为

$$\Delta = \frac{d_工}{2}\tan\alpha$$

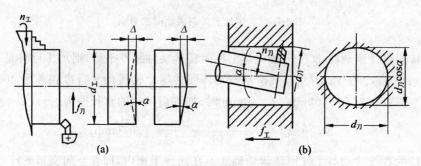

图 5-26　车削加工端面和卧式镗床镗孔时的影响

（2）镗削加工时的影响

在卧式镗床上采取工件进给进行镗孔时，要求工件的直线进给运动与镗杆回转运动轴线平行，若有平行度误差 $\tan\alpha$，则加工出来的内孔呈椭圆形。如图 5-26(b)所示，加工后孔的圆度误差为

$$\Delta = \frac{d_刀}{2}(1 - \cos\alpha)$$

因 $\alpha$ 很小

$$\cos\alpha \approx 1 - \frac{\alpha^2}{2}$$

故

$$\Delta = \frac{\alpha^2}{4}d_刀$$

（3）铣削加工时的影响

在立式铣床上用端铣刀对称铣削加工平面时，要求铣刀主轴回转运动轴线与工作台直线进给运动垂直，若有垂直度误差 $\tan\alpha$，则加工后的表面将产生平面度误差。如图 5-27 所示，加工后工件表面的平面度误差为

$$\Delta = b\sin\alpha = \left[\frac{d_{刀}}{2} - \sqrt{\left(\frac{d_{刀}}{2}\right)^2 - \left(\frac{B}{2}\right)^2}\right]\sin\alpha$$

$$= \frac{d_{刀}}{2}\left[1 - \sqrt{1 - \left(\frac{B}{d_{刀}}\right)^2}\right]\sin\alpha$$

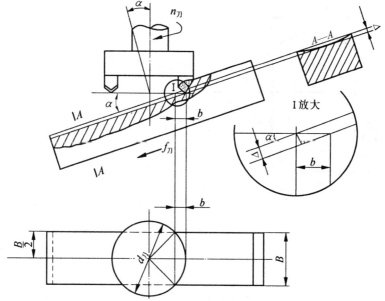

图 5-27 端铣刀对称铣削加工平面时的影响

（4）磨削加工时的影响

在球面磨床上采用成形范成法磨削加工外球面，为获得准确的球面，要求杯形砂轮的回转运动轴线与工件的回转运动轴线相交。若两个回转运动轴线之间有位置误差，则加工后将产生球的面轮廓度误差。

如图 5-28 所示，当砂轮回转轴线相对工件回转轴线 $O_{砂}$ 下移一个 $\Delta$ 距离时，砂轮上半周参加磨削而下半周不参加磨削。因此，通过工件球心的任意截面的球半径都比通过 $a$ 点横截面的球半径大，比通过 $b$ 点横截面的球半径小。

由图中可知，通过任意 $m$ 点横截面的球半径 $r_m$ 为

$$r_m = \sqrt{x_m^2 + y_m^2 + z_m^2}$$

$$= \sqrt{(R_{砂}\cos\alpha_m)^2 + L^2 + (R_{砂}\sin\alpha_m - \Delta)^2}$$

$$= \sqrt{R_{砂}^2 + L^2 + \Delta^2 - 2R_{砂}\Delta\sin\alpha_m}$$

式中：$L$——砂轮端面与工件轴线间的距离；

$R_{砂}$——砂轮磨削圆半径；

$\alpha_m$——在砂轮磨削圆所在的平面上，$O'_{砂}m$ 与水平方向的夹角。

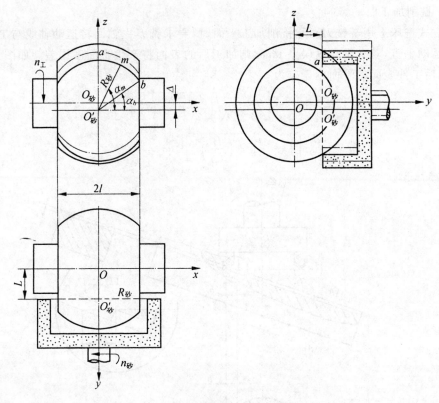

图 5-28　杯形砂轮磨削加工外球面时的影响

当 $\alpha_m = \alpha_b$ 时,有

$$r_b = \sqrt{(R_{砂}\cos\alpha_b)^2 + L^2 + (R_{砂}\sin\alpha_b - \Delta)^2} = \sqrt{l^2 + L^2 + \sqrt{(R_{砂}^2 - l^2 - \Delta)^2}}$$

当 $\alpha_m = 90°$ 时,有

$$r_a = \sqrt{(R_{砂}\cos90°)^2 + L^2 + (R_{砂}\sin90° - \Delta)^2} = \sqrt{L^2 + (R_{砂} - \Delta)^2}$$

加工后球的面轮廓度误差为

$$\Delta r_{球} = r_b - r_a$$

**2. 影响各成形运动之间相互位置关系精度的主要因素及提高其相互位置关系精度的措施**

通过对上述各种加工方法的分析可知,影响各成形运动之间相互位置关系精度的主要因素是机床上工件和工具两大系统有关部件的相对位置和相对运动精度,亦即是所使用机床的几何精度。

各成形运动之间相互位置关系精度的提高,主要是在保证机床有关零部件本身制造精度的基础上,通过总装时的调试、检测和精修达到。

### 5.3.2.4　各成形运动之间的速度关系精度

对一些形状简单的零件表面,如外圆、内孔、平面、锥面及球面等,它们的成形过程对各成形运动之间的速度关系并没有什么严格的要求。但对形状较复杂的某些零件表面,如螺纹表面及齿形表面等,则在成形过程中还要求在各成形运动之间要有准确的速度关系。

**1. 各成形运动之间速度关系精度对零件加工表面形状精度的影响**

在车床上加工螺纹表面时,若想获得准确的表面形状,除工件回转运动和刀具直线运动本身以及它们之间和相互位置关系均要准确外,还必须保证这两个成形运动之间的速度关系也要准确,即

$$\frac{v_{刀}}{v_{工}} = \frac{nP}{\pi d_2 n} = \frac{P}{\pi d_2} = C$$

式中: $v_{刀}$——刀具直线运动速度;

$\quad\quad v_{工}$——工件螺纹中径处的圆周速度;

$\quad\quad n$——工件转速;

$\quad\quad P$——螺纹螺距;

$\quad\quad d_2$——螺纹中径;

$\quad\quad C$——常数。

如图5-29所示,当加工出来的表面是理想的螺纹表面时,将这个螺纹表面展开,其上位于中部的螺旋线应是一条直线。若在加工过程中各成形运动之间的速度关系不准确,则加工后展开的螺纹表面上中部的那条螺旋线将是一条无明显规律的曲线。此曲线与直线之间沿垂直方向的差值,即是反映螺纹表面形状精度的螺旋线误差 $\Delta P$。

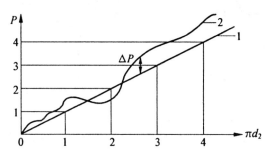

图5-29 螺纹表面加工的螺旋线误差

在滚齿机上滚切加工齿形时,若想获得准确的渐开线齿形表面,除了要求滚刀与工件的回转运动和滚刀的直线垂直进给运动本身以及它们之间的位置关系准确外,还必须保持滚刀与工件两个回转运动之间的速比不变,即

$$\frac{n_{刀}}{n_{工}} = \frac{z_{工}}{z_{刀}} = C$$

式中: $n_{刀}$——滚刀转速;

$\quad\quad n_{工}$——工件转速;

$\quad\quad z_{工}$——被切齿轮工件的齿数;

$\quad\quad z_{刀}$——滚刀的头数。

若在加工过程中不能保持上述的准确速度关系,就要造成齿轮的齿形和圆周齿距等误差。

**2. 影响各成形运动之间速度关系精度的主要因素**

无论是在车床上加工螺纹表面,还是在齿轮机床上加工渐开线齿形表面,各成形运

动之间的速度关系精度主要是由工件与切削刀具之间的机床内传动链的精度保证的。因此,在机床内传动链中每个传动元件的加工和装配误差都将对获得准确的速度关系有影响。

如图 5-30 所示,在车削加工螺纹所使用的车床内传动链中,从带动工件回转运动的主轴到实现刀具直线进给运动的传动丝杠的螺母,每个传动元件的加工和装配误差都会引起加工后螺纹表面的螺旋线误差,只不过是产生误差的性质和数量有所不同。一般来说,车床主轴,传动丝杠的轴向、径向跳动和传动齿轮的加工、装配误差都会引起周期性的螺旋线误差 $\Delta P_周$;而车床挂轮的近似计算和传动丝杠本身的加工误差,则将造成有规律的非周期性的螺旋线误差 $\Delta P_非$。

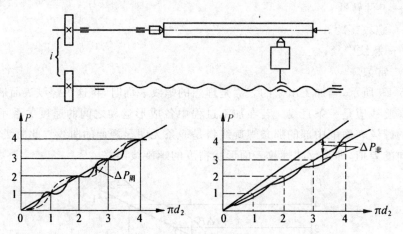

图 5-30　车削加工螺纹成形运动之间速度关系精度的主要因素

虽然对加工螺纹车床来说,由主轴到传动丝杠每个传动元件的加工和装配误差都会对加工螺纹表面的形状精度有影响,但处于不同位置的传动元件,其影响程度则有所不同。譬如,当每个传动齿轮由于加工和装配造成的转角误差一定时,则至传动丝杠的传动比越小的传动齿轮,其对被加工螺纹的螺旋线精度的影响也越小。故一般在降速的车床内传动链中,高速齿轮误差的影响是很小的,而直接固定在传动丝杠上的那个齿轮的误差,其影响最大。

### 3. 提高各成形运动之间速度关系精度的主要措施

从上面的分析可知,提高各成形运动之间速度关系精度的关键在于提高所使用机床内传动链的传动精度。目前,提高机床内传动链传动精度的方法,一种是尽量减少或消除传动误差的来源;另一种则是在传动链的传动系统中外加一个大小相等的反误差补偿之。具体的措施主要有下述几种。

1) 提高机床内传动链各传动元件的加工和装配精度

精密的螺纹加工和齿轮加工机床内传动链中的传动齿轮,一般均要求达到 IT6 级或更高的精度等级,并严格控制其内孔与配合轴颈之间的间隙。此外,还必须同时对机床主轴、传动丝杠、分度蜗轮副等提出相应的精度要求和严格控制它们装配后的径向、轴向跳动或安装偏心。达到上述要求的螺纹加工机床,可加工出 IT7 级精度左右的丝杠;达到上述要求的滚齿机,采用 AA 级精密滚刀并经精细调整,可加工出 IT6 级精度左右的齿轮。

2) 采用传动链极短的内传动链

对专门用于螺纹加工的机床,可采用更换挂轮的办法实现各种不同规格的螺纹加工,这样,可通过缩短机床的内传动链而得到较高的传动精度。

为了进一步减少传动环节,对某些专门用于加工某种规格螺纹的机床,如加工量具上千分螺纹的机床,还可采用去掉全部传动齿轮并将传动丝杠与主轴合并的结构。这样,可彻底消除由机床主轴到传动丝杠所有中间传动零件误差的影响,只剩下传动丝杠(即主轴)本身误差的影响了。在这种机床上加工出来的千分螺纹的螺距误差为 $\pm 0.0015$mm,而在一般螺纹磨床上加工的螺距误差则为 $\pm 0.003$mm。图 5-31 所示即为改装前后螺纹磨床的内传动链简图。

改装前系 5810A 型苏制螺纹磨床。由图 5-31(a)可看出,从主轴到带动工作台移动的传动丝杠的内传动链过长,不仅在内传动链中有四对齿轮,还有两对花键连接件,从而使其传动误差增大。另外,由于床头箱主轴采用旋转顶尖结构,也会因主轴的径向和轴向跳动而引起加工后螺纹螺距误差的增大。由图 5-31(b)可看出,改装后的内传动链极短,带动工作台移动的传动丝杠本身就是带动工件回转的主轴,这样即可去掉改装前四对齿轮和两对花键连接件的传动误差。由不回转的顶尖结构代替改装前的旋转顶尖结构,可以消除主轴回转运动误差对加工螺纹螺距精度的影响。

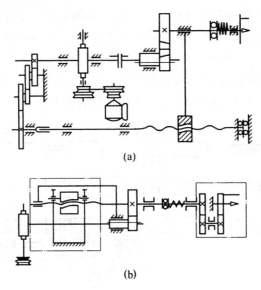

(a)

(b)

图 5-31　螺纹磨床改装前后的内传动链简图

3) 采用补偿传动误差的办法

为了减少螺纹或齿轮加工机床内传动链的传动误差,进一步提高其传动精度,还可采用补偿传动误差的办法。其实质是在机床内传动链的传动系统中加入一个与传动误差大小相等但方向相反的误差,使它们相互补偿。图 5-32 中,由校正尺 1 的校正曲线提供给可转动螺母 2 的附加转动来实现传动误差的补偿。在车削加工螺纹的某一瞬时,刀具进给运动速度过快,则通过可转动螺母 2 在校正尺 1 作用下使其与传动丝杠同时产生一个附加转动,从而使刀具恢复到准确的进给速度;反之亦然。

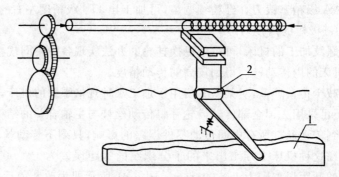

图 5-32　螺纹加工机床传动误差的补偿原理

1—校正尺；2—可转动螺母

实现传动误差的补偿，首先要解决机床传动误差的精确测量问题。目前，测量螺纹加工机床内传动链传动误差的方法很多，经常采用的有下述两种。

（1）静态间断测量法

精密丝杠车床内传动链传动误差的测量，可采用精密水平仪和精密测长仪的直接读数串测法。如图 5-33 所示，通过精密水平仪 1 实现对主轴转角的精确测量，再通过重锤 8、细钢丝 7、支杆和精密测长仪中的光学精密刻线尺 5、精密读数显微镜 4 等，实现对工作台位移的精确测量，从而获得传动误差的直接测量。由于在测量过程中采用了 200mm 高精度的光学精密刻线尺，为了能测量工作台整个移动行程的传动误差，则必须通过间断移动仪器底座的办法进行分段串测。此种测量方法的测量精度可达 $0.5\mu m$。在测量时，为了能反映出机床传动丝杠的内螺距误差，则可通过精密分度装置（如正多面体和光学准直仪）代替主轴上的精密水平仪或采用传动比为 4，6，8，12 的挂轮组实现之。

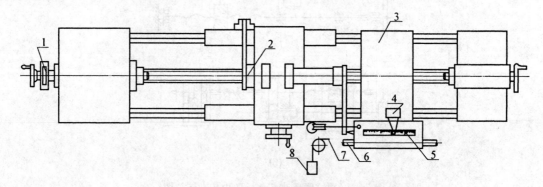

图 5-33　精密丝杠车床内传动链传动误差的测量

1—精密水平仪；2—可转动螺母；3—仪器底座；4—精密读数显微镜；

5—精密刻线尺；6—圆导轨；7—细钢丝（0.2mm）；8—重锤

（2）动态连续测量法

对精密螺纹加工机床的传动误差，可采用光电式传动误差测量装置对其进行动态连续测量。

光电式传动误差测量装置如图 5-34 所示，它由圆光栅系统、激光干涉系统和电器计测系统等组成。其测量原理为：分别以圆光栅和激光的光波波长作为机床主轴回转角度和工作台直线位移的对比标准量，当机床内传动链非常准确时，则由圆光栅和指示光栅的相对转动产生的莫尔条纹与激光光波干涉转化的电信号一直保持着严格的定比关系，这时通过信号处理、分频、比相和滤波等，记录器显示为一条直线；若机床内传动链有传动误差，则破坏了原有的严格定比关系，则记录器显示为一条曲线，它们之间的差值即反映了机床的传动误差。

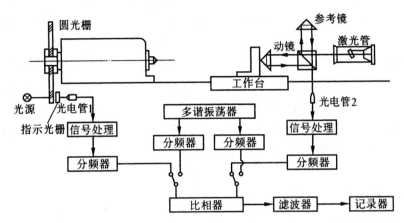

图 5-34　光电式传动误差测量装置的测量原理

在机床主轴上同步回转的圆光栅是一块圆形玻璃板，周向刻有 13906 条辐射黑线，两黑线之间的空白间隙与黑线宽度相等形成黑白相间的光栅。当此圆光栅回转一个黑线间距时，光源发出的光束透过圆光栅和指示光栅使光电管 1 感受到一次明暗变化，发出一个电正弦信号。

在机床工作台上安置一个与工作台同步移动的直角棱镜（动镜），随着工作台的移动可以改变动镜到分光镜的光程。由氦-氖气体激光管所发出的一束红光首先射向分光镜，然后分为两路，反射和透射两路光在分光镜处汇合成相干光束。这一对相干光束在汇合时可能相加也可能相减，由两路光的光程差而定。相加时形成亮场，相减时形成暗场，由亮场变到暗场的光程差为半个波长。当参考镜固定不动时，该路的光程不变，这时若动镜随工作台移动半个波长，其光程就变化了一个波长，也就产生了一次明暗的变化，从而使光电管 2 也产生一个电正弦信号。

由于激光波长为 $\lambda=(0.6328198\pm1\times10^{-7})\mu m$，故工作台每移动 1mm，光电管 2 就发出 $N$ 个电正弦信号，有

$$N = \frac{1000}{\lambda/2} = \frac{2000}{0.6328198} = 6953\times\frac{5}{11}$$

当机床主轴和圆光栅一同回转 360°时，光电管 1 就发出 13906 个电正弦信号，此时工作台和动镜的位移是一个传动丝杠的螺距 $P$，从而光电管 2 也将发出 $P\times N$ 个电正弦信号。两路信号各自经过信号处理和分频后，转变为两个频率相同的脉冲信号：圆光栅一路的分频数为 $660/P$，因此当圆光栅转 360°时经分频发出的信号数为 $\dfrac{13906}{660/P}=\dfrac{6953}{330}P$；激光干涉一

路的分频数为 150,则工作台移动 $P$ 时,经分频后发出的信号数为 $\dfrac{P \times N}{150} = 6953 \times \dfrac{5}{11} \times \dfrac{P}{150}$ $= \dfrac{6953}{330} P$。

若被测的内传动链没有误差,则主轴转 $\theta$ 角时,工作台相应移动距离为 $l$,即 $\dfrac{l}{\theta} = \dfrac{P}{360}$。这时圆光栅发出信号与激光干涉发出信号保持初始相位差 $\varphi_0$ 不变,进入比相器转换为宽度相同的方波,并以相同的平均电位 $V_0$ 输出,由记录器画出一条没有传动误差的直线。

若被测的内传动链有误差,则主轴转 $\theta$ 角时,工作台相应移动的距离不是 $l$,而是 $l+\Delta l$。这时圆光栅发出信号和激光干涉发出信号的初始相位差不再保持原来的 $\varphi_0$,而变为 $\varphi_1$、$\varphi_2$ 或 $\varphi_3$,进入比相器转换为宽度变化的方波,并以变化的平均电位 $V_1$、$V_2$ 或 $V_3$ 输入记录器,画出一条由于传动误差而形成的曲线。

比相器输出的方波包含有机床内传动链的累积误差、周期误差及其他高频误差信号,经滤波器滤波,可将不需要输出的误差信号频率滤去,只让需要的信号频率输出,使记录器上画出明显的机床内传动链的周期误差曲线或累积误差曲线。

在测量前,可用多谐振荡器产生同频率而相位差为 45°,90° 或 180° 的两信号,进入比相器后转换为标准方波,以其相应的平均电位标定记录器的示值,以便于相比确定传动误差的数值。

当螺纹加工机床内传动链的传动误差 $\Delta P$(见图 5-35(a))测定后,即可根据误差补偿原理另外制造一个大小相等、方向相反的误差 $\Delta_补$(见图 5-35(b))以补偿之。为了实现传动误差的补偿,往往采用差动机构和校正尺组成校正装置,差动机构的作用是为了将误差补偿运动引入原传动链中,而校正尺的作用则是提供给差动机构以准确的补偿运动。

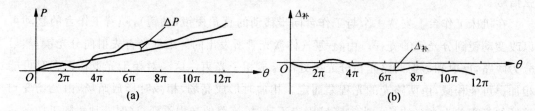

图 5-35　螺纹加工机床内传动链传动误差曲线与误差补偿曲线

图 5-36 所示为精密丝杠车床的一种校正装置。校正尺 1 紧固在床身上,顶杆 11 从床鞍 2 中穿过,利用弹簧 5 使顶杆端部的滚子 12 与校正尺 1 保持接触,顶杆的另一端通过钢球 3 与杠杆 4 保持接触。杠杆 4 摆动,通过小齿轮 10 和固定在螺母 8 上的齿扇 9 使螺母 8 作相对于传动丝杠 6 的附加转动,从而使刀架得到一个附加的移动来补偿传动误差。校正尺 1 上的校正曲线与精密丝杠车床传动误差曲线是类似的,只不过方向相反且在数值大小上具有一定的比例关系。校正尺上各部位的校正值 $\Delta_校$ 与误差补偿值 $\Delta_补$ 之间的关系,可近似地按下式确定:

$$\Delta_校 = \frac{2\pi L d_2}{d_1 P} \Delta_补$$

式中: $L$——顶杆 11 轴线对小齿轮中心的垂直距离;

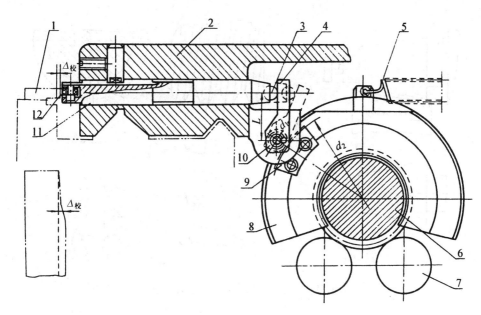

图 5-36 精密丝杠车床传动误差校正装置

1—校正尺；2—床鞍；3—钢球；4—杠杆；5—弹簧；6—传动丝杠；7—支承滚子；

8—可转动螺母；9—齿扇；10—小齿轮；11—顶杆；12—滚子

$d_1$——小齿轮分度圆直径；

$d_2$——齿扇分度圆直径；

$P$——精密丝杠车床传动丝杠的螺距。

为了提高传动误差的补偿精度和制造校正尺的方便，常采取误差放大的原则，即上述关系中的 $\dfrac{2\pi L d_2}{d_1 P}$ 为放大比，一般根据具体结构尺寸可取为 $50\sim200$。

采用这种校正装置，由于受到装置结构特点和其他方面条件的限制，往往只能对机床内传动链中的末端传动元件——机床传动丝杠本身的误差进行补偿。

### 5.3.2.5 成形刀具的制造和安装精度

零件加工表面形状精度的获得方法中，若采用成形刀具进行加工，其加工表面的形状精度还与成形刀具的形状及其在加工前的安装精度有关。

若零件加工表面在加工时所使用的成形刀具在制造和刃磨后本身形状不准确，其误差将直接反映到加工表面上。即使所使用的成形刀具制造和刃磨得很准确，但在机床上安装有误差时，也会影响加工表面的形状精度。对旋转体成形表面，其所使用成形刀具的准确安装是要求刀具成形刃口所在平面必须通过被加工工件的轴线。

例如，当采用宽刃车刀横向进给加工短锥面时，若刀具刃口位置安装得偏高或偏低，将加工成一个双曲面(见图 5-37(a))。又如用成形螺纹车刀精车丝杠时，若车刀前刀面安装得偏高、偏低或倾斜时，也会造成加工后螺旋面的形状误差(见图 5-37(b))。为了提高成形刀具的刃磨和安装精度，可采用光学曲线磨床对成形刀具进行精确刃磨和通过对刀样板或对刀显微镜实现成形刀具的准确安装。

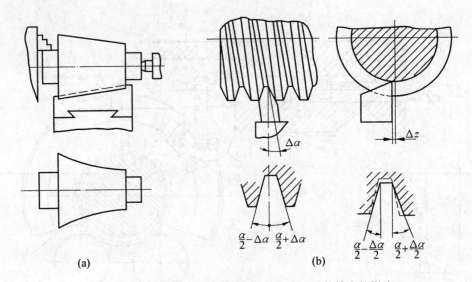

图 5-37　成形刀具安装误差对零件加工表面形状精度的影响

### 5.3.2.6　零件加工表面形状的检测精度

**1．检测精度对零件加工表面形状精度的影响**

当零件的加工表面形状精度要求很高，从现有机床已得不到与其相应的高精度成形运动时，常采用非成形运动法加工。这时，被加工零件的形状精度在很大程度上取决于加工过程中对加工表面形状的检验和测量精度。如精密机床导轨的直线度、平行度及其截面的形状精度的最终工序，常采用刮研或研磨的方法，这些方法均属于非成形运动法。采用这些方法进行加工，要确知被加工导轨面各部位的高低，需要通过相应精度的对比标准——平尺、样板和检具进行检验。为了获得精密量块的高精度平面，也常采用手工精研或精研机研磨，这时精密量块加工表面的平面度主要取决于高精度的研磨平板。高精度的精密丝杠的最终精研工序，也同样是与所使用螺母研具的精度有关。这些研磨平板或螺母研具等，在实质上既是加工工具，又是检验工具。

**2．提高零件加工表面形状检测精度的主要措施**

1）提高检测用标准平尺和标准平台的精度

在检验和测量零件加工表面形状时所使用的标准平尺和标准平台，应具有精度高、寿命长、刚度好和结构简单等特点。为此，对标准平尺和标准平台必须选取合理的结构形式和相应的精密加工方法。

（1）标准平台和标准平尺的合理形状及结构

标准平台的形状采用正方形或圆形是最理想的，只有这两种形状才能在三块平台依次互检和互研的过程中相对转位 90°或任意角度，从而获得平面度精度很高的平台。否则，若采用长方形，则因在三块长方形平台的依次互检和互研中，只能相对转位 180°或 360°，较难彻底消除平台的平面度（扭曲）误差。此外，为了保证标准平台的精度，除采用变形小且耐磨的材质和合理形状外，还应采用具有很高刚度的箱式结构。对大型标准平台，为减小在制造和使用中的自重变形,最好采用多点浮动支承,即以对称分布且浮动的 12 个支承点分别支承在平台相应的筋板交叉部位。

标准平尺也应采用直角长箱式结构。这种结构不仅可以提高平尺的刚度,而且还可以为平尺的加工和检验带来很多方便。

（2）标准平台的最终精加工

显然,高精度标准平台的最终精加工是不能在刨、铣、磨等机床上加工完成的,而是采用非成形运动法加工得到。标准平台在最终精加工之前,除留有相应的余量和保证已具有一定的形状精度外,还应彻底消除其内部的残余应力。

对标准平台最终精加工的方法主要是精密刮研或研磨。为获得极高精度的平面,必须采取同时对三块平台的表面依次反复进行涂色互检和刮研的方法。采用这种方法,由于开始时平台的平面度精度较低,在第一和第二两个平台表面涂色互检时,还只有少量局部点相接触,这些局部接触点呈黑色,刮研时就是要刮去这些黑色的凸起点。然后,再涂色互检再刮研,如图 5-38(a)所示,直到互研后的着色点细密地布满整个表面,这意味着此两块平台的表面已完全密合,但并不等于都是准确的平面。其后,取其中的第一块平台再与第三块平台互检和刮研,重复上述过程,直到第一块与第三块密合为止。然后,第三块平台与第二块平台表面同样地进行互检和刮研……如此,依次反复地进行互检和刮研,直到最后这三块平台的表面都能彼此相互密合,这样就可获得三块平面度精度极高的标准平台。上述的互检和刮研过程如图 5-38(b)所示。

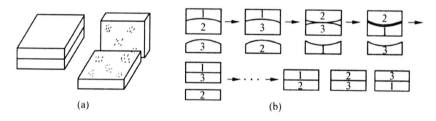

图 5-38　标准平台表面的互检和刮研过程

2) 提高对零件加工表面形状的测量精度

除采用精密平台、精密平尺对零件加工表面的形状进行检测外,还可采用精密水平仪和光学平直仪等测量工具进行测量。例如,对机床导轨面的测量,特别是对长导轨面的测量,因标准平尺结构尺寸的限制,只能采用上述测量方法。

采用精密水平仪测量机床导轨的形状精度时(见图 5-39(a)),将刻度值为 0.02/1000 的精密水平仪放置在跨距为 $l$ 的测量桥板上,通过测量桥板的依次分段移动并将每段由精密水平仪读出的倾角 $\alpha_1, \alpha_2, \cdots, \alpha_i$ 绘出,可得到图 5-39(b)中的折线,则 $OM_{10}$ 上部的折线即表明了机床导轨在垂直平面内各个部位的直线度误差。

为了进一步提高机床导轨直线度测量的精度和效率,可采用刻度值为 $1''$ 的光学平直仪。采用这种测量仪器可同时测出机床导轨在水平面内和垂直面内两个方向的直线度误差,其测量原理如图 5-40 所示。

由光源经透镜发出一束带有"十"字的平行光,若置于被测机床导轨上的反射镜与平行光垂直,则反射回来的"十"字与准线板上的准线重合。当机床导轨面倾斜而使其上反射镜

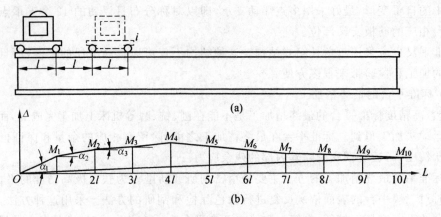

图 5-39　精密水平仪测量机床导轨的直线度误差

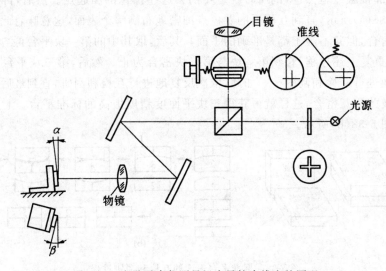

图 5-40　光学平直仪测量机床导轨直线度的原理

也倾斜(如在垂直平面内倾斜 $\alpha$ 角,而在水平面内倾斜 $\beta$ 角)时,反射回来的"十"字将与准线偏离。调整与刻度盘相连的两个相互垂直的滑动准线板,使其准线与"十"字重合。这样,即可由两个刻度盘分别读出两个滑动准线板的移动数值,据此分别作出机床导轨在垂直和水平两个平面内的折线图,即为其在垂直和水平两个平面内的直线度误差。

为提高对零件加工表面形状的检测精度,在条件允许时还可采取被加工零件之间或零件与检具之间互检的方法。例如,对双 V 形导轨面的形状和位置精度,就可通过工作台导轨和与其相配合的床身导轨互检,或通过双凸和双凹的 V 形检具的检测,均可达到很高的测量精度。当工作台和床身上的双 V 形导轨或检具上的双凸和双凹 V 形导轨有误差时,则可在对研密合(见图 5-41(a))之后再将其中之一旋转 180°后再与相配合的导轨相接触,这样即可由接触斑点的不均匀分布位置(见图 5-41(b))检测出这对双 V 形导轨的直

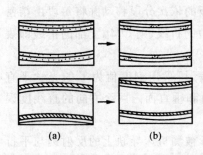

图 5-41　双 V 形导轨副的互检

线度误差和平行度误差。在此基础上,通过多次反复互检和修刮,就可获得精度很高的一对双 V 形导轨。

## 5.3.3　工艺系统原有误差对位置精度的影响及其控制

### 5.3.3.1　影响位置精度的主要因素

在机械加工中,获得零件加工表面之间位置精度的基本方法有一次装夹获得法和多次装夹获得法。在多次装夹获得法中,又可根据工件装夹方式的不同划分为直接装夹、找正装夹及夹具装夹等。当零件加工表面之间的位置精度要求很高,不能依靠机床精度保证时,还可采用非成形运动法。根据上述零件加工表面间位置精度的不同获得方法,影响其精度的主要因素有:

(1) 机床的几何精度;

(2) 工件的找正精度;

(3) 夹具的制造和安装精度;

(4) 工件加工表面之间位置的检测精度。

### 5.3.3.2　机床的几何精度

当采用一次装夹获得法或多次装夹获得法中的直接装夹加工时,影响加工表面之间位置精度的主要因素是所使用机床的几何精度。

当零件上各加工表面是在多刀车床、龙门刨床、多轴钻镗床或加工中心上一次装夹中同时或顺序地由多把刀具加工获得时,则其各加工表面之间的位置精度可由图 5-42 所示的工艺系统几何关系所保证。图中的"刀具切削成形面"是指刀具切削刃口相对工件作成形运动的轨迹,因其亦是零件上的被加工表面,故对在加工中相互重合的表面之间用符号"="表示。对图中有关面之间的精度联系(如位置精度、机床几何精度、找正精度及夹具精度)关系,则用符号"⟷"表示。由图示可知,各加工表面之间的位置精度主要与机床有关部件之间的位置精度和运动精度有关,即与机床几何精度有关,而与工件的装夹精度无关。

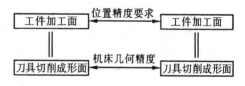

图 5-42　一次装夹保证零件各加工表面之间
位置精度的工艺系统几何关系

当零件上各加工表面是在一次装夹中的多个工位上分别由有关刀具加工获得时,其各加工表面之间的位置精度也是与机床的几何精度的组成部分——机床工作台的定位精度有关。例如,在多轴半自动、自动机床或多工位机床上加工零件时,其各加工表面之间的位置精度还与机床某些部件的移位、转位和重复定位等精度有关。如图 5-43(a)所示,在两个工位上分别加工零件的外圆和内孔,加工后外圆与内孔之间的同轴度误差主要取决于机床回转工作台的分度转位精度,即机床工作台可能产生的最大相邻分度误差 $\Delta_分$(见图 5-43(b)),其值为

$$\Delta_分 = \Delta_1 + \Delta_2 + \frac{e}{2} + T_L$$

式中：$\Delta_1$——定位销与定位套内孔的最大配合间隙；

$\Delta_2$——定位销与导向套内孔的最大配合间隙；

$e$——定位套本身内孔与外圆之间的同轴度公差；

$T_L$——工作台分度盘相邻定位套底孔的中心距公差。

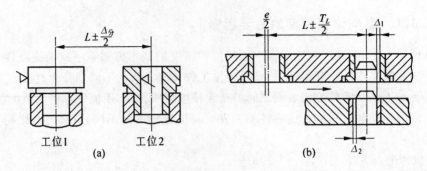

图 5-43　多工位加工时机床回转工作台的最大相邻分度误差

如被加工零件各有关表面之间位置精度是采用多次装夹获得法中的直接装夹获得时，保证加工表面与定位基准面（以前工序装夹时的加工面）之间位置精度的工艺系统几何关系如图 5-44 所示。

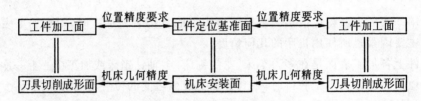

图 5-44　直接装夹保证零件加工表面与定位基准面之间位置精度的工艺系统几何关系

由上图所示的几何关系可知，影响零件有关表面之间的位置精度主要是机床的几何精度。如车床主轴回转轴线与三爪自定心卡盘轴线的同轴度、龙门铣床工作台面与各铣头主轴回转轴线的垂直度和平行度、工作台面和其上 T 形槽侧面与工作台移动导轨之间的平行度等，这些都是机床几何精度的重要指标。为此，可通过精化机床，提高机床各有关部件之间的位置和运动精度来保证加工零件的位置精度。

### 5.3.3.3　工件的找正精度

当零件各有关表面之间位置精度是采用多次装夹获得法中的找正装夹获得时，保证加工表面与定位基准面之间位置精度的工艺系统几何关系如图 5-45 所示。

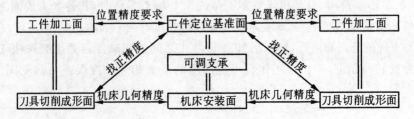

图 5-45　找正装夹保证零件加工表面与定位基准面之间位置精度的工艺系统几何关系

由工艺系统几何关系可知,在加工前直接根据刀具刃口的切削成形面来找正并确定工件的准确位置,则此时零件各有关表面之间的位置精度已不再与机床的几何精度有关,而主要取决于工件装夹时的找正精度了。为此,可通过采用高精度量具或量仪和仔细操作来提高工件装夹时的找正精度。

### 5.3.3.4　夹具的制造和安装精度

　　在成批生产中,当零件有关表面之间位置精度是采用多次装夹获得法中的夹具装夹获得时,保证零件加工表面与定位基准面之间位置精度的工艺系统几何关系如图 5-46 所示。

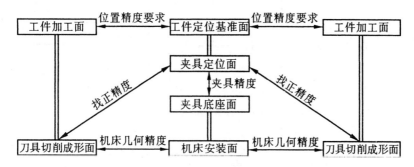

图 5-46　夹具装夹保证零件加工表面与定位基准面位置之间位置精度的工艺系统几何关系

　　由上述工艺系统几何关系可知,当夹具通过其上有关表面直接安装到机床上时,由于增加了夹具这个环节,故影响零件加工表面与定位基准面之间位置精度的主要因素,除了机床的几何精度外,还与夹具的制造和安装精度(简称为夹具精度)有关。当夹具安装到机床上是采用找正装夹(即找正夹具上定位元件表面的准确位置),则此时影响零件加工表面与定位基准面之间位置精度的主要因素已转化为夹具装夹时的找正精度了。为此,在使用夹具装夹加工零件时,为获得较高的位置精度,则应采用找正夹具上定位元件相对刀具切削成形面准确位置的方法来提高夹具安装精度。

### 5.3.3.5　工件加工表面之间位置的检测精度

　　当零件有关表面之间的位置精度要求很高,通过采用上述各种装夹方法均达不到要求时,则只能采用非成形运动法来获得。此时,加工后零件有关表面间的位置精度将主要取决于对加工表面之间位置的检测精度。

　　例如,对精密量块的手工精研,其工作面之间的平行度精度,主要是通过不断检测其平行度误差和不断进行修整研磨达到。再如,对直角尺两工作面之间的垂直度精度,也是同精密平台的依次互检和互研的方法一样,通过对三个直角尺依次相互检验和刮研的方法,最后得到三个垂直度精度都非常高的直角尺。这种互检的方法,也就是在采用非成形运动法获得零件有关表面之间位置精度的高精度测量方法。

## 5.4　加工过程中其他因素对加工精度的影响及其控制

　　在机械加工中,对一个零件的各种加工表面来说,若想获得准确的尺寸、形状和位置,首先应具备准确的尺寸测量、工件装夹、刀具调整以及刀具相对工件的成形运动等条件。这几方面的条件,主要是通过所使用与零件精度相适应的机床、夹具、刀具、量具及工人的正确操作来实现。5.3节分析和讨论的问题,都是属于这个方面的问题。但从另一方面来看,即使具备了上述几个方面的条件,往往不能获得所要求的零件,在尺寸、形状和位置等精度方面达不到图纸要求。例如,在加工细长轴时往往出现腰鼓形误差;加工一个直径和长度尺寸都很大的内孔时经常会出现锥度;加工丝杠时常常产生螺距误差以及磨削薄工件表面后产生弯曲等(见图 5-47)。

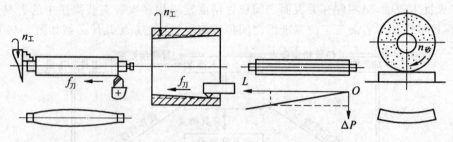

图 5-47    加工过程其他因素造成的加工误差

所以出现这些现象,说明在零件的机械加工过程中还有其他一些影响加工精度的因素,主要包括工艺系统受力变形、热变形、磨损及残余应力等。这些因素都会在不同程度上影响加工时刀具相对工件的位置、刀具相对工件的成形运动、工件的装夹及工件试切尺寸的测量等方面的精度。

虽然在加工过程中,各种力、热、磨损和残余应力等因素的影响在一般情况下不像工艺系统的原有误差影响表现得那样明显,但在一些低刚度零件、特殊结构零件和精密零件加工中,它们的影响却占有较大的比重。为此,本节将详细分析和讨论加工过程中影响加工精度的其他因素。

## 5.4.1    工艺系统受力变形对加工精度的影响及其控制

### 5.4.1.1    各种力对零件加工精度的影响

在零件加工过程中,在各种力(夹紧力、拨动力、离心力、切削力、重力和测量力等)的作用下,整个工艺系统要产生相应的变形并造成零件在尺寸、形状和位置等方面的加工误差。

**1. 夹紧力的影响**

在加工过程中,由于工件或夹具的刚度过低或夹紧力确定不当,都会引起工件或夹具的相应变形,造成加工误差。图 5-48(a)所示为在车床上用三爪自定心卡盘定位夹紧加工薄壁套或在平面磨床上磨削加工薄片类工件时,工件由于夹紧力而产生弹性变形,加工后虽然在机床上测量加工表面的形状是合格的,但取下后它们将会因弹性恢复而超差。图 5-48(b)所示为由于夹具设计的不合理或其刚度不够,使用时也会因夹具某些受力部分的过大变形而造成工件的加工误差。

**2. 拨动力和离心力的影响**

在加工过程中,若采用单爪拨盘带动工件回转,将产生不断改变其方向的拨动力。高速

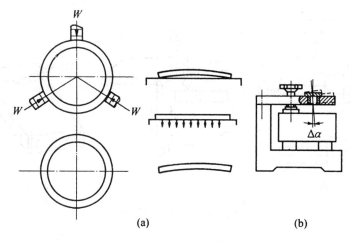

图 5-48 夹紧力的影响

回转的工件若其质量不平衡,也将产生方向不断变化的离心力。这些在工件每转一转其方向不断改变的力,会引起工艺系统有关环节的变形,并相应造成被加工工件的加工误差。如图 5-49 所示,在车床上用单爪拨盘拨动加工工件的外圆表面时,若只考虑单爪拨盘拨动力的影响,则在不断变化其方向的恒定拨动力的作用下,工件的瞬时回转中心已不再是工件的顶尖孔中心(图 5-49 中的 1～4),而是工件端面上某一固定点 $O_1$。这样,加工后将造成外圆表面与定位基准面(前后顶尖孔连线)的同轴度误差,且这项加工误差值将随距拨盘端面距离的增加而减小。同理,在只考虑不断改变其方向的恒定离心力的影响下,加工工件外圆和内孔也将造成它们与定位端面的位置误差。

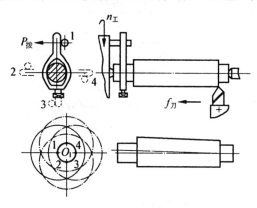

图 5-49 拨动力的影响

### 3．切削力的影响

在加工过程中,切削力会引起工艺系统有关的部分变形,从而造成加工误差。如图 5-50(a)所示,在外圆磨床用宽砂轮横向进给磨削工件的轴颈时,由于磨床头架刚度高于尾架刚度,将造成被加工轴颈的圆柱度误差。又如在牛头刨床上加工一长方形平板(见图 5-50(b)),由于滑枕和工作台在切削力作用下的变形,将使加工后的平板产生平面度及平行度误差,其大致形状如图 5-50(c)所示。

### 4．重力的影响

在加工过程中,工艺系统有关部分在自身重力作用下所引起的相应变形,也会造成加工误差,这在切削力甚小的精密加工机床上表现得尤为突出。如采用悬伸式磨头的平面磨床加工平面时,由于磨头部件的自重变形而造成加工表面的平面度误差及其对工件底面的平

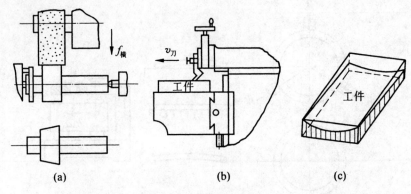

图 5-50　切削力的影响

行度误差(见图 5-51(a))。又如在双立柱坐标镗床上加工箱体孔系时,由于主轴箱部件重力引起横梁变形,当主轴箱处于不同位置时其变形量不等,从而造成加工后各孔之间的位置误差(见图 5-51(b))。

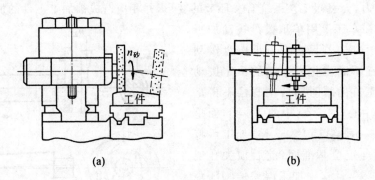

图 5-51　重力的影响

### 5. 测量力的影响

在加工过程中,当采用试切法或试切调整法加工时,由于对工件试切尺寸进行测量时测量力的作用,将使测量触头与工件表面产生接触变形,从而由于测量不准而造成加工误差。

### 5.4.1.2　控制工艺系统受力变形对零件加工精度影响的主要措施

在加工过程中,控制工艺系统受力变形对零件加工精度影响的主要措施有以下几种。

#### 1. 降低切削用量

在零件加工过程中,可通过降低切削用量来减少夹紧力、切削力、拨动力及离心力等对零件加工精度的影响。虽然这种措施会影响劳动生产率,但在精加工工序中,为确保加工精度不得不经常采用。

#### 2. 补偿工艺系统有关部件的受力变形

通过掌握工艺系统受力变形的规律,可通过采取补偿变形的方法,即事先调整好工艺系统的某个部分,使其占有受力变形的相反位置,从而补偿加工过程中受力变形产生的误差。

在车床上采用调整法加工一批工件的外圆时,为了补偿刀架部件受力变形的影响,常常采取先试切几个工件,根据加工后工件的实际尺寸调整刀具的位置,或在已知变形量大小的前提下,采用径向尺寸略小的样件调整刀具位置等办法,以达到补偿刀架部件受力变形的目的。但有时则不能简单地采取事先调整刀具位置的办法进行补偿。譬如,在摇臂钻床上钻孔,其主轴回转轴线往往由于摇臂及其上主轴箱部件等重量引起机床变形,从而不能保证它与工作台面的垂直度。这时,由于受到机床结构的限制,就不能通过转动主轴箱的位置来保证其上主轴回转轴线与工作台面的垂直度精度要求。摇臂钻床主轴回转轴线对工作台面的垂直度误差,主要是由机床立柱和横臂部分的受力和自重变形造成的(见图 5-52(a))。为了解决这个问题,可采取如下两种补偿办法:

(1) 采取横臂导轨略向上倾斜的结构(见图 5-52(b));

(2) 在转筒和立柱之间的上端加入一偏心套(见图 5-52(c))。

上述两种办法都是使横臂导轨在未安装主轴箱前略向上倾斜,从而补偿了主轴箱本身重力对横臂的变形。

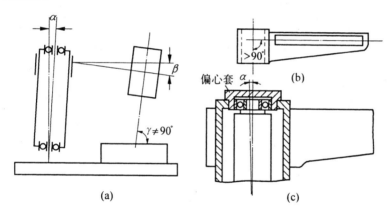

图 5-52　摇臂钻床横臂部件自重变形及其补偿

### 3. 采用恒力装置

在试切法加工的试切尺寸测量中,减少测量力对零件加工精度影响的主要措施是尽量减小测量力,但过小的测量力又会引起量具或量仪示值的不稳定性。为此,在常用万能量具量仪中,可采用恒力装置以保持测量力在一定的范围内。为进一步减少测量力的影响,还可通过采用相对测量法,使测量力引起的接触变形误差在对比中相互抵消。

### 4. 提高工艺系统刚度

在上述措施中,降低切削用量是一种比较消极的办法,而补偿受力变形也往往由于结构限制或加工调整过于复杂而受到一定限制。比较彻底的解决办法是提高工艺系统刚度,特别是提高工艺系统中薄弱环节的刚度。

### 5.4.1.3 工艺系统刚度

**1. 工艺系统刚度的概念及其特点**

由材料力学可知,任何一个物体在外力的作用下总要产生变形,如图 5-53(a)所示,变形量 $y$ 的大小与外力 $P$ 和物体本身的刚度 $K$ 有关,一般以作用在物体上的外力 $P$ 与由它所引起的作用力方向上的位移 $y$ 的比值表示,即

$$K = \frac{P}{y}$$

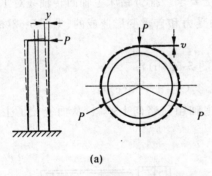
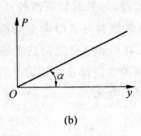

(a)                    (b)

图 5-53  作用在一个物体上的外力及其变形

工艺系统刚度同一个物体本身刚度的概念一样,是用来衡量整个工艺系统在外力作用下抵抗使其变形的能力。在零件加工过程中,工艺系统各部分在切削力作用下将在各个受力方向产生相应的变形。但从对零件加工精度的影响程度来看,则以在加工表面法线方向的变形影响最大。为此,可将工艺系统刚度 $K_系$ 定义为零件加工表面法向分力 $F_法$ 与在该力作用下刀具在此方向上相对工件的变形位移量 $y_法$ 之间的比值,即

$$K_系 = \frac{F_法}{y_法}$$

如在车床或磨床上加工外圆表面时,则主要考虑径向切削分力 $F_y$ 和径向相对变形位移量 $y$ 的问题,则此时工艺系统刚度为

$$K_系 = \frac{F_y}{y}$$

对一般物体或简单零件来说,其刚度值是一个常数,即外力与变形量之间呈线性关系,且变形与外力的方向一致,见图 5-53(b)。然而对整个工艺系统来说,由于它是由机床、夹具、刀具和工件等很多零部件组成,其受力与变形之间的关系就比较复杂,且有它自身的特殊性。

例如,由很多零件组成的车床刀架部件如图 5-54 所示,可简化为一个 $90\text{mm} \times 90\text{mm} \times 200\text{mm}$ 的铸铁悬臂梁,现对其刚度进行粗略计算。

由材料力学有关公式计算可得

$$K_计 = \frac{F_y}{y} = \frac{F_y}{F_y L^3 / 3EJ} = \frac{3EJ}{L^3}$$

又

$$E = 1.2 \times 10^7 \text{N/cm}^2$$

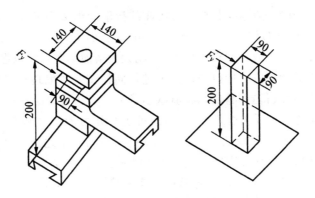

图 5-54 车床刀架部件刚度的简化计算

$$J = \frac{BH^3}{12} = \frac{9^4}{12}\text{cm}^4$$

$$L = 20\text{cm}$$

则

$$K_{\text{计}} = \frac{3 \times 1.2 \times 10^7 \times 9^4}{12 \times 20^3} = 2460000\,(\text{N/mm})$$

若采用单向测力装置对此刀架部件的刚度进行实测,其刚度值为 $K_{\text{测}} = 30000\text{N/mm}$ 左右,远远低于上述的刚度计算值 $K_{\text{计}}$。这说明刀架部件的刚度要比相同尺寸铸铁块本身刚度低 8 倍多。车床刀架部件的实测刚度 $K_{\text{测}}$ 与计算刚度 $K_{\text{计}}$ 之间所以相差这样多,主要是由于组成刀架各有关零件不仅本身受力变形,而且在各有关零件之间的连接面也都在外力作用下产生相应的变形。

为了进一步了解工艺系统受力与变形之间的关系,就必须分析各有关组成零件之间连接面的受力变形规律。为此,可对放置在精密平台上的一块经过刨削加工,且每边长均为 10mm 的方铁进行加力和测量其变形量的试验(见图 5-55(a))。

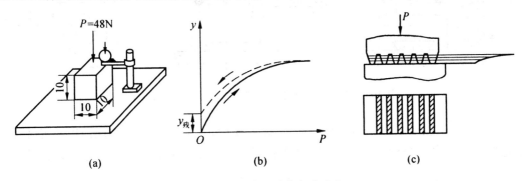

图 5-55 连接面受力变形试验

按材料力学的胡克定律计算,对刨削加工的方铁加力 48N 后,其本身的变形量为

$$y_{\text{计}} = \frac{PL}{EF} = \frac{4.8 \times 10}{1.2 \times 10^5 \times 10^2} = 4 \times 10^{-5}\,(\text{mm}) = 0.04\,(\mu\text{m})$$

而通过实测却为

$$y_{\text{测}} = 1\mu\text{m}$$

$y_{测}$ 与 $y_{计}$ 之间相差这样多,主要与连接面的接触变形大小有关。在理论上,加在方铁上的外力 48N 应平均分布作用在 10mm×10mm 的底面上,但实际上由于方铁底面加工不平和表面较粗糙而只有少数一些点在接触,这就大大增加了实际的压强,从而产生很大的连接面变形。对用不同加工方法所得的试件再进行同样试验时发现结果确实如此,连接面的平面度精度越高和表面粗糙度越低,$y_{测}$ 值越小。

为进一步寻求连接面受力变形的规律,还可进行外力 $P$ 与试件变形量 $y_{测}$ 之间关系的试验。如图 5-55(b)所示,试验曲线表明外力 $P$ 与变形量 $y_{测}$ 之间不呈线性关系,亦即连接面刚度不是一个常数。连接面刚度不是一个常数的原因,主要是在不同外力作用下其实际接触面积也在变化。当外力增加时,连接面的实际接触面积却增加较快(见图 5-55(c)),从而由于实际压强的减小而使其变形量的增量也相应减小。

上述工艺系统刚度的定义和车床刀架部件刚度的测定,建立在只考虑对零件加工精度有直接影响的法向分力 $F_{法}$ 和在其作用下的变形位移量 $y_{法}$ 的比值,即和一般物体的刚度概念一样,建立在单方向受力和变形的基础之上。此时,由于变形方向与作用力方向一致,故其刚度均为正值。但在实际加工过程中,不仅法向分力将直接引起刀具相对工件的变形位移,其他方向的分力也将间接引起刀具相对工件的变形位移。如图 5-56 所示,在车床上加工工件外圆时,刀架部件在径向切削分力 $F_y$ 的作用下将主要产生法向的变形位移 $y_2$,但其他两个切削分力 $F_x$ 及 $F_z$ 也将通过刀架部件的弯曲和扭转变形,间接产生法向的变形位移 $y_1$ 及 $y_3$。由于 $y_1$、$y_3$ 与 $y_2$ 方向相反,故在某些特定条件下可能出现 $y_1+y_3=y_2$ 或 $y_1+y_3>y_2$,即此时刀架部件的刚度可能为无穷大或负值。但是,一般在正常切削条件下,这种情况是很少出现的。

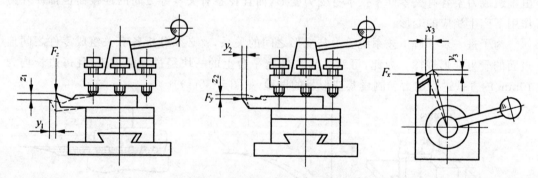

图 5-56  车削刀架部件在各种切削分力作用下的变形

为了切实反映工艺系统刚度对零件加工精度的实际影响,应将工艺系统刚度的定义最后确定为加工表面法向分力与在各切削分力作用下所产生的法向综合变形位移 $y_{法综}$ 之比,即

$$K_{系} = \frac{F_{法}}{y_{法综}}$$

### 2. 工艺系统刚度与零件加工精度的关系

在分析工艺系统受力变形问题时,不仅要知道工艺系统刚度对零件的加工精度有影响,还应知道其影响的性质和大小,以便找出工艺系统各部分刚度、切削力和零件加工精度之间的关系。现按不同情况分别进行分析和讨论。

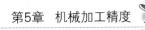

（1）在加工过程中，由于工艺系统在工件加工各部位的刚度不等产生的加工误差

在车床前后顶尖之间加工外圆表面，在切削力大小不变且只考虑切削力影响的条件下，分析在不同加工部位由于工艺系统刚度不等造成的加工误差。加工过程中，在切削力的作用下，车床的床头、尾座和工件要产生变形，刀架也要产生变形。在一般情况下，床头、尾座和工件的变形与刀架的变形方向相反，结果都使加工的工件尺寸增大，此时工艺系统的总变形量是它们每个部分变形量的总和。但在某些特定条件下，当车床刀架部件刚度处于负值（亦即其变形方向与床头、尾座和工件的方向相同）时，则刀架部件刚度以负值参与计算，此时工艺系统的总变形量是它们每个部分变形量的代数和。

在车床上加工外圆表面时，刀具所处不同加工位置形成的不同工艺系统刚度值为

$$K_{系} = \frac{F_y}{y_{系}}$$

式中：$F_y$——车削加工时的径向切削分力；

$y_{系}$——车削过程中，在各切削分力作用下产生的沿径向 $y$ 方向的工艺系统总变形量。

由图 5-57 可知

$$y_{系} = y_{机} + y_{工} = y_{头} + (y_{尾} - y_{头})\frac{x}{L} + y_{架} + y_{工}$$

$$= \left(1 - \frac{x}{L}\right)y_{头} + \frac{x}{L}y_{尾} + y_{架} + y_{工}$$

式中：$y_{机}$，$y_{工}$，$y_{头}$，$y_{尾}$，$y_{架}$ 分别为机床、工件、床头、尾座及刀架部分在刀具切削加工到 $x$ 位置时的变形量。

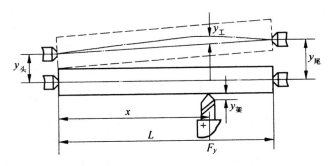

图 5-57 车削加工外圆表面时的工艺系统受力变形

而

$$y_{头} = \frac{F_y}{K_{头}}\left(1 - \frac{x}{L}\right)$$

$$y_{尾} = \frac{F_y}{K_{尾}}\frac{x}{L}$$

$$y_{架} = \frac{F_y}{K_{架}}$$

$$y_{工} = \frac{F_y L^3}{3EJ}\left(\frac{x}{L}\right)^2\left(\frac{L-x}{L}\right)^2$$

代入上式并化简，得

$$y_{系} = \frac{F_y}{K_{头}}\left(1 - \frac{x}{L}\right)^2 + \frac{F_y}{K_{尾}}\left(\frac{x}{L}\right)^2 + \frac{F_y}{K_{架}} + \frac{F_y L^3}{3EJ}\left(\frac{x}{L}\right)^2\left(\frac{L-x}{L}\right)^2$$

最后得

$$K_{系} = \frac{F_y}{y_{系}} = 1\left/\left[\frac{1}{K_{头}}\left(1 - \frac{x}{L}\right)^2 + \frac{1}{K_{尾}}\left(\frac{x}{L}\right)^2 + \frac{1}{K_{架}} + \frac{L^3}{3EJ}\left(\frac{x}{L}\right)^2\left(\frac{L-x}{L}\right)^2\right]\right.$$

式中：$K_{头}$,$K_{尾}$,$K_{架}$ 分别为车床床头、尾座及刀架部件的实测平均刚度值。

由上式的工艺系统刚度与车床各部件刚度、工件刚度的关系式可知,工艺系统刚度将随刀具加工时位置的不同而不同。因此,在加工各部位时工艺系统刚度不等的条件下,所加工出来的工件外圆必然要产生相应的轴向形状误差。例如,当在车床上车削加工细长轴时,由于刀具在工件两端切削时工艺系统刚度较高,刀具对工件的变形较小；而在工件中间切削时,工艺系统刚度(主要是工件刚度)较低,刀具相对工件的变形位移较大,从而使工件在加工后产生较大的腰鼓形误差(见图 5-58(a))。

另外,当在车床上车削加工刚度很高的短粗轴时,也会因加工各部位时的工艺系统刚度(主要是车床刚度)不等,而使加工后的工件产生相应的形状误差,其形状恰与加工细长轴时相反,呈现轴腰形(见图 5-58(b))。加工后工件的最小直径处在中间略偏向床头或尾座部件中刚度较高的那一方。

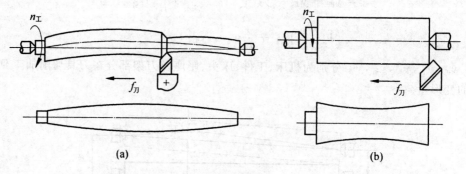

图 5-58 细长轴和短粗轴加工后的形状误差

同理,在车床上加工外圆表面时,若主轴部件的径向刚度在主轴一转中的各个部位不等,加工后将造成工件的圆度误差。

(2) 在工件加工过程中,由于切削力变化而产生的加工误差

在工件加工时,由于加工余量不均或工件材料硬度不均,将引起切削力的变化,从而造成加工误差。这是工艺系统刚度对零件加工精度影响经常出现的情况。例如,图 5-59(a)所示的工件,由于加工前有圆度误差(椭圆),在车削加工时切深将不一致($a_{p1} > a_{p2}$),因而在加工时的工艺系统变形量也不一致($y_1 > y_2$),这样在加工后的工件上仍留有较小的圆度误差(椭圆)。

工件加工前的误差 $\Delta_{前}$ 以类似的形状反映到加工后的工件上去(即加工后的误差 $\Delta_{后}$)的规律,称为误差复映规律。误差复映的程度是以误差复映系数 $\varepsilon$ 表示的,其大小可根据工艺系统刚度计算公式估算如下：

$$\Delta_{前} = a_{p1} - a_{p2}$$

$$\Delta_{后} = y_1 - y_2 = \frac{F_{y1} - F_{y2}}{K_{系}} = \frac{\lambda C_{F_z} f^{y_{F_z}}}{K_{系}}\left[(a_{p1} - y_1) - (a_{p2} - y_2)\right]$$

$$\varepsilon = \frac{\Delta_{后}}{\Delta_{前}} = \frac{y_1 - y_2}{a_{p1} - a_{p2}} = \frac{\lambda C_{F_z} f^{y_{F_z}}}{K_{系} + \lambda C_{F_z} f^{y_{F_z}}}$$

在一般情况下,因 $K_{系} \gg \lambda C_{F_z} f^{y_{F_z}}$,故可在简化计算时取

$$\varepsilon = \frac{\lambda C_{F_z} f^{y_{F_z}}}{K_{系}}$$

式中: $\lambda C_{F_z}$ ——径向切削力系数;

$f$ ——进给量;

$y_{F_z}$ ——进给量指数。

当在加工过程中采用多次行程时,加工后的总误差复映系数 $\varepsilon_{总}$ 为各次行程误差复映系数 $\varepsilon_1, \varepsilon_2, \cdots, \varepsilon_i$ 的乘积,即

$$\varepsilon_{总} = \varepsilon_1 \times \varepsilon_2 \times \cdots \times \varepsilon_i$$

当加工材料硬度不均的工件时,也会引起工艺系统的变形不等,从而造成加工误差。如加工图 5-59(b)所示的轴承座,因铸造后其上部硬度常高于下部,故在一次行程镗孔后也会产生如图中实线所示的圆度误差。

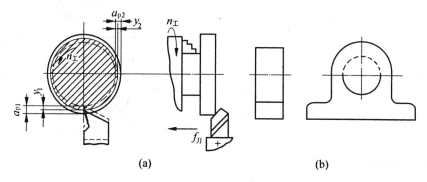

图 5-59　工艺系统刚度与加工误差的复映

对一批零件加工时,由于这批零件的加工余量和材料硬度不均,还会引起这一批零件加工后的尺寸分散。

(3) 磨削加工时,"过裕量磨削"对工件加工精度的影响

一般来说,在车床上车削加工工件时,其工艺系统变形量(即刀具相对工件的让刀量)只占名义切深的较小部分(见图 5-60(a));而在磨床上磨削加工工件时,由于磨粒的切削条件很差而使其工艺系统变形量与名义切深的比值很大,如图 5-60(b)所示。

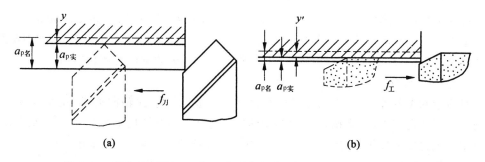

图 5-60　车削或磨削加工时,工艺系统变形量与名义切深之间的关系

由于磨削加工的上述特点,故在加工过程中必须在工艺系统保持有一定的正压力之后,才能进行正常进给量的磨削加工。如图 5-61 所示,在磨削加工开始阶段,工艺系统中的弹性压力尚未建立,此时每次磨削的实际横进给量与名义横进给量之间还有很大差别。只有当砂轮横进给到一定数值而使工艺系统变形量逐渐增大并建立一定的弹性压力后,才能实现每次横进给量都比较稳定的正常磨削。由于磨削加工时工艺系统的变形而使磨削工件达到要求尺寸时的名义切深已大大超过了应磨去的加工余量,称为"过裕量磨削"。

在"过裕量磨削"时,加工后工件的形状精度不仅与车削加工类似受到工艺系统刚度的影响外,还往往和砂轮与工件接触面积的变化有关。在磨削加工时,若砂轮与工件的接触面积有变化,其所磨去金属层的厚度也就有所不同,从而产生形状误差。如图 5-62 所示,在磨削加工轴类工件时,若砂轮磨至两端时超出量过大或磨削有键槽的轴颈时,都常常会产生图中所示的轴向或径向形状误差。

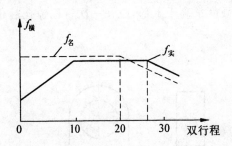

图 5-61　磨削加工过程的名义进给与实际进给

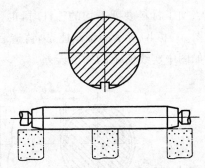

图 5-62　"过裕量磨削"时由于砂轮和工件接触面积变化产生的加工误差

### 3. 工艺系统刚度的测定

工艺系统是由机床、夹具、刀具和工件等部分组成,因而工艺系统刚度包括机床刚度、夹具刚度、刀具刚度和工件刚度等。为了估算工艺系统受力变形所造成工件加工误差的大小,就需要确定工艺系统刚度值,并根据刚度与变形的关系式估算在一定切削规范条件下可能产生的加工误差值。若组成工艺系统的工件和刀具的结构比较简单,可通过简化和有关力学公式对其本身刚度进行计算。但对由很多零件组成的夹具和由很多零部件组成的机床,由于其结构复杂,就很难通过简化计算其刚度值,必须通过试验的方法进行测定。

### 4. 提高工艺系统刚度的主要措施

提高工艺系统刚度就必须提高组成工艺系统的机床、夹具、刀具和工件等部分的刚度,特别是提高其中刚度最薄弱的部分。为此,在采取措施之前应先找出工艺系统中刚度最薄弱的环节,对这一环节采取有效措施即可使整个工艺系统的刚度有明显提高。

1) 提高工件加工时的刚度

对薄壁套类零件,可采取另加刚性开口夹紧环或改用端面轴向夹紧(见图 5-63(a))等措施。对薄片类零件(如摩擦片等)的磨削加工,则可采用厚橡皮支承和弹性浮动滚轮夹压,或采用环氧树脂粘接等(见图 5-63(b))措施。对细长轴类的加工,可采用中心架、跟刀架或前后支承架等措施。

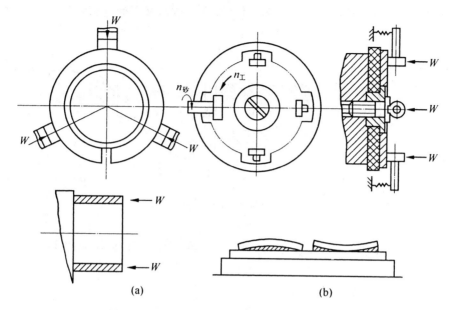

图 5-63 提高低刚度零件在加工时刚度的措施

2）提高刀具在加工时的刚度

在零件加工过程中，为了提高刀具的刚度，除从刀具材料、结构和热处理等方面采取相应的措施外，还可通过采用附加支承和采用具有对称刃口的刀具来提高刀具在加工时的刚度。例如，采用镗杆镗孔时，镗杆直径往往受到加工孔径尺寸的限制使其刚度明显降低，为此可采用支承导向套和具有对称刃口的镗刀块代替单刀头，以提高镗杆在加工时的刚度。

3）提高机床和夹具的刚度

在机械加工中使用的机床和夹具，多是由较多数量的零件组成，提高它们的刚度除了提高其组成零件本身的刚度外，还应着重提高各有关组成零件的连接面刚度。为此，可采取如下措施：

（1）在设计机床（或夹具）时，应尽量减少其组成零件数，以减少总的接触变形量。

例如，对精密丝杠车床的刀架部件，由普通车床的五个主要组成零件（床鞍、横刀架、转盘、小刀架和方刀架）的结构减为三个主要组成零件（床鞍、横刀架和小刀架）的结构；高精度蜗轮母机，大多将一般滚齿机上的可移动刀架结构改为固定式结构，都可大大提高刀架部件的刚度。这种减少组成零件数简化机床部件结构的措施，往往受到机床使用性能和范围的限制，多用于专用机床或专门化机床。

（2）在加工机床（或夹具）的组成零件时，尽量提高有关组成零件连接面的形状精度，并降低其表面粗糙度。由于机床（或夹具）有关组成零件连接面形状精度的提高和表面粗糙度的降低，就可通过大大增加连接时的实际接触面积而提高机床（或夹具）的刚度。

（3）机床（或夹具）上的固定连接件，装配时采用预紧措施。由于对机床（或夹具）上有关组成零件在装配时加了预紧力，这样必然会增加实际接触面积并相应提高了它们的接触刚度。但有时又往往受到预紧力不能进一步增大的限制，为此可采取减少连接面接触面积的办法（见图 5-64（a）），以达到增大预紧力的目的。如图 5-64（b）所示，增大了预紧力就可使连接面的接触刚度处于接触刚度曲线的上部（如图中所示的 2 点）而得到提高。此外，由于预紧一段时期后有时还可能产生永久变形(蠕变),从而又引起连接面松动和接触刚度下降。为此,需在一定时期内进行多次反复预紧。

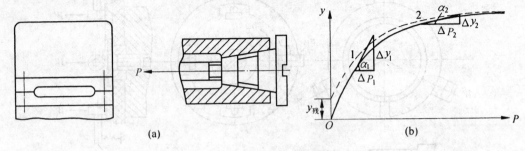

图 5-64　提高连接面接触刚度实例

## 5.4.2　工艺系统热变形对加工精度的影响及其控制

### 5.4.2.1　工艺系统的热源

工艺系统的热变形是由于在加工过程中有各种热源的存在而引起的,加工过程中的热源大致可分为内部热源和外部热源两大类。

**1. 内部热源**

(1) 摩擦热

任何一台机床都具有各种各样的运动副,如轴承与轴、齿轮与齿轮或齿条、蜗杆与蜗轮、丝杠与螺母、床鞍与床身导轨、摩擦离合器等。这些运动副在相对运动时产生一定的摩擦力而形成摩擦热。

(2) 转化热

机床动力源的能量消耗也会部分地转化为热,如机床中的电机、油马达、液压系统、冷却系统等工作时所发出的热。

(3) 切削热和磨削热

在工件切削加工过程中,消耗于弹、塑性变形及刀具与工件、切屑之间摩擦的能量,绝大部分转变为热能,形成热源。切削加工时产生的热将传给工件、刀具和切屑。由于切削加工方法的不同,其分配的百分比也各不相同。

车削加工时,切削热的分配如图 5-65 所示。大量的切削热被切屑带走,切削速度越高,切屑带走的热量的百分比越大;传给工件的热量较少,一般为总热量的 30% 左右,高速切削时甚至在 10% 以下;传给刀具的热量最少,一般在 5% 以下,高速切削时在 1% 以下。

铣削、刨削加工时,传给工件的热量一般在 30% 以下。钻孔和卧式镗孔时,因有大量切屑留在工件孔内,因而传给工件的热量较多,一般在 50% 以上。

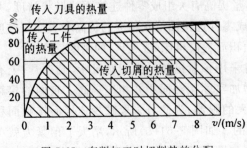

图 5-65　车削加工时切削热的分配

磨削加工时,磨削热传给磨屑的数量较少,一般约为4%,传给砂轮的热量为12%左右,而84%左右的热量将传入工件。由于在很短时间内有大量热传给工件,而热源面积又很小,故热相当集中,以致磨削区温度可达800~1000℃或更高。磨削热既影响加工精度,又影响表面质量。

此外,摩擦热和切屑热还会在机床内部形成所谓的"次生热源"。如摩擦热通过润滑油的循环而散布到各处,同时使油池的温度升高;冷却液吸收切削热和磨削热后飞溅到各处,都会形成"次生热源"。又如,带有热量的切屑也是一种"次生热源",当它们落在机床床身或工作台上,也会引起热变形。

**2. 外部热源**

(1)环境温度

在工件加工过程中,周围环境的温度随气温及昼夜温度的变化而变化,局部室温、空气对流、热风或冷风,以及地基温度的变化等都会使工艺系统的温度发生变化,从而影响工件的加工精度,特别是在加工大型精密零件时,其影响更为明显。

(2)辐射热

在加工过程中,阳光、照明、取暖设备等都会产生辐射热,这种外部热源也会使工艺系统产生变形。

此外,人体的体温也可以看成是一种外部热源,在一些精度要求特别高的精密零件的加工和测量中,人体体温产生的辐射热的影响也是不可忽视的一个因素。

虽然上述的工艺系统热源很多,但它们对工艺系统的影响有主有次。在分析工艺系统热变形时,应找出影响最大的主要热源,采取相应措施减小或消除其影响,这样就能更有效地控制工艺系统的热变形。

### 5.4.2.2 工艺系统热变形及其对加工精度的影响

**1. 机床热变形及其对加工精度的影响**

机床在运转与加工过程中,由于内、外部热源的影响,其温度会逐渐升高。由于机床各部件的热源和尺寸形状的不同,各部件的温升也不相同。由不同温升形成的"温度场"将使机床各部件的相互位置和相对运动发生变化,使出厂时机床的原有几何精度遭到破坏,从而造成工件的加工误差。

机床在运转一段时间后,当传入各部件的热量与由各部件散失的热量接近或相等时,其温度便不再继续上升而达到热平衡状态。此时,机床各部件的热变形也就不再继续而停止在相应的程度上,它们之间的相互位置和相对运动也就相应地稳定下来。达到热平衡之前,机床的几何精度是变化不定的,它对加工精度的影响也变化不定。因此,一般都要求在机床达到热平衡之后进行精密加工。

对于车、铣、镗床类机床,其主要热源是主轴箱的发热,如图5-66所示,它将使箱体和床身(或立柱)发生变形和翘曲,从而造成主轴的位移和倾斜。

坐标镗床为精密机床,要求有很高的定位精度,其主轴由于热变形产生的位移和倾斜将破坏机床的原有几何精度。为此,需对机床的温升严加控制。例如,SIP-2P型单柱立式坐

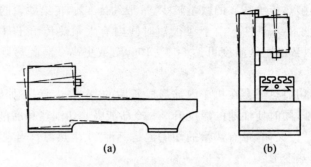

图 5-66　车床和立式铣床的热变形

标镗床,其立柱导轨的温升应控制在 0.75℃左右,主轴箱的温升应控制到 1.33~1.6℃才能保证精度要求。

　　磨床一般都是液压传动并有高速磨头,故这类机床的主要热源是磨头轴承和液压系统的发热。轴承的发热将使磨头轴线产生热位移,当前后轴承的温升不同时其轴线还会出现倾斜。液压系统的发热将使床身各处的温升不同,进而导致床身的弯曲变形。几种磨床的热变形情况如图 5-67 所示。

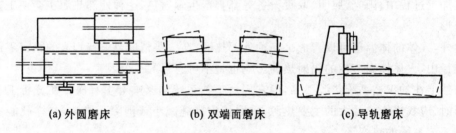

**(a) 外圆磨床**　　　　　**(b) 双端面磨床**　　　　　**(c) 导轨磨床**

图 5-67　几种磨床的热变形

　　对于大型机床,如导轨磨床、龙门铣床、立式车床等,除内部热源引起变形之外,车间的温度变化也是一个必须重视的因素。例如,导轨磨床的床身,因其长度大,车间温度变化及其他辐射热对其影响比较显著。当车间温度变化时,地面因其热容量大故温度变化不大,而床身上部则随车间的温度变化。当车间温度高于地面温度时,床身呈中凸形。

　　大型机床的立柱受局部温差的影响较大。车间温度一般上高下低,机床立柱上下温差可达 4~8℃,由此而引起的热变形也是不可忽视的。

### 2. 工件热变形及其对加工精度的影响

　　加工过程中产生的切削热或磨削热传给工件后,会引起工件热变形而造成加工误差。在加工过程中,外部热源也会引起工件的热变形,但因影响较小一般可不予考虑。但对大型零件和精密零件的加工,外部热源的影响也是不可忽视的。

　　在生产中,由于加工方法、工件的形状和尺寸、对精度要求等的不同,工件热变形对加工精度的影响,有时可以忽略,有时则不能忽略。例如,在自动车床上用调整法加工一批小轴的外圆,由于工件的尺寸小和精度要求不高,热变形的影响可以忽略;而对大型精密零件,如精磨高 600mm、长 2000mm 的精密机床床身导轨,其顶面和底面的温差为 2.4℃时,工件产生中凸变形,加工冷却后即出现中凹,其值约为 20μm,这就满足不了某些精密机床床身导轨的技术要求,因而热变形的影响就不能忽略。在加工铜、铝等线膨胀系数大的有色金属工件时,其热变形尤为显著,必须予以重视。

工件的热变形视受热的情况不同而有所不同。例如,车削或磨削外圆表面时,切削热或磨削热是从四周均匀传入工件的,因此主要是使工件的长度和直径增大。工件的直径是在胀大的状态下被加工到所要求尺寸的,当工件加工后冷却到室温,由于收缩显然就要小于所要求的尺寸而造成加工误差。

当工件受热不均,如磨削板类零件的上平面,由于工件单面受热就会因工件翘曲变形而产生中凹的形状误差。

当工件用顶尖装夹进行加工时,工件在长度方向的热伸长有时对加工精度也有很大影响。特别是加工细长轴时,工件的热伸长将使两顶尖间产生轴向力,细长轴在轴向力和切削力的作用下会出现弯曲并可能导致切削的不稳定。

在精密丝杠加工中,工件的热伸长将引起螺距累积误差。据实测,螺纹磨削时,工件丝杠的温度高于机床的传动丝杠的温度。如传动丝杠与工件丝杠的温差为 $1℃$,则 300mm 长度上将出现 $3.6\mu m$ 的螺距累积误差。而对 5 级精度的丝杠,300mm 长度的螺距累积误差的允许值仅为 $5\mu m$,故必须采取措施减少工件热变形的影响。

如图 5-68(a)所示,在内圆磨床上磨削一个薄的圆环零件。磨削后冷却至室温,经测量画出其内圆的极坐标轨迹时,发现有三棱形的圆度误差(见图 5-68(b))。磨削时工件装夹在三个支承垫上,当大大减小夹紧力之后,这种误差仍然出现,因此说明这种误差不是由于三个夹紧点的受力变形所造成,而是由于加工中磨削热传给工件后,在三个支承垫的部位散热快,该处工件的温度较其他部位的温度低,磨削量较大所致。

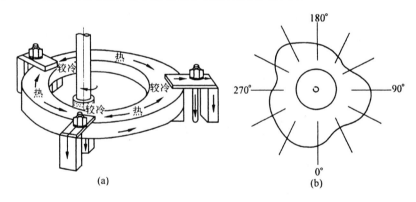

图 5-68　圆环零件内孔磨削时的热变形

### 3. 刀具热变形及其对加工精度的影响

在切削加工过程中,传入刀具的热量虽然占总切削热量的百分比很小,但由于刀具的体积小和热容量小,故仍有相当程度的温升,引起刀具的热伸长并造成加工误差。

图 5-69 所示为车削时车刀热伸长量与切削时间的关系。图中曲线 $A$ 是车刀连续切削时热伸长曲线,开始时车刀热伸长量增长较快,随后趋于缓和,最后达到平衡状态,其热伸长量为 $\xi$。

当切削停止后,刀具温度立即下降,开始冷却较快,以后便逐渐减慢,如曲线 $B$ 所示。

当加工一批短而小的轴类零件时,刀具热伸长曲线如曲线 $C$ 所示。在一个工件的车削时间 $t_{工}$ 内,刀具伸长量由 $O$ 到 $a$,在装卸工件时间 $t_{停}$ 内,刀具伸长量由 $a$ 减到 $b$。以后继续加工,刀具的温升时上时下,其伸长和冷缩交替进行,但总的趋势是逐渐伸长而趋于热平衡状态。达到热平衡的时间为 $t_0$。在 $t_0$ 前后,加工一个零件期间的刀具热伸长量为 $\xi_1$,而总伸长量为 $\xi_1 + \xi_2$,比连续切削时的总伸长量 $\xi_0$ 小。

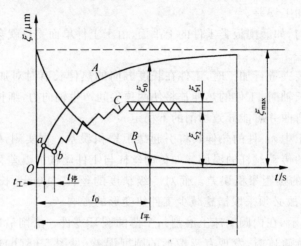

图 5-69　车刀热长伸量与切削时间的关系

在调整好的车床上加工一批零件的外圆表面,最初的几个零件由于车刀处于热伸长较快的阶段,它们的直径尺寸变化及产生的圆柱度误差都较大。当车刀达到热平衡后,其伸长量基本稳定,仅有微小的变动量 $\xi_1$。以后加工的零件,其直径尺寸和圆柱度误差都较小。在六角车床、自动或半自动车床上用调整法加工小零件时,刀具热伸长的影响是不显著的,而加工长轴零件时则较明显。

除机床、工件、刀具的热变形影响加工精度外,夹具、量具的热变形也会引起加工误差。在精密加工时,这些问题都应认真加以处理。

### 5.4.2.3　控制工艺系统热变形的主要措施

控制工艺系统热变形可以从下述几个方面采取措施。

#### 1. 减少热量的产生及其影响

减少工艺系统的热源或减少热源的发热量及其影响,都可以达到减少热变形的目的。在磨削加工中,磨削热的大小不仅与磨削用量有关,还受砂轮钝化和堵塞的影响。因此,除正确选择砂轮和磨削用量外,还应及时地修整砂轮以避免过多的热量产生。

对机床中的运动部件,要减少其发热量,通常从结构和润滑等方面着手。如在主轴上应用静压轴承、低温动压轴承以及采用低黏度润滑油、锂基油脂和用油雾润滑等都可使其温升减少。在机床液压传动系统中减少节流元件,也能相应地降低油温,从而减小机床的热变形。

对机床的电动机、齿轮变速箱、油池、冷却箱等热源,如有可能都移出主机以外成为独立的单元,从而避免其影响。若不能分离出去时,则在这些部件和机床大件的结合面上装置隔热材料或用隔热罩将热源罩起来,也能取得较好的效果。

对未安置在恒温车间的精密加工设备,应考虑安放在适当的位置,以防止阳光、暖气等外部热源的影响。

### 2. 加强散热能力

加强散热也是控制工艺系统热变形的一个行之有效的措施。例如,在加工过程中供给充分的冷却液,并使其能喷射到应有的位置上,或者采用喷雾冷却等冷却效能较高的办法,以加强加工时的散热能力。

采用强制冷却控制热变形的效果是显著的。例如,对一台坐标镗铣床进行试验,当未采用强制冷却时,机床运转6小时其主轴与工作台之间在垂直方向的热位移即达 $190\mu m$,此时机床尚未达到热平衡,热位移量随时间推移还在继续增大。当采用强制冷却后,主轴与工作台之间在垂直方向的热位移减小到 $15\mu m$,且不到4小时机床就达到了热平衡状态。试验曲线如图5-70所示。

目前,加工中心机床普遍采用冷冻机对润滑油进行强制冷却,将机床中的润滑油当冷却剂使用。主轴轴承和齿轮箱中产生的热由润滑油吸收带走,然后通过热交换器散出去。有的机床采用水冷装置,使冷却水流过绕主轴部件的空腔,这样可使主轴的温升不超过 $1\sim2℃$。有些机床设有风冷装置,也可以改善机床的温升情况。

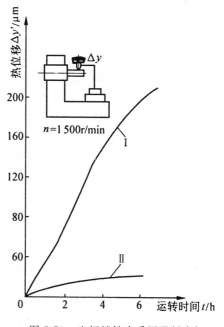

图 5-70 坐标镗铣床采用强制冷却前后的试验曲线

### 3. 控制温度变化,均衡温度场

从热变形的很多实例来看,在热的影响中比较棘手的问题在于温度变化不定。若能保持温度稳定,则即使由于热变形产生的加工误差也都是常值系统误差,一般较易得到补偿。因此,控制温度变化也是控制热变形、提高加工精度的一个有效措施。

对于加工周围环境温度的变化,主要是采用恒温的办法来解决。例如,精密磨床、坐标镗床、螺纹磨床、齿轮磨床等精密机床,最好安放在恒温车间中使用。恒温的精度可根据加工精度要求而定,一般取 $±1℃$,精度更高的机床应取 $±0.5℃$。

在精加工之前,先让机床空运转一段时间,待机床达到或接近热平衡状态后再进行加工,也是解决温度变化的一项措施。

有些精度要求很高的机床,除需放置在恒温车间内之外,还需进一步采取一些控制温度的措施,才能满足加工精度的要求。例如 S7450 大型精密螺纹磨床,要求控制机床传动丝杠的温度变化不超过 $±0.2℃$,为此在机床上采用传动丝杠恒温控制系统,其原理如图5-71所示。

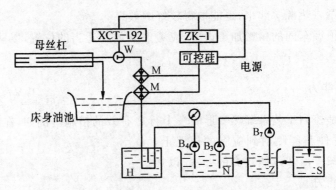

图 5-71  S7450 大型螺纹磨床传动丝杠恒温控制系统原理图

机床传动丝杠的整个恒温过程是先由泵 $B_3$ 将油由 N 箱抽出,送入冷冻机的油冷却箱 S,油被冷却后流入 Z 箱与其中的油混合,然后靠其自然液面差流回到 N 箱。这样经过两次混合而使 N 箱中的油温得到降低,而且保持比较稳定的温度。

供传动丝杠的恒温油是由泵 $B_4$ 将油抽出经 H 密封箱及电加热器 M,再经过测温元件 W 测得温度(由 XCT—192 动圈调节仪显示)。当温度有偏离时,则由 ZK—1 可控硅电压调压器调节电加热器的热量,使油达到预定温度后再送入传动丝杠,使其温度保持稳定。通过传动丝杠后的油流入床身油池内,再由泵 $B_7$ 抽回到 Z 箱内。这样往复循环以达到传动丝杠恒温的目的。

传动丝杠的内部大致结构如图 5-72 所示,在空心丝杠中心装有一根金属管,油从管中流进,再沿丝杠的内壁流出。这种结构更易于保证传动丝杠温度的稳定性。

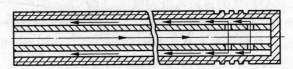

图 5-72  S7450 大型螺纹磨床传动丝杠的内部结构

图 5-73 所示为 M7150A 平面磨床所采用的均衡温度场措施的示意图。此平面磨床由于床身较长,加工时工作台纵向运动速度也较高,当将油池外移做成单独的油箱时,则床身上部温升高于下部,产生较大的热变形。现采取措施在床身下部开有油沟,用泵打入一部分润滑系统中的回油以加热床身下部,并使油循环,以保持一定的储油量。采取这种措施后,床身上、下部的温差仅为 1～2℃,显著地减小了床身的热变形。

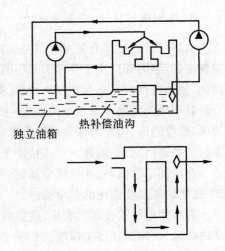

图 5-73  M7150A 平面磨床均衡温度场措施的示意图

### 4. 采取补偿措施

当热变形不可避免时,可采取补偿措施来消除其对加工精度的影响。采用补偿措施时必须先掌握热变形的规律。

例如,在解决 MB7650 双端面磨床主轴热伸长问题时,除改善主轴轴承的润滑条件减少发热外,还采用了如图 5-74 所示的补偿机构,即在轴承与壳体间增设一个过渡套筒,此套筒与壳体仅在前端固定而后端不接触。当磨床主轴轴承发热向前伸长时,套筒发热向后伸长,并使主轴也向后移动,从而自动补偿了主轴向前的热伸长,消除了主轴热变形对加工精度的影响。

JCS—013 型自动换刀数控卧式镗铣床的滚珠丝杠是其关键部件,在工作时由于它的负荷大、转速高、散热条件又不好,因此会产生热变形。为防止滚珠丝杠的热变形,常采用"预拉法"的措施,即在丝杠加工时故意将其螺距做得小一些,装配时对丝杠预先进行拉伸,使其螺距拉大到标准值。这样利用丝杠受拉力后产生的内应力来吸收热应力,从而补偿了丝杠的热变形。在装配上述机床时,用 7848～9810N 的预拉力使丝杠预伸长 0.03～0.04mm,机床工作时效果很好。

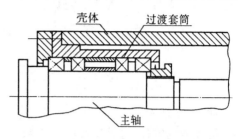

图 5-74  MB7650 双端面磨床
主轴热伸长的补偿

### 5. 改进机床结构,进行计算机辅助设计

设计机床时,如何从结构上加以改进使热变形得到减小,也是很重要的一个措施。

注意结构的对称性就可以减少热变形,如在主轴设计中将传动零件(轴、轴承及传动齿轮等)安放于对称位置,可以均衡箱壁的温升从而减小变形。有些机床采用双立柱结构,由于左右对称,其在左右方向的热变形就比单立柱的结构要小得多。再如高速往复运动的牛头刨床的滑枕,由于导轨部分摩擦生热,迫使整个滑枕弯曲变形。对 B6065 型牛头刨床,由于设计的滑枕截面结构(见图 5-75(a))系导轨处于最下面,故其热变形量 $\Delta$(见图 5-75(b))较大,最大变形量甚至可达 0.25mm。为减小滑枕的热变形,在 B6063A 牛头刨床上,采用了如图 5-75(c)所示的导轨处于滑枕截面中间的对称结构,滑枕工作时的热变形量 $\Delta$ 下降到 0.01～0.015mm。

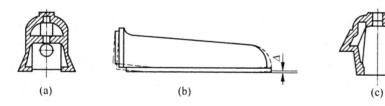

| (a) | (b) | (c) |

图 5-75  牛头刨床滑枕热变形及改进前后的结构

在结构设计时,使关键部件的热变形只在无碍于加工精度的方向上产生,这也是从结构上解决热变形对加工精度影响的一个措施。图 5-76 所示的车床主轴箱和床身连接结构,图(a)比图(b)有利。因图(a)中,主轴轴线相对于装配基准 $H$ 而言,只产生 $z$ 方向的热变形,此方向主轴的热位移对加工精度影响很小。而图(b)中,主轴的热位移不仅在 $z$ 方向而且在 $y$ 方向也产生,这就直接影响了主轴轴线和刀具之间的径向位置,从而造成较大的加工误差。

278

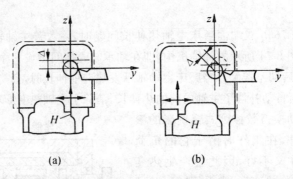

(a)                 (b)

图 5-76　车床主轴箱两种设计结构的热位移示意图

此外,在结构设计时为减少热变形的影响,还可以从选择材料上加以考虑。例如,对一些十分关键的零件,可采用线膨胀系数小的材料,如铟钢,其线膨胀系数在室温下为 $2.4 \times 10^{-6}℃^{-1}$,仅为普通钢材的 1/5。

近年来,为在机床设计阶段就控制其结构的变形(包括由切削力引起的变形及由内、外部热源引起的热变形),做到一次设计、制造成功,多采用计算机辅助设计(CAD)。其基本思想是根据机床的加工精度、效率和工艺范围等,提出对机床静、动、热三方面刚度和变形的要求,并初步拟出能满足这些要求的几个机床的结构模型。然后,将刚度要求、设计模型和有关的技术数据输入到电子计算机的"最佳结构选择程序"中去。结构方案的选择步骤为:①计算机床结构的静刚度和稳态热变形,对所提出的几种方案进行第一次选择;②从选出的方案中进行非稳态热变形和动刚度计算,并以制造成本为评价函数,从中选出最佳方案;③把选择方案送入"环境决定程序"中,为机床建立正确的环境条件(如环境温度和安装条件等)。结构方案确定之后,便可进行具体的设计工作。CAD 是机床设计的一个重要发展方向。

## 5.4.3　工艺系统磨损对加工精度的影响及其控制

### 5.4.3.1　工艺系统磨损对零件加工精度的影响

在零件加工过程中,组成工艺系统各部分的有关摩擦表面之间在力的作用下,经过一段时间后就不可避免地要产生磨损。无论是加工用的机床,还是夹具、量具和工具,有了磨损就会破坏工艺系统原有的精度,从而对零件的加工精度产生影响,现分别进行分析和讨论。

在加工过程中长期使用的机床,由于有关零部件的结构、工作条件和维护情况等方面的不同,在有相对运动的表面上产生不同程度的磨损。机床有关零部件的磨损将影响机床上的工件和工具两大系统本身的运动精度及其间的位置精度,从而造成被加工零件的加工误差。例如,当车床主轴轴承部件产生较大磨损时,将使主轴回转精度下降并影响被加工零件的径向形状精度;当车床导轨产生不均匀磨损时,将破坏在其上移动部件的直线运动精度及其与主轴回转轴线的位置精度,从而造成被加工零件的轴向形状误差;当车床内传动链中的传动齿轮、传动丝杠和螺母有较明显的磨损时,将引起内传动链传动精度下降,并使被加工零件上的螺纹产生过大的螺旋线误差。总之,机床有关零部件的明显磨损都会通过破坏机床原有的成形运动精度而造成被加工零件的形状和位置误差。

夹具和量具在长期使用过程中有关零件的磨损也会影响工件的定位精度和测量精度。例如,在加工过程中所使用的夹具,其上的定位元件有了较大的磨损时,夹具上对刀元件和定位元件之间的尺寸和位置也就产生相应的变化。在这种情况下加工一批零件,将造成加工表面与定位基准面之间的尺寸和位置误差。又如,在加工过程中使用量具的测量头或量具中的传动元件有较大磨损时,也会使测量精度下降,进而影响试切零件的尺寸精度。

在加工过程中所使用的刀具或磨具的磨损,将直接影响刀具或磨具相对工件的位置,从而造成一批被加工零件的尺寸分散度增大,或当加工大表面时造成单个零件的形状误差。对成形刀具或成形砂轮,其磨损将直接引起被加工零件的形状误差。

虽然在加工过程中,工艺系统中的机床、夹具、量具和工具等都产生磨损,但在一段时期内它们的磨损程度及其对零件加工精度的影响都是不同的。一般来说,机床、夹具和量具在一两周或一两天的加工时间内的磨损极小,但对刀具或磨具来说,则有很大的不同,它们的磨损常常较快,甚至在加工一个工件的过程中就可能出现不允许的磨损,这在加工表面尺寸大的零件精加工中表现得尤为突出。

### 5.4.3.2 控制工艺系统磨损的主要措施

虽然在工艺系统中的机床、夹具和量具的磨损不像刀具或磨具在使用过程中的磨损那样明显,但在精加工中,为保持精密机床、夹具和量具的原有精度,也必须采取各种措施来控制它们的磨损。对于加工过程中使用的工具,特别是尺寸刀具、成形刀具及成形磨具,更应尽可能地减少它们在加工过程中的磨损。目前,对工艺系统磨损的控制可采取如下措施。

#### 1. 合理设计机床有关零部件的结构

(1) 对机床有关零部件的易磨损表面采用防护装置

对精密机床的床身导轨、传动丝杠或传动蜗轮等采用密封防护装置,防止灰尘或金属微粒进入而造成急剧的非正常磨损。有的精密机床甚至将传动丝杠或蜗轮完全浸入油中,以减少它们在工作过程中的磨损。

(2) 采用静压结构

在机床主轴、导轨和丝杠螺母部分采用静压结构,在机床有关部件的相对运动表面间充满压力油或压缩空气,从而使其不再产生磨损。显然,采用静压结构可以长期保持机床有关部件的原有精度。例如,为解决大型精密螺纹加工机床传动丝杠和螺母的磨损问题,多采用液体静压丝杠螺母结构,其结构原理如图 5-77 所示。从油泵打出的压力油 $P_s$ 经过节流器

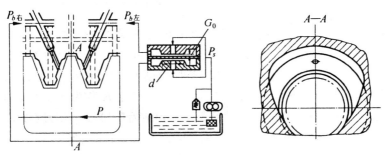

图 5-77　液体静压丝杠螺母结构原理

后降压为 $P_{b左}$ 和 $P_{b右}$ 分别进入静压螺母的两个连续油腔之内。节流器的作用是依靠尺寸为 $d$ 的圆环和薄膜组成的间隙为 $G_0$ 的缝隙实现的。由于薄膜本身具有弹性,当作用于两边的压力不等时就会产生相应的变形,这样两边的间隙也随之变动,从而使节流阻力也相应变动,因此一般称之为可变节流器。这种节流器起反馈作用,可使液体静压结构的灵敏度和刚度提高。

### 2. 提高有关零件表面的耐磨性

在精密机床、夹具和量具中,对有相对运动的表面采取提高其耐磨性的办法,也可控制它们的磨损速度,为此可采取如下措施:

(1) 在设计时采用耐磨的金属材料或非金属材料,如对机床床身导轨采用耐磨铸铁、钢质导轨或在工作台导轨上镶粘耐磨塑料板等。

(2) 对易磨损的零件表面进行热处理,如对精密机床采用淬硬的钢制导轨,并最后进行精细研磨,可使其耐磨性比一般铸铁导轨提高十倍左右。

(3) 提高具有相对运动的有关零件表面的形状精度和降低其表面粗糙度。

(4) 采用合理的润滑方式,保持摩擦表面之间的润滑油膜层,也可以减少摩擦表面的磨损。

### 3. 合理选择刀具材料、切削用量及刀具刃口形式

为了合理选择刀具材料、切削用量及刀具刃口形式,需要分析刀具磨损的规律及其对零件加工精度的影响。为此,应首先明确刀具尺寸磨损的概念。

在切削原理中分析和研究刀具磨损,主要是从刀具切削性能是否丧失出发,因而主要是考虑刀具在后刀面上的磨损量是否超过允许值。如图 5-78(a)所示,当刀具后刀面的磨损量过大造成刀具后角 $\alpha_0 = 0°$ 时,刀具将无法进行正常的切削加工。

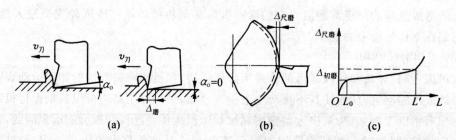

图 5-78　刀具磨损及刀具尺寸磨损与切削路程的关系

从加工精度这方面来看,直接与零件加工精度有关的是刀具在前刀面的磨损(见图 5-78(b)),一般称之为尺寸磨损 $\Delta_{尺磨}$。刀具尺寸磨损与切削路程的关系见图 5-78(c)。在切削初始的一段时间内(切削路程 $L < L_0$)磨损较剧烈,初始磨损量为 $\Delta_{初磨}$;以后就进入正常磨损阶段,其磨损量与切削路程 $L - L_0$ 成正比,其斜率 $K$ 称为单位磨损量,即为刀具相对工件每切削加工 1000m 路程时的尺寸磨损量;到最后阶段($L > L'$)磨损又急剧增加,这时应停止切削并对刀具重新刃磨。刀具的尺寸磨损量可由下式计算:

$$\Delta_{尺磨} = \Delta_{初磨} + \frac{K(L - L_0)}{1000} \approx \Delta_{初磨} + \frac{KL}{1000}$$

刀具的初始磨损量 $\Delta_{初磨}$ 及单位磨损量 $K$ 与刀具材料和切削用量有关,其数值可查阅有关手册。

为了既满足零件的加工精度要求,又不降低生产率,则还需寻找有关刀具尺寸磨损的规律,以便使其在尺寸磨损最小的条件下工作。减少刀具尺寸磨损的主要措施常见的有以下几种。

(1) 选用耐磨的刀具材料

由切削原理知,影响刀具磨损的主要因素之一是刀具材料,长期以来刀具材料的不断发展(碳素工具钢、高速钢、硬质合金、陶瓷、金刚石及立方氮化硼等),就充分说明了这一点。采用 YT60、YT30 等耐磨的刀具材料可提高刀具的耐磨性。当前在精加工中采用的陶瓷刀具及金刚石刀具,其耐磨性更高,可在精车大直径外圆或内孔表面时采用。

(2) 选用最佳的切削用量

在加工过程中,若切削用量选择不当,对刀具的尺寸磨损也有较大的影响。一般来说,切削深度 $a_P$ 及进给量 $f$ 对刀具尺寸磨损的影响不大,而切削速度 $v$ 的影响则较大,故需进行分析。

由切削原理知,切削速度提高则刀具耐用度迅速下降。若从提高刀具耐用度来看,则切削速度越低越好,但从零件的加工精度来看,仅以刀具一次刃磨后的使用时间来表示刀具耐用度往往不能说明问题,而应以刀具的尺寸磨损程度,即以每千米切削路程的单位磨损量 $K$ 表示之。从零件加工精度来看,则是单位磨损量 $K$ 越小越好。

很多试验证明,切削速度 $v$ 与刀具单位磨损量 $K$ 之间的关系并非是简单的线性关系。如图 5-79 所示,不同刀具材料和被加工工件的材料均有类似的曲线关系,只不过是最佳的切削速度数值不同而已。一般高速钢刀具,其最佳切削速度为 $v_{佳}=0.4\sim0.5\text{m/s}$,硬质合金刀具则为 $v_{佳}=1.7\sim3.2\text{m/s}$。

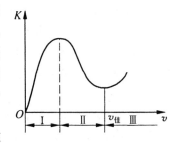

图 5-79　切削速度与刀具单位磨损量之间的关系

之所以产生如图 5-79 所示的曲线关系,主要是由于在不同切削速度下刀具本身温度和性能不同所致。刀具磨损主要是通过冲击破坏磨损和摩擦磨损两种方式进行。当在低速切削时,刀具本身温度较低而性脆,这时对刀具切削刃口的冲击破坏磨损起主导作用而使其磨损随切削速度的提高而增大;随着切削速度提高,刀具本身温度也相应提高并使其韧性增加,这时冲击破坏磨损的作用也就减少,因而刀具磨损也相应地下降;而当切削速度再提高时,则由于刀具本身温度过高而使刀具硬度下降,此时虽然冲击破坏磨损的作用不大,但摩擦磨损又开始起主导作用而使刀具磨损又增加起来。

(3) 选用适当的冷却润滑液

选用适当的冷却润滑液可降低刀具温度和减少切屑与刀具之间的摩擦,从而使刀具磨损下降。

(4) 采用宽刃刀具

减少刀具的尺寸磨损,除合理选取刀具材料、切削用量和冷却润滑液外,还可以从缩短加工表面所需的刀具切削加工路程考虑。如采用宽刃刀和大进给量精车大轴或精刨大型机床床身导轨面等均有较好的效果。但当采用宽刃刀具进行大进给量切削加工时,一定要对其刃口进行精细研磨,并且还要采取相应措施以防止在加工过程中产生自激振动。

### 5.4.4 工艺系统残余应力对加工精度的影响及其控制

#### 5.4.4.1 残余应力的概念及其特点

零件在没有外力加载的条件下,其内部仍存有的应力称为残余应力。这种残余应力的特点是始终要求处于相互平衡状态,且随时间的推移会逐渐缓慢地减小,直到自行消失。具有残余应力的零件,在外观上一般没有什么表现,只有当应力大到超过材料的强度极限时,才会在零件表面上出现裂纹。

零件中的残余应力往往在开始时就处于平衡状态,但是一旦失去原有的平衡,则会重新分布以达到新的平衡。这种残余应力的重新平衡或长时期的逐渐减小直到自行消失的过程会引起零件的相应变形。例如,有些零件加工后经过一段时间就出现了变形;有的机器装配时检验其精度是合格的,但出厂或使用一个时期后发现其某些精度有明显的下降,这大都和零件内部存有残余应力有关。为了保证零件加工精度和提高机器产品的精度稳定性,特别是对精密机器和零件,必须对残余应力产生的原因及其对零件加工精度的影响及其消除措施进行分析和研究。

#### 5.4.4.2 残余应力产生的原因及其对零件加工精度的影响

在毛坯的制造和零件的加工过程中,由于热或力的作用使毛坯或零件的局部材料产生了塑性变形,使这一部分尺寸与整个毛坯或零件的有关尺寸间产生了不同的变化,但这时毛坯或零件的整体与该部分仍要求保持同一尺寸,从而产生了残余应力。

(1) 在毛坯制造过程中,若其某些部分冷却速度不均且又互相受到牵制时,则将产生残余应力

例如一个铸件,从浇铸铁水到冷凝成铸件,体积要收缩,若其各部分在冷却收缩的过程中不互相牵制,则其内部不会产生任何残余应力。但在很多情况下,由于铸件各部分的厚薄不均,在冷凝的过程中常常会出现冷却速度不同而又互相受到牵制的情况,此时就会产生残余应力。

如图 5-80(a)所示的铸件具有厚薄不均的 Ⅰ、Ⅱ、Ⅲ 三个部分,其中 Ⅰ 与 Ⅲ 厚度相同。在铸造冷却(由浇铸温度 $\theta_0$ 到室温 $\theta_2$)时,若将三部分割开成自由状态,则 Ⅰ 和 Ⅲ 将按图 5-80(b)中所示的曲线 1 的规律收缩,Ⅱ 则按曲线 2 收缩,它们的长度均由 $L_1$ 缩短到

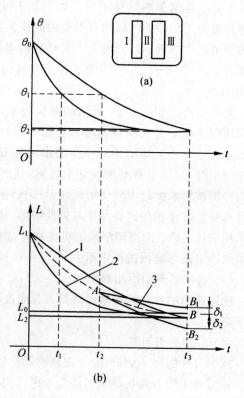

图 5-80 铸件产生残余应力的过程

$L_2$。实际上,由于它们是一个整体,在冷却收缩时势必要互相牵制而只能按另一条曲线 3 进行,这样就产生了残余应力。

① 第一阶段($0\sim t_1$)

此时铸件各部分均在弹、塑性转变温度 $\theta_1$ 以上,故均处于塑性状态,尽管由于冷却速度不同使Ⅱ被拉长和Ⅰ、Ⅲ被压缩,但在铸件内部不会产生残余应力。

② 第二阶段($t_1\sim t_2$)

此时铸件中的薄壁部分Ⅱ已降到 $\theta_1$ 以下并开始进入弹性状态,而厚壁部分Ⅰ及Ⅲ由于冷却速度较慢仍处于塑性状态。因此,铸件将按薄壁Ⅱ的曲线 2 的规律收缩,其实际收缩曲线为图中虚线所示的曲线 2 的等距曲线。由于这时厚壁部分Ⅰ、Ⅲ仍处于塑性状态,故在铸件内部仍不会产生残余拉应力。

③ 第三阶段($t_2\sim t_3$)

此时铸件各部分都进入 $\theta_1$ 以下的弹性状态。若此刻立即将它们分割开,则将分别按曲线 $AB_1$ 和 $AB_2$ 进行收缩。实际上,由于它们是相互联系在一起的,故只能都按曲线 $AB$ (图中虚线)收缩。这样,对薄壁部分Ⅱ将产生残余压应力,厚壁部分Ⅰ和Ⅲ将产生残余拉应力,其大小分别为

$$\sigma_Ⅱ = E \times \frac{\delta_1}{L_0}(压)$$

$$\sigma_Ⅰ = \sigma_Ⅲ = E \times \frac{\delta_2}{L_0}(拉)$$

由上式可知,铸件材料的弹性模量 $E$ 越大,产生的残余应力也越大。例如,铸钢件的残余应力比同样的铸铁件高一倍左右。

在机床制造中,为了保证床身导轨面的质量,铸造时将导轨面朝下(见图 5-81(a)),这样在浇铸后冷却时上面的底座及下面的导轨部分都冷却较快,而中间部分则冷却较慢,从而使床身底座和导轨部分产生残余压应力,中间部分则产生残余拉应力,如图 5-81(b)所示。在机械加工过程中,当床身导轨面被刨去一层金属后,由于切去了部分残余应力层,床身内部残余应力要求重新分布和平衡,因而产生较大的变形并造成加工后床身导轨的直线度误差(见图 5-81(c))。

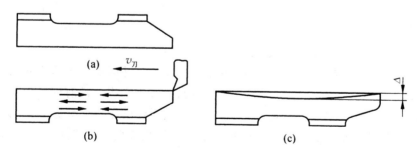

图 5-81 床身铸件的残余应力及加工后的变形

(2) 在机械加工过程中,由于力和热的作用,使工件表面层产生塑性变形,也会产生相应的残余应力

(3) 在长棒料或细长零件的冷校直过程中,也会因其局部的塑性变形而产生残余应力

某些低刚度的轴类零件,如细长轴、丝杠、曲轴等,常因机械加工后满足不了轴线的直线

度要求,而需要进行校直工序。其原理是使工件产生与原弯曲方向相反的残留变形,以补偿原有的弯曲误差。轴线弯曲的细长轴的冷校直过程如图 5-82 所示。

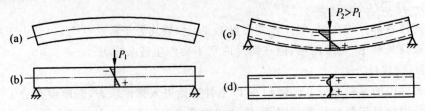

图 5-82　细长轴冷校直过程及校直后的残余应力

图 5-82(a)所示为未加外力校直前的情况,假设此时工件内部还没有残余应力。当加上一定外力使工件达到平直(见图 5-82(b))时,由于工件内部还都处于弹性状态,因此当外力去掉后仍要恢复到原有的弯曲状态。只有当外力增大到使工件向反方向弯曲并使其表面层产生局部塑性变形(见图 5-82(c))时,才有可能将工件校直。此时,当去掉外力,工件内部的弹性力会促使工件逐渐恢复变直,而与此同时却产生了如图 5-82(d)所示的残余应力。

由于冷校直后的工件都要产生残余应力,这样就不可能长期保持已校直的形状精度。为此,对精密丝杠等高精度零件的加工,都是严禁采用冷校直工序的。

### 5.4.4.3　减少或消除残余应力的措施

上述的一些实例说明,无论是在毛坯制造还是在零件的机械加工过程中,都会由于局部塑性变形而产生不同程度的残余应力,并相应地造成毛坯或工件的变形。一般来说,对刚度高或精度要求不高的零件,残余应力的影响可不考虑,但对刚度低的零件,特别是精密零件,则必须设法减少或消除之。减少和消除残余应力的措施如下。

**1. 合理设计零件结构**

在机器零件的结构设计中,应尽量减少各组成部分的尺寸差和壁厚差,以减少在铸、锻件毛坯制造中产生的残余应力。

**2. 采取时效处理**

目前,消除残余应力的办法主要是在毛坯制造之后,粗、精加工或其他有关工序之间,停留一段时间进行自然时效。不同尺寸类型的零件所需的自然时效时间是不同的,有的需要几个小时即可,但对一些大型零件(如机床床身、箱体等)则需很长的时间。为此,对大型零件的毛坯,往往是放到室外进行长时间的自然时效,以达到充分变形和逐渐消失残余应力的目的。但对正在进行机械加工的大型零件,则往往为避免长期占用车间生产面积而采用加快时效速度的人工时效方法。

人工时效处理就是将工件放到炉中去加热,加热到一定温度并保持一段时间后再随炉冷却。有时也可采取敲击的办法进行人工时效,如对中、小型铸件,将它们放入大滚筒中进行清砂,在此过程中也就同时达到了人工时效的目的。对某些小型精密零件,为避免人工时效处理时加工表面产生氧化,则可采用油煮的处理方法。近年来,国内一些单位研制出来的机械式激振时效装置,其主要特点是利用共振原理消除工件中的残余应力,从而达到人工时效的目的。这种振动时效,已在大型机体零件中应用并获得良好的效果。

# 5.5 加工总误差的分析与估算

## 5.5.1 加工总误差的分析方法

对加工误差进行分析的目的在于将两大类不同性质的加工误差分开,确定系统误差的数值和随机误差的范围,从而找出造成加工误差的主要因素,以便采取相应措施提高零件的加工精度。目前,加工误差的分析方法基本有两类:分析计算法和统计分析法。

### 5.5.1.1 分析计算法

分析计算法主要用于确定各个单项因素所造成的加工误差。此法是在分析产生加工误差因素的基础上,找出原始误差值,并建立它与工件加工误差值之间的数学关系,从而计算出该因素所造成的加工误差值。

对于单项的系统误差,一般都可以采用这种方法进行计算。例如,由于采取近似的加工原理所带来的加工原理误差(如用法向截面为直线形齿廓的滚刀代替渐开线蜗杆滚刀加工渐开线齿形等),可以根据零件加工表面的形成原理,从相应的几何关系中找出产生加工误差值的大小。又如,由机床几何误差所引起的加工误差值,也可通过对机床各项几何误差的测定和相应的几何关系计算出来。

实际生产中,经常是各种影响因素都在起作用。因此,要确定零件总的加工误差,就必须分别把各个原始误差所造成的加工误差先计算出来。为此,需对工艺系统各有关原始误差环节进行理论分析和试验测定,得出各原始误差的数据,然后再用分析计算法,取得相应的加工误差值,最后通过作图或计算,将它们综合起来,即可求出总误差的大小。图 5-83 所示为在单件生产条件下加工长轴时,各项误差的图解和加工后长轴的形状。由图可知工件在各个剖面上总误差的大小和变化情况,同时也可看到各原始误差所产生的加工误差经常是可以相互补偿的。

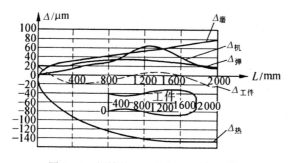

图 5-83 长轴加工后的尺寸及形状误差

上例只对单个零件的轴向形状误差进行了分析,对其径向形状误差还需另做分析。若零件为批量生产时,则还需分析其他一些因素,如工件定位不准、加工余量不均以及材料硬度不同等所造成的加工误差。

用分析计算法计算加工的总误差是比较困难的,它需要对很多原始误差资料进行较复杂的计算才能完成。因此,这种方法只适用于在成批、大量生产中,分析和研究某些主要零件的关键工序,或者对一般零件加工中的某些主要工艺因素进行分析和研究。

### 5.5.1.2 统计分析法

统计分析法是以现场观察与实际测量所得的数据为基础,应用概率论理论和统计学原理,以确定在一定加工条件下,一批零件加工总误差的大小及其分布情况。这种方法不仅可以指出系统误差的大小和方向,同时还可指示出各种随机误差因素对加工精度的综合影响。由于这种方法是建立在对大量实测数据进行统计的基础上,故一般只能用于调整法加工的成批、大量生产中。

在机械加工中,经常采用的统计分析法主要有分布曲线法和点图法两种。

#### 1. 分布曲线法

分布曲线法是通过测量一批零件加工后的实际尺寸,绘出尺寸分布曲线,然后按此曲线来判断这种加工方法所产生的误差。

例如,在一批零件上铰一尺寸为 $\phi(20\pm0.01)$mm 的孔。现使用 $\phi=20$mm 的铰刀在一定的切削用量下进行加工。铰孔后测定孔的直径尺寸分别为 20.60,20.085,20.065,20.062,20.100,20.084,20.070…乍看起来,这些数据似乎无规律可循,但若用一定的方法进行整理,则会发现是有其规律性的。

(1) 进行最简单的统计分析,即按实测数据计算孔的平均尺寸 $\overline{D}$,有

$$\overline{D} = \frac{\sum\limits_{i=1}^{n} D_i}{n}$$

则

$$\overline{D} = \frac{20.060 + 20.085 + 20.065 + 20.062 + \cdots}{n} = 20.08(\text{mm})$$

式中:$D_i$——各实测尺寸;

$n$——实测零件的总数。

(2) 增加这批零件的数量,测量后计算其平均尺寸几乎没有变化,这就说明在每个零件上,孔的直径尺寸都有 0.08mm 的误差存在。而每个零件的实测尺寸不是 20.08mm,主要是因为除了这一项系统误差外,还有随机误差成分。如第一个零件除有 0.08mm 的误差外,还有 $-0.02$mm 的随机误差;第二个零件除有 0.08mm 的误差外,还有 $+0.005$mm 的随机误差;等等。

这样,每个零件上孔的实测尺寸可写为

$$D_1 = 20 + 0.08 - 0.020$$
$$D_2 = 20 + 0.08 + 0.005$$
$$D_3 = 20 + 0.08 - 0.015$$
$$D_4 = 20 + 0.08 - 0.018$$
$$D_5 = 20 + 0.08 + 0.020$$

$$D_6 = 20 + 0.08 + 0.004$$

$$D_7 = 20 + 0.08 - 0.010$$

$$\vdots$$

这些尺寸的第一项是零件所要求的基本尺寸 $D_基$，第二项是加工每个零件时都产生的系统误差 $\Delta_系$，而第三项则是加工时很难事先预测其大小的随机误差 $\Delta_随$。

（3）通过初步的统计分析可知，在每个零件上都有 0.08mm 的误差这一规律，因而可以采取相应措施消除这一部分误差。例如，将铰刀直径磨小 0.08mm，使其在铰孔时，再产生一个 $-0.08$mm 的误差，这样加工后，各零件上孔的实际尺寸将为 $20-0.02, 20+0.005$，$20-0.015 \cdots$ 很明显，这些孔径更加接近零件图纸所要求的尺寸，即加工精度有了很大的提高。

（4）进一步对随机误差进行统计分析，会发现这些随机误差虽然在每个零件上表现的大小是不同的，但总是在一定的范围内变化，且以平均尺寸 $\bar{D}$ 为中心，有正有负且对称分布（见图 5-84）。此外，还会发现距离平均尺寸越远的随机误差出现的概率越小。总之，是完全符合随机误差的分布规律的。这样即可根据实测尺寸的数据，经过统计和分析，求出系统误差的数值和随机误差的分布范围 $6\sigma$，即

$$\Delta_系 = \bar{D} - D_基 = 0.08\text{mm}$$

$$\Delta_随 = 6\sigma = 6\sqrt{\sum_{i=1}^{n}(D_i - \bar{D})^2 / n} = 0.04\text{mm}$$

通过分布曲线不仅可以掌握某道工序随机误差的分布范围，而且还可以知道，不同误差范围内出现的零件数占全部零件数的百分比。这样，在采用调整法加工一批零件时，就可以预先估算产生废品的可能性及其数量。

（5）当废品不可避免时，则可通过调整刀具的位置或改变刀具的尺寸，变不可修废品为可修废品。孔的加工尺寸为 $\phi(20 \pm 0.01)$mm，即公差为 $T = 0.02$mm。铰孔这道工序，其加工精度为 $6\sigma = 0.04$mm，由于 $6\sigma > T$，因此必然会产生废品。

当尺寸分布中心调整到和孔的公差带中心重合时（图 5-85 中实线），其过大或过小尺寸的废品率计算如下：

$$\frac{x}{\sigma} = \frac{0.01}{0.04/6} = 1.5$$

由表 5-1 可知，$A = 0.8664$，故两项废品率均为 $0.5 - 0.8664/2 = 0.0668$，即 6.68%。

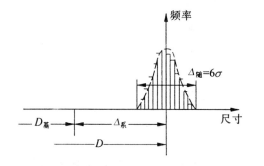
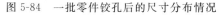

图 5-84　一批零件铰孔后的尺寸分布情况

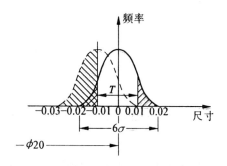

图 5-85　尺寸调整前后的废品率

当尺寸分布中心调整到离公差带中心小 0.01mm（图 5-85 中虚线），即将铰刀直径磨小 0.01mm，就不会出现尺寸过大的不可修废品，而只有过小的可修废品，此时的废品率

为 50%。

若要避免任何废品的产生，则需采用加工精度更高的机床和加工方法，其 $6\sigma$ 不能超过 0.02mm。

### 2. 点图法

用分布曲线法分析研究加工误差时，不能反映出零件加工的先后顺序，因此就不能把按一定规律变化的系统误差和随机误差区分开；而且还需在全部零件加工完之后才能绘制出分布曲线，不能在加工进行过程中提供控制工艺过程的资料。为了克服这些不足，在生产实践中出现了点图法。

点图法是在一批零件的加工过程中，依次测量每个零件的加工尺寸，并记入以顺次加工的零件号为横坐标，零件加工尺寸为纵坐标的图表中，这样对一批零件的加工结果便可绘成点图。

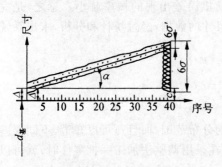

图 5-86  在车床上用调整法加工一批
大尺寸轴颈的点图

现以外圆加工为例，说明点图法的具体应用。

在车床上采用调整法加工一批大尺寸的轴颈。如图 5-86 所示，由于加工所使用的刀具磨损比较显著，若还是采用分布曲线法进行计算，则会发现此工序的随机误差部分 $6\sigma$ 过大。

若改为采用点图法，即按零件加工的先后顺序逐个测量绘出点图，则可明显地发现刀具磨损的影响。实际上，其随机误差的分布宽度仅等于 $6\sigma'$，其数值远比 $6\sigma$ 要小。实际的随机误差分布宽度 $6\sigma'$ 的计算方法如下。

由于刀具磨损而产生的变值系统误差为 $\Delta_{变系}=n\tan\alpha$，则各个零件的系统误差为

$$\Delta_{系}=C+n\tan\alpha$$

式中：$n$——零件加工先后的序号；

$C$——常值系统误差。

每个零件实际的随机误差为各个零件加工后的实际误差（实测尺寸减去基本尺寸）减去各自的系统误差，即

$$\Delta_{1随}=\Delta_1-(C+1\tan\alpha)$$
$$\Delta_{2随}=\Delta_2-(C+2\tan\alpha)$$
$$\vdots$$
$$\Delta_{n随}=\Delta_n-(C+n\tan\alpha)$$

根据 $\Delta_{1随},\Delta_{2随},\cdots,\Delta_{n随}$ 可求出 $\sigma'$，从而得出 $6\sigma'$，有

$$\sigma'=\sqrt{\Delta_{1随}^2+\Delta_{2随}^2+\cdots+\Delta_{n随}^2}$$

由于刀具磨损而造成的变值系统误差可通过点图掌握其规律，从而采取补偿措施以提高这一批零件的尺寸精度。

总之，采用点图法就有可能将所有系统误差与随机误差分开，因而有可能通过误差补偿的办法，消除各种系统误差，加工精度就能得到提高。

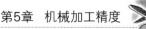
## 5.5.2 加工总误差的估算

一批零件加工后的总误差由系统误差和随机误差两部分组成,而这两部分误差往往又是分别由很多单项的系统误差和随机误差综合的结果。由于系统误差和随机误差的性质不同,因此在综合时,系统误差应为代数和,随机误差应为方根平方和。

一批零件加工的总误差(见图 5-87)可按下式估算:

$$\Delta_总 = \Delta_{系综} \pm \frac{1}{2}\Delta_{随综}$$

$$\Delta_{系综} = \sum \Delta_{系i}$$

$$\Delta_{随综} = \sqrt{\sum \Delta_{随i}^2}$$

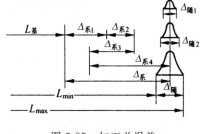

图 5-87 加工总误差

# 5.6 保证和提高加工精度的主要途径

在机械加工过程中,工艺系统存在各种原始误差,这些原始误差在不同的具体条件下以不同的程度反映为零件的加工误差。为保证和提高加工精度,可通过直接控制原始误差或控制原始误差对零件加工精度的影响来达到,其主要途径有:减小或消除原始误差;补偿或抵消原始误差;转移原始误差和分化或均化原始误差等。

## 5.6.1 减小或消除原始误差

提高零件加工时所使用的机床、夹具、量具及工具的精度,以及控制工艺系统受力、受热变形等均属于直接减小原始误差。为有效地提高加工精度,应根据不同情况针对主要的原始误差采取措施加以解决。加工精密零件,应尽可能提高所使用机床的几何精度、刚度及控制加工过程中的热变形;加工低刚度零件,主要是尽量减小工件的受力变形;加工具有型面的零件,则主要减小成形刀具的形状误差及刀具的安装误差。

例如,车床车削加工细长轴,即使在切削用量较小的情况下,也会使工件产生弯曲变形和振动,加工后得不到准确的形状。虽然在加工时采用了跟刀架,但仍很难加工出高精度的细长轴。

分析细长轴车削加工时的受力状况可知,采用跟刀架虽可以解决径向切削分力 $F_y$ 将工件"顶弯"的问题,但没有解决轴向切削分力 $F_x$ 及工件热伸长将工件"压弯"的问题。在采用跟刀架加工的情况下,后者就成为细长轴加工时的主要原始误差(见图 5-88(a))。为了减小这项原始误差,可采取大进给反向切削法(见图 5-88(b))。这样,由于改变了进给方向使细长轴在加工过程中受拉力,再加上在尾座一端采用可伸缩的活顶尖,故可使工件获得较高的形状精度。

采用大进给反向切削法加工细长轴时,为了使切削平稳以获得良好的加工效果,最好如图 5-88(c)所示,将工件在床头卡盘夹持部分车出一个颈部 $\left(d_1 \approx \frac{d}{2}\right)$,以消除由于坯料本身弯曲而在卡盘强制夹持下引起工件轴线歪斜的影响。为了保证最终车削加工表面的粗糙

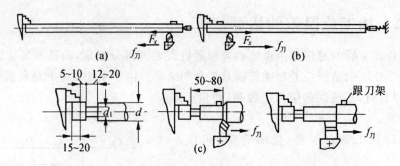

图 5-88　细长轴车削时的受力分析及大进给反向切削

度,在精车时应将跟刀架安置在待加工表面上。

## 5.6.2　补偿或抵消原始误差

对工艺系统中的一些原始误差若无适当措施使其减小时,则可采取误差补偿或误差抵消的办法消除其对加工精度的影响。

### 1. 误差补偿法

误差补偿法是通过人为地制造一个大小相等、方向相反的误差去补偿原有的原始误差。例如,图 5-89 所示为在双柱坐标镗床上利用重锤和人为制造的横梁导轨直线度误差去补偿有关部件自重引起的横梁的变形误差。

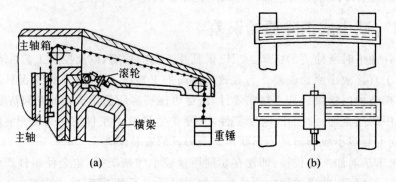

图 5-89　双柱坐标镗床横梁变形的补偿

图 5-89(a)所示为通过重锤、链环及滚轮等平衡主轴本身重量及主轴箱部件自重对横梁的扭曲变形。作用在横梁上的合力将主要使横梁在垂直方向产生弯曲变形,为此可将横梁上导轨刮研成相应的上凸形(见图 5-89(b)),以补偿其受力变形量。至于横梁导轨需刮研的凸起量,可通过实测主轴箱部件在不同位置时横梁的变形值或对横梁进行受力变形计算加以确定。

对精密螺纹、精密齿轮及精密蜗轮加工机床中内传动链的传动误差,也多采用误差补偿的办法以提高被加工丝杠、齿轮或蜗轮的加工精度。

### 2. 误差抵消法

误差抵消法是利用原始误差本身的规律性,部分或全部抵消其所造成的加工误差。例如,在立式铣床上采用端铣刀加工平面时,由于铣刀回转轴线对工作台直线进给运动不垂直,加工后将造成加工表面下凹的形状误差 $\Delta$。为减小此项加工误差,可采取如图 5-90 所示的工件相对铣刀轴线横向多次移位走刀加工,加工后的形状误差可减小到 $\Delta'$,即是利用铣刀回转轴线位置误差的规律性来部分抵消其所造成的加工误差的一个实例。

此外,利用"易位法"加工精密蜗轮或精密丝杠,也可以通过部分抵消机床内传动链的周期性误差而达到提高加工精度的目的。易位法加工蜗轮的原理是利用滚齿机分度蜗轮副分度误差的周期性,通过逐次改变被加工蜗轮与机床分度蜗轮的相对位置,使分度蜗轮副的分度误差所造成的加工误差得到部分抵消,其过程如图 5-91 所示。

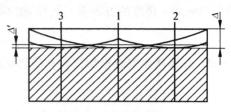

图 5-90　铣削加工平面的多次移位走刀加工
1—工件移位前铣刀轴线位置;2,3—工件
两次移位后铣刀轴线位置

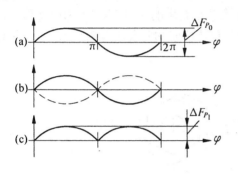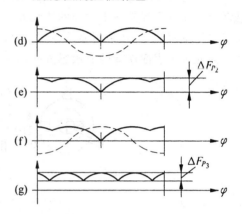

图 5-91　易位法加工蜗轮使加工误差部分抵消的过程

图 5-91(a)所示为易位前滚齿机分度蜗轮周节累积误差(主要是分度蜗轮的安装偏心造成的)所造成的工件蜗轮周节累积误差曲线,其误差值为 $\Delta F_{P_0}$。

图 5-91(b)所示为工件蜗轮相对滚齿机分度蜗轮易位 $180°$ 之后,滚齿机分度蜗轮的周节累积误差(图中虚线)与工件蜗轮周节累积误差(图中实线)错位 $180°$ 的情况。

图 5-91(c)所示为易位滚切后,工件蜗轮上的周节累积误差为 $\Delta F_{P_1} = \dfrac{1}{2}\Delta F_{P_0}$。此时,由于机床分度蜗轮周节累积误差为正值的部分恰好对应工件蜗轮周节累积误差为负值的部分,因而在这一部分的齿面上有余量可以切除,滚齿机分度蜗轮的周节累积误差又反映到工件蜗轮上;而在另半周,则因工件蜗轮的周节累积误差为负值,滚刀不能与工件蜗轮的这半周齿面相切,因而此次易位前的误差仍被保留。

图 5-91(d)所示为再次易位 $90°$ 之后,工件蜗轮的周节累积误差(图中实线)与机床分度蜗轮的周节累积误差(图中虚线)的相对位置。

图 5-91(e)所示为再次易位滚切后,工件蜗轮的周节累积误差,其值为 $\Delta F_{P_2} = \Delta F_{P_1}$。

图 5-91(f)所示为再继续易位 $180°$ 时,工件蜗轮的周节累积误差(图中实线)与机床分度蜗轮的周节累积误差(图中虚线)的分布情况。

图 5-91(g)所示为第三次易位滚切后,工件蜗轮的周节累积误差大大减小的情况。这

时,工件蜗轮上原有的大部分周节累积误差已被滚刀切去,剩下的误差值仅为 $\Delta F_{P_3}$。

### 5.6.3 转移原始误差

对工艺系统的原始误差,在一定的条件下,可以使其转移到加工误差的非敏感方向或其他不影响加工精度的方面去。这样,在不减小原始误差的情况下,同样可以获得较高的加工精度。

**1. 转移原始误差至加工误差的非敏感方向**

各种原始误差反映到零件加工误差上去的程度,与其是否在加工误差敏感方向有直接关系。在加工过程中,若设法将原始误差转移到加工误差的非敏感方向,则可大大提高加工精度。例如,对具有分度或转位的多工位加工工序或采用转位刀架加工的工序,其分度、转位误差将直接影响零件有关表面的加工精度。此时,若将切削刀具安装到适当位置,使分度或转位误差处于零件加工表面的切线方向,则可大大减小其影响。图 5-92 所示的立轴六角车床采用垂直装刀,就是明显的一例,它可使六角刀台转位时的重复定位误差 $\pm\Delta\alpha$ 转移到零件内孔加工表面误差的非敏感方向。

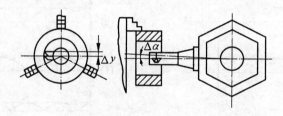

图 5-92 转移原始误差至加工误差的非敏感方向的示例

**2. 转移原始误差至对加工精度无影响的方面**

在大型龙门式机床中,由于横梁较长,常常由于其上主轴箱等部件重力的作用而产生弯曲和扭曲变形。使用这类机床加工时,横梁的变形往往是产生加工误差的主要原始误差之一。为消除此原始误差的影响,可在机床结构上再增添一根主要承受主轴箱重量的附加梁(见图 5-93(a))。此外,对箱体零件的孔系加工,在单件、小批生产时采用精密量块和千分表实现精密坐标定位,或在成批生产条件下采用镗模夹具加工,也都是将原有镗床的部分几何误差转移到与箱体孔系加工精度无关方面的示例(见图 5-93(b))。

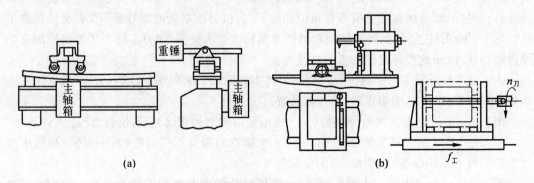

(a)　　　　　　　　　　　　　(b)

图 5-93 转移原始误差的示例

## 5.6.4 分化或均化原始误差

为提高一批零件的加工精度,可采取分化某些原始误差的办法。对加工精度要求很高的零件,还可采取不断试切或逐步均化加工前工件原有的原始误差的办法。

### 1. 分化原始误差

采用调整法加工一批零件时,若加工余量或加工表面与定位基准面之间的有关尺寸变动范围过大,都会造成较大的加工误差。为此可根据误差复映规律,在加工前将这批零件有关尺寸的这项原始误差均分为几组,然后再按各组工件的加工余量或有关尺寸的变动范围调整刀具相对工件的准确位置,使各组工件加工后的尺寸分布中心基本一致,从而使这批零件加工的精度得到提高。

例如,采用无心磨床贯穿磨削加工一批小轴,磨前对其尺寸进行测量并均分为四组,则分组后的尺寸分散范围将缩减为 $\frac{\Delta_{前}}{4}$。这样,再按每组零件的实际加工余量及工艺系统刚度调整无心磨砂轮与导轮之间的距离,就可使这批小轴加工后的尺寸分散范围大大缩小。当不考虑调整误差时,加工后其尺寸分散范围为

$$\Delta'_{后} = \varepsilon \times \frac{\Delta_{前}}{4} = \frac{\Delta_{后}}{4}$$

式中:$\Delta_{前}$,$\Delta_{后}$——未分组调整前这批零件加工前及加工后的尺寸分散范围;

$\Delta'_{后}$——分组调整后这批零件加工后的尺寸分散范围;

$\varepsilon$——无心磨削加工的误差复映系数。

又如,精加工齿轮齿形时,为保证齿圈与齿轮内孔的同轴度,多采用各种类型的芯轴定位。对一批齿轮工件来说,加工后齿圈与内孔的位置精度主要取决于其内孔与芯轴的配合间隙。为此,也可以在加工前将齿轮工件按内孔尺寸分组,并相应和不同直径尺寸的芯轴配合。这样,由于减小了齿轮工件内孔与定位芯轴的配合间隙,也可提高齿轮齿形的加工精度。

### 2. 均化原始误差

均化原始误差的过程,就是通过加工使被加工零件表面原有的原始误差不断平均化和缩小的过程。例如,对零件上精密孔径或轴颈的研磨加工,就是利用工件与研具在研磨过程中的研磨和磨损,由最初的最高点相接触到接触面逐渐扩大,从而使原有误差不断减小而最后达到很高的形状精度。高精度标准平台、平尺等,也都是通过三个相同的工件,相互依次研合和检验的均化误差法获得的。精密分度盘的最终精磨,也是在不断微调定位基准与砂轮之间的角度位置,通过不断均化各分度槽之间角度误差而获得的。

精密分度盘的最终精磨过程是首先初调定位件,使定位基准与砂轮工作面之间获得一定的角度位置,随后将各分度槽磨削一遍。此时,由于分度槽之间的原有的角度误差(即原始误差)较大,可能只有部分的分度槽被磨到,而且当再磨到开始磨的第一槽时,可能出现没有磨削余量或磨削余量过大的情况。这时就应微调定位件的位置,使定位基准与砂轮工作面之间的夹角适当增大或减小。如图 5-94 所示,经过多次磨削与调整,最后一定能使每个

分度槽都被刚好磨到。在此基础上,再将各槽都极精细地磨削一遍,即这些分度槽面都轻微地被磨到,每次磨削都是火花极小,直至只听到砂轮与槽面相接触的声音而无磨削火花时,则说明分度盘已获得极高的分度精度。

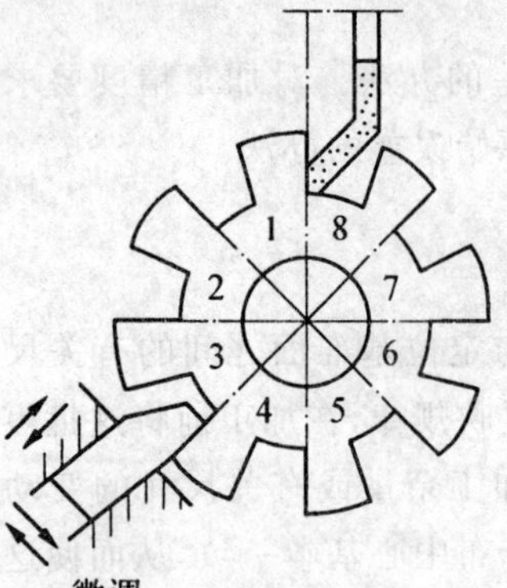

在对分度盘进行精磨加工时,最好调整定位基准面与砂轮工作面之间的角度恰好等于两个分度槽之间的夹角,这样可以提高精磨效率(分度盘转一转即可依次精磨完全部分度槽面一遍)。但当分度盘的分度槽数较多时,则往往受到结构限制很难实现,这时可采取相隔数个分度槽定位的办法解决之。只要对每个分度槽在分度盘的多转过程中都能磨到,则同样可获得等分性精度很高的分度盘。例如,如图 5-94 所示的八等分的分度盘,精磨加工时采用相隔三个分度槽定位的方案,这样依次精磨后的分度槽面与定位基准面之间的夹角分别为

图 5-94 精密分度盘最终精磨时的误差均化过程

$$\angle 3 + \angle 2 + \angle 1, \quad \angle 8 + \angle 7 + \angle 6, \quad \angle 5 + \angle 4 + \angle 3, \quad \angle 2 + \angle 1 + \angle 8$$
$$\angle 7 + \angle 6 + \angle 5, \quad \angle 4 + \angle 3 + \angle 2, \quad \angle 1 + \angle 8 + \angle 7, \quad \angle 6 + \angle 5 + \angle 4$$

当上述各夹角经精细调整磨削后都相等时,则整理可得

$$\angle 1 = \angle 4, \quad \angle 2 = \angle 5, \quad \angle 3 = \angle 6, \quad \angle 4 = \angle 7$$
$$\angle 5 = \angle 8, \quad \angle 6 = \angle 1, \quad \angle 7 = \angle 2, \quad \angle 8 = \angle 3$$

亦即

$$\angle 1 = \angle 4 = \angle 7 = \angle 2 = \angle 5 = \angle 8 = \angle 3 = \angle 6$$

这种对精密分度盘的最终精磨方法,从原理上分析不存在任何分度误差,但由于在加工中还有其他因素的影响,最终加工出来的分度盘的分度精度为 $\pm(5'' \sim 8'')$。

# 习题与思考题

5-1 何谓加工精度?何谓加工误差?两者有何区别与联系?

5-2 获得零件尺寸精度的方法有哪些?影响尺寸精度的主要因素是什么?试举例说明。

5-3 获得零件形状精度的方法有哪些?影响形状精度的主要因素是什么?试举例说明。

5-4 获得零件有关加工表面之间的位置精度的方法有哪些?影响加工表面间位置精度的主要因素是什么?试举例说明。

5-5 何谓原始误差?试举一加工实例说明之。

5-6 何谓"原理误差"?它对零件的加工精度有何影响?试举例说明。

5-7 机床的几何误差指的是什么?试以车床为例说明机床的几何误差对零件的加工精度有何影响?

5-8 何谓调整误差?在单件小批生产或大批大量生产中各会产生哪些方面的调整误差?它们对零件的加工精度会产生怎样的影响?

5-9 试举例说明在加工过程中,工艺系统受力变形、热变形、磨损和残余应力会对零件的加工精度产生怎样的影响? 各应采取什么措施来克服这些影响?

5-10 什么是加工误差的分析方法? 什么是分析计算法? 什么是统计分析法? 各在什么情况下应用?

5-11 在只考虑测量工具或测量方法本身误差影响的条件下,试分别确定如下工件被测尺寸的实际值:

(1) 采用分度值为 0.01mm 的一级百分尺,测得一工件的厚度尺寸为 24.75mm;

(2) 采用二级杠杆式百分表(在 0.1mm 使用)及三级量块,测得一轴套的外径为 $\phi76.048$mm。

5-12 在车床上加工一批零件的内孔,按图纸要求,其尺寸为 $70_0^{0.074}$mm,加工时采用一级内径百分表和三级量块进行测量。为了确保这一批零件加工后的内孔尺寸均能符合图纸要求,试计算确定其加工尺寸及上下偏差。

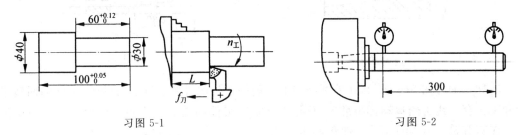

习图 5-1　　　　　　　　　　　　　习图 5-2

5-13 如习图 5-1 所示,在车床上采用工件左端面定位和采用行程挡块对一批工件进行调整法加工,要求保证图纸给定尺寸 $60_0^{+0.12}$mm。现已知机床行程挡块的重复定位精度为 $\pm0.04$mm,试计算刀具调整时应具有的位置 $L$。当调整后继续加工能否满足图纸要求(刀具磨损可忽略不计)? 若满足不了图纸的要求时,又可采取哪些措施?

5-14 在车床主轴回转精度的检测中,常以标准芯轴和千分表测量出来的径向跳动(见习图 5-2)作为衡量其精度高低的主要指标。试分析采用这种测量方法是否能准确地反映主轴的回转精度? 为什么?

5-15 在普通车床上加工一光轴,图纸要求其直径尺寸为 $\phi86h6$、长度为 800mm 及圆柱度公差为 0.01mm。该车床导轨直线度精度很高,但相对前后顶尖的连线在水平和垂直方向的平行度误差为 0.02/1000(见习图 5-3)。若只考虑此平行度误差影响时,试通过计算,确定加工后工件能否满足图纸要求? 若不能满足要求,可采用哪些工艺措施来解决?

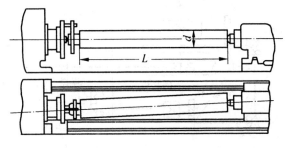

习图 5-3

5-16　在车床上车削加工一工件上的内锥孔，图纸要求为 $\phi40mm\times\phi20mm\times80mm$。若小刀架的倾斜角已调准，且工件回转运动与刀具直线运动均很准确，但刀具安装不准。当在车刀刀尖安装低于工件中心 2mm 的条件下试切加工，大端恰好达到图纸要求（见习图 5-4）时，试分析计算加工后工件内孔的形状及小端尺寸。

5-17　用碗形砂轮磨床身导轨面的平导轨（见习图 5-5）时，若被磨平面宽为 50mm，砂轮直径为 $\phi80mm$，砂轮轴线与平面导轨在纵向垂直平面内的夹角为 89°，试分析计算磨削后导轨平面的形状误差。如要提高导轨平面加工的形状精度，又可采用哪些工艺措施？

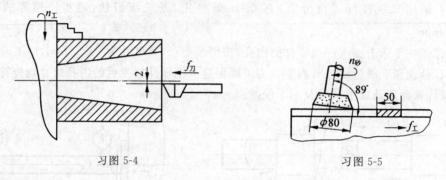

习图 5-4　　　　　　　　　　习图 5-5

5-18　如习图 5-6 所示，在外圆磨床上磨削一工件的外圆表面。若砂轮、工件的回转运动和工作台直线进给运动都很准确，只是用于安装工件的前后顶尖距工作台进给移动用的导轨面不等高。在加工后，工件将产生什么样的形状误差？若砂轮回转轴线也与导轨面不平行时，又将产生什么样的形状误差？在砂轮和被加工工件直径大小不变的条件下，试分析比较上述两种情况下产生形状误差的大小？

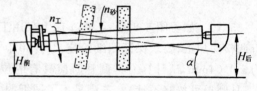

习图 5-6

5-19　习图 5-7 所示为 Y38 滚齿机的传动系统图。欲在此机床上加工 $m=2mm$，$z=48mm$ 的直齿圆柱齿轮。已知 $i_{差}=1$，$i_{分}=\dfrac{e}{f}\times\dfrac{a}{b}\times\dfrac{c}{d}=\dfrac{24K_{刀}}{z_1}=\dfrac{1}{2}$，若传动链中齿轮 $z_1(m=3mm)$ 的周节误差为 $\Delta_{p_1}=0.08mm$，齿轮 $z_d(m=3mm)$ 的周节误差为 $\Delta_{p_d}=0.1mm$，蜗轮 $(m=5mm)$ 的周节误差 $\Delta_{p_蜗}=0.13mm$。试分别计算由于它们各自的周节误差所造成被加工齿轮的周节误差为多少？

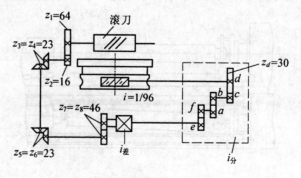

习图 5-7

5-20 如习图 5-8 所示,在键槽铣床上用夹具安装加工一批阶梯轴上的键槽。现已知铣床工作台面与导轨的平行度误差为 0.015/300,夹具两定位 V 形块交点 $A$ 的连线与夹具体底面的平行度误差为 0.01/150,阶梯轴两端轴颈尺寸均为 $\phi(20\pm0.05)$ mm。试分析计算在只考虑上述因素影响时,加工后键槽底面对 $\phi$35mm 外圆下母线之间的最大平行度误差。又如何安装夹具可使上述的平行度误差减小?

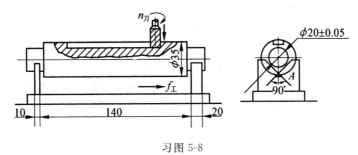

习图 5-8

5-21 采用无心磨床贯穿磨削加工一批轴承外环的外圆(见习图 5-9),图纸要求为 $\phi70_{-0.02}^{0}$ mm。当试磨一组 ($n=4$) 工件的尺寸先后为 $\phi$71.046,$\phi$71.050,$\phi$71.042,$\phi$71.054mm 时,试计算按试磨的第一个工件尺寸,或按试磨这一组的工件尺寸,导轮需进一步调整的距离。

5-22 在平面磨床上采用调整法加工一批工件(见习图 5-10),图纸要求尺寸为 $H=20_{-0.02}^{+0.10}$ mm。当本工序的均方根偏差为 $\sigma=0.01$mm,且只考虑调整误差的影响时,试通过分析计算确定采用哪种调整方法(即按试切一个工件的尺寸或按试切一组工件的平均尺寸调整)方可满足图纸要求?

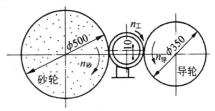

习图 5-9

5-23 在加工平板零件的平面时,若只考虑机床受力变形的影响,试问采用龙门刨床、单臂刨床或牛头刨床哪种加工方案可获得较高的形状和位置精度? 为什么?

5-24 如习图 5-11 所示,在内圆磨床上磨削加工盲孔时,试分析在只考虑内圆磨头受力变形的条件下将产生怎样的加工误差?

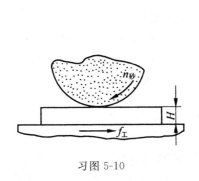

习图 5-10

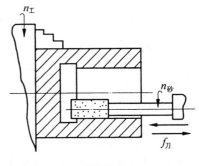

习图 5-11

5-25 在假定工件的刚性极大,且车床各部件处于 $K_头 > K_尾$ 的条件下,试分析如习图 5-12 所示的三种加工情况,其加工后工件表面的形状误差。

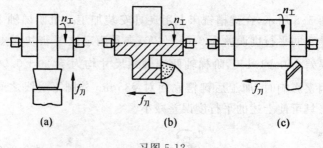

习图 5-12

5-26  在卧式镗床上加工箱体内孔时,可采用如习图 5-13 所示的各种方案:工件进给(见习图 5-13(a));镗杆进给(见习图 5-13(b));工件进给,镗杆加后支承(见习图 5-13(c));镗杆进给,并加后支承(见习图 5-13(d));采用镗模夹具工件进给(见习图 5-13(e))等。若只考虑镗杆受切削力变形的影响时,试分析各种方案加工后箱体孔的加工误差。

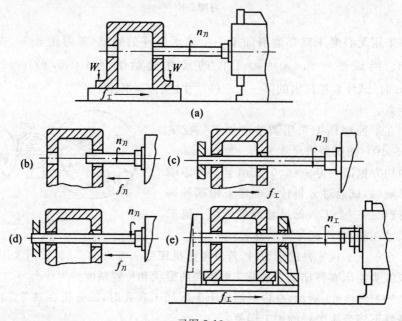

习图 5-13

5-27  在车床上半精镗一短套工件的内孔,现已知半精镗前内孔的圆度误差为 0.4mm,$K_{头} = 40000\text{N/mm}$,$K_{架} = 3000\text{N/mm}$,$C_{F_z} = 1000\text{N/mm}$,$f = 0.65\text{mm/r}$ 及 $y_{F_z} = 0.75$。试分析计算在只考虑机床刚度的影响时,需几次走刀方可使加工后的圆度误差控制在 0.01mm 以内? 又若想一次走刀达到要求时需选用多大的进给量?

5-28  如习图 5-14 所示,在车床上采用端部为平面的三爪自定心卡盘,并通过加一垫片的办法成批加工偏心量 $e = 2^{+0.01}_{0}\text{mm}$ 的偏心轴。试分别分析计算:

(1) 需选用多厚的垫片?

(2) 若车床在车削力作用下产生变形,当放入所需最厚的垫片,且在 $K_{头} = 63000\text{N/mm}$,$K_{架} = 31500\text{N/mm}$,$f_{刀} = 0.10\text{mm/r}$,$y_{F_z} = 0.75$ 及 $C_{F_z} = 800\text{N/mm}^2$ 的条件下,需几次走刀方能达到 $e = 2^{+0.01}_{0}\text{mm}$ 的要求?

(3) 若想一次走刀达到上述要求时,又需重新选用多厚的垫片?

**提示**：通过几何关系和误差复映原理进行计算。

5-29 在普通车床上精车工件上的螺纹表面，工件总长为 2650mm，螺纹部分长度为 2000mm，工件材料与车床传动丝杠材料均为 45 钢。加工时的室温为 20℃，工件温升至 45℃，车床传动丝杠精度为 8 级，且温升至 30℃。试计算加工后工件上的螺纹部分可能产生多大的螺距累积误差？

5-30 在外圆磨床上磨削加工一根光轴，如习图 5-15 所示，在加工过程中由于工作台与床身导轨摩擦发热而使导轨在垂直和水平方向分别产生中凸的直线度误差 $\delta_1$ 和 $\delta_2$。试分析在只考虑磨床导轨热变形的影响时，加工后工件将产生怎样的形状误差？

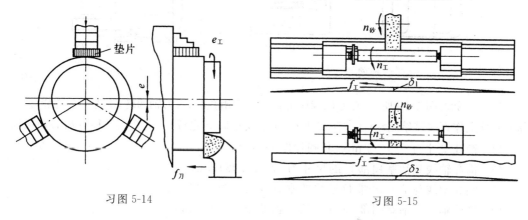

习图 5-14    习图 5-15

5-31 如习图 5-16 所示，在车床上用靠模仿形加工一锥形工件，图纸要求尺寸为 $\phi80\text{mm} \times \phi90\text{mm} \times 900\text{mm}$。若经测定得知刀具磨损量 $\Delta_磨$（mm）与加工表面面积 $A(\text{m}^2)$ 的关系式为 $\Delta_磨 = 0.4A$。试计算在只考虑刀具磨损条件下，加工后工件的圆锥角误差。

5-32 如习图 5-17 所示，在车床上采用成形运动法加工一工件上的球面。现已知刀具磨损量 $\Delta_磨$（mm）与切削加工表面面积 $A(\text{m}^2)$ 的关系式为 $\Delta_磨 = 0.6A$。试计算在只考虑刀具磨损条件下，加工后球面半径尺寸的变化量。

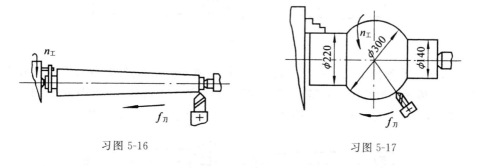

习图 5-16    习图 5-17

5-33 在无心磨床上采用径向进给磨削加工一批小轴，图纸要求尺寸为 $\phi44_{-0.015}^{0}\text{mm}$。现已知小轴直径的加工余量为 0.3mm，砂轮外径为 $\phi500\text{mm}$，砂轮磨耗量与工件金属磨除量之比为 1：25。试计算在只考虑砂轮磨耗量影响条件下，按 $\phi39.985\text{mm}$ 调整后，磨削加工多少个工件之后需重新调整一次？

5-34 如习图 5-18(a) 所示铸件，若只考虑毛坯残余应力的影响，试分析当用端铣刀铣去上部连接部分后，此工件将产生怎样的变形？又如习图 5-18(b) 所示铸件，当采用宽度为

$B$ 的三面刃铣刀将毛坯中部铣开时,试分析开口宽度尺寸的变化。

5-35　在车床上用三爪自定心卡盘定位夹紧精镗加工一薄壁铜套的内孔(见习图 5-19)。若车床的几何精度很高,试分析加工后产生内孔的尺寸、形状及其与外圆同轴度误差的主要因素有哪些?

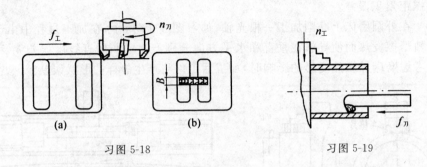

习图 5-18　　　　　　　　　　　习图 5-19

5-36　如习图 5-20 所示,在专用镗床上精镗活塞销孔时,镗刀轴回转,工件装夹在镗床工作台的夹具上作直线进给运动(工件以活塞底面 $A$ 及止口 $B$ 定位)。活塞销孔精镗后必须保证:

(1) 销孔尺寸为 $\phi 28^{-0.05}_{-0.08}$ mm,其圆柱度公差为 $0.005$ mm;

(2) 销孔轴线到活塞顶部 $C$ 的尺寸为 $(56\pm0.08)$ mm;

(3) 销孔轴线与活塞裙部 $D$ 轴线的垂直度公差为 $0.035/100$;

(4) 销孔轴线与活塞裙部 $D$ 轴线的位置度公差为 $0.1$ mm。

试分别分析影响上述各项精度要求的主要误差因素有哪些?

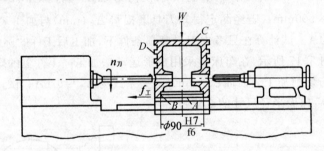

习图 5-20

5-37　在三台车床上加工一批工件的外圆面,加工后经测量,若各批工件分别发现有如习图 5-21 所示的形状误差:锥形(见习图 5-21(a));腰鼓形(见习图 5-21(b));鞍形(见习图 5-21(c))。试分析说明可能产生上述各种形状误差的主要原因。

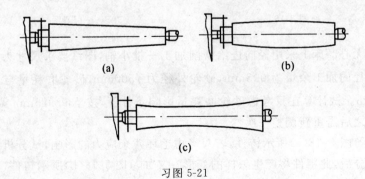

(a)　　　　　　　　　(b)

(c)

习图 5-21

5-38　如习图 5-22 所示,在车床上采用调整法加工一批齿轮毛坯的外圆,图纸要求尺寸为 $\phi(100\pm0.05)$mm。加工时,若已知工艺系统刚度 $K_{系}=10000$N/mm,$f=0.05$mm/r,$y_{F_z}=0.75$,$x_{F_z}=1$,毛坯尺寸为 $\phi(105\pm1)$mm、$C_{F_z}=800\sim1000$N/mm$^2$。试计算按 $\phi100$mm 的样件准确调刀后一次走刀加工,这批齿轮毛坯加工后直径尺寸的总误差是多少?

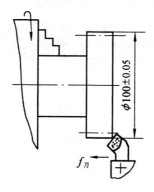

习图 5-22

5-39　在到企业实习时,选企业生产中一个批量生产的零件的关键尺寸加工误差进行分析,找出出现问题的原因,并提出解决方案。

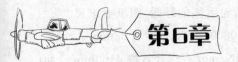

# 第6章

# 机械加工表面质量

## 6.1 概述

### 6.1.1 加工表面质量的概念

任何机械加工所得到的零件表面实际上都不是完全理想的表面。实践表明,机械零件的破坏,一般都是从表面层开始的,这说明零件的机械加工表面质量是至关重要的,它对产品的质量有很大影响。

研究加工表面质量的目的,就是要掌握机械加工中各种工艺因素对加工表面质量的影响规律,以便应用这些规律控制加工过程,最终达到提高加工表面质量、提高产品使用性能的目的。

加工表面质量包括两个方面的内容:加工表面的几何形貌和表层材料的力学物理性能和化学性能。

#### 1. 加工表面的几何形貌

加工表面的几何形貌,是由加工过程中刀具与被加工工件的相对运动在加工表面上残留的切痕、摩擦、切屑分离时的塑性变形以及加工系统的振动等因素作用在工件表面上留下的表面结构。图 6-1 所示为在车床上用金刚石刀具车削无氧铜光学镜面所测得的工件表面三维形貌和其中的一个表面的轮廓曲线。

加工表面的几何形貌(表面结构)包括表面粗糙度、表面波纹度、纹理方向和表面缺陷等四个方面的内容。

(1) 表面粗糙度。表面粗糙度轮廓是指加工表面的微观几何轮廓,其波长与波高比值一般小于 50。

(2) 波纹度。加工表面上波长与波高的比值等于 50~1000 的几何轮廓称为波纹度,它是由机械加工中的振动引起的。加工表面上波长与波高比值大于 1000 的几何轮廓称为宏观几何轮廓,属于加工精度范畴,不在本章讨论之列。

(3) 纹理方向。纹理方向是指表面刀纹的方向,它取决于表面形成过程中所采用的加工方法。图 6-2 给出了各种纹理方向及其符号标注。

(4) 表面缺陷。表面缺陷指加工表面上出现的缺陷,如砂眼、气孔、裂痕等。

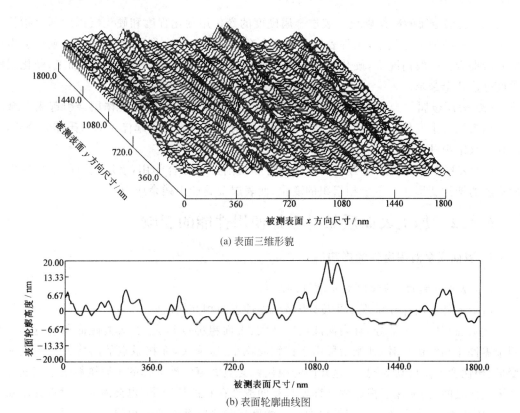

(a) 表面三维形貌

(b) 表面轮廓曲线图

图 6-1 无氧铜镜面三维形貌和表面轮廓曲线图

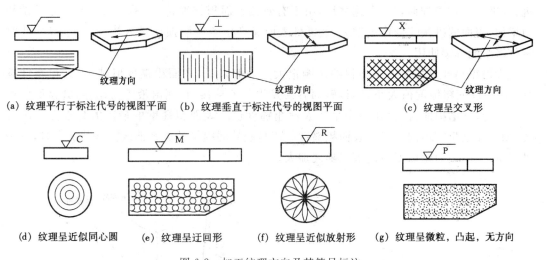

(a) 纹理平行于标注代号的视图平面 (b) 纹理垂直于标注代号的视图平面 (c) 纹理呈交叉形

(d) 纹理呈近似同心圆 (e) 纹理呈迂回形 (f) 纹理呈近似放射形 (g) 纹理呈微粒, 凸起, 无方向

图 6-2 加工纹理方向及其符号标注

## 2. 表层金属的力学物理性能和化学性能

由于机械加工中力因素和热因素的综合作用,加工表层金属的力学、物理性能和化学性能将发生一定的变化,主要反映在以下几个方面:

（1）表层金属的冷作硬化。表层金属硬度的变化用硬化程度和硬化层深度两个指标来衡量。在机械加工过程中，工件表层金属都会有一定程度的冷作硬化，使表层金属的显微硬度有所提高。一般情况下，硬化层的深度可达 $0.05\sim0.30$ mm；若采用滚压加工，硬化层的深度可达几个毫米。

（2）表层金属的金相组织变化。机械加工过程中，由于切削热的作用会引起表层金属的金相组织发生变化。在磨削淬火钢时，由于磨削热的影响会引起淬火钢马氏体的分解，或出现回火组织等。

（3）表层金属的残余应力。由于切削力和切削热的综合作用，表层金属晶格会发生不同程度的塑性变形或产生金相组织的变化，使表层金属产生残余应力。

## 6.1.2 加工表面质量对零件使用性能的影响

### 1. 表面质量对耐磨性的影响

（1）表面粗糙度、波纹度对耐磨性的影响

由于零件表面存在微观不平度，当两个零件表面相互接触时，实际上有效接触面积只是名义接触面积的一小部分，且表面波纹度越大、表面粗糙度越大，有效接触面积就越小。在两个零件作相对运动时，开始阶段由于接触面积小，压强大，在接触点的凸峰处会产生弹性变形、塑性变形及剪切等现象，这样凸峰很快就会被磨掉。被磨掉的金属微粒落在相配合的摩擦表面之间，会加速磨损过程。即使在有润滑液存在的情况下，也会因为接触点处压强过大，破坏油膜，形成干摩擦。零件表面在起始磨损阶段的磨损速度很快，起始磨损量较大（见图 6-3）；随着磨损的发展，有效接触面积不断增大，压强也逐渐减小，磨损将以较慢的速度进行，进入正常磨损阶段；在这之后，由于有效接触面积越来越大，零件间的金属分子亲和力增加，表面的机械咬合作用增大，使零件表面又产生急剧磨损而进入快速磨损阶段，此时零件将不能继续使用。

表面粗糙度对零件表面磨损的影响很大。一般来说，表面粗糙度值越小，其耐磨性越好；但是表面粗糙度值太小，因接触面容易发生分子粘接，且润滑液不易储存，磨损反而增加。因此，就磨损而言，存在一个最优表面粗糙度值。表面粗糙度的最优值与零件工况有关，图 6-4 给出了不同工况下表面粗糙度数值与起始磨损量的关系曲线。载荷加大时，起始磨损量增大，表面粗糙度最优值也随之加大。

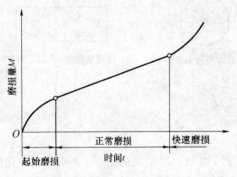

图 6-3　零件表面的磨损曲线

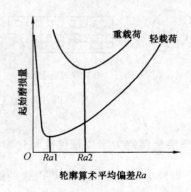

图 6-4　表面粗糙度与起始磨损量的关系

（2）表面纹理对耐磨性的影响

表面纹理的形状及刀纹方向对耐磨性也有一定影响,其原因在于纹理形状及刀纹方向将影响有效接触面积与润滑液的存留。一般来说,圆弧状、凹坑状表面纹理的耐磨性好;尖峰状的表面纹理由于摩擦副接触面压强大,耐磨性较差。在运动副中,两相对运动零件表面的刀纹方向均与运动方向相同时,耐磨性较好;两者的刀纹方向均与运动方向垂直时,耐磨性最差;其余情况居于上述两种状态之间。但在重载工况下,由于压强、分子亲和力及润滑液储存等因素的变化,耐磨性规律可能会有所不同。

（3）冷作硬化对耐磨性的影响

加工表面的冷作硬化一般都能使耐磨性有所提高。其主要原因是:冷作硬化使表层金属的纤维硬度提高,塑性降低,减少了摩擦副接触部分的弹性变形和塑性变形,故可减少磨损。但并不是说冷作硬化程度越高,耐磨性也越高。图6-5所示为T7A钢的磨损量随冷作硬化程度的变化而变化的情况。当冷作硬化硬度达380HBW左右时,耐磨性最佳;如进一步加强冷作硬化,耐磨性反而降低。这是因为过度的硬化将引起金属组织疏松,在相对运动中可能出现金属剥落,在接触面间形成小颗粒,也会加速零件的磨损。

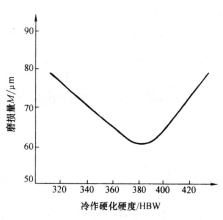

图6-5　T7A钢车削加工后,冷硬程度与耐磨性的关系

**2. 表面质量对耐疲劳性的影响**

（1）表面粗糙度对耐疲劳性的影响

表面粗糙度对承受交变载荷零件的疲劳强度影响很大。在交变载荷作用下,表面粗糙度的凹坑部位容易引起应力集中,产生疲劳裂纹。表面粗糙度值越小,表面缺陷越少,工件耐疲劳性越好;反之,加工表面越粗糙,表面的纹痕越深,纹底半径越小,其抵抗疲劳破坏的能力越差。

表面粗糙度对耐疲劳性的影响还与材料对应力集中的敏感程度和材料的强度极限有关。钢材对应力集中最为敏感,钢材的强度越高,对应力集中的敏感程度就越大,而铸铁和非铁金属对应力集中的敏感性相对较弱。

（2）表层金属的力学物理性质对耐疲劳性的影响

表层金属的冷作硬化能够阻止疲劳裂纹的生长,可提高零件的耐疲劳强度。在实际加工中,加工表面在发生冷作硬化的同时,必然伴随着残余应力的产生。残余应力有拉应力和压应力之分,拉伸残余应力将使耐疲劳强度下降,而压缩残余应力可使耐疲劳强度提高。

**3. 表面质量对耐蚀性的影响**

（1）表面粗糙度对耐蚀性的影响

零件的耐蚀性在很大程度上取决于表面粗糙度。大气里所含气体和液体与金属表面接触时,会凝聚在金属表面使金属腐蚀。表面粗糙度值越大,加工表面与气体、液体接触的面积越大,腐蚀物质越容易沉积于凹坑中,耐蚀性能就越差。

306

（2）表层金属力学物理性质对耐蚀性的影响

当零件表层有残余压应力时，能够阻止表面裂纹的进一步扩大，有利于提高零件表面抵抗腐蚀的能力。

#### 4．表面质量对零件配合质量的影响

加工表面如果太粗糙，必然要影响配合表面的配合质量。对于间隙配合表面，零件表面的粗糙度值对起始磨损量的影响最为显著。零件配合表面的起始磨损量与表面粗糙度的平均高度成正比，原有间隙将因急剧的起始磨损而改变，表面粗糙度越大，变化量就越大，从而影响配合的稳定性。对于过盈配合表面，表面粗糙度大，两表面相配合时表面凸峰易被挤掉，这会使过盈量减小。对于过渡配合表面，则兼有上述两种配合特点，影响配合质量。

## 6.2 影响加工表面的表面粗糙度的工艺因素 及其改进措施

影响加工表面的表面粗糙度的工艺因素主要有几何因素和物理因素两个方面。不同的加工方式，影响加工表面的表面粗糙度的工艺因素各不相同。

### 6.2.1 切削加工表面的表面粗糙度

切削加工表面的表面粗糙度值主要取决于切削残留面积的高度。影响切削残留面积高度的因素主要包括刀尖圆弧半径 $r_\varepsilon$、主偏角 $\kappa_r$、副偏角 $\kappa_r'$ 及进给量 $f$ 等。

图 6-6 给出了车削、刨削时残留面积高度的计算示意图。图 6-6（a）所示为用尖刀刃切削的情况，切削残留面积的高度为

$$H = \frac{f}{\cot\kappa_r + \cot\kappa_r'}$$

图 6-6（b）所示为用圆弧切削刃切削的情况，切削残留面积的高度为 $H = \frac{f}{2}\tan\frac{\alpha}{4}$，经推导略去二次微小量，整理得

$$H \approx \frac{f^2}{8r_\varepsilon}$$

从上式可知，进给量 $f$ 和刀尖圆弧半径 $r_\varepsilon$ 对切削加工表面的表面粗糙度的影响比较明显。切削加工时，选择较小的进给量 $f$ 和较大的刀尖圆弧半径 $r_\varepsilon$ 将会使表面粗糙度得到改善。

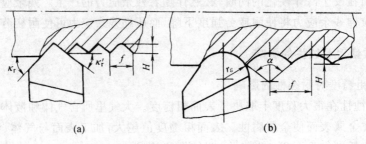

(a)                    (b)

图 6-6 车削、刨削残留面积的高度

切削加工后表面粗糙度的实际轮廓形状,一般都与纯几何因素所形成的理论轮廓有较大的差别,这是由于切削加工中有塑性变形的发生。

图 6-7 描述了加工弹塑性材料时切削速度对表面粗糙度的影响。当切削速度 $v$ 为 20～50m/min 时,表面粗糙度值最大,因为此时常容易出现积屑瘤,使加工表面质量严重恶化;当切削速度超过 100m/min 时,表面粗糙度值下降,并趋于稳定。在实际切削时,选择低速、宽刀精切和高速精切,往往都可以得到较小的表面粗糙度值。

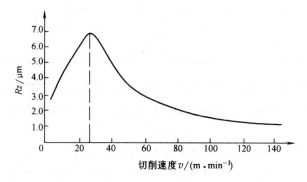

图 6-7 加工弹塑性材料时切削速度对表面粗糙度的影响

加工脆性材料,切削速度对表面粗糙度的影响不大。一般来说,切削脆性材料比切削弹塑性材料容易达到表面粗糙度的要求。

对于同样的材料,金相组织越是粗大,切削加工后的表面粗糙度值也越大。为减小切削加工后的表面粗糙度值常在精加工前进行调质等处理,目的在于得到均匀细密的晶粒组织和较高的硬度。

此外,合理选择切削液、适当增大刀具的前角、提高刀具的刃磨质量等,均能有效地减小表面粗糙度值。

## 6.2.2 磨削加工后的表面粗糙度

与切削加工时表面粗糙度的形成过程相似,磨削加工表面的表面粗糙度的形成也是由几何因素和表层金属的塑性变形(物理因素)决定的,但磨削过程要比切削过程复杂得多。

### 1. 几何因素的影响

磨削表面是由砂轮上的大量磨粒刻划出的无数极细的沟槽形成的。单纯从几何因素考虑,可以认为在单位面积上的刻痕越多,即通过单位面积的磨粒数越多,刻痕的等高性越好,磨削表面的表面粗糙度值越小。

(1) 磨削用量对表面粗糙度值的影响

砂轮的速度越高,单位时间内通过被磨表面的磨粒数就越多,因而工件表面的表面粗糙度值就越小。

工件速度对表面粗糙度的影响刚好与砂轮速度的影响相反。增大工件速度时,单位时间内通过被磨表面的磨粒数减少,表面粗糙度值将增大。

砂轮的纵向进给减少,工件表面的每个部位被砂轮重复磨削的次数增加,被磨表面的表面粗糙度值将减小。

（2）砂轮粒度和砂轮修整对表面粗糙度的影响

砂轮的粒度不仅表示磨粒的大小而且还表示磨粒之间的距离。表 6-1 列出了 5 号组织（磨粒占砂轮体积比例分级为 52%）不同粒度砂轮的磨粒尺寸和磨粒之间的距离。

**表 6-1　磨粒尺寸和磨粒之间的距离**

| 砂轮粒度 | 磨粒的尺寸范围/$\mu m$ | 磨粒间的平均距离/mm |
|---|---|---|
| 36# | 500～600 | 0.475 |
| 46# | 355～425 | 0.369 |
| 60# | 250～300 | 0.255 |
| 80# | 180～212 | 0.228 |

磨削金属时，参与磨削的每一颗磨粒都会在加工表面上刻出跟它的大小和形状相同的一道小沟。在相同的磨削条件下，砂轮的粒度号数越大，参加磨削的磨粒越多，表面粗糙度值就越小。

修整砂轮的纵向进给量对磨削表面的表面粗糙度影响甚大。用金刚石修整砂轮时，金刚石在砂轮外缘打出一道螺旋槽，其螺距等于砂轮每转一转时金刚石笔在纵向的移动量。砂轮表面的不平整在磨削时将被复映到被加工表面上。修整砂轮时，金刚石笔的纵向进给量越小，砂轮表面磨粒的等高性越好，被磨工件的表面粗糙度值就越小。小表面粗糙度值磨削的实践表明，修整砂轮时，砂轮每转一转金刚石笔的纵向进给量如能减少到 0.01mm，磨削表面粗糙度就可达 $Ra0.1～0.2\mu m$。

**2. 物理因素的影响——表层金属的塑性变形**

砂轮的磨削速度远比一般切削加工的速度高得多，且磨粒大多为负前角，磨削比压大，磨削区温度很高，工件表面温度有时可达 900℃，工件表层金属容易产生相变而烧伤。因此，磨削过程的塑性变形要比一般切削过程的塑性变形大得多。

由于塑性变形的缘故，被磨表面的几何形状与单纯根据几何因素所得到的原始形状大不相同。在力因素和热因素的综合作用下，被磨工件表层金属的晶粒在横向上被拉长了，有时还产生细微的裂口和局部的金属堆积现象。影响磨削表层金属塑性变形的因素，往往是影响表面粗糙度的决定性因素。

（1）磨削用量

图 6-8 所示为采用 GD60ZR2A 砂轮磨削 30CrMnSiA 材料时，磨削用量对表面粗糙度的影响曲线。

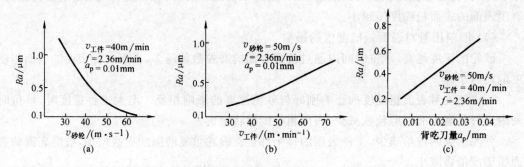

图 6-8　磨削用量对表面粗糙度的影响

砂轮速度越高,工件材料来不及变形,表层金属的塑性变形减小,磨削表面的表面粗糙度值将明显减小。

工件速度增加,塑性变形增加,表面粗糙度值将增大。

背吃刀量对表层金属塑性变形的影响很大。增大背吃刀量,塑性变形将随之增大,被磨表面的表面粗糙度值会增大。

(2) 砂轮的选择

砂轮的粒度、硬度、组织和材料不同,都会对被磨工件表层金属的塑性变形产生影响,进而影响表面粗糙度。

单纯从几何因素考虑,砂轮粒度越细,磨削的表面粗糙度值越小。但磨粒太细时,不仅砂轮易被磨屑堵塞,若导热情况不好,反而会在加工表面产生烧伤等现象,使表面粗糙度值增大。砂轮粒度常取 46～60 号。

砂轮的硬度是指磨粒在磨削力作用下从砂轮上脱落的难易程度。砂轮选得太硬,磨粒不易脱落,磨钝了的磨粒不能及时被新磨粒替代,使表面粗糙度值增大;砂轮选得太软,磨粒易脱落,磨削作用减弱,也会使表面粗糙度值增大。通常选用中软砂轮。

砂轮的组织是指磨粒、结合剂和气孔的比例关系。紧密组织中磨粒所占比例大、气孔小,在成形磨削和精密磨削时能获得高精度和较小的表面粗糙度值;疏松组织的砂轮不易堵塞,适于磨削软金属、非金属软材料和热敏性材料(磁钢、不锈钢、耐热钢等),可获得较小的表面粗糙度值。一般情况下,应选用中等组织的砂轮。

砂轮材料的选择也很重要。砂轮材料选择适当,可获得满意的表面粗糙度。氧化物(刚玉)砂轮适宜磨削钢类零件;碳化物(碳化硅、碳化硼)砂轮适宜磨削铸铁、硬质合金等材料;用高硬材料(人造金刚石、立方氮化硼)砂轮磨削可获得极小的表面粗糙度值,但加工成本高。

此外,磨削液的作用也十分重要。对于磨削加工来说,由于磨削温度很高,热因素的影响往往占主导地位。必须采取切实可行的措施,将磨削液送入磨削区。

## 6.2.3　表面粗糙度和表面微观形貌的测量

### 1. 表面粗糙度的测量

表面粗糙度轮廓的测量方法主要有比较法、触针法、光切法和干涉法等。

(1) 比较法

比较法是将被测表面与表面粗糙度样块进行对照,以确定被测表面的表面粗糙度等级。表面粗糙度样块的材料和加工纹理方向应尽可能与被测表面一致。

这种测量方法较为简便,适于在生产现场使用,但其评定的准确性在很大程度上取决于检测人员的经验,一般只用于测量表面粗糙度值较大的工件表面。

(2) 触针法

触针法又称为针描法。图 6-9 所示为触针法工作原理框图。测量时让触针 2 与被测表面接触,当触针 2 在驱动器 4 驱动下沿被测表面轮廓移动时,由于表面轮廓凹凸不平,触针便在垂直于被测表面轮廓的方向上作垂直起伏运动,该运动通过传感器 3 转换为电信号,经放大和处理后,即可由显示器 7 显示表面轮廓评定参数值,也可通过记录仪器 8 输出表面轮

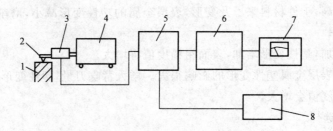

图 6-9　触针法工作原理框图

1—被测工件；2—触针；3—传感器；4—驱动器；5—放大器；6—处理器；7—显示器；8—记录器

廓图形。

　　用触针法检测被测表面轮廓参数属接触式测量，其检测精度受触针针尖圆角半径、触针对测表面轮廓的作用力以及传感信号随触针移动的非线性等因素的影响。它适宜检测 $Ra$ $0.02\sim5\mu m$ 的轮廓。

　　（3）光切法

　　光切法是利用光切原理测量表面粗糙度轮廓的方法，双管显微镜就是运用光切原理制成的量仪。被测零件安放在带 V 形块的工作台上，转动纵向和横向千分尺，即可使工作台左右和前后运动。

　　图 6-10(a)所示为双管显微镜测量原理示意图。光源 1 通过聚光镜 2、窄缝 3 和透镜 5 射出一狭细光带，光带与工件表面的相交线即为被测工件表面在 45°斜截面上的表面轮廓曲线，如图 6-10(b)所示。该轮廓曲线的最大轮廓廓峰（通过移动被测表面轮廓线探寻）在 $S_1$ 点反射，通过目镜透镜 5 成像在分划板 6 上的 $S_1''$ 点；接着再通过移动被测表面轮廓探寻

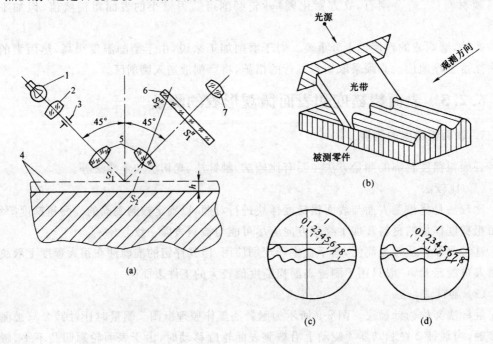

图 6-10　双管显微镜测量原理示意图

1—光源；2—聚光镜；3—窄缝；4—被测工件表面；5—透镜；6—分划板；7—目镜

被测轮廓线的最大轮廓廓谷，它在点 $S_2$ 反射，并在分划板 6 上的 $S_2''$ 点成像。图 6-10(a)中 $h$ 是最大轮廓廓峰与最大轮廓廓谷影像的高度差。图 6-10(c)、图 6-10(d)是仪器的目测视场图，图 6-10(c)所示为可动十字分划线的水平线与表面轮廓最大廓峰相切的情况，此时可在测微目镜鼓轮上读数 $H_1$；图 6-10(d)所示为可动十字分划线的水平线与表面轮廓最大廓谷相切的情况，此时可在测微目镜鼓轮上读数 $H_2$。这样即可由上述两读数差 $H(H = H_1 - H_2)$，通过计算求得所测表面轮廓的最大高度值 $Rz$，即

$$Rz = \frac{H}{\beta}\cos 45°$$

式中：$\beta$——物镜放大倍数。

光切法通常用于检测 $Rz\ 0.5\sim 60\mu m$ 的表面轮廓。$Rz$ 小于 $0.5\mu m$ 的表面轮廓需用干涉显微镜测量。

（4）干涉法

干涉法是用光波干涉原理测量表面粗糙度，常用仪器是干涉显微镜，适于测量 $Rz\ 0.05\sim 0.8\mu m$ 的光滑表面。图 6-11(a)所示为干涉显微镜的光学系统示意图。光源 1 发出的光线经聚光镜 2、滤色片 3、光阑 4 及透镜 5 后呈平行光线，射向半透半反的分光镜 7 后分为两束：一束光线通过补偿镜 8、物镜 9 到平面反射镜 10，被 10 反射又回到分光镜 7，再由分光镜 7 经聚光镜 11 到反射镜 16，由 16 进入目镜 12；另一束光线向上通过物镜 6，投射到被测工件表面，由被测表面反射回来，通过分光镜 7、聚光镜 11 到反射镜 16，由 16 反射也进入目镜 12。这样，在目镜 12 的视场内可观察到这两束光线因光程差而形成的干涉条纹。若被测表面粗糙不平，则干涉条纹呈不规则波浪形，如图 6-11(b)所示。由测微目镜可读出相邻两干涉条纹距离 $a$ 及最大轮廓高度 $b$。由于光程差每增加半个波长即形成一条干涉条纹，

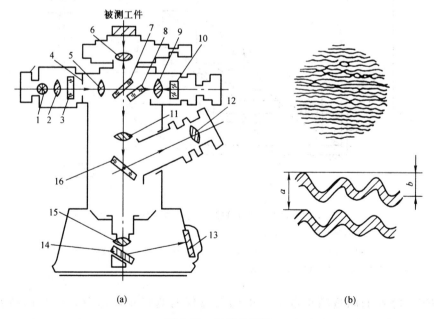

(a)　　　　　　　　　　　　　　(b)

图 6-11　干涉显微镜

1—光源；2,11,15—聚光镜；3—滤色片；4—光阑；5—透镜；6,9—物镜；
7—分光镜；8—补偿镜；10,14,16—反射镜；12—目镜；13—透光窗

故被测表面微观不平度的最大轮廓为

$$Rz = \frac{b}{a} \times \frac{\lambda}{2}$$

312

式中：$\lambda$——光波波长。

### 2．表面三维微观形貌的测量

测量表面三维微观形貌有两种不同的方法：一种是分段组装测量方法，其要点是先分段采集若干平行截面的表面轮廓信号，然后再运用信号处理的方法将所采集到的表面轮廓曲线按原采集顺序组合在一起，最终得到所测表面的三维表面形貌；另一种是整体（区域）测量方法，可直接测得加工表面某一区域的三维形貌。

图 6-12 所示为上海交通大学开发的表面三维形貌测量与处理系统原理图。此系统由 Talysurf6 型接触式电感轮廓仪、精密位移工作台和计算机组成。被测工件 6 安装在精密工作台 5 上，精密触针 4 与被测表面接触。测量中，触针 4 由轮廓仪中的驱动元件驱动沿 $x$ 方向作水平直线运动时，由于工件表面轮廓不平而使得触针 4 在垂直表面轮廓方向（$z$ 向）作上、下运动，此运动由电感传感器拾取经放大和模数转换后输入计算机。触针 4 沿 $x$ 方向运动一次，采集完一个截面的表面轮廓信号后，步进电动机 7 便带动丝杠驱动精密工作台 5 沿 $y$ 方向移动一个步距；轮廓仪再次驱动触针 4 沿被测表面作 $x$ 向水平运动，便又可采集到一个界面的表面轮廓信号。如此不断重复，便可采集到被测表面一系列水平截面的表面轮廓信号，将所采集的表面轮廓曲线按原采集顺序组合起来，便可由计算机打印输出所测工件表面三维形貌图和 $Ra$、$Rz$ 值。

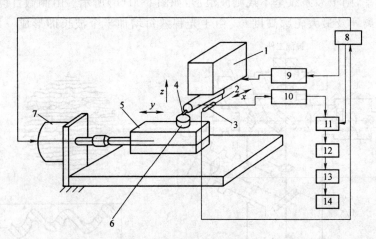

图 6-12　表面三维形貌测量与处理系统原理图

1—轮廓仪驱动部分；2—撞块；3—电触点；4—触针；5—精密工作台；6—工件；
7—步进电动机；8—控制电路；9—轮廓仪驱动电路；10—轮廓仪放大电路；11—
A/D 转换器；12—计算机；13—显示器；14—打印机

上述测量装置的测量精度取决于电感轮廓仪的测量精度和分段测量的疏密程度。Talysurf6 型电感轮廓仪的分辨率为 $0.001\mu m$。

美国 WYKO 公司生产的 TOPO—3D 移相干涉测量仪采用整体（区域）测量方法，它能直接测得加工表面某一区域的三维形貌。图 6-13 所示为 TOPO—3D 移相干涉测量仪的光学原理图。干涉显微镜由一个分光板 15 和一个参考基准板 14 组成。在参考基准板 14 的中心安装了基准反射镜 13,参考基准板 14 连同基准反射镜 13 一起被固定在筒状压电陶瓷管 11 上。对压电陶瓷管 11 施加电压控制,固定在压电陶瓷管 11 上的参考基准板 14、基准反射镜 13 将上、下移动。光源 1 发出的光经透镜 2、视场光阑 3 和透镜 4 变成平行光,经分光镜 10 反射向下,经透镜 12 射向分光板 15,将光束分为两部分:一部分射向基准反射镜 13 再返回,另一部分射向被测工件表面 16 再反射回去。这两路反射光线在分光板 15 上重新会合后经透镜 12 由 CCD 面阵探测器 7 接收处理。

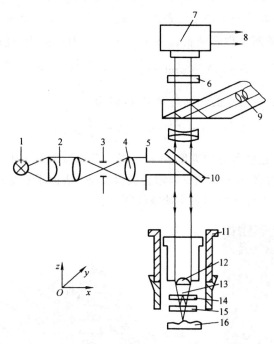

图 6-13  TOPO—3D 移相干涉测量仪的光学原理图

1—光源;2,4,12—透镜;3,5—视场光阑;6—干涉滤波片;7—CCD 面阵探测器;
8—输出信号;9—目镜;10—分光镜;11—压电陶瓷管;13—基准反射镜;14—参考
基准板;15—分光板;16—被测工件

测量时,计算机按预定程序对压电陶瓷管 11 施加电压控制,使参考基准板 14 连同基准反射镜 13 沿光轴方向作等间隔移动。压电陶瓷管 11 每移动一个位置,CCD 面阵探测器 7 就对所接收到的两路反射光线因光程差引起的干涉条纹上各点的光强 $I(x,y)$ 进行一次测量。经四次探测,即可求得被测表面轮廓各点的高度 $Z(x,y)$,并输出表面三维形貌图。

设相移前干涉条纹图上各点的光强 $I_1(x,y)$ 为

$$I_1(x,y) = I_0(x,y)[1 + \gamma_0 \cos\phi(x,y)]$$

式中:$I_0(x,y)$——光强平均值;

$\gamma_0$——干涉光强的调制幅值;

$\phi(x,y)$——与被测工件表面轮廓高度 $Z(x,y)$ 所对应的相位值。

计算机控制压电陶瓷管在前述位置的基础上向上伸长 $\lambda/8$($\lambda$ 为光源波长),使参考基准板输出光相移 $\pi/2$,CCD 面阵探测器测得的表面形貌干涉条纹图上 $(x,y)$ 点光强为

$$I_2(x,y) = I_0(x,y)\{1 + \gamma_0\cos[\phi(x,y) + \pi/2]\}$$

让压电陶瓷管累计向上伸长 $\lambda/4$,使基准输出光相移 $\pi$,表面形貌干涉条纹图 $(x,y)$ 点光强为

$$I_3(x,y) = I_0(x,y)\{1 + \gamma_0\cos[\phi(x,y) + \pi]\}$$

让压电陶瓷管累计向上伸长 $3\lambda/8$,使基准输出光相移 $3\pi/2$,表面形貌干涉条纹图 $(x,y)$ 点光强为

$$I_4(x,y) = I_0(x,y)\{1 + \gamma_0\cos[\phi(x,y) + 3\pi/2]\}$$

对所测得的工件表面形貌干涉条纹各点光强值 $I_1(x,y),I_2(x,y),I_3(x,y),I_4(x,y)$ 进行数据处理,即可求得被测工件表面轮廓高度 $Z(x,y)$ 所对应的相位值 $\phi(x,y)$ 为

$$\phi(x,y) = \arctan\frac{I_4(x,y) - I_2(x,y)}{I_1(x,y) - I_3(x,y)}$$

由 $\phi(x,y)$ 可求得被测表面各点的轮廓高度 $Z(x,y)$ 为

$$Z(x,y) = \frac{\lambda/2}{2\pi}\phi(x,y) = \frac{\lambda}{4\pi}\phi(x,y)$$

计算机将被测表面轮廓各点的高度 $Z(x,y)$ 综合起来就能输出加工表面三维形貌图,如图 6-14(b) 所示。还可由 $Z(x,y)$ 值进一步求得被测表面的表面粗糙度 $Ra$、$Rz$ 值。图 6-14(a) 所示为从目镜 9 看到的工件表面形貌干涉条纹图。

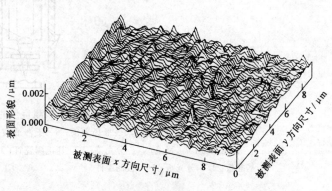

(a) 表面形貌的干涉条纹图　　　　　　　　(b) 表面的三维形貌图

图 6-14　测出的表面微观形貌

用 TOPO—3D 移相干涉测量仪测量表面形貌的测量精度较高,垂直分辨率为 0.3nm,水平分辨率为 $0.4\mu m$;且因为它属于整体(区域)测量方法,可直接测得表面三维形貌,测量效率高。但它只能测得 $Rz \leqslant \lambda/2$ 的表面三维微观形貌。

由于受自身分辨率的限制,TOPO—3D 移相干涉测量仪不能用于测量 $Rz < 0.3nm$ 的高光洁表面的三维微观形貌。扫描隧道显微镜、原子力显微镜的垂直分辨率可达 0.01nm,水平分辨率达 0.1nm,它们可以胜任高光洁表面三维纳米形貌的分析任务。图 6-1 所示表面微观形貌就是用扫描隧道显微镜测得的光学镜面三维纳米形貌,与用 TOPO—3D 移相干涉测量仪测得的三维表面形貌相比,扫描隧道显微镜的分辨率更高,但其测量范围相对较小。

## 6.3 影响表层金属力学物理性能的工艺因素及其改进措施

由于受到切削力和切削热的作用,表面金属层的力学物理性能会产生很大的变化,最主要的变化是表层金属显微硬度的变化、金相组织的变化和在表层金属中产生残余应力。

### 6.3.1 加工表面层的冷作硬化

#### 6.3.1.1 概述

机械加工过程中产生的塑性变形会使晶格扭曲、畸变,晶粒间产生滑移,晶粒被拉长,这些都会使表层金属的硬度增加,称为冷作硬化(或称为强化)。表层金属冷作硬化会增大金属变形的阻力,减少金属的塑性,金属的物理性质(如密度、导电性、导热性等)也会发生变化。

金属冷作硬化的结果使金属处于高能位不稳定状态,只要一有条件,金属的冷硬结构就会本能地向比较稳定的结构转化,这些现象统称为弱化。机械加工过程中产生的切削热有助于金属在塑性变形中产生的冷硬现象得到恢复。由于金属在机械加工过程中同时受到力因素和热因素的作用,机械加工后表层金属的最终性质取决于强化和弱化两个过程的综合。

评定冷作硬化的指标有以下三项:

(1) 表层金属的显微硬度 HV;

(2) 硬化层深度 $h(\mu m)$;

(3) 硬化程度 $N$,有

$$N = \frac{HV - HV_0}{HV_0} \times 100\%$$

式中: $HV_0$——工件内部金属原来的硬度。

#### 6.3.1.2 影响切削加工表面冷作硬化的因素

**1. 切削用量的影响**

切削用量中以进给量和切削速度对切削加工表面冷硬程度的影响最大。图 6-15 给出了在切削 45 钢时,进给量和切削速度对冷作硬化的影响。加大进给量,表层金属的显微硬度将随之增加,这是因为随着进给量的增大,切削力也增大,表层金属的塑性变形加剧,冷硬程度增大。但是,这种情况只是在进给量比较大时才是正确的;如果进给量很小,比如切削厚度小于 $0.05 \sim 0.06 mm$ 时,若继续减小进给量,则表层金属的冷硬程度不仅不会减小,反而会增大。

增大切削速度,刀具与工件的作用时间减少,使塑性变形的扩展深度减小,因而冷硬层深度减小;但增大切削速度,切削热在工件表面层上的作用时间也缩短了,将使冷硬程度增加。在图 6-15 及图 6-16 所示加工条件下,增大切削速度都出现了冷硬程度随之增大的情况。但在某些加工条件下,切削速度对冷硬的影响规律却与此相反。例如,车削 Q235A 钢,在切削速度为 14m/min 时,冷硬层深度达到 $100\mu m$;而当切削速度提高到 208m/min 时,冷硬层深度只有 $38\mu m$,冷硬程度显著降低。切削速度对冷硬程度的影响是力因素和热因素综合作用的结果。

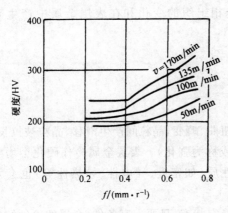 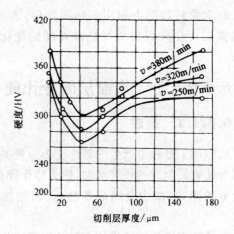

图 6-15　进给量对冷硬的影响　　　　图 6-16　切削层厚度对冷硬的影响

背吃刀量对表层金属冷作硬化的影响不大。

### 2. 刀具几何形状的影响

切削刃钝圆半径的大小对切屑形成过程有决定性影响。试验证明,已加工表面的显微硬度随着切削刃钝圆半径的加大而明显地增大。这是因为切削刃钝圆半径增大,径向切削分力也将随之加大,表层金属的塑性变形程度加剧,导致冷硬增大。

前角在 $\pm20°$ 范围内变化时,对表层金属的冷硬没有显著影响。

刀具磨损对表层金属的冷硬影响很大。图 6-17 所示为苏联学者所做试验而得的结果。刀具后刀面磨损宽度 VB 从 0 增大到 0.2mm,表层金属的显微硬度由 220HV 增大到 340HV。这是由于磨损宽度加大之后,刀具后刀面与被加工工件的摩擦加剧,塑性变形增大,导致表面冷硬增大;但磨损宽度继续加大,摩擦热将急剧增大,弱化趋势明显增大,表层金属的显微硬度逐渐下降,直至稳定在某一水平上。

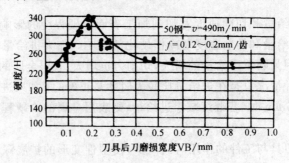

图 6-17　刀具后刀面磨损宽度对冷硬的影响

刀具后角 $\alpha_0$，主、副偏角 $\kappa_r$、$\kappa_r'$ 以及刀尖圆弧半径 $r_\varepsilon$ 等对表层金属的冷硬影响不大。

### 3．加工材料性能的影响

工件材料的塑性越大，冷硬倾向越大，冷硬程度也越严重。碳钢中含碳量越大，强度越高，其塑性就越小，因而冷硬程度就越小。有色合金金属的熔点低，容易弱化，冷作硬化现象比钢材轻得多。

## 6.3.1.3　影响磨削加工表面冷作硬化的因素

### 1．工件材料性能的影响

分析工件材料对磨削表面冷作硬化的影响，可以从材料的塑性和导热性两个方面考虑。磨削高碳工具钢 T8，加工表面冷硬程度平均可达 $60\%\sim65\%$，个别可达 $100\%$。而磨削纯铁时，加工表面冷硬程度可达 $75\%\sim80\%$，有时可达 $140\%\sim150\%$，其原因是纯铁的塑性好，磨削时塑性变形大，强化倾向大。此外，纯铁的导热性比高碳工具钢高，热量不容易集中于表面层，弱化倾向小。

### 2．磨削用量的影响

加大背吃刀量，磨削力随之增大，磨削过程的塑性变形加剧，表面冷硬倾向增大。图 6-18 所示为磨削高碳工具钢 T8 的试验曲线。

加大纵向进给速度，每颗磨粒的切屑厚度随之增大，磨削力加大，冷硬增大。但提高纵向进给速度，有时又会使磨削区产生较大的热量而使冷硬减弱。加工表面的冷硬状况要综合考虑上面两种因素的作用。

提高工件转速会缩短砂轮对工件的作用时间，使软化倾向减弱，因而表面层的冷硬增大。

提高磨削速度，每颗磨粒切除的切削厚度变小，减弱了塑性变形程度；磨削区的温度增高，弱化倾向增大。

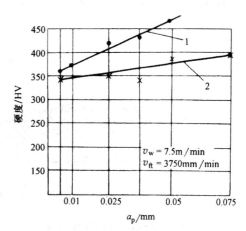

图 6-18　磨削深度对冷硬的影响
1—普通磨削；2—高速磨削

一般来说，高速磨削时加工表面的冷硬程度总比普通磨削时低，图 6-18 的试验结果就说明了这个问题。

### 3．砂轮粒度的影响

砂轮粒度越大，每颗磨粒的载荷越小，冷硬程度也越小。

表 6-2 列出了用各种机械加工方法（采用一般切削用量）加工钢件时，加工表面冷硬层深度和冷硬程度的部分数据。

**表 6-2    用各种机械加工方法加工钢件的表面层冷作硬化情况**

| 加工方法 | 材料 | 硬化层深度 $h/\mu m$ | | 硬化程度 $N/\%$ | |
|---|---|---|---|---|---|
| | | 平均值 | 最大值 | 平均值 | 最大值 |
| 车削 | | 30～50 | 200 | 20～50 | 100 |
| 精细车削 | | 20～60 | — | 40～80 | 120 |
| 端铣 | 低碳钢 | 40～100 | 200 | 40～60 | 100 |
| 圆周铣 | | 40～80 | 110 | 20～40 | 80 |

### 6.3.1.4  冷作硬化的测量方法

冷作硬化的测量主要是指表面层的显微硬度 HV 和硬化层深度 $h$ 的测量。硬化程度 $N$ 可由表面层的显微硬度 HV 和工件内部金属原来的显微硬度 $HV_0$ 通过式 $N=\dfrac{HV-HV_0}{HV_0}\times100\%$ 计算求得。表面层显微硬度 HV 的常用测定方法是用显微硬度计来测量。它的测量原理与维氏硬度计相同,都是采用顶角为 $136°$ 的金刚石压头在试件表面上打印痕,然后根据印痕的大小决定硬度值。所不同的只是显微硬度计所用的载荷很小,一般都只在 2N 以内(维氏硬度计的载荷为 50～1200N),印痕极小。

加工表面冷硬层很薄时,可在斜截面上测量显微硬度。对于平面试件,可按图 6-19(a)磨出斜面,然后逐点测量其显微硬度,并将测量结果绘制成如图 6-19(b)所示图形。采用斜截面测量法不仅可以测量显微硬度,还能较为准确地测出硬化层深度 $h$。由图 6-19(a)可知

$$h = l\sin\alpha + Rz$$

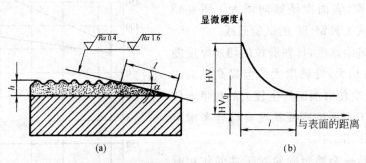

图 6-19    在斜截面上测量显微硬度

## 6.3.2    表面金属的金相组织变化

### 6.3.2.1    机械加工工件表面金相组织的变化

机械加工过程中,在工件的加工区及其邻近的区域,温度会急剧升高,当温度升高到超过工件材料金相组织变化的临界点时,就会发生金相组织变化。对于一般的切削加工方法倒不至于严重到如此程度。但磨削加工时不仅磨削比压特别大,而且磨削速度也特别高,切除单位体积金属的功率消耗远大于其他加工方法,而加工所消耗能量的绝大部分都要转化为热,且热的大部分(约 80%)将传给被加工表面,使工件表面具有很高的温度。对于已淬火的钢件,很高的磨削温度往往会使表层金属的金相组织产生变化,使表层金属硬度下降,并使工件表面呈现氧化膜颜色,这种现象称为磨削烧伤。磨削加工是一种典型的容易产生加工表面金相组织变化的加工方法,在磨削加工中若出现磨削烧伤现象将会严重影响零件

的使用性能。

磨削淬火钢时,在工件表面形成的瞬时高温将使表层金属产生以下三种金相组织变化:

(1)若磨削区温度未超过淬火钢的相变温度(碳钢的相变温度为720℃),但已超过马氏体的转变温度(中碳钢为300℃),工件表层金属的马氏体将转化为硬度较低的回火组织(索氏体或托氏体),称为回火烧伤。

(2)若磨削区温度超过了相变温度,再加上冷却液的急冷作用,表层金属会出现二次淬火马氏体组织,硬度比原来的回火马氏体高;在它的下层,因冷却较慢,出现了硬度比原来的回火马氏体低的回火组织(索氏体或托氏体),称为淬火烧伤。

(3)若磨削区温度超过了相变温度,而磨削过程又没有切削液,表层金属将产生退火组织,硬度将急剧下降,称为退火烧伤。

### 6.3.2.2 减小磨削烧伤的工艺途径

#### 1.正确选择砂轮

磨削导热性差的材料(如耐热钢、轴承钢及不锈钢等)容易产生烧伤现象,应特别注意合理选择砂轮的硬度、结合剂和组织。硬度太高的砂轮,砂轮钝化之后不易脱落,容易产生烧伤。为避免烧伤,应选择较软的砂轮。选择具有一定弹性的结合剂(如橡胶结合剂、树脂结合剂),也有助于避免烧伤现象的产生。此外,为了减少砂轮与工件之间的摩擦热,在砂轮的孔隙内浸入石蜡之类的润滑物质,对降低磨削区的温度、防止工件烧伤也有一定效果。

#### 2.合理选择磨削用量

以平磨为例,分析磨削用量对烧伤的影响。磨削背吃刀量 $a_p$ 对磨削温度影响极大,试验曲线如图 6-20 所示。从减轻烧伤的角度考虑,$a_p$ 取值不宜过大。

增大横向进给量 $f_t$ 对减轻烧伤有好处。图 6-21 给出了横向进给量 $f_t$ 对磨削温度分布影响的试验结果。为了减轻烧伤,宜选用较大的 $f_t$。

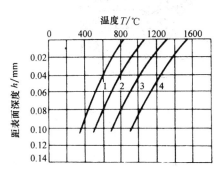

图 6-20 磨削背吃刀量 $a_p$ 对磨削温度分布的影响

试验条件:$v_s=35$m/s,$v_w=0.5$m/min,$f_t=12$mm/单行程

1—$a_p=0.01$mm;2—$a_p=0.02$mm;

3—$a_p=0.04$mm;4—$a_p=0.06$mm

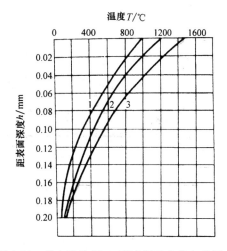

图 6-21 横向进给量 $f_t$ 对磨削温度分布的影响

试验条件:$v_s=35$m/s,$v_w=1$m/min,$a_p=0.02$mm

1—$f_t=24$mm/单行程;2—$f_t=12$mm/单行程;

3—$f_t=6$mm/单行程

320

增大工件的回转速度 $v_w$，磨削表面的温度会升高，但其增长速度与磨削背吃刀量 $a_p$ 影响相比小得多；且 $v_w$ 越大，热量越不容易传入工件内层，具有减小烧伤层深度的作用。但增大工件速度 $v_w$ 会使表面粗糙度值增大，为了弥补这一缺陷，可以相应提高砂轮速度 $v_s$。实践证明，同时提高砂轮速度 $v_s$ 和工件速度 $v_w$ 可以避免产生烧伤。

从减轻烧伤而同时又能有较高的生产率角度考虑，在选择磨削用量时，应选用较大的工件回转速度 $v_w$ 和较小的磨削背吃刀量 $a_p$。

### 3. 改善冷却条件

磨削时切削液若能直接进入磨削区，对磨削区进行充分冷却，则能有效地防止烧伤现象的产生。因为水的比热容和汽化热都很高，在室温条件下，1mL 水变成 100℃ 以上的水蒸气至少能带走 2512J 的热量；而磨削区热源每秒钟的发热量，在一般磨削用量下都在 4187J 以下。据此可以推测，只要设法在每秒钟时间内确有 2mL 的冷却水进入磨削区，将有相当可观的热量被带走，就可以避免产生烧伤。然而，目前通用的冷却方法（见图 6-22）效果很差，实际上没有多少磨削液能够真正进入磨削区。因此，应采取切实可行的措施，改善冷却条件，防止烧伤现象产生。

内冷却（见图 6-23）是一种较为有效的冷却方法。其工作原理为，经过严格过滤的切削液通过中空主轴法兰套引入砂轮中心腔 3 内，由于离心力的作用，这些切削液就会通过砂轮内部的孔隙向砂轮四周边缘洒出，因此切削液就有可能直接进入磨削区。目前，内冷却装置尚未得到广泛应用，其主要原因是使用内冷却装置时，磨床附近会产生大量水雾，导致操作工人劳动条件差，精磨时无法通过观察火花试磨对刀。

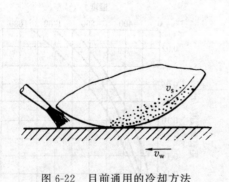

图 6-22　目前通用的冷却方法

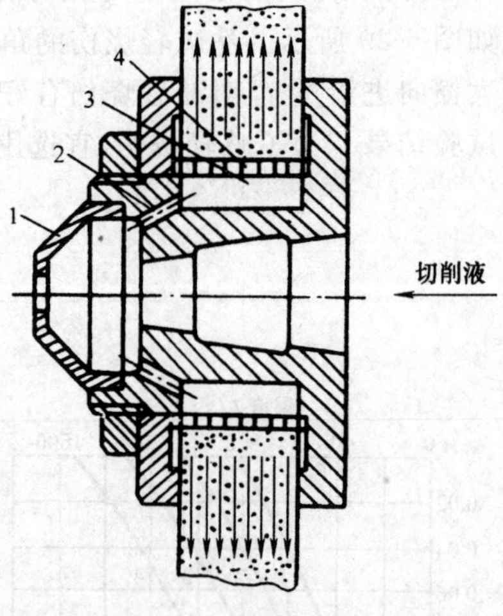

图 6-23　内冷却装置

1—锥形盖；2—通道孔；3—砂轮中心腔；

4—有径向小孔的薄壁套

### 4. 选用开槽砂轮

在砂轮的圆周上开一些横槽，能使砂轮将切削液带入磨削区，对防止工件烧伤十分有效。开槽砂轮的形状如图 6-24 所示。目前常用的开槽砂轮有均匀等距开槽（见图 6-24（a））

和在 90°之内变距开槽(见图 6-24(b))两种形式。采用开槽砂轮能将切削液直接带入磨削区,可有效改善冷却条件。此外,在砂轮上开槽还能起到风扇作用,也可改善磨削过程的散热条件。

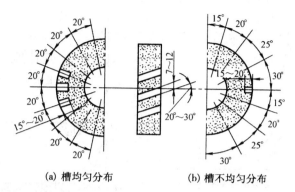

(a) 槽均匀分布　　　　　(b) 槽不均匀分布

图 6-24　开槽砂轮

## 6.3.3　表层金属的残余应力

在机械加工过程中,当表层金属组织发生形状变化、体积变化或金相组织变化时,将在表层金属与其基体间产生相互平衡的残余应力。

### 6.3.3.1　表层金属产生残余应力的原因

机械加工时在加工表面的金属层内有塑性变形产生,使表层金属的比容增大。由于塑性变形只在表层产生,而表层金属的比容增大和体积膨胀将不可避免地要受到与它相连的里层金属的阻碍,这样就在表层金属产生了压缩残余应力,里层金属中产生拉伸残余应力。当刀具从被加工表面上切除金属时,表层金属的纤维被拉长,刀具后刀面与已加工表面的摩擦又加大了这种拉伸作用;刀具切离之后,拉伸弹性变形将逐渐回复,而拉伸塑性变形则不能回复,表层金属的拉伸塑性变形受到与它相连的里层未发生塑性变形金属的阻碍,因此就在表层金属中产生了压缩残余应力,里层金属中产生拉伸残余应力。

在机械加工中,切削区会产生大量的切削热,工件表面的温度往往很高。例如在外圆磨削时,表层金属的平均温度达 $300\sim400℃$,而瞬时磨削温度则可高达 $800\sim1200℃$。图 6-25(a)所示为工件上温度分布示意图,$T_p$ 点相当于金属具有高塑性的温度点,温度高于 $T_p$ 的表层金属不会有残余应力产生;$T_n$ 为标准室温,$T_m$ 为金属熔化温度。表层金属 1 的温度超过 $T_p$,表层金属 1 处于没有残余应力作用的完全塑性状态中。金属层 2 的温度在 $T_n$ 和 $T_p$ 之间,这层金属受热之后体积要膨胀,由于表层金属 1 处于完全塑性状态,故它对金属层 2 的受热膨胀不起任何阻止作用;但金属层 2 的膨胀要受到处于室温状态的里层金属 3 的阻止,金属层 2 由于膨胀受阻将产生瞬时压缩残余应力,而金属层 3 则受到金属层 2 的牵连产生瞬时拉伸残余应力,如图 6-25(b)所示。切削过程结束之后,工件表面的温度开始下降,当金属层 1 的温度低于 $T_p$ 时,将从完全塑性变形状态转变为不完全塑性状态,金属层 1 的冷却使其体积收缩,但它的收缩受到金属层 2 的阻碍,这样金属层 1 内就产生了拉伸残余应力,而在金属层 2 内的压缩残余应力将进一步增大,如图 6-25(c)所示。表层金属继续冷却,表层金属 1 继续收缩,它仍将受到里层金属的阻碍,因此金属层 1 的拉伸应力还要继续加大,而金属层 2 压缩应力则扩展到金属层 2 和金属层 3 内。在室温下,由切削热引起的表层金属残余应力状态如图 6-25(d)所示。

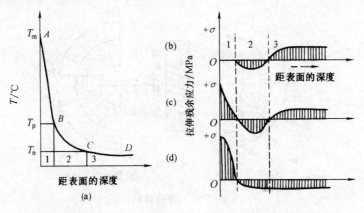

图 6-25　由于切削热在表层金属产生拉伸残余应力的示意图

不同的金相组织具有不同的密度($\rho_{马氏体}=7.75t/m^3$,$\rho_{奥氏体}=7.96t/m^3$,$\rho_{铁素体}=7.88t/m^3$,$\rho_{珠光体}=7.78t/m^3$),也就具有不同的比容。如果在机械加工中表层金属产生金相组织的变化,它的比容也将随之发生变化,而表层金属的比容变化必然会受到与之相连的基体金属的阻碍,因此就会有残余应力产生。如果金相组织的变化引起表层金属的比容增大,则表层金属将产生压缩残余应力,而里层金属产生拉伸残余应力;如果金相组织的变化引起表层金属的比容减小,则表层金属产生拉伸残余应力,而里层金属产生压缩残余应力。在磨削淬火钢时,因磨削热有可能使表层金属产生回火烧伤,工件表层金属组织将由马氏体转变为接近珠光体的托氏体或索氏体,表层金属密度从 $7.75t/m^3$ 增至 $7.78t/m^3$,比容减小。表层金属由于相变而产生的收缩受到基体金属的阻碍,因而在表层金属产生拉伸残余应力,里层金属则产生与之相平衡的压缩残余应力。如果磨削时表层金属的温度超过相变温度,且冷却又很充分,表层金属将因急冷形成淬火马氏体,密度减小,比容增大,这样,表面金属将产生压缩残余应力,而里层金属则产生拉伸残余应力。

### 6.3.3.2　影响表层金属残余应力的工艺因素

#### 1. 切削速度和被加工材料的影响

用正前角车刀加工 45 钢的切削试验结果表明,在所有切削速度下,工件表层金属均产生拉伸残余应力,这说明切削热在切削过程中起主导作用。在同样的切削条件下加工 18CrNiMoA 钢时,表面残余应力状态就有很大变化。图 6-26 所示为车削 18CrNiMoA 钢工件的残余应力分布图,在采用正前角车刀以较低的切削速度($6\sim20m/min$)车削 18CrNiMoA 钢时,工件表面产生拉伸残余应力;但随着切削速度的增大,拉伸应力值逐渐减小,在切削速度为 $200\sim250m/min$ 时表层呈现压缩残余应力(见图 6-26(a));高速车削($500\sim850m/min$)18CrNiMoA 时,表层产生压缩残余应力(见图 6-26(b))。这说明在低速车削时,切削热的作用起主导作用,表层产生拉伸残余应力;随着切削速度的提高,表层温度逐渐提高至淬火温度,表层金属产生局部淬火,金属的比容开始增大,金相组织变化因素开始起作用,致使拉伸残余应力的数值逐渐减小;当高速切削时,表面金属的淬火进行得较充分,比容增大,金相组织变化起主导作用,因而在表层金属中产生了压缩残余应力。

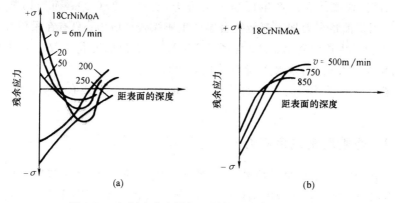

图 6-26　切削速度和被加工材料对残余应力的影响

### 2．前角的影响

前角对表层金属残余应力的影响极大,图 6-27 所示为车刀前角对残余应力影响的试验曲线。以 150m/min 的切削速度车削 45 钢,前角由正值变为负值或继续增大负前角,拉伸残余应力的数值减小(见图 6-27(a))。以 750m/min 的切削速度车削 45 钢,前角的变化将

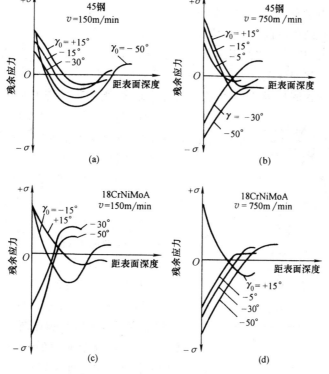

图 6-27　车刀前角对表层金属残余应力的影响

引起残余应力性质的变化,刀具负前角很大($\gamma_0=-30°$ 和 $\gamma_0=-50°$)时,表层金属发生淬火反应,产生压缩残余应力(见图 6-27(b))。

车削容易发生淬火反应的 18CrNiMoA 钢时,在 150m/min 的切削速度下,用前角 $\gamma_0=$ $-30°$的车刀切削,就能使表层产生压缩残余应力(见图 6-27(c));而当切削速度加大到 750m/min 时,用负前角车刀加工都会使表层产生压缩残余应力;只有在采用较大的正前角车刀加工时,才会产生拉伸残余应力(见图 6-27(d))。前角的变化不仅影响残余应力的数值和符号,而且在很大程度上影响残余应力的扩展深度。

此外,切削刃钝圆半径 $r_n$、刀具磨损状态等都对表层金属残余应力的性质及分布有影响。

### 6.3.3.3 影响磨削残余应力的工艺因素

磨削加工中,塑性变形严重且热量大,工件表面温度高,热因素和塑性变形对磨削表面残余应力的影响都很大。在一般磨削过程中,若热因素起主导作用,工件表面将产生拉伸残余应力,若塑性变形起主导作用,工件表面将产生压缩残余应力;当工件表面温度超过相变温度且又冷却充分时,工件表面出现淬火烧伤,此时金相组织变化因素起主要作用,工件表面将产生压缩残余应力。在精细磨削时,塑性变形起主导作用,工件表层金属产生压缩残余应力。

#### 1. 磨削用量的影响

磨削背吃刀量 $a_p$ 对表面层残余应力的性质、数值有很大影响。图 6-28 所示为磨削工业铁时,磨削背吃刀量对残余应力的影响。当磨削背吃刀量很小(如 $a_p=0.005$mm)时,塑性变形起主要作用,因此磨削表层形成压缩残余应力。继续加大磨削背吃刀量,塑性变形加剧,磨削热随之增大,热因素的作用逐渐占据主导地位,在表层产生拉伸残余应力。随着磨削背吃刀量的增大,拉伸残余应力的数值将逐渐增大。当 $a_p>0.025$mm 时,尽管磨削温度很高,但因工业铁的含碳量极低,不可能出现淬火现象,此时塑性变形因素逐渐起主导作用,表层金属的拉伸残余应力数值逐渐减小;当 $a_p$ 取值很大时,表层金属呈现压缩残余应力状态。

提高砂轮速度,磨削区温度增高,而每颗磨粒所切除的金属厚度减小,此时热因素的作用增大,塑性变形因素的影响减小,因此提高砂轮速度将使表层金属产生拉伸残余应力的倾向增大。图 6-28 中,给出了高速磨削(曲线 2)和普通磨削(曲线 1)的试验结果对比。

增大工件的回转速度和进给速度,将使砂轮与工件热作用的时间缩短,热因素的影响逐渐减小,塑性变形因素的影响逐渐加大。这样,表层金属中产生拉伸残余应力的趋势逐渐减小,而产生压缩残余应力的趋势逐渐增大。

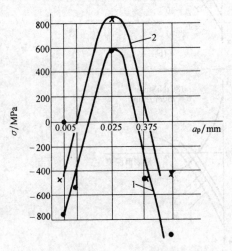

图 6-28　磨削背吃刀量对残余应力的影响

1—普通磨削;2—高速磨削

**2．工件材料的影响**

一般来说,工件材料的强度越高、导热性越差、塑性越低,在磨削时表面金属产生拉伸残余应力的倾向就越大。碳素工具钢 T8 比工业铁强度高,材料的变形阻力大,磨削时发热量也大,且 T8 的导热性比工业铁差,磨削热容易集中在表面金属层,再加上 T8 的塑性低于工业铁,因此在磨削时,热因素的作用比磨削工业铁时明显,表层金属产生拉伸残余应力的倾向比工业铁的大,如图 6-29 所示。

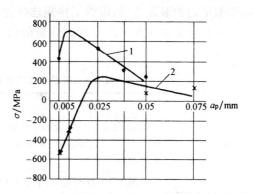

图 6-29 工件材料对残余应力的影响
1—碳素工具钢 T8 磨削;2—工业铁磨削

### 6.3.3.4 工件最终工序加工方法的选择

工件表层金属的残余应力将直接影响机器零件的使用性能。一般来说,工件表面残余应力的数值及性质主要取决于工件最终工序的加工方法。如何选择工件最终工序的加工方法,需要考虑该零件的具体工作条件及可能产生的破坏形式。

在交变载荷的作用下,零件表面存在的局部微观裂纹将由于拉应力的作用扩大,最终导致零件断裂。从提高零件抵抗疲劳破坏的角度考虑,最终工序应选择能在加工表面(尤其是应力集中区)产生压缩残余应力的加工方法。

两个零件作相对滑动,滑动面将逐渐产生磨损。滑动磨损的机理十分复杂,它既有滑动摩擦的机械作用,又有物理化学方面的综合作用(如粘接磨损、扩散磨损、化学磨损)。滑动摩擦工作应力分布如图 6-30(a)所示,当表面层的压缩工作应力超过材料的许用应力时,将使表层金属磨损。从提高零件抵抗滑动摩擦引起的磨损考虑,最终工序应选择能在加工表面上产生拉伸残余应力的加工方法;从抵抗扩散磨损、化学磨损、粘接磨损考虑,对残余应

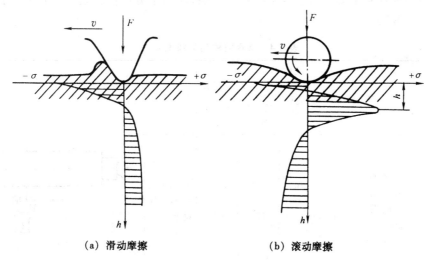

(a) 滑动摩擦　　　　　　(b) 滚动摩擦

图 6-30 应力分布图

力的性质无特殊要求,但残余应力的数值要小,使表面金属处于低能位状态。

两个零件作相对滚动,滚动面也将逐渐磨损。滚动磨损主要来自滚动摩擦的机械作用,也有来自粘接、扩散等物理化学方面的综合作用。滚动摩擦工作应力分布如图 6-30(b)所示,引起滚动磨损的决定性因素是表面层下深度为 $h$ 处的最大拉应力。从提高零件抵抗滚动摩擦引起的磨损考虑,最终工序应选择能在表面层下产生压应力的加工方法。

各种加工方法在工件表面上残留的内应力情况见表 6-3,此表可供选择最终工序加工方法参考。

表 6-3  各种加工方法在工件表面上残留的内应力

| 加工方法 | 残余应力情况 | 残余应力值 $\sigma$/MPa | 残余应力层深度 $h$/mm |
|---|---|---|---|
| 车削 | 一般情况下,表面受拉,里层受压;$v_c = 500$m/min 时,表面受压,里层受拉 | $200 \sim 800$,刀具磨损后达 1000 | 一般情况下,$0.05 \sim 0.10$;当用大负前角($\gamma_0 = -30°$)车刀,$v_c$ 很大时,$h$ 可达 0.65 |
| 磨削 | 一般情况下,表面受压,里层受拉 | $200 \sim 1000$ | $0.05 \sim 0.30$ |
| 铣削 | 同车削 | $600 \sim 1500$ | |
| 碳钢淬硬 | 表面受压,里层受拉 | $400 \sim 750$ | |
| 钢珠滚压钢件 | 表面受压,里层受拉 | $700 \sim 800$ | |
| 喷丸强化钢件 | 表面受压,里层受拉 | $1000 \sim 1200$ | |
| 渗碳淬火 | 表面受压,里层受拉 | $1000 \sim 1100$ | |
| 镀铬 | 表面受拉,里层受压 | 400 | |
| 镀铜 | 表面受拉,里层受压 | 200 | |

## 6.3.4  表面强化工艺

这里所说的表面强化工艺是指通过冷压加工方法使表层金属发生冷态塑性变形,以减小表面粗糙度值,提高表面硬度,并在表面层产生压缩残余应力的表面强化工艺。冷压加工强化工艺是一种既简便又有明显效果的加工方法,应用十分广泛。表 6-4 中列举了常用的机械强化加工方法。

表 6-4  常用机械强化加工方法

| 序号 | 加工方法 | 加工表面 | 加工效果 | | | | 加工部位 | 工序简图 |
|---|---|---|---|---|---|---|---|---|
| | | | 硬化深度/mm | 硬化程度/% | 能达到的公差等级 | 表面粗糙度 $Ra$/$\mu$m | | |
| 1 | 单滚柱、多滚柱滚压 | 外圆柱面、平面或成形表面 | 0.2 ~ 1.5 | 10 ~ 40 | IT6 ~ IT7 | 0.08 ~ 0.63 | 轴、轴颈、平板、导轨等 | |

续表

| 序号 | 加工方法 | 加工表面 | 加工效果 | | | | 加工部位 | 工序简图 |
|---|---|---|---|---|---|---|---|---|
| | | | 硬化深度/mm | 硬化程度/% | 能达到的公差等级 | 表面粗糙度 $Ra$ /μm | | |
| 2 | 单滚柱、多滚柱扩压 | 内圆柱面 | 0.2 或更大 | 可达 40 | IT6 ～ IT7 | 0.08 ～ 0.63 | 大于 $\phi$30mm 的孔 | |
| 3 | 多滚珠、单滚珠弹性滚压 | 外圆柱面、平面或成形表面 | — | 可达 40 | IT5 ～ IT6 | 0.08 ～ 0.63 | 轴和轴颈等 | |
| 4 | 单滚珠弹性滚压 | 平面或成形表面 | — | — | IT6 | 0.16 ～ 0.63 | 平面或成形表面 | |
| 5 | 弹性滚珠扩压 | 内圆柱面 | — | — | IT6 | 0.08 ～ 0.63 | $\phi$30～200mm 的孔 | |
| 6 | 滚珠弹性滚压 | 外圆柱面 | 0.5 ～ 1.0 | 20 ～ 80 | IT6 | 0.08 ～ 0.63 | 轴和轴颈等 | |
| 7 | 滚珠弹性扩压 | 内圆柱面 | 0.2 ～ 1.0 | 20 ～ 80 | IT6 | 0.08 ～ 0.63 | 大于 $\phi$50mm 的孔 | |

328

| 序号 | 加工方法 | 加工表面 | 加工效果 | | | | 加工部位 | 工序简图 |
|---|---|---|---|---|---|---|---|---|
| | | | 硬化深度/mm | 硬化程度/% | 能达到的公差等级 | 表面粗糙度 Ra /μm | | |
| 8 | 钢球挤压 | 内圆柱面 | — | 可达40 | IT5 ~ IT6 | 0.08 ~ 0.63 | 圆孔 |  |
| 9 | 单环胀孔（挤孔） | 内圆柱面 | — | 可达40 | IT5 ~ IT6 | 0.08 ~ 0.63 | 圆孔 | |
| 10 | 多环胀孔（挤孔） | 内圆柱面 | — | 20 ~ 40 | IT5 ~ IT6 | 0.04 ~ 0.16 | 圆孔 | |
| 11 | 喷丸强化 | 平面成形面，各种旋转表面 | 可达0.7 | — | — | 1.25 ~ 20 | 各种形状表面 | |

## 1. 喷丸强化

喷丸强化是利用大量快速运动的珠丸打击被加工工件表面，使工件表面产生冷硬层和压缩残余应力，从而显著提高零件的疲劳强度和使用寿命。

珠丸可以是铸铁的，也可以是切成小段的钢丝（使用一段之后自然变成球状）。对于铝质工件，为避免表面残留铁质微粒而引起电解腐蚀，宜采用铝丸或玻璃丸。珠丸的直径一般为 0.2～4mm。对于尺寸较小、表面粗糙度值要求较小的工件，应采用直径较小的珠丸。

喷丸强化主要用于强化形状复杂或不宜用其他加工方法强化的工件，如板弹簧、螺旋弹簧、连杆、齿轮、焊缝等。

**2. 滚压加工**

滚压加工是利用经过淬硬和精细研磨过的滚轮或滚珠,在常温状态下对金属表面进行挤压,将表层的凸起部分向下压,凹下部分往上挤(见图 6-31),逐渐将前工序留下的波峰压平,从而修正工件表面的微观几何形状。此外,它还能使工件表面金属组织细化,形成压缩残余应力。

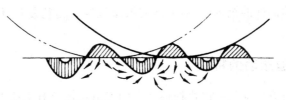

图 6-31 滚压加工原理图

滚压加工可减小表面粗糙度值,表面硬度一般可提高 10%~40%,表面金属的耐疲劳强度一般可提高 30%~50%。

# 6.4 机械加工过程中的振动

机械加工过程中产生的振动是一种十分有害的现象。如果加工中产生了振动,刀具与工件间的相对位移会使加工表面产生波纹,将严重影响零件的表面质量和使用性能;工艺系统将持续承受动态交变载荷的作用,导致刀具极易磨损(甚至崩刃),机床连接特性受到破坏,严重时甚至使切削加工无法继续进行;振动中产生的噪声还将危害操作者的身体健康。为了减少振动,有时不得不减小切削用量,使机床加工的生产效率降低。本节的目的在于了解机械加工中振动的产生机理,掌握控制振动的途径,以减小机械加工中的振动。

机械加工中产生的振动主要有强迫振动和自激振动(颤振)两种类型。

## 6.4.1 机械加工中的强迫振动

机械加工中的强迫振动是由于外界(相对于切削过程而言)周期性干扰力的作用而引起的振动。

### 6.4.1.1 强迫振动产生的原因

强迫振动的振源有来自机床内部的,称为机内振源;也有来自机床外部的,称为机外振源。机外振源甚多,但它们都是通过地基传给机床的,可以通过加设隔振地基加以消除。机内振源主要有机床旋转件的不平衡、机床传动机构的缺陷、往复运动部件的惯性力以及切削过程中的冲击等。

机床中各种旋转零件(如电动机转子、联轴器、带轮、离合器、轴、齿轮、卡盘、砂轮等),由于形状不对称、材质不均匀或加工误差、装配误差等原因,难免会有偏心质量产生。偏心质量引起的离心惯性力与旋转零件的转速的平方成正比,转速越高,产生周期性干扰力的幅值就越大。

齿轮制造不精确或有安装误差会产生周期性干扰力。带传动中平带接头连接不良、

V带的厚度不均匀、轴承滚动体大小不一、链传动中由于链条运动的不均匀性等机床传动机构的缺陷所产生的动载荷都会引起强迫振动。

油泵排出的压力油,其流量和压力都是脉动的。由于液体压差及油液中混入空气而产生的空穴现象,也会使机床加工系统产生振动。

在铣削、拉削加工中,刀齿在切入工件或从工件中切出时,都会有很大的冲击发生。加工断续表面也会发生由于周期性冲击而引起的强迫振动。

在具有往复运动部件的机床中,最强烈的振源往往就是往复运动部件改变运动方向时所产生的惯性冲击。

### 6.4.1.2 强迫振动的特征

机械加工中的强迫振动与一般机械振动中的强迫振动没有本质上的区别。

在机械加工中产生的强迫振动,其振动频率与干扰力的频率相同,或是干扰力频率的整数倍。此种频率对应关系是诊断机械加工中所产生的振动是否为强迫振动的主要依据,并可利用上述频率特征分析和查找强迫振动的振源。

强迫振动的幅值既与干扰力的幅值有关,又与工艺系统的动态特征有关。一般来说,在干扰力源频率不变的情况下,干扰力的幅值越大,强迫振动的幅值将随之增大。工艺系统的动态特性对强迫振动的幅值影响极大。如果干扰力的频率远离工艺系统各阶模态的固有频率,则强迫振动响应将处于机床动态响应的衰减区,振动响应幅值就很小;当干扰力频率接近工艺系统某一固有频率时,强迫振动的幅值将明显增大;若干扰力频率与工艺系统某一固有频率相同,系统将产生共振,若工艺系统阻尼系数不大,振动响应幅值将十分大。根据强迫振动的这一幅频响应特征,可通过改变运动参数或工艺系统的结构,使干扰力源的频率发生变化或让工艺系统的某阶固有频率发生变化,使干扰力源的频率远离固有频率,强迫振动的幅值就会明显减小。

## 6.4.2 机械加工中的自激振动(颤振)

### 6.4.2.1 概述

机械加工过程中,在没有周期性外力(相对于切削过程而言)作用下,由系统内部激发反馈产生的周期性振动,称为自激振动,简称颤振。

既然没有周期性外力的作用,那么激发自激振动的交变力是怎样产生的呢?用传递函数的概念来分析,机床加工系统是一个由振动系统和调节系统组成的闭环系统,如图 6-32 所示。激励机床系统产生振动的交变力是由切削过程产生的,而切削过程同时又受机床系

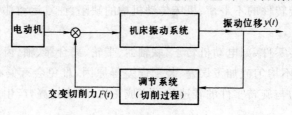

图 6-32　自激振动闭环系统

统振动的控制,机床系统的振动一旦停止,动态切削力也就随之消失。如果切削过程很平稳,即使系统存在产生自激振动的条件,也因切削过程没有交变的动态切削力,使自激振动不可能产生。但是,在实际加工过程中,偶然性的外界干扰(如工件材料硬度不均、加工余量有变化等)总是存在的,这种偶然性外界干扰所生的切削力的变化,作用在机床系统上,会使系统产生振动运动;系统的振动运动将引起工件、刀具的相对位置发生周期性变化,使切削过程产生维持振动运动的动态切削力。如果工艺系统不存在产生自激振动的条件,这种偶然性的外界干扰,将因工艺系统存在阻尼而使振动运动逐渐衰减;如果工艺系统存在产生自激振动的条件,就会使机床加工系统产生持续的振动运动。

维持自激振动的能量来自电动机,电动机通过动态切削过程把能量输入振动系统,以维持振动运动。

与强迫振动相比,自激振动具有以下特征:

(1) 机械加工中的自激振动是在没有外力(相对于切削过程而言)干扰下所产生的振动运动,这与强迫振动有本质的区别。

(2) 自激振动的频率接近于系统的固有频率,这就是说颤振频率取决于振动系统的固有特性。这与自由振动相似(但不相同),而与强迫振动根本不同。

(3) 自由振动受阻尼作用将迅速衰减,而自激振动却不因有阻尼存在而迅速衰减。

### 6.4.2.2 产生自激振动的条件

#### 1. 自激振动实例

图 6-33 所示为一个最简单的单自由度机械加工振动模型。设工件系统为绝对刚体,振动系统与刀架相连,且只在 $y$ 方向作单自由度振动。为分析简便,暂不考虑阻尼力的作用。

在径向切削力 $F_y$ 的作用下,刀架向外作振出运动 $y_{振出}$,振动系统将有一个反向的弹性回复力 $F_弹$ 作用在它上面。$y_{振出}$ 越大,$F_弹$ 也越大,当 $F_y = F_弹$ 时,刀架的振出运动停止(因为实际上振动系统中还是有阻尼力作用的)。在刀架作振出运动时,切屑相对于前刀面的相对滑动速度 $v_{振出} = v_0 - \dot{y}_{振出}$,其中 $v_0$ 为切屑切离工件的速度。在刀架的振出运动停止时,切屑相对于前刀面的相对滑动速度 $v_停 = v_0$,显然 $v_停 > v_{振出}$。如果切削过程具有负摩擦特性,即速度越大,摩擦(力)$F(v)$ 越小(如图 6-34 所示),则在刀架停止振动的瞬间,其切削力 $F_y$ 将比作振出运动时小,此时呈现 $F_弹 > F_y$ 的状态,于是刀架系统在 $F_弹$ 的作用下相对于被切工件作振入运动 $y_{振入}$。$y_{振入}$ 越大,$F_弹$ 就越小,当 $F_弹 = F_y$ 时,刀架的振入运动停止(因为实际上振动系统中还是有阻尼力作用的)。在刀架作振入运动时,切屑相对于前刀面的相对滑动速度 $v_{振入} = v_0 + \dot{y}_{振入}$;而在刀架的

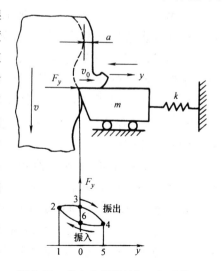

图 6-33 单自由度机械加工振动模型

振入运动停止时，$v_0 = v_{停}$。在刀架停止振动的瞬间，切削力 $F_y$ 将比作振入运动时大，此时 $F_y > F_弹$，刀架便在 $F_y$ 的作用下又开始作振出运动。综上分析可知，若切削过程具有图 6-34 所示的负摩擦特性，见图 6-33 所示的单自由度系统将会有持续的自激振动产生。

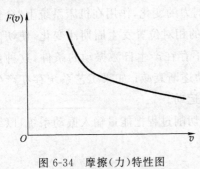

图 6-34　摩擦（力）特性图

### 2. 产生自激振动的条件

从上述自激振动运动的分析实例可知，刀架的振出运动是在切削力 $F_y$ 作用下产生的。对振动系统而言，$F_y$ 是外力。在振出过程中，切削力 $F_y$ 对振动系统做功，振动系统从切削过程中吸收一部分能量（$W_{振出} = W_{12345}$），储存在振动系统中，如图 6-33 所示。刀架的振入运动则是在弹性回复力 $F_弹$ 作用下产生的，振入运动与切削力方向相反，振动系统对切削过程做功，即振动系统要消耗能量（$W_{振入} = W_{54621}$）。

（1）当 $W_{振出} < W_{振入}$ 时，由于振动系统吸收的能量小于消耗的能量，故不会有自激振动产生，加工系统是稳定的。即使振动系统内部原来就储存一部分能量，在经过若干次振动之后，这部分能量也必将消耗殆尽，因此机械加工过程中不会有自激振动产生。

（2）当 $W_{振出} = W_{振入}$ 时，由于在实际机械加工系统中必然存在阻尼，系统在振入过程中为克服阻尼尚需消耗能量 $W_{摩阻(振入)}$。由此可知，在每一个振动周期中振动系统从外界获得的能量为

$$\Delta W = W_{振出} - (W_{振入} + W_{摩阻(振入)})$$

若 $W_{振出} = W_{振入}$，则 $\Delta W < 0$，即振动系统每振动一次系统便会损失一部分能量，系统也不会有振动产生，加工系统仍是稳定的。

（3）当 $W_{振出} > W_{振入}$ 时，加工系统将有持续的自激振动产生，处于不稳定状态。根据 $W_{振出}$ 与 $W_{振入}$ 的差值大小又可分为以下三种情况：

① $W_{振出} = W_{振入} + W_{摩阻(振入)}$，加工系统有稳幅自激振动产生。

② $W_{振出} > W_{振入} + W_{摩阻(振入)}$，加工系统将出现振幅递增的自激振动，待振幅增至一定程度出现新的能量平衡 $W'_{振出} = W'_{振入} + W'_{摩阻(振入)}$ 时，加工系统才会有稳幅振动产生。

③ $W_{振出} < W_{振入} + W_{摩阻(振入)}$，加工系统将出现振幅递减的自激振动，待振幅减至一定程度出现新的能量平衡 $W''_{振出} = W''_{振入} + W''_{摩阻(振入)}$ 时，加工系统才会有稳幅振动产生。

综上所述，加工系统产生自激振动的基本条件为 $W_{振出} > W_{振入}$，在力与位移的关系图中，要求振出过程曲线应位于振入过程曲线的上部，如图 6-35 所示。

进一步分析图 6-35 所示曲线可知，产生自激振动的条件还可作如下描述：对于振动轨迹的任一指定位置 $y_i$ 而言，振动系统在振出阶段通过 $y_i$ 点的力 $F_{振出(y_i)}$ 应大于在振入阶段通过同一点的力 $F_{振入(y_i)}$。则产生自激振动的条件还可归结为

$$F_{振出(y_i)} > F_{振入(y_i)}$$

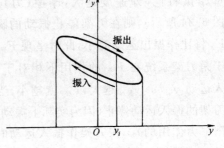

图 6-35　产生自激振动的条件

### 6.4.2.3　自激振动的激振机理

对于自激振动的激振机理,许多学者曾提出过许多不同的学说,比较公认的有再生原理、振型耦合原理、负摩擦原理和切削力滞后原理。

**1. 再生原理**

在金属切削过程中,除极少数情况外,刀具总是完全地或部分地在带有波纹的表面上进行切削。首先研究车刀作自由正交切削的情况,此时,车刀只作横向进给,车刀将完全在前一转切削时留下的波纹表面上进行切削,如图 6-36 所示。

假定切削过程受到一个瞬时的偶然性扰动(见图 6-37(a)),刀具与工件便发生相对振动(自由振动),振动的幅值将因有阻尼存在而逐渐衰减。但此时会在加工表面上留下一段振纹,如图 6-37(b)所示。当工件转过一转后,刀具要在留有振纹的表面上进行切削(见图 6-37(c)),切削厚度将发生波动,这就有交变的动态切削力产生。如果切削过程中各种条件的匹配是促进振动的,那么将会进一步发展到图 6-37(d)所示的颤振状态。通常,将这种由于切削厚度变化效应引起的自激振动,称为再生型颤振。

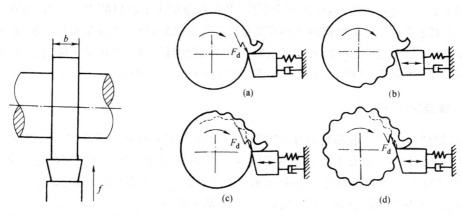

图 6-36　自由正交车削　　　　图 6-37　再生型颤振的产生过程

再生型颤振产生的条件,可由图 6-38 所示的再生切削效应加以说明。一般来说,本转(次)切削的振纹与前转(次)切削的振纹总不会完全同步,它们在相位上有一个差值 $\psi$。这里,相位差 $\psi$ 被定义为本转(次)切削振纹滞后于前转(次)切削振纹的相位值。

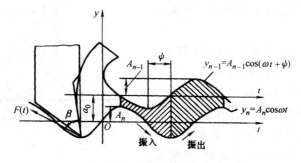

图 6-38　再生切削效应

设本转（次）切削的振动为

$$y(t) = A_n \cos\omega t$$

则前一转（次）切削的振动为

$$y(t - T) = A_{n-1}\cos(\omega t + \psi)$$

式中：$T$——工件转一转的时间。

瞬时切削厚度 $a(t)$ 及切削力 $F(t)$ 分别为

$$a(t) = a_0 + [y(t - T) - y(t)]$$
$$F(t) = k_c b\{a_0 + [y(t - T) - y(t)]\}$$

式中：$a_0$——名义切削层公称厚度；

$\quad\quad k_c$——单位切削宽度上的切削刚度；

$\quad\quad b$——切削层公称宽度。

在振动的一个周期内，切削力对振动系统所做的功为

$$W = \int_0^{2\pi/\omega} F(t)\cos\beta \mathrm{d}y(t) = k_c b A_{n-1}A_n\pi\cos\beta\sin\psi$$

式中：$\beta$——$F(t)$ 与坐标轴 $y$ 的夹角。

对于某一具体切削条件，$k_c$、$b$ 均为正值，$W$ 的符号取决于 $\psi$ 值的大小。当 $0 < \psi < \pi$ 时，$W > 0$，这表示在每一振动周期内外界有能量输入振动系统，加工系统是不稳定的，将有再生型颤振产生；当 $\pi < \psi < 2\pi$ 时，$W < 0$，振动系统将消耗能量，加工系统是稳定的，不会有再生型颤振产生；当 $\psi = \pi/2$ 时，$W$ 将有最大值，再生型颤振最为强烈。

### 2. 振型耦合原理

实际的振动系统一般都是多自由度系统。为便于分析，此处对图 6-39 所示的两自由度振动系统进行讨论。假设工件为绝对刚体，振动系统与刀架相连。如果切削过程中因偶然干扰使刀架系统产生角频率为 $\omega$ 的振动，则刀架将沿 $x_1$、$x_2$ 两刚度主轴同时振动。在图 6-39 给定的参考坐标系的 $y$ 和 $z$ 两个方向上，其运动方程为

$$\begin{cases} y = A_y\sin\omega t \\ z = A_z\sin(\omega t + \varphi) \end{cases}$$

式中：$A_y$——$y$ 向振动的振幅；

$\quad\quad A_z$——$z$ 向振动的振幅；

$\quad\quad \varphi$——$z$ 向振动相对 $y$ 向振动在主频率 $\omega$ 上的相位差。

由于刀架作两自由度振动，刀具（刀尖）的振动轨迹是一个椭圆形的封闭曲线。相位差 $\varphi$ 值不同，振动系统将有不同的振动轨迹。对图 6-39 所示椭圆形振动轨迹作两条与切削力 $F(t)$ 相垂直的切线，其切点分别为 $A$ 和 $C$。当刀尖相对于工件沿 $ABC$ 方向运动时，切削力方向与运动方向相反，这表明此时振动系统对外

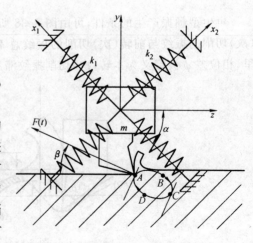

图 6-39　两自由度系统

界做功,振动系统要消耗能量;当刀尖相对于工件沿 $CDA$ 方向运动时,切削力方向与运动方向相同,这表明此时外界对振动系统做功,振动系统吸收能量。由于刀尖相对于工件沿 $ABC$ 方向运动时刀具的平均切削厚度小于刀尖相对于工件沿 $CDA$ 方向运动时刀具的平均切削厚度,故振动系统每振动一个周期都将有一部分能量输入,满足产生自激振动的条件,故有自激振动产生。这种由于振动系统在各主振模态间相互耦合、相互关联而产生的自激振动,称为振型耦合型颤振。

由图 6-39 知,刀架沿 $y$ 轴正向作振动,切削厚度变小,切削力将随之减小,动态切削力 $F(t)$ 与振动位移 $y(t)$ 的关系可表示为

$$F(t) = F_0 - k_c b y(t) = F_0 - k_c b A_y \sin\omega t$$

式中: $F_0$ ——稳态切削力。

$F(t)$ 在 $y$、$z$ 两个方向的分量分别为

$$F_y(t) = F(t)\cos\beta = (F_0 - k_c b A_y \sin\omega t)\cos\beta$$
$$F_z(t) = F(t)\sin\beta = (F_0 - k_c b A_y \sin\omega t)\sin\beta$$

式中: $\beta$ ——切削力 $F(t)$ 与 $z$ 轴的夹角。

在一个振动周期内,外界对振动系统所做的功为

$$W = W_y + W_z = \int_{cyc} F_y \mathrm{d}y + \int_{cyc} -F_z \mathrm{d}z$$

由于 $F_z$ 与图 6-39 中所标 $z$ 向位移的方向相反,故在上式第二项中引入了一个负号。又有

$$W_y = \int_{cyc} F_y \mathrm{d}y = \int_0^{2\pi} (F_0 - k_c b A_y \sin\omega t)\cos\beta A_y \cos\omega t \, \mathrm{d}(\omega t)$$
$$= F_0 A_y \cos\beta \int_0^{2\pi} \cos\omega t \, \mathrm{d}(\omega t) - \frac{1}{4} k_c b A_y^2 \int_0^{2\pi} \sin 2\omega t \, \mathrm{d}(2\omega t) = 0$$

$$W_z = \int_{cyc} -F_z \mathrm{d}z = -\int_0^{2\pi} (F_0 - k_c b A_y \sin\omega t)\sin\beta A_z \cos(\omega t + \varphi) \, \mathrm{d}(\omega t)$$
$$= -\int_0^{2\pi} F_0 \sin\beta A_z \cos(\omega t + \varphi) \, \mathrm{d}(\omega t + \varphi) + \int_0^{2\pi} k_c b_y A_y \sin\beta \sin\omega t A_z \cos(\omega t + \varphi) \, \mathrm{d}(\omega t)$$
$$= 0 + k_c b A_y A_z \sin\beta \int_0^{2\pi} \frac{1}{2}[\sin(2\omega t + \varphi) + \sin(-\varphi)] \, \mathrm{d}(\omega t) = -\pi k_c b A_y A_z \sin\beta \sin\varphi$$

将 $W_y$、$W_z$ 代入式 $W$ 的算式得

$$W = -\pi k_c b A_y A_z \sin\beta \sin\varphi$$

分析上式可知,由于 $\beta$ 值位于第 I 象限, $\sin\beta > 0$ , $k_c$ 、 $b$ 、 $A_y$ 、 $A_z$ 均为正值,故 $W$ 的符号仅取决于 $\varphi$ 值的大小。若不考虑系统阻尼所消耗的能量,当 $0 < \varphi < \pi$ 时, $W < 0$ ,不满足产生振动的条件,系统不会有耦合型颤振发生;当 $\pi < \varphi < 2\pi$ 时, $W > 0$ ,这表示每振动一个周期,振动系统就能从外界得到一部分能量,满足产生振动的条件,系统将有耦合型颤振发生。

### 3. 负摩擦原理

图 6-40 所示为在车床上用硬质合金车刀切削 45 钢试件所得到的试验曲线。在某些速度区段内切削力 $F_y$ 随切削速度 $v$ 的增加而减小,具有下降特征。

在切削力与切削速度具有下降特性的速度范围内,研究图 6-41(a)所示车床刀架在 $y$ 方向上的振动运动。当刀架由于外界偶然干扰在 $y$ 方向上作振动运动时,切屑相对刀具的

336

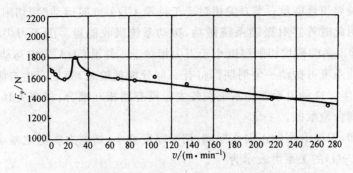

图 6-40　切削速度对切削力的影响

试件材料：45 钢（正火）；刀片材料：YT15；刀具几何形状：

$\gamma_0 = 18°, \alpha = 6° \sim 8°, \kappa_r = 10° \sim 12°, \lambda_s = 0°$；切削用量：$a_p = 3\text{mm}, f = 0.25\text{mm/r}$

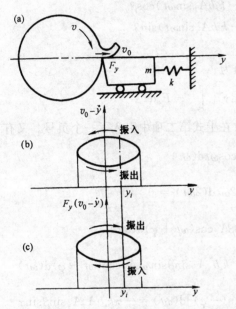

图 6-41　负摩擦激振原理图

相对运动速度（$v_0 - \dot{y}$）与振动位移 $y$ 有如图 6-41（b）所示的关系。对于刀具振动位移的任一指定位置 $y_i$ 而言，刀具在振入阶段通过这一点时，切屑相对于刀具的相对速度总是大于振出阶段通过这一点的相对速度，因而，振出阶段的力总是大于振入阶段的力，即有 $F_{振出(y_i)} > F_{振入(y_i)}$（见图 6-41(c)），故加工系统有自激振动产生。这种由于切削过程中存在负摩擦特性而产生的自激振动，称为摩擦型颤振。

**4. 切削力滞后原理**

由于机床加工系统存在惯性与阻尼，因而实际作用在刀具上的切削力总是滞后于主振系统的振动运动。图 6-42 所示为切削动力学模型和滞后现象示意图。在振入过程中，名义切削厚度由小到大，但刀具实际感受到的切削厚度总小于名义切削厚度，因而实际作用在刀具上的切削力总小于名义切削力；而在振出过程中，名义切削厚度由大变小，刀具实际感受到的切削厚度总大于名义切削厚度，因而实际作用在刀具上的切削力总大于名义切削力。

将图 6-42 中 $y$ 与 $F_y$ 的关系画成图形可得图 6-43 所示的图形。对于刀具的任一切削位置 $y_i$，都将会有 $F_{振出(y_i)} > F_{振入(y_i)}$，故有自激振动产生。这种由于切削力滞后于振动的滞后效应所引起的自激振动，称为滞后型颤振。

## 6.4.3　机械加工振动的诊断技术

机械加工中产生的振动可分为强迫振动和自激振动（颤振）两大类，在自激振动中又可分为再生型、振型耦合型、摩擦型、滞后型等。从解决现场生产中发生的机械加工振动问题考虑，正确诊断机械加工振动的类别是十分重要的。一旦明确了现场生产中发生的振动主

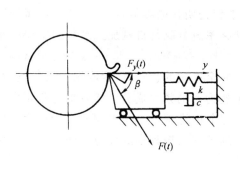

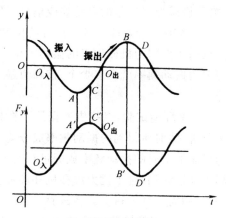

(a) 动力学模型              (b) 滞后现象示意图

图 6-42 切削动力模型和滞后现象示意图

要是属于哪一类振动,便可有针对性地采取相应的减振、消振措施。

    机械加工振动的诊断主要包括两个方面的内容:一是首先要判定机械加工振动的类别,要明确指出哪些频率成分的振动属强迫振动,哪些频率成分的振动属自激振动;二是如果已知某个(或几个)频率成分的振动是自激振动,还要进一步判定它是属于哪一种类型的自激振动。

    研究自激振动类别诊断技术的关键在于确定诊断参数。所确定的诊断参数必须是能够充分反映并仅仅只是反映该类振动最本质、最核心的参

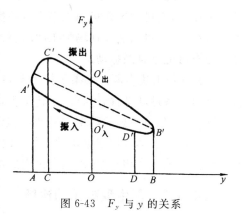

图 6-43 $F_y$ 与 $y$ 的关系

数,同时还必须考虑实际测量的可能性。下面介绍再生型和振型耦合型切削颤振的诊断技术。

### 6.4.3.1 强迫振动的诊断

    强迫振动的诊断任务,首先是判别机械加工中所发生的振动是否为强迫振动。若是强迫振动,尚需查明振源,以便采取措施加以消除。

**1. 强迫振动的诊断依据**

    从强迫振动的产生原因和特征可知,它的频率与外界干扰力的频率相同(或是它的整数倍)。强迫振动与外界干扰力在频率方面的对应关系是诊断机械加工振动是否属于强迫振动的主要依据。可以采用频率分析方法,对实际加工中的振动频率成分逐一进行诊断与判别。

**2. 强迫振动的诊断方法和诊断步骤**

    (1) 采集现场加工振动信号。在加工部位振动敏感方向用传感器(加速度计、力传感器

等)拾取机械加工过程的振动响应信号,经放大和 A/D 转换器转换后输入计算机。

(2) 频谱分析处理。对所拾得的振动响应信号作自功率谱密度函数处理,自谱图上各峰值点的频率即为机械加工的振动频率。自谱图上较为明显的峰值点有多少个,机械加工系统中的振动频率就有多少个,谱峰值最大的振动频率成分就是机械加工系统的主振频率成分。

(3) 做环境试验,查找机外振源。在机床处于完全停止的状态下,拾取振动信号,进行频谱分析,此时所得到的振动频率成分均为机外干扰力源的频率成分。然后将这些频率成分与机床加工时的振动频率成分进行对比,如两者完全相同,则可判定机械加工中产生的振动属于强迫振动,且干扰力源在机外环境。如现场加工的主振频率成分与机外干扰力频率不一致,则需继续进行空运转试验。

(4) 做空运转试验,查找机内振源。机床按加工现场所用运动参数进行运转,但不对工件进行加工。采用相同的办法拾取振动信号,进行频谱分析,确定干扰力源的频率成分,并与机床加工时的振动频率成分进行对比。除已查明的机外干扰力源的频率成分之外,如两者完全相同,则可判定现场加工中产生的振动属受迫振动,且干扰力源在机床内部。如两者不完全相同,则可判断在现场加工的所有振动频率中,除去强迫振动的频率成分外,其余频率成分有可能是自激振动。

(5) 查找干扰力源。如果干扰力源在机床内部,还应查找其具体位置。可采用分别单独驱动机床各运动部件,进行空运转试验,查找振源的具体位置。但有些机床无法做到这一点,比如车床除可单独驱动电动机外,其余运动部件一般无法单独驱动,此时则需对所有可能成为振源的运动部件根据运动参数(如传动系统中各轴的转速、齿轮齿数等)计算频率,并与机内振源的频率相对照,以确定机内振源的位置。

### 6.4.3.2 再生型颤振的诊断

#### 1. 再生型颤振的诊断参数

再生型颤振是由切削厚度变化效应产生的动态切削力激起的,而切削厚度的变化则主要是由切削过程中被加工表面前、后两转(次)切削振纹相位上不同步引起的,相位差的存在是引起再生型颤振的根本原因。

#### 2. 相位差 $\psi$ 的测量与计算

由于颤振信号通常都是混频信号,且一般来说遗留在工件表面上的振痕并不是刀具、工件间相对振动的简单再现,因而要想直接测量工件表面上前、后两转(次)切削振纹的相位差 $\psi$ 是不可能的。相位差 $\psi$ 可通过测量颤振频率 $f$ (Hz)及工件转速 $n$ (r/min)间接求得。

以车削为例,车削时工件每转一转的切削振痕数 $J$ 为

$$J = \frac{60f}{n} = J_z + J_\omega$$

式中: $J_z$ ——$J$ 中的整数部分;

$J_\omega$ ——$J$ 中的小数部分。

相位差 $\psi$ 可通过 $J_\omega$ 间接求得,有

$$\psi = 360° \times (1 - J_\omega)$$

对上式进行全微分、增量代换及取绝对值,可得相位差 $\psi$ 的测量误差为

$$\Delta\psi \leqslant \frac{21600°}{n^2}(f\,|\,\Delta n\,|+n\,|\,\Delta f\,|)$$

式中：$\Delta n$——工件转速的测量误差；

$\Delta f$——颤振频率的测量误差。

若测量误差 $\Delta\psi$ 的要求一定,由上式可计算确定转速 $n$ 和颤振频率 $f$ 的测量精度；若测量误差 $\Delta n$ 及 $\Delta f$ 已确定,也可通过该式来估计相位差 $\psi$ 的测量误差。

为避免错判现象发生,相位差 $\psi$ 的测量误差应不大于10°。在通常的机床结构及常用的切削参数条件下,若满足 $|\Delta\psi|\leqslant10°$ 的要求,应使工件转速的测量误差 $|\Delta n|\leqslant0.01\mathrm{r/min}$,频谱处理中颤振频率 $f$ 的频率分辨率应达到 $|\Delta f|\leqslant0.02\mathrm{Hz}$。

一般来说,较高的转速测量精度比较容易获得,但采用通常的频谱分析技术,其频率分辨率是无法达到 $0.02\mathrm{Hz}$ 的。为获得较高的频率分辨率,在再生型颤振的诊断中须采用频率细化技术。

在诊断过程中,振动信号的拾取与工件转速的测量应同步进行。由经频率细化处理所得的颤振频率 $f$ 和切削时实际测得的工件转速 $n$,通过上述公式即可求得相位差 $\psi$。

**3. 再生型颤振的诊断要领**

如果加工过程中发生了强烈振动,可设法测得被加工工件前、后两转(次)振纹的相位差 $\psi$。若相位差 $\psi$ 位于 Ⅰ、Ⅱ 象限内,即 $0°<\psi<180°$,则可判定加工过程中有再生型颤振产生；若相位差 $\psi$ 位于 Ⅲ、Ⅳ 象限内,即 $180°<\psi<360°$,则可判定加工过程中产生的振动不是再生型颤振。

### 6.4.3.3 振型耦合型颤振的诊断

**1. 振型耦合型颤振的诊断参数**

由振型耦合原理知,当相位差 $\psi$ 位于 Ⅰ、Ⅱ 象限时,加工系统是稳定的,不会有振型耦合型颤振产生；当相位差 $\psi$ 位于 Ⅲ、Ⅳ 象限时,加工系统是不稳定的,有振型耦合型颤振产生。既然相位差 $\psi$ 与振型耦合型颤振是否发生有如此明显的对应关系,因此可以用 $z$ 向振动相对于 $y$ 向振动的相位差 $\psi$ 作为振型耦合型颤振的诊断参数。

**2. 耦合型颤振的诊断要领**

如果切削过程中发生了强烈颤振,可设法测得 $z$ 向振动 $z(t)$ 相对于 $y$ 向振动 $y(t)$ 在主振频率处的相位差 $\psi$,$\psi$ 可通过求取振动信号 $y(t)$ 与 $z(t)$ 的互功率频谱密度函数 $S_{yz}(\omega)$ 在主振频率成分上的相位值获取。若相位差 $\psi$ 位于 Ⅲ、Ⅳ 象限,则可判断加工过程有振型耦合型颤振产生；若相位差 $\psi$ 位于象限 Ⅰ、Ⅱ,则可判断加工过程中产生的振动不是振型耦合型颤振。

### 6.4.3.4 诊断实例

某市电动机厂生产特种电动机。电动机轴是一个带有若干轴台的细长轴。在加工电动

机轴时,因无法架设跟刀架,粗、精车削中均有强烈振动产生,工件表面留有十分明显的振痕。有些零件在精磨之后,工件表面仍残留有车削振痕。生产中不得不采用加大磨削余量及降低车削速度的办法缓解矛盾。为寻找防止振动的途径,对电动机轴车削振动问题进行了诊断。

### 1. 工件条件与测试装置

电动机轴材料为 45 钢,轴台最大直径为 $\phi50\text{mm}$,轴长为 800mm;所用机床为 CA6140 型卧式车床,所用刀具为主偏角 $\kappa_r=45°$ 的机夹不重磨 YT15 车刀;切削用量为 $v=84.4\text{m/min}$,$a_p=0.40\text{mm}$,$f=0.12\text{mm/r}$。

为拾取振动信号,将两个非接触式电容传感器相互垂直地安装在测试框架上,测试框架固定在溜板箱上。车削时测试框架及两个电容传感器与刀架一起作纵向进给运动。安装在尾座套筒上的两个压电式加速度传感器作监测用,图 6-44 所示为测振仪器框图。为测量车削时工件的实际转速,在主轴尾部安装了测速装置,如图 6-45 所示。

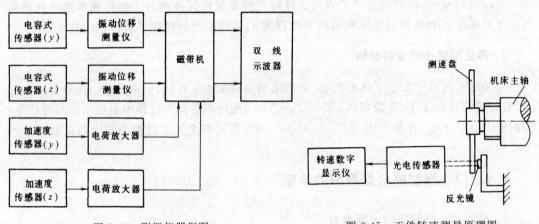

图 6-44  测振仪器框图                    图 6-45  工件转速测量原理图

### 2. 诊断过程与诊断结果

为了判别电动机轴车削过程的振动类型,进行了切削试验和空运转试验。空运转试验时,各部件的运动参数与车削过程完全相同,只是刀具不对工件进行切削。

图 6-46 给出了车削过程及空运转试验的数据处理结果。图 6-46(a)所示为车削过程 $y$ 向和 $z$ 向振动信号的自谱处理结果,图 6-46(b)所示为空运转试验的自谱处理结果,其中 $PA$ 为 $y$ 向振动信号的自谱图,$PB$ 为 $z$ 向振动信号的自谱图;其横坐标均为振动信号的频率(Hz),纵坐标均为振动信号的幅值(dB)。

分析车削过程的自谱图可知,最大峰值的频率为 150Hz,而高频部分出现的两个峰值均为其倍频成分,故车削振动的主振频率为 150Hz。而在空运转试验结果中,150Hz 处并无明显的峰值出现。由此可以判断,车削过程中频率为 150Hz 的振动成分不是强迫振动,而是自激振动。

为判别自激振动的类型,对车削过程中记录的振动信号进行了分析处理。图 6-47(a)

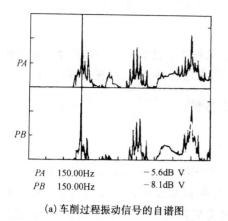

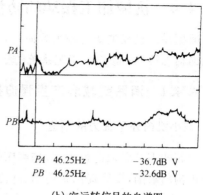

| PA | 150.00Hz | −5.6dB V |
| PB | 150.00Hz | −8.1dB V |

(a) 车削过程振动信号的自谱图

| PA | 46.25Hz | −36.7dB V |
| PB | 46.25Hz | −32.6dB V |

(b) 空运转信号的自谱图

图 6-46 车削过程及空转实验的数据处理结果

所示的下半部为 $y$ 向和 $z$ 向信号的互功率谱密度函数的相频特性处理结果,上半部为其凝聚函数图,其中纵坐标的取值范围为 $0 \leqslant \gamma_{yz}^2(f) \leqslant 1$(若 $\gamma_{yz}^2(f)=1$,表示被测两信号完全相关;若 $\gamma_{yz}^2(f)=0$,则表示被测两信号完全不相关)。图 6-47(b)所示为 $y$ 向振动信号的频率细化处理结果(中心频率 $f_0=150\text{Hz}$,频率分辨率为 $\Delta f=0.01953\text{Hz}$),纵坐标为振动信号幅值,频率细化后的振动信号幅值是用电压数值来表示的。

由图 6-47(a)知,$z$ 向振动相对于 $y$ 向振动在主振频率成分上的相位差 $\psi$ 为 165.2°,凝聚函数 $\gamma_{yz}^2(f_0)=0.9987$ 表明上述相位测试结果是完全可信的。由于相位差 $\psi$ 处于第 II 象限,故可判断振动频率为 150Hz 的自激振动不是振型耦合型颤振。

由频率细化处理(见图 6-47(b))确定的 $y$ 向颤振频率 $f=150.1781\text{Hz}$ 和车削时测得的工件实际转速 $n=536.99\text{r/min}$,可计算求得工件前、后两转切削振纹的相位差 $\psi=79.20°$,正好处于再生型颤振的不稳定区。故该轴车削过程中产生的强烈振动是再生型颤振。

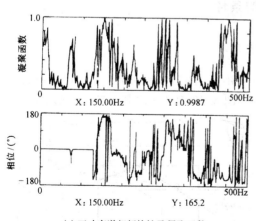

X: 150.00Hz     Y: 0.9987

X: 150.00Hz     Y: 165.2

(a) 互功率谱相频特性及凝聚函数

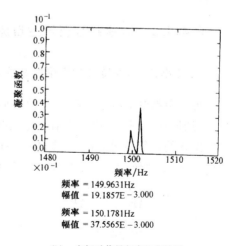

频率 = 149.9631Hz
幅值 = 19.1857E−3.000

频率 = 150.1781Hz
幅值 = 37.5565E−3.000

(b) $y$ 向振动信号频率细化结果

图 6-47 车削过程振动信号的处理结果

### 6.4.4 机械加工振动的防治

消减振动的途径主要有四个方面：①消除或减弱产生机械加工振动的条件；②改善工艺系统的动态特性；③提高工艺系统的稳定性；④采用各种消振、减振装置。

#### 6.4.4.1 消除或减弱产生强迫振动的条件

**1. 减小机内外干扰力的幅值**

高速旋转零件必须进行平衡，如磨床的砂轮、车床的卡盘及高速旋转的齿轮等。尽量减少传动机构的缺陷，设法提高带传动、链传动、齿轮传动及其他传动装置的稳定性。对于高精度机床，应尽量少用或不用齿轮、平带等可能成为振源的传动零件，并使动力源（尤其是液压系统）与机床本体分离，放在另一个地基基础上。对于往复运动部件，应采用较平稳的换向机构。在条件允许的情况下，适当降低换向速度及减小往复运动件的质量，以减小惯性力。

**2. 适当调整振源的频率**

在选择转速时，使可能引起强迫振动的振源频率 $f$ 远离机床加工系统薄弱模态的固有频率 $f_n$，一般应满足

$$\left| \frac{f_n - f}{f} \right| \geqslant 0.25$$

**3. 采取隔振措施**

隔振有两种方式，一种是主动隔振，以阻止机床振源通过地基外传；另一种是被动隔振，能阻止机外干扰力通过地基传给机床。常用的隔振材料有橡胶、金属弹簧、空气弹簧、泡沫乳胶、软木、矿渣棉、木屑等。中小型机床多用橡胶皮衬垫，而重型机床多用金属弹簧或空气弹簧。

#### 6.4.4.2 消除或减弱产生自激振动的条件

**1. 减小前、后两转（次）切削的波纹重叠系数**

再生型颤振是由于在有波纹的表面上进行切削引起的，如果本转（次）切削不与前转（次）切削振纹相重叠，就不会有再生型颤振产生。图 6-48 中的 $ED$ 是上转（次）切削留下的带有振纹的切削宽度，$AB$ 是本转（次）的切削宽度。前、后两转（次）切削波纹的重叠系数为

$$\mu = \frac{CD}{AB} = \frac{ED - EC}{AB}$$

$$= \frac{AB - EC}{AB}$$

$$= 1 - \frac{\sin\kappa_r \sin\kappa_r'}{\sin(\kappa_r + \kappa_r')} \times \frac{f}{a_p}$$

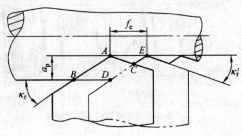

图 6-48 重叠系数 $\mu$ 计算图

重叠系数 $\mu$ 越小,就越不容易产生再生型颤振。重叠系数 $\mu$ 数值取决于加工方式、刀具的几何形状及切削用量等。增大刀具的主偏角 $\kappa_r$、增大进给量 $f$,均可使重叠系数 $\mu$ 减小。在外圆切削时,采用 $\kappa_r = 90°$ 的车刀,可有明显的减振作用。

### 2. 调整振动系统小刚度主轴的位置

理论分析和试验结果均表明,振动系统小刚度主轴 $x_1$ 相对于 $y$ 坐标轴的夹角 $\alpha$(见图 6-49)对振动系统的稳定性具有重要影响。当 $\alpha$ 位于切削力 $F$ 与 $y$ 轴的夹角 $\beta$ 内时,机床加工系统就会有振型耦合型颤振产生。图 6-49(a)所示尾座结构小刚度主轴 $x_1$ 位于切削力 $F$ 与 $y$ 轴的夹角 $\beta$ 范围内,容易产生振型耦合型颤振;图 6-49(b)所示尾座结构较好,小刚度主轴 $x_1$ 位于切削力 $F$ 与 $y$ 轴的夹角 $\beta$ 范围之外。除改进机床结构设计之外,合理安排刀具与工件的相对位置,也可以调整小刚度主轴的相对位置。

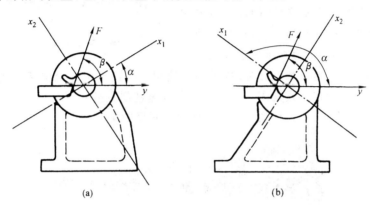

图 6-49　两种尾座结构

$x_1$—小刚度主轴;$x_2$—大刚度主轴

### 3. 增加切削阻尼

适当减小刀具后角,可以加大工件和刀具后刀面之间的摩擦阻尼,对提高切削稳定性有利。但刀具后角过小会引起摩擦型颤振,一般后角取 $2° \sim 3°$ 为宜,必要时还可在后刀面上磨出带有负后角的消振棱,如图 6-50 所示。如果加工系统产生摩擦型颤振,需设法调整转速,使切削速度 $v$ 处于 $F$-$v$ 曲线的下降特性区之外。

### 4. 采用变速切削方法加工

再生型颤振是切削颤振的主要形态,变速切削对于再生型颤振具有显著的抑制作用。所谓变速切削就是人为地以各种方式连续改变机床主轴转速所进行的一种切削方式。在变速切削中,机床主轴转速将以一定的变速幅度

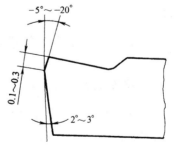

图 6-50　车刀消振棱

$\Delta n / n_0$、一定的变速频率、一定的变速波形围绕某一基本转速 $n_0$ 作周期变化。图 6-51 所示为变速切削减振原理图。图 6-51(a)为再生型颤振的稳定性极限图,其中的阴影部分为不稳定区,其余部分为稳定区,图 6-51(b)为变速切削时颤振频率 $f$ 随机床主轴转速 $n$ 的变化图。

变速切削的减振机理可归结为以下两点：

（1）采用变速切削方法加工时，只要变速幅度 $\Delta n$ 够大，切削过程将在不稳定区与条件稳定区内交替进行（见图 6-51(a)）。当切削加工在条件稳定区进行时，从理论上说，加工系统的振动响应趋近于零，这是变速切削具有减振作用的直接原因。

（2）在变速切削时，振动频率随机床主轴转速变化近似呈分段线性锯齿状变化（见图 6-51(b)）。变速切削过程中，机床加工系统的振动频率随着机床主轴转速的变动而变动，变速切削系统的振动响应是变频激励的瞬间响应，与恒频激励相比，变频激励的振动响应要小，这是变速切削之所以具有减振作用的更为本质的原因。

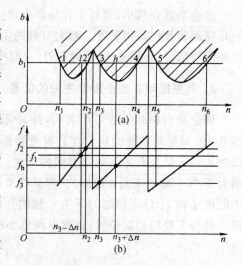

图 6-51　变速切削减振原理图

一般来说，只要变速参数选择合适，采用变速切削可使振幅降至恒速切削时的 $10\%\sim 20\%$。图 6-52 所示为在立式铣床一次进给中由恒速铣削直接转变为变速铣削时所测得的振动波形图。可以看出，变速切削具有十分明显的减振效果。

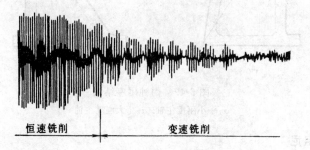

图 6-52　铣削振动波形图

试验条件：工件材料：45 钢；刀具：$\phi 200mm$ 镶齿不重磨铣刀（YT14）；切削用量：$a_p = 0.5mm$，$n_0 = 70r/min$；$f = 37.5mm/min$；变速幅度 $\Delta n/n_0 = \pm 15\%$ ；变速频率为0.3Hz；变速波形为正弦波

### 6.4.4.3　改善工艺系统的动态特性，提高工艺系统的稳定性

**1. 提高工艺系统刚度**

提高工艺系统的刚度可以有效地改善工艺系统的抗振性和稳定性。在增强工艺系统刚度的同时，应尽量减小构件自身的质量，应把"以最轻的质量获得最大的刚度"作为结构设计的一个重要原则。

**2. 增大工艺系统的阻尼**

工艺系统的阻尼主要来自零部件材料的内阻尼、结合面上的摩擦阻尼及其他附加阻尼等。材料的内阻尼是指由材料的内摩擦而产生的阻尼，不同材料的内阻尼是不同的。由于铸铁的内阻尼比钢大,所以机床上的床身、立柱等大型支承件常用铸铁制造。除了选用内阻尼较大的材料制造外,还可以把高阻尼材料附加到零件上,如图 6-53 所示。

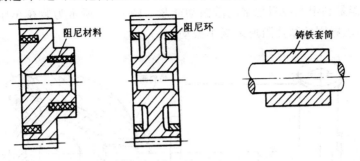

图 6-53　在零件上灌注阻尼材料和压入阻尼环

机床阻尼大多来自零、部件结合面间的摩擦阻尼,有时它可占总阻尼的 90%,应通过各种途径加大结合面间的摩擦阻尼。对于机床的活动结合面,应当注意调整其间隙,必要时可施加预紧力,以增大摩擦力。试验证明,滚动轴承在无预加载荷作用有间隙的情况下工作,其阻尼比为 0.01～0.02;当有预加载荷而无间隙时,阻尼比可提高到 0.02～0.03。对于机床的固定结合面,要求适当选择加工方法、表面粗糙度等级及结合面上的比压。结合面的固定方式也有很大影响。

#### 6.4.4.4　采用各种消振、减振装置

如果不能从根本上消除产生切削振动的条件,又无法有效地提高工艺系统的动态特性,为保证必要的加工质量和生产率,可以采用消振、减振装置。常用的减振器有以下三种类型。

#### 1. 动力减振器

动力减振器通过弹性元件 $k_2$ 将一个附加质量 $m_2$ 连接到主振系统 $m_1$、$k_1$ 上(见图 6-54),利用附加质量的动力作用,使其加到主振系统上的作用力(或力矩)与激振力(或力矩)大小相等、方向相反,从而达到抑制主振系统振动的目的。

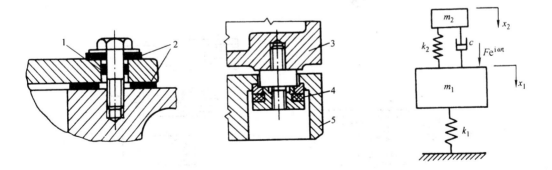

图 6-54　动力减振器

1—橡胶圈;2—橡胶垫;3—机床 $m_1$;4—弹簧阻尼元件;5—附加质量 $m_2$

### 2. 摩擦减振器

摩擦减振器是利用摩擦阻尼来消散振动能量。图 6-55 所示为装在车床尾座上的摩擦减振器,它是靠填料圈的摩擦阻尼来减小振动。

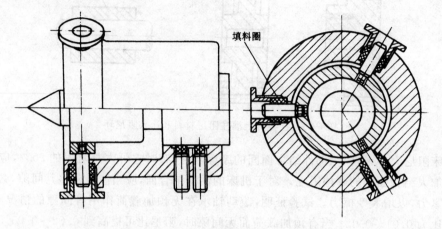

填料圈

图 6-55　装在车床尾座上的摩擦减振器

### 3. 冲击式减振器

利用两物体相互碰撞要损失动能的原理,在振动体 $M$ 上装有一个起冲击作用的自由质量(冲击块)$m$。系统振动时,自由质量将反复冲击振动体,以消散振动能量,达到减振的目的。图 6-56 所示为冲击式减振器的典型结构及动力学模型。为了获得最有利的碰

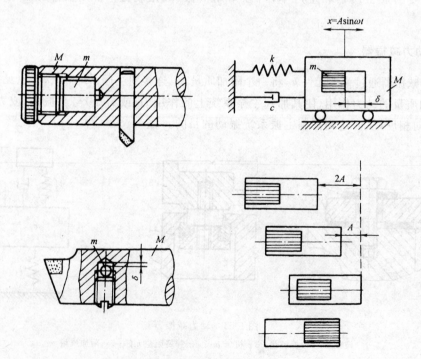

图 6-56　冲击式减振器的典型结构及其动力学模型

撞条件,要求振动体 $M$ 和冲击块 $m$ 都能以其最大速度运动时发生相互碰撞,这样才能得到最大的动能损耗。间隙 $\delta$ 的大小对减振效果影响甚大。为获得最佳减振效果,间隙 $\delta$ 应满足

$$\delta = \frac{T}{2} \cdot x_{\max} = \frac{\pi}{\omega} A\omega = \pi A$$

式中:$T$——振动体 $M$ 的振动周期;

　　$A$——振动体 $M$ 的振幅。

需要特别指出的是,上式中的幅值 $A$ 是一个变值,当振动体 $M$ 的振幅值 $A$ 逐渐减小时,要求间隙值 $\delta$ 应随之减小,这样才能取得最佳的减振效果。除了间隙值之外,冲击块的材料选择也很重要,应选密度大、弹性回复系数大的材料(如淬硬钢或硬质合金)制造冲击块;必要时也可将冲击块挖空,内部注入密度比较大的铅以增加质量。

冲击式减振器具有结构简单、质量轻、体积小、减振效果好等优点,可以在较大的振动频率范围内使用。

# 习题与思考题

6-1　机械加工表面质量包括哪些具体内容?

6-2　为什么机器零件一般总是从表层开始破坏?加工表层质量对机器使用性能有哪些影响?

6-3　车削一铸铁零件的外圆表面,若进给量 $f = 0.40\text{mm/r}$,车刀刀尖圆弧半径 $r_\varepsilon = 3\text{mm}$,试估算车削后表面粗糙度的数值。

6-4　高速精镗 45 钢工件的内孔时,采用主偏角 $\kappa_r = 75°$、副偏角 $\kappa_r' = 15°$ 的锋利尖刀,当加工表面粗糙度要求 $Ra = 3.2 \sim 6.3\mu\text{m}$ 时,问:

(1) 在不考虑工件材料塑性变形对表面粗糙度影响的条件下,进给量 $f$ 应选择多大合适?

(2) 分析实际加工表面粗糙度与计算值是否相同? 为什么?

(3) 进给量 $f$ 越小,表面粗糙度是否越小?

6-5　采用粒度为 36 号的砂轮磨削钢件外圆,其表面粗糙度要求为 $Ra = 1.6\mu\text{m}$。在相同的磨削用量下,采用粒度为 60 号的砂轮可使 $Ra$ 减小为 $0.2\mu\text{m}$,这是为什么?

6-6　为什么提高砂轮速度能减小磨削表面的表面粗糙度数值,而提高工件速度却得到相反的结果?

6-7　为什么在切削加工中一般都会产生冷作硬化现象?

6-8　为什么切削速度增大,硬化现象减小? 而进给量增大,硬化现象却增大?

6-9　为什么刀具的切削刃钝圆半径 $r_n$ 增大及后刀面磨损 VB 增大,会使冷作硬化现象增大? 而刀具前角 $\gamma_o$ 增大却使冷作硬化现象减小?

6-10　在相同的切削条件下,为什么切削钢件比切削工业纯铁冷硬现象小? 而切削钢件却比切削非铁金属工件的冷硬现象大?

6-11 什么是回火烧伤、淬火烧伤和退火烧伤？

6-12 为什么磨削加工容易产生烧伤？如果工件材料和磨削用量无法改变,减轻烧伤现象的最佳途径是什么？

6-13 为什么磨削高合金钢比磨削普通碳钢容易产生烧伤现象？

6-14 磨削外圆表面时,如果同时提高工件和砂轮的速度,为什么能够减轻烧伤且又不会增大表面粗糙度值？

6-15 为什么采用开槽砂轮能够减轻或消除烧伤现象？

6-16 机械加工中,为什么工件表层金属会产生残余应力？

6-17 试述加工表面产生压缩残余应力和拉伸残余应力的原因。

6-18 磨削淬火钢时,因冷却速度不均匀,其表层金属出现二次淬火组织(马氏体),在表层稍下深处出现回火组织(近似珠光体的托氏体或索氏体)。试分析二次淬火层及回火层各产生何种残余应力。

6-19 试解释磨削淬火钢件,磨削表面的应力状态与磨削深度的试验曲线(见习图 6-1)。

6-20 什么是强迫振动？它有哪些主要特征？

6-21 如何诊断强迫振动的机内振源？

6-22 什么是自激振动？它与强迫振动、自由振动相比,有哪些主要特征？

6-23 试述机械加工中自激振动产生的条件,并用以解释再生型颤振、振型耦合型颤振、负摩擦型颤振、滞后型颤振的激振机理。

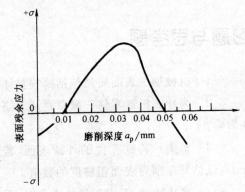

习图 6-1

6-24 什么是再生型切削颤振？为什么说在机械加工中,除了极少数情况外,刀具总是在带有振纹的表面上进行切削的？

6-25 试述自激振动诊断参数的选择原则。

6-26 简述再生型颤振的诊断原理与诊断程序。

6-27 在车削时,当刀具处于水平位置时振动较强(见习图 6-2(a))；若将刀具反装(见习图 6-2(b)),或采用前后刀架同时切削(见习图 6-2(c)),或设法将刀具沿工件旋转方向转过某一角度时(见习图 6-2(d)),振动可能会减弱或消失。试分析和解释上述三种情况的原因。

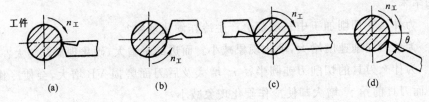

习图 6-2

6-28 分析、比较习图 6-3 中的刀具结构,其中哪一种对减振有利? 为什么?

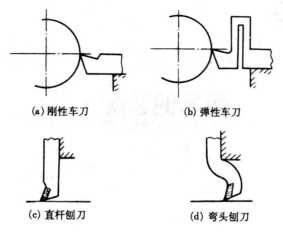

(a) 刚性车刀        (b) 弹性车刀

(c) 直杆刨刀        (d) 弯头刨刀

习图 6-3

6-29 为什么变速切削对于再生型颤振具有显著的抑振效果?

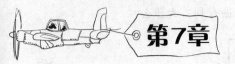

# 第7章

# 机器的装配工艺

## 7.1 概述

任何机器都是由许多零件和部件装配而成的。装配是机器制造的最后阶段,它包括装配、调整、检验、试验等。机器的质量最终是通过装配保证的,装配质量在很大程度上决定了机器的最终质量。另外,通过机器的装配过程可以发现机器设计和零件加工质量等所存在的问题,并加以改进,以保证机器的质量。

### 7.1.1 机器装配的基本概念

任何机器都是由零件、套件、组件、部件等组成的。为保证有效地进行装配工作,通常将机器划分为若干能进行独立装配的部分,称为装配单元。在一个基准零件上,装上一个或若干个零件构成的部分称为套件,为此进行的装配工作,称为套装。组件是在一个基准零件上装上若干套件及零件构成的,为此而进行的装配工作称为组装,如机床主轴箱中的主轴上装上齿轮、套、垫片、键及轴承等。

部件是在一个基准零件上装上若干组件、套件和零件构成的,部件在机器中能完成一定的、完整的功用。把零件装配成为部件的过程,称为部装。例如车床的主轴箱装配就是部装,主轴箱箱体为部装的基准零件。

在一个基准零件上,装上若干部件、组件、套件和零件就成为整个机器,把零件和部件装配成最终产品的过程,称为总装。例如卧式车床就是以床身为基准零件,装上主轴箱、进给箱、床鞍等部件及其他组件、套件、零件等。

### 7.1.2 装配精度

装配精度不仅影响产品的质量,而且还影响制造的经济性。它是确定零部件精度要求和制定装配工艺规程的一项重要依据。

在设计产品时,可根据用户提出的要求结合实际,用类比法确定装配精度。某些重要的精度要求还可采用试验法。对于一些系列化、通用化、标准化的产品,如减速机和通用机床等,可根据国家标准或部颁标准确定其装配精度。

例如,通用机床的精度要求,应符合我国"机械工业部颁标准"规定的各项要求。如对精密车床,就规定了 22 项装配精度的检验标准,摘录见表 7-1。

**表 7-1 卧式车床精度**　　　数据来自 GB/T 4020—1997

| 序号 | 检验项目 | 允差/mm | | | 检验工具 |
|---|---|---|---|---|---|
| | | 精密级 | 普通级 | | |
| | | $D_a≤500$ 和 $DC≤1500$ | $D_a≤800$ | $800<D_a≤1600$ | |
| 1 | A—床身导轨调平<br>a) 纵向：导轨在垂直平面内的直线度 | $DC≤500$<br>0.01(凸) | $DC≤500$<br>0.01(凸) | 0.015(凸) | 精密水平仪，光学仪器或其他方法 |
| | | $500<DC≤1000$<br>0.015(凸) | $500<DC≤1000$<br>0.02(凸) | 0.03(凸) | |
| | | 局部公差<br>任意 250 测量长度上为 0.005 | 局部公差<br>任意 250 测量长度上为<br>0.0075 | 0.01 | |
| | | $1000<DC≤1500$<br>0.02(凸)<br>局部公差<br>任意 250 测量长度上为 0.005 | $DC>1000$<br>最大工件长度每增加 1000 允差增加：<br>0.01　0.02<br>局部公差<br>任意 500 测量长度上为<br>0.015　0.02 | | |
| | b) 横向：导轨应在同一平面内 | b) 水平仪的变化<br>0.03/1000 | b) 水平仪的变化 0.04/1000 | | 精度水平仪 |
| 2 | B—溜板<br>溜板移动在水平面内的直线度。在两项尖轴线和刀剑所确定的平面内检验 | $DC≤500$<br>0.01 | $DC≤500$<br>0.015 | 0.02 | 对于 $DC≤2000$：指示器和两项尖间的检验棒或平尺。<br>不管 $DC$ 为任何值：钢丝和显微镜或光学方法 |
| | | $500<DC≤1000$<br>0.015 | $500<DC≤1000$<br>0.02 | 0.025 | |
| | | $1000<DC≤1500$<br>0.02 | $DC>1000$<br>最大工件长度每增加 1000 允差增加 0.005 最大允差<br>0.03　0.05 | | |
| 3 | 尾座移动对溜板移动的平行度：<br>a) 在水平面内；<br>b) 在垂直平面内 | 0.02<br>局部公差任意 500 测量长度上为 0.01<br>a) 0.03<br>局部公差任意 500 测量长度上为 0.02 | $DC≤1500$<br>a)和 b)0.03　a)和 b)0.04<br>局部公差<br>任意 500 测量长度上为 0.02<br>$DC>1500$<br>a)和 b)0.04<br>局部公差<br>任意 500 测量长度上为0.03 | | 指示器 |
| 4 | C—主轴<br>a) 主轴转向窜动；<br>b)主轴轴肩支撑面的跳动 | a) 0.005<br>b) 0.01<br>包括轴向窜动 | a) 0.01<br>b) 0.02<br>包括轴向窜动 | a) 0.015<br>b) 0.02 | 指示器和专用检具 |
| 5 | 主轴定心轴颈的跳动 | 0.007 | 0.01 | 0.015 | 指示器 |
| 6 | 主轴轴线的径向跳动：<br>a) 靠近主轴端面；<br>b) 距主轴端面 $D_a/2$ 或不超过 300mm | a) 0.005<br>b)在 300 测量长度上为 0.015，在 200 测量长度上为 0.01，在 100 测量长度上为 0.005 | a) 0.01<br>b) 在 300 测量长度上为 0.02 | a) 0.015<br>b) 在 500 测量长度上为 0.05 | 指示器和检验棒 |

| 序号 | 检验项目 | 允差/mm | | | 检验工具 |
|---|---|---|---|---|---|
| | | 精密级 | 普通级 | | |
| | | $D_a \leqslant 500$ 和 $DC \leqslant 1500$ | $D_a \leqslant 800$ | $800 < D_a \leqslant 1600$ | |
| 7 | 主轴轴线对溜板纵向移动的平度。测量长度 $D_a/2$ 或不超过300mm<br>a) 在水平面内；<br>b) 在垂直平面内 | a) 在 300 测量长度上为 0.01 向前<br>b) 在 300 测量长度上为 0.02 向上 | a) 在 300 测量长度上为 0.015 向前<br>b) 在 300 测量长度上为 0.02 向上 | a) 在 500 测量长度上为 0.03 向前<br>b) 在 500 测量长度上为 0.04 向上 | 指示器和检验棒 |
| 8 | 主轴顶尖的径向跳动 | 0.01 | 0.015 | 0.02 | 指示器 |
| 9 | D—尾座<br>尾座套筒轴线对溜板移动的平行度；<br>a) 在水平面内；<br>b) 在垂直平面内 | a) 在 100 测量长度上为 0.01 向前<br>b) 在 100 测量长度上为 0.015 向上 | a) 在 100 测量长度上为 0.015 向前<br>b) 在 100 测量长度上为 0.02 向上 | a) 在 100 测量长度上为 0.02 向前<br>b) 在 100 测量长度上为 0.03 向上 | 指示器 |
| 10 | 尾座套筒轴线对溜板移动的平行度；<br>测量长度 $D_a/4$ 或不超过300mm<br>c) 在水平面内；<br>b) 在垂直平面内 | c) 在 300 测量长度上为 0.02 向前<br>d) 在 300 测量长度上为 0.02 向上 | a) 在 300 测量长度上为 0.03 向前<br>b) 在 300 测量长度上为 0.03 向上 | a) 在 500 测量长度上为 0.05 向前<br>b) 在 500 测量长度上为 0.05 向上 | 指示器和检验棒 |
| 11 | E—顶尖<br>主轴和尾座两顶尖的等高度 | 0.02<br>尾座顶尖高于主轴顶尖 | 0.04<br>尾座顶尖高于主轴顶尖 | 0.06<br>尾座顶尖高于主轴顶尖 | 指示器和检验棒 |
| 12 | F—小刀架<br>小刀架纵向移动对主轴轴线的平行度 | 在 150 测量长度上为 0.015 | 在 300 测量长度上为 0.04 | | 指示器和检验棒 |
| 13 | G—横刀架<br>横刀架横向移动对主轴轴线的垂直度 | 0.01/300<br>偏差方向<br>$\alpha \geqslant 90°$ | 0.02/300<br>偏差方向<br>$\alpha \geqslant 90°$ | | 指示器和平盘或平尺 |
| 14 | H—丝杠<br>丝杠的轴向窜动 | 0.01 | 0.015 | 0.02 | 指示器 |
| 15 | 由丝杠所产生的螺距累计误差 | a) 任意 300 测量长度上为 0.03<br>b) 任意 60 测量长度上为 0.01 | a) 在 300 测量长度上为：<br>$DC \leqslant 2000$<br>0.04<br>$DC > 2000$<br>最大长度每增加 1000 允差增加 0.005<br>b) 任意 60 测量长度上为 0.015 | | 电传感器，标准丝杠，长度规和指示器 |

$DC$＝最大工件长度，$D_a$＝床身上最大回转直径。

归纳起来，机床装配精度的主要内容包括：零部件间的尺寸精度、相对运动精度、相互位置精度和接触精度。

零部件间的尺寸精度包括配合精度和距离精度。配合精度是指配合面间达到规定的间隙或过盈的要求。

相对运动精度是指有相对运动的零部件在运动方向和运动位置上的精度。运动方向上的精度包括零部件相对运动时的直线度、平行度和垂直度等。

接触精度是指两配合表面、接触表面间达到规定的接触面积大小与接触点分布情况。它影响接触刚度和配合质量的稳定性。

机器、部件、组件等是由零件装配而成的,因而零件的有关精度直接影响到相应的装配精度。例如滚动轴承游隙的大小是装配的一项最终精度要求,它由滚动体的精度、轴承外圈内滚道的精度及轴承内圈外滚道的精度来保证。这时就应严格地控制上述三项有关精度,使三项误差的累积值等于或小于轴承游隙的规定值。又如尾座移动相对床鞍移动的平行度要求,主要取决于床鞍用导轨与尾座用导轨之间的平行度,如图 7-1 所示,也与导轨面间的配合接触质量有关。

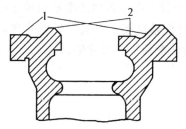

图 7-1 车床导轨截面图
1—溜板用导轨；2—尾座用导轨

一般情况下,装配精度是由有关组成零件的加工精度来保证的。对于某些装配精度要求高的项目,或组成零件较多的部件,装配精度如果完全由有关零件的加工精度来直接保证,则对各零件的加工精度要求很高,这会给加工带来困难,甚至无法加工。此时,常按加工经济精度来确定零件的精度要求,使之易于加工,而在装配时采用一定的工艺措施(如修配、调整、选配等)来保证装配精度。这样做虽然增加了装配的劳动量和装配成本,但从整个机器的制造来说,仍是经济可行的。

可见,要合理地保证装配精度,必须从机器的设计、零件的加工、机器的装配以及检验等全过程来综合考虑。在机器设计时,应合理地规定零件的尺寸公差和技术条件,并计算、校核零部件的配合尺寸及公差是否协调。在制定装配工艺、确定装配工序内容时,应采取相应的工艺措施,合理地确定装配方法,以保证机器性能和重要部位装配精度要求。装配工艺研究的内容主要包括:

(1) 装配尺寸链；
(2) 保证装配精度的工艺方法；
(3) 装配工艺规程的制订。

## 7.2 装配尺寸链

### 7.2.1 装配尺寸链的概念

装配尺寸链是以某项装配精度指标(或装配要求)作为封闭环,查找所有与该项精度指标(或装配要求)有关零件的尺寸(或位置要求)作为组成环而形成的尺寸链。

图 7-2 所示为装配尺寸链的例子。图中小齿轮在装配后要求与箱壁之间保证一定的间隙 $A_0$,与此间隙有关零件的尺寸为箱体内壁尺寸 $A_1$、齿轮宽度 $A_2$ 及 $A_3$,则这组尺寸 $A_1$、$A_2$、$A_3$、$A_0$ 即组成一装配尺寸链,且 $A_0$ 为封闭环,其余为

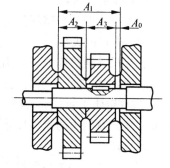

图 7-2 装配尺寸链举例

组成环。组成环可分为增环和减环。本例中 $A_1$ 为增环，$A_2$、$A_3$ 为减环。

## 7.2.2 装配尺寸链的种类及其建立

装配尺寸链可以按各环的几何特征和所处空间位置分为长度尺寸链、角度尺寸链、平面尺寸链及空间尺寸链。

### 1. 长度尺寸链

如图 7-2 所示的全部环为长度尺寸的尺寸链就是长度尺寸链。像这样的尺寸链一般能方便地从装配图上直接找到，但一些复杂的多环尺寸链就不易迅速找到，下面通过实例说明建立长度尺寸链的方法。

图 7-3 所示为某减速器的齿轮轴组件装配示意图。齿轮轴 1 在左右两个滑动轴承 2 和 5 中转动，两轴承又分别压入左箱体 3 和右箱体 4 的孔内，装配精度要求是齿轮轴台肩和轴承端面间的轴向间隙为 $0.2\sim0.7\mathrm{mm}$，试建立以轴向间隙为装配精度的尺寸链。

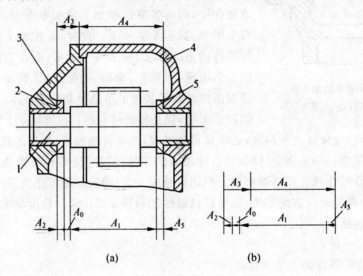

图 7-3 齿轮轴组件的装配示意图及其尺寸链
1—齿轮轴；2,5—滑动轴承；3,4—箱体

一般建立尺寸链的步骤如下：

(1) 确定封闭环

装配尺寸链的封闭环是装配精度要求 $A_0 = 0.2\sim0.7\mathrm{mm}$。

(2) 查找组成环

装配尺寸链的组成环是相关零件的相关尺寸。所谓相关尺寸就是指相关零件上的相关设计尺寸，它的变化会引起封闭环的变化。本例中的相关零件是齿轮轴 1、左滑动轴承 2、左箱体 3、右箱体 4 和右滑动轴承 5。确定相关零件以后，应遵守"尺寸链环数最少"原则，确定相关尺寸。在例中的相关尺寸是 $A_1$、$A_2$、$A_3$、$A_4$ 和 $A_5$，它们是以 $A_0$ 为封闭环的装配尺寸链中的组成环。

请注意，"尺寸链环数最少"是建立装配尺寸链时应遵循的一个重要原则，它要求装配尺寸链中所包括的组成环数目为最少,即每一个有关零件仅以一个组成环列入。装配尺寸链若不符合该原则,将使装配精度降低或给装配和零件加工增加困难。

(3) 画尺寸链图,并确定组成环的性质

将封闭环和所找到的组成环画出尺寸链图,如图 7-3(b)所示。组成环中与封闭环箭头方向相同的环是减环,即 $A_1$、$A_2$ 和 $A_5$ 是减环;组成环中与封闭环箭头方向相反的环是增环,即 $A_3$ 和 $A_4$ 是增环。

上述尺寸链的组成环都是长度尺寸。有时长度尺寸链中还会出现形位公差环和配合间隙环。

图 7-4 所示为普通卧式车床床头和尾座两顶尖对床身平导轨面等高要求的装配尺寸链。按规定:当最大工件回转直径 $D_a$ 为 $D_a \leqslant 400 \mathrm{mm}$ 时,等高要求为 $0 \sim 0.06 \mathrm{mm}$(只许尾座高)。试建立其装配尺寸链。

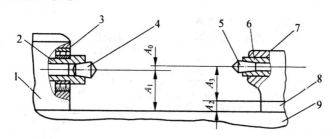

图 7-4 车床两顶尖距床身平导轨面等高要求的结构示意图

1—主轴箱体;2—主轴;3—轴承;4—前顶尖;5—后顶尖;6—尾座套筒;7—尾座体;8—尾座底板;9—床身

(1) 确定封闭环

装配尺寸链的封闭环是装配精度要求 $A_0 = 0 \sim 0.06 \mathrm{mm}$(只许尾座高)。

(2) 查找组成环

从图 7-4 所示的结构示意图中,按照装配基准为联系的方法查找到相关零件是尾座底板和床身,相关部件为主轴箱和尾座。用相关部件或组件代替多个相关零件,有利于减少尺寸链的环数。若要进一步查找相关部件中的相关零件,从该图中找到相关零件为:前顶尖 4、主轴 2、轴承内环、滚柱、轴承外环、主轴箱体 1、床身 9、尾座底板 8、尾座体 7、尾座套筒 6 和后顶尖 5 等。

相关零件确定后,进一步确定相关尺寸。本例中各相关零件的装配基准大多是圆柱面(孔和轴)和平面,因而装配基准之间的关系大多是轴线间位置尺寸和形位公差,如同轴度、平行度和平面度等以及轴和孔的配合间隙所引起的轴线偏移量。若轴和孔是过盈配合,则可认为轴线偏移量等于零。

本例中,由于前后顶尖和两锥孔都是过盈配合,故它们的轴线偏移量等于零,因此可以把主轴锥孔的轴线和尾座套筒的轴线作为前后顶尖的轴线。同样主轴轴承的外圈和主轴箱体的孔也是过盈配合,故主轴轴承外圈的外圆轴线和主轴箱体孔的轴线重合。

同时,考虑到前顶尖中心位置的确定是取其跳动量的平均值,即主轴回转轴线的平均位置,它就是轴承外圈内滚道的轴线位置。因此,前顶尖前后锥的同轴度、主轴锥孔对主轴前后轴颈的同轴度、轴承内圈孔和外滚道的同轴度,以及滚柱的不均匀性等都可不计入装配尺寸链中。此时,尺寸链中虽仍有 $A_1$ 和 $A_3$ 尺寸,但它们的含义已不是部件尺寸,而是相应零件的相关尺寸。

（3）画尺寸链图

绘出尺寸链如图 7-5 所示，图中的组成环有：

$A_1$——主轴箱体的轴承孔轴线至底面尺寸；

$A_2$——尾座底板厚度；

$A_3$——尾座体孔轴线至底面尺寸；

$e_1$——主轴轴承外圈内滚道（或主轴前锥孔）轴线与外圈外圆（即主轴箱体的轴承孔）轴线的同轴度；

$e_2$——尾座套筒锥孔轴线与其外圆轴线的同轴度；

$e_3$——尾座套筒与尾座体孔配合间隙所引起的轴线偏移量；

$e_4$——床身上安装主轴箱体和安装尾座底板的平导轨面之间的平面度。

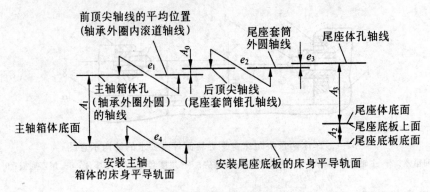

图 7-5　车床两顶尖等高度的装配尺寸链

（兼有长度尺寸、形位公差和配合间隙等环）

## 2．角度尺寸链

全部环为角度的尺寸链称为角度尺寸链。

### 1）建立角度尺寸链的步骤

建立角度尺寸链的步骤和建立长度尺寸链的步骤一样，也是先确定封闭环，再查找组成环，最后画出尺寸链图。

图 7-6 所示为立式铣床主轴回转轴线对工作台面的垂直度在机床的横向垂直平面内为 $0.025/300$mm$(\beta_0 \leqslant 90°)$的装配尺寸链。

图中所示字母的含义为：

$\beta_0$——封闭环，主轴回转轴线对工作台面的垂直度（在机床横向垂直平面内）；

$\beta_1$——组成环，工作台台面对其导轨面在前后方向的平行度；

$\beta_2$——组成环，床鞍上、下导轨面在前后方向上的平行度；

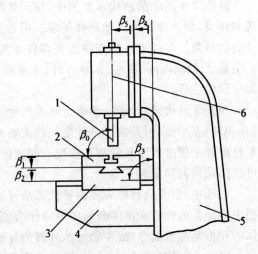

图 7-6　立式铣床主轴回转轴线对工作台面的垂直度的装配尺寸链

1—主轴；2—工作台；3—床鞍；4—升降台；
5—床身；6—立铣头

$\beta_3$——组成环,升降台水平导轨面与立导轨面的垂直度;

$\beta_4$——组成环,床身大圆面对立导轨面的平行度;

$\beta_5$——组成环,立铣头主轴回转轴线对立铣头回转面的平行度(组件相关尺寸)。

2) 判断角度尺寸链组成环性质的方法

常见的形位公差环有垂直度、平行度、直线度和平面度等,它们都是角度尺寸链中的环。其中,垂直度相当于角度为 $90°$ 的环,平行度相当于角度为 $0°$ 的环,直线度或平面度相当于角度为 $0°$ 或 $180°$ 的环。下面介绍几种常用的判别角度尺寸链组成环性质的方法。

(1) 直观法

直接在角度尺寸链的平面图中,根据角度尺寸链组成环的增加或减少来判别其对封闭环的影响,从而确定其性质的方法称为直观法。

现以图 7-6 所示的角度尺寸链为例,具体分析用直观法判别组成环的性质。垂直度环的增加或减少能从尺寸链图中明显看出,所以判别垂直度环的性质比较方便。本例中的垂直度环 $\beta_3$ 属于增环。

由于平行度环的基本角度为 $0°$,因而该环在任意方向上的变化都可以看成角度在增加。为了判别平行度环的性质,必须先要有一个统一的准则来规定平行度环的增加或减少。统一的准则是把平行度看成角度很小的环,并约定角度顶点的位置。一般角顶取在尺寸链中垂直环角顶较多的一边。本例中平行度环 $\beta_1$、$\beta_2$ 的角度顶点取在右边,$\beta_5$、$\beta_4$ 的角度顶点取在下边。根据这一约定,可判别 $\beta_1$、$\beta_2$、$\beta_5$、$\beta_4$ 是减环,又 $\beta_3$ 是增环,得角度尺寸链方程式为

$$\beta_0 = \beta_3 - (\beta_1 + \beta_2 + \beta_5 + \beta_4)$$

(2) 公共角顶法

公共角顶法是把角度尺寸链的各环绘成具有公共角顶形式的尺寸链图,进而再判别其组成环的性质。

由于角度尺寸链一般都具有垂直度环,而垂直度环都有角顶,所以常以垂直度环的角顶作为公共角顶;尺寸链中的平行度环也可以看成角度很小的环,并约定公共角顶作为平行度环的角顶。

现以图 7-6 所示的角度尺寸链为例介绍具有公共角顶形式的尺寸链的绘制方法。首先取垂直度环 $\beta_0$ 的角顶为公共角顶,并画出 $\beta_0 \approx 90°$,接着按相对位置依次以小角度绘出平行度环 $\beta_1$ 和 $\beta_2$(往下方向)以及平行度环 $\beta_4$ 和 $\beta_5$(往右方向),最后用垂直度环 $\beta_3$ 封闭整个尺寸链图,从而形成如图 7-7 所示的具有公共角顶形式的尺寸链图。用类似长度尺寸链的方法可写出角度尺寸链方程式为

$$\beta_0 = \beta_3 - (\beta_1 + \beta_2 + \beta_5 + \beta_4)$$

并断定:$\beta_3$ 是增环,$\beta_1$、$\beta_2$、$\beta_5$ 和 $\beta_4$ 是减环。

图 7-7 所示的角度尺寸链中的垂直度环都在同一象限(第 Ⅱ 象限),因而具有公共角顶的角度尺寸链图就能封闭。当两个垂直度环不在同一象限时,可借助于一个 $180°$ 角进行转化。

(3) 角度转化法

直观法和公共角顶法都是把角度尺寸链中的平行度环转化

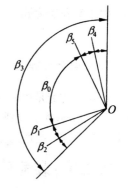

图 7-7 具有公共角顶的
尺寸链图

成小角度环,再判别组成环的性质。但是,在实际测量时,常和上述情况相反,是用直角尺把垂直度转化成平行度来测量的。这样把尺寸链中的垂直度都转化成平行度,就能画出平行度关系的尺寸链图。

例如,图 7-8(a)所示为立式铣床主轴回转轴线对工作台面的垂直度要求的装配尺寸链和装配示意图,在工作台、床鞍和升降台上各放置一直角尺后,就能把原角度尺寸链中的垂直度环 $\beta_0$ 和 $\beta_3$ 转化成平行度环。同时,为了使尺寸链中所有环都能按同方向的平行度环来处理,故也把原角度尺寸链中的平行度环 $\beta_1$ 和 $\beta_2$ 也转过 90°,最后形成如图 7-8(b)所示的全部为平行度环的尺寸链图。

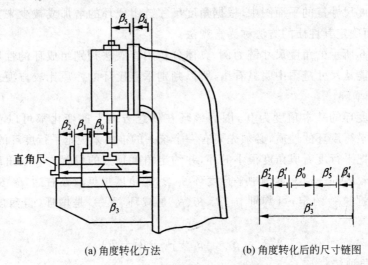

(a) 角度转化方法          (b) 角度转化后的尺寸链图

图 7-8　立式铣床主轴回转轴线对工作台面垂直度要求用角度转化法建立尺寸链

### 3) 角度尺寸链的线性化

上述介绍的判别组成环性质的方法都是希望用类似长度尺寸链的方法解决角度尺寸链问题。一般将角度尺寸链中常见的垂直度和平行度用规定长度上的偏差值来表示,如规定在 300mm 长度上,偏差不超过 0.02mm 或公差带宽度为 0.02mm,即用"0.02mm/300mm"表示。而且若全部环都用同一规定长度,那么角度尺寸链的各环都可直接用偏差值或公差值进行计算,最后在计算结果上再注明同一的规定长度值就行。这样处理的结果把角度尺寸链的计算也变为同长度尺寸链一样方便。在实际生产中,角度尺寸链线性化的方法应用非常广泛。

### 3. 平面尺寸链

平面尺寸链是由成角度关系布置的长度尺寸构成,且处于同一或彼此平行的平面内。图 7-9(a)、(b)所示分别为保证齿轮传动中心距 $A_0$ 的装配尺寸联系示意图及尺寸链图。目前在生产中,$A_0$ 是通过装配时钻铰定位销孔来保证的。

## 7.2.3　装配尺寸链的计算方法

装配方法与装配尺寸链的计算方法密切相关。同一项装配精度要求,采用不同的装配方法时,其装配尺寸链的计算方法也不同。

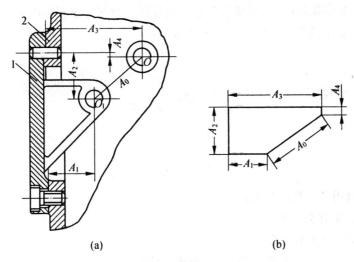

图 7-9　平面尺寸链

1—盖板；2—支架

装配尺寸链的计算分为正计算和反计算。已知与装配精度有关的各组成零件的基本尺寸及其偏差，求解装配精度要求（封闭环）的基本尺寸及偏差的计算称为正计算，用于对已设计的图样进行校核验算。当已知装配精度要求（封闭环）的基本尺寸及偏差，求解与该项装配精度有关的各零部件基本尺寸及偏差的计算过程称为反计算，主要用于产品设计过程中，以确定各零部件的尺寸和加工精度。

装配尺寸链的计算方法有极值法和概率法两种。

极值法的优点是简单可靠，但由于它是根据极大极小的极端情况下推导出来的封闭环与组成环的关系式，所以在封闭环为既定值的情况下，计算得到的组成环公差过于严格。特别是当封闭环精度要求高，组成环数目多时，计算出的组成环公差甚至无法用机械加工来保证。在大批量生产且组成环数目较多时，可用概率法来计算尺寸链，这样可扩大零件的制造公差，降低制造成本。

# 7.3　保证装配精度的工艺方法

选择装配方法的实质，就是在满足装配精度要求的条件下选择相应的经济合理的计算装配尺寸链的方法。在生产中常用的保证装配精度的方法有：互换装配法、分组装配法、修配装配法与调整装配法。

## 7.3.1　互换装配法

按互换程度的不同，互换装配法分为完全互换装配法与大数互换装配法。

### 7.3.1.1　完全互换装配法（极值法）

在全部产品中，装配时各组成环零件不需挑选或改变其大小或位置，装入后即能达到封闭环的公差要求，这种装配方法称为完全互换装配法。

选择完全互换装配法时，采用极值公差公式计算。为保证装配精度要求，尺寸链中封闭环的极值公差应小于或等于封闭环的公差要求值，即

$$T_{0L} \leqslant T_{A_0}$$

又

$$T_{0L} = \sum_{i=1}^{m} | \xi_i | T_{A_i}$$

则

$$\sum_{i=1}^{m} | \xi_i | T_{A_i} \leqslant T_{0L}$$

式中：$T_{0L}$——封闭环的极值公差；

$T_{A_0}$——封闭环公差要求值；

$T_{A_i}$——第 $i$ 个组成环公差；

$\xi_i$——第 $i$ 个组成环传递系数（对于直线尺寸链有 $|\xi_i| = 1$）；

$m$——组成环环数。

当遇到反计算形式时，可按"等公差"原则先求出各组成环的平均极值公差 $T_{\mathrm{av},L}$ 为

$$T_{\mathrm{av},L} = \frac{T_{A_0}}{\sum\limits_{i=1}^{m} | \xi_i |}$$

再根据生产经验，考虑各组成环的尺寸大小和加工难易程度进行适当调整。如尺寸大、加工困难的组成环应给予较大公差；反之，尺寸小、加工容易的组成环就给予较小公差。对于组成环是标准件上的尺寸（如轴承尺寸等）则仍按标准规定；对于组成环是几个尺寸链中的公共环时，其公差值由要求最严的尺寸链确定。调整后，仍需满足 $\sum\limits_{i=1}^{m} | \xi_i | T_{A_i} \leqslant T_{0L}$。

除采用上述"等公差"法外，也有采用"等精度"法的。该法使各组成环都按同一精度等级制造，由此求出平均公差等级系数，再按尺寸查出各组成环的公差值，最后仍需适当调整各组成环的公差。由于"等精度"法计算比较复杂，计算后仍要进行调整，故用得不多。

确定好各组成环的公差后，按"入体原则"确定极限偏差，即组成环为包容面时，取下偏差为零；组成环为被包容面时，取上偏差为零；若组成环是中心距，则偏差按对称分布。按上述原则确定偏差有利于组成环的加工。

但是，当各组成环都按上述原则确定偏差时，按公式计算的封闭环极限偏差常不符合封闭环的要求值。因此，就需选取一个组成环，它的极限偏差不是事先规定好的，而是经过计算确定，以便与其他组成环相协调，最后满足封闭环极限偏差的要求，这个组成环称为协调环。一般协调环不能选择标准件或几个尺寸链的公共组成环。

### 7.3.1.2 大数互换装配法（概率法）

大数互换装配法是指在绝大多数产品中，装配时各组成环零件不需挑选或改变其大小或位置，装入后即能达到封闭环的公差要求。大数互换装配法是采用统计公差公式计算。为保证绝大多数产品的装配精度要求，尺寸链中封闭环的统计公差应小于或等于封闭环的公差要求值，即

$$T_{0s} \leqslant T_{A_0}$$

又

$$T_{0s} = \frac{1}{\kappa_0} \sqrt{\sum_{i=1}^{m} \xi_i^2 \kappa_i^2 T_{A_i}^2}$$

则

$$\frac{1}{\kappa_0} \sqrt{\sum_{i=1}^{m} \xi_i^2 \kappa_i^2 T_{A_i}^2} \leqslant T_{A_0}$$

式中：$T_{0s}$——封闭环统计公差；

$\xi_i$——第 $i$ 个组成环传递系数(对于直线尺寸链有 $|\xi_i| = 1$)；

$\kappa_0$——封闭环的相对分布系数；

$\kappa_i$——第 $i$ 个组成环的相对分布系数。

当遇到反计算形式时，可按"等公差"原则先求出各组成环的平均统计公差 $T_{av,s}$，有

$$T_{av,s} = \frac{\kappa_0 T_{A_0}}{\sqrt{\sum_{i=1}^{m} \xi_i^2 \kappa_i^2}}$$

再根据生产经验，考虑各组成环的尺寸大小和加工难易程度进行适当调整。比较 $T_{av,L}$ 和 $T_{av,s}$ 可知：当封闭环公差 $T_{A_0}$ 相同时，组成环的平均统计公差 $T_{av,s}$ 大于平均极值公差 $T_{av,L}$。可见，大数互换装配法的实质是使各组成环的公差比完全互换装配法所规定的公差大，从而使组成环的加工比较容易，降低了加工成本。但是，这样做的结果会使一些产品装配后超出规定的装配精度要求。用统计公式，可计算超差的数量。

计算的方法是以一定置信水平 $P(\%)$ 为依据。置信水平 $P$ 代表装配后合格产品所占的百分数，则 $1-P$ 代表超差产品的百分数。通常，封闭环趋近正态分布，取置信水平 $P = 99.73\%$，这时相对分布系数 $\kappa_0 = 1$，产品中有 $1-P = 0.27\%$ 的超差产品(实际生产中可近似认为无超差产品)。在某些生产条件下，要求适当放大组成环公差时，可取较低的 $P$ 值，则产品中有大于 $0.27\%$ 的超差产品。$P$ 与 $\kappa_0$ 相应数值可参考表 7-2。

表 7-2 置信水平 $P$ 与相对分布系统 $\kappa_0$ 的关系

| 置信水平 $P/\%$ | 99.73 | 99.5 | 99 | 98 | 95 | 90 |
|---|---|---|---|---|---|---|
| 相对分布系数 $\kappa_0$ | 1 | 1.06 | 1.16 | 1.29 | 1.52 | 1.82 |

采用大数互换装配法时，应有适当的工艺措施，排除个别(或少数)产品超出公差范围或极限偏差。

组成环的相对分布系数 $\kappa_i$ 和相对不对称系数 $e$ 的数值，取决于组成环的尺寸分布形式。常见的几种分布曲线及其相对分布系数 $\kappa$ 与相对不对称系数 $e$ 的数值，可按下列规则选取：

(1) 大批大量生产条件下，稳定工艺过程中，工件尺寸趋近正态分布，可取 $\kappa = 1, e = 0$。

(2) 在不稳定工艺过程中，当尺寸随时间近似线性变动时，形成均匀分布。计算时没有任何参考的统计数据，尺寸与位置误差一般可当作均匀分布，取 $\kappa = 1.73, e = 0$。

(3) 两个分布范围相等均匀分布相结合，形成三角分布。计算时没有参考的统计数据，尺寸与位置误差亦可当作三角分布，取 $\kappa = 1.22, e = 0$。

（4）偏心或径向跳动趋近瑞利分布，取 $\kappa=1.14$，$e=-0.28$。

（5）平行度、垂直度误差趋近某些偏态分布；单件小批生产条件下，工件尺寸也可能形成偏态分布，偏向最大实体尺寸这一边，取 $\kappa=1.17$，$e=\pm0.26$。

当尺寸链中各组成环在其公差带内按正态分布时，封闭环也必按正态分布。此时，$\kappa_0=\kappa_i=1$，$e_0=0$，各组成环的平均统计公差 $T_{\mathrm{av},s}$ 成为平均平方公差 $T_{\mathrm{av},Q}$，有

$$T_{\mathrm{av},Q}=\frac{T_{A_0}}{\sqrt{\sum_{i=1}^{m}\xi_i^2}}$$

当尺寸链中各组成环具有各种不同分布时，只要组成环数不太少（$m\geqslant5$），各组成环分布范围相差又不太大时，封闭环亦趋近正态分布。因此，通常取 $\kappa_0=1$，$e_0=0$，$\kappa_i=\kappa$ 代入求各组成环的平均统计公差 $T_{\mathrm{av},s}$，成为平均当量公差 $T_{\mathrm{av},E}$，有

$$T_{\mathrm{av},E}=\frac{T_{A_0}}{\kappa\sqrt{\sum_{i=1}^{m}\xi_i^2}}$$

$T_{\mathrm{av},E}$ 是平均统计公差 $T_{\mathrm{av},s}$ 的近似值。

比较 $T_{\mathrm{av},s}$ 和 $T_{\mathrm{av},Q}$ 可知：组成环的平均平方公差 $T_{\mathrm{av},Q}$ 最大。所以，用大数互换法最理想的情况是组成环呈正态分布，此时，平均平方公差 $T_{\mathrm{av},Q}$ 最大。

当组成环环数较少（$m<5$），各组成环又不按正态分布，这时封闭环也不同于正态分布。计算时没有参考的统计数据时，可取 $\kappa_0=1.1\sim1.3$，$e_0=0$。

### 7.3.1.3 完全互换装配法应用举例

#### 1. 检查核对封闭环

图 7-10（a）所示为齿轮组件装配关系，已知 $A_1=30_{-0.06}^{0}$ mm，$A_2=5_{-0.04}^{0}$ mm，$A_3=43_{0}^{+0.07}$ mm，$A_4=3_{-0.05}^{0}$ mm，$A_5=5_{-0.13}^{-0.10}$ mm，试确定封闭环的尺寸。

首先画装配尺寸链图（见图 7-10（b）），分析可知 $A_3$ 为增环，$A_1$、$A_2$、$A_4$、$A_5$ 为减环，则 $\xi_3=+1$，$\xi_1=\xi_2=\xi_4=\xi_5=-1$。计算封闭环的基本尺寸 $A_{0j}$，有

$$A_{0j}=\sum_{i=1}^{m}\xi_iA_{ij}=A_{3j}-(A_{1j}+A_{2j}+A_{4j}+A_{5j})=43-(30+5+3+5)=0$$

1）完全互换装配法

（1）封闭环上、下偏差

$$\mathrm{ES}_{A_0}=\sum\mathrm{ES}_{\vec{A}_i}-\sum\mathrm{EI}_{\overleftarrow{A}_i}=0.07-(-0.06-0.04-0.05-0.13)=0.35(\mathrm{mm})$$

$$\mathrm{EI}_{A_0}=\sum\mathrm{EI}_{\vec{A}_i}-\sum\mathrm{ES}_{\overleftarrow{A}_i}=0-(0+0+0-0.10)=0.10(\mathrm{mm})$$

（2）封闭环的尺寸

$$A_0=0_{+0.10}^{+0.35}\mathrm{mm}$$

2）大数互换装配法

（1）封闭环的统计公差

取 $\kappa_0=\kappa_i=1$，有

$$T_{0s} = \sqrt{\sum_{i=1}^{m} T_{A_i}^2} = \sqrt{T_{A_1}^2 + T_{A_2}^2 + T_{A_3}^2 + T_{A_4}^2 + T_{A_5}^2}$$

$$= \sqrt{0.06^2 + 0.04^2 + 0.07^2 + 0.05^2 + 0.03^2} \approx 0.116 (\text{mm})$$

（2）封闭环中间偏差

$$\Delta A_0 = \sum_{i=1}^{m} \Delta A_i = \Delta A_3 - (\Delta A_1 + \Delta A_2 + \Delta A_4 + \Delta A_5)$$

$$= 0.035 - (-0.03 - 0.02 - 0.025 - 0.115) = 0.225 (\text{mm})$$

（3）封闭环上、下偏差

$$\text{ES}_{A_0} = \Delta A_0 + \frac{1}{2} T_{0s} = 0.225 + 0.116/2 = 0.283 (\text{mm})$$

$$\text{EI}_{A_0} = \Delta A_0 - \frac{1}{2} T_{0s} = 0.225 - 0.116/2 = 0.167 (\text{mm})$$

（4）封闭环的尺寸

$$A_0 = 0^{+0.283}_{+0.167} \text{mm}$$

比较上例两种计算结果可知：在装配尺寸链中，当各组成环基本尺寸、公差及其分布固定不变的条件下，采用极值公差公式（用于完全互换装配法）计算的封闭环极值公差 $T_{0L} = 0.25\text{mm}$；采用统计公差公式（用于大数互换装配法）计算的封闭环统计公差 $T_{0s} = 0.116\text{mm}$，显然 $T_{0L} > T_{0s}$。但 $T_{0L}$ 包括了装配中封闭环所能出现的一切尺寸，取 $T_{0L}$ 为装配精度时，所有装配结果都是合格的，即装配之后封闭环尺寸出现在范围内的概率为 $100\%$。而当 $T_{0s}$ 为在正态分布下取值 $6\sigma_0$ 时，装配结果尺寸出现在 $T_{0s}$ 范围内的概率为 $99.73\%$，仅有 $0.27\%$ 的装配结果超出 $T_{0s}$，即当装配精度为 $T_{0s}$ 时，仅有 $0.27\%$ 的产品可能成为废品。

### 2．计算组成环公差和极限偏差

图 7-10（a）中的装配关系，已知 $A_{1j} = 30\text{mm}$，$A_{2j} = 5\text{mm}$，$A_{3j} = 43\text{mm}$，$A_{4j} = 3_{-0.05}^{\ 0}\text{mm}$（标准件），$A_{5j} = 5\text{mm}$，装配后齿轮与挡圈轴向间隙为 $0.1 \sim 0.35\text{mm}$，试确定各组成环公差和极限偏差。

绘出装配尺寸链图，检验各环基本尺寸。装配尺寸链如图 7-10（b）所示，封闭环基本尺寸为

$$A_{0j} = \sum_{i=1}^{m} \xi_i A_{ij}$$

$$= A_{3j} - (A_{1j} + A_{2j} + A_{4j} + A_{5j})$$

$$= 43 - (30 + 5 + 3 + 5) = 0$$

由计算可知，各组成环基本尺寸无误。

1）完全互换装配法

（1）确定各组成环公差和极限偏差

按"等公差"原则求出各组成环的平均公差值，即

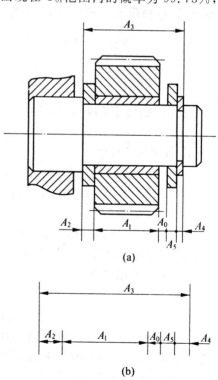

图 7-10 齿轮与轴的装配关系

$$T_{av,L} = \frac{T_{A_0}}{m} = \frac{0.25}{5} = 0.05(\text{mm})$$

以平均公差值为基础,根据各组成环尺寸、零件加工难易程度,确定各组成环公差。$A_5$ 为一垫片,易于加工和测量,故选 $A_5$ 为协调环。$A_4$ 为标准件,$A_4 = 3_{-0.05}^{0}$ mm,即 $T_4 = 0.05$mm。其余各组成环根据其尺寸、加工难易程度选择公差为:$T_{A_1} = 0.06$mm,$T_{A_2} = 0.04$mm,$T_{A_3} = 0.07$mm,各组成环公差等级约为 IT9。

$A_1$、$A_2$ 为外尺寸,按基轴制(h)确定极限偏差:$A_1 = 30_{-0.06}^{0}$ mm,$A_2 = 50_{-0.04}^{0}$ mm;$A_3$ 为内尺寸,按基孔制(H)确定其极限偏差:$A_3 = 43_{0}^{+0.07}$ mm。封闭环的中间偏差 $\Delta A_0$ 为

$$\Delta A_0 = \frac{\text{ES}_{A_0} + \text{EI}_{A_0}}{2} = \frac{0.35 + 0.10}{2} = 0.225(\text{mm})$$

各组成环的中间偏差分别为

$$\Delta A_1 = -0.03\text{mm}, \quad \Delta A_2 = -0.02\text{mm}, \quad \Delta A_3 = 0.035\text{mm}, \quad \Delta A_4 = -0.025\text{mm}$$

(2)计算协调环公差和极限偏差

协调环 $A_5$ 的公差为

$$T_{A_5} = T_{A_0} - (T_{A_1} + T_{A_2} + T_{A_3} + T_{A_4})$$
$$= 0.25 - (0.06 + 0.04 + 0.07 + 0.05) = 0.03(\text{mm})$$

协调环 $A_5$ 的中间偏差为

$$\Delta A_5 = \Delta A_3 - \Delta A_0 - \Delta A_1 - \Delta A_2 - \Delta A_4$$
$$= 0.035 - 0.225 - (-0.03) - (-0.02) - (-0.025)$$
$$= -0.115(\text{mm})$$

协调环 $A_5$ 的极限偏差 $\text{ES}_{A_5}$、$\text{EI}_{A_5}$ 分别为

$$\text{ES}_{A_5} = \Delta A_5 + \frac{T_{A_5}}{2} = -0.115 + 0.03/2 = -0.10(\text{mm})$$

$$\text{EI}_{A_5} = \Delta A_5 - \frac{T_{A_5}}{2} = -0.115 - 0.03/2 = -0.13(\text{mm})$$

则协调环 $A_5$ 的尺寸和极限偏差为

$$A_5 = 5_{-0.13}^{-0.10}\text{mm}$$

(3)各组成环尺寸

$$A_1 = 30_{-0.06}^{0}\text{mm}, \quad A_2 = 50_{-0.04}^{0}\text{mm}, \quad A_3 = 43_{0}^{+0.07}\text{mm},$$
$$A_4 = 3_{-0.05}^{0}\text{mm}, \quad A_5 = 5_{-0.13}^{-0.10}\text{mm}$$

2)大数互换装配法

(1)确定各组环公差和极限偏差

该产品在大批大量生产条件下,工艺过程稳定,各组成环尺寸趋近正态分布,取 $\kappa_0 = \kappa_i = 1$,$e_0 = e_i = 0$,则各组成环的平均平方公差为

$$T_{av,Q} = \frac{T_{A_0}}{\sqrt{m}} = \frac{0.25}{\sqrt{3}} \approx 0.11(\text{mm})$$

$A_3$ 为一轴类零件,较其他零件相比较难加工,现选择难加工零件 $A_3$ 为协调环。以平均公差为基础,参考各零件尺寸和加工难易程度,选取各组成环公差:$T_{A_1} = 0.14$mm,$T_{A_2} = T_{A_5} = 0.08$mm,其公差等级为 IT10;$A_4 = 3_{-0.05}^{0}$ mm(标准件),$T_{A_4} = 0.05$mm。由于 $A_1$、$A_2$、$A_5$ 均为外尺寸,其极限偏差按基轴制(h)确定,则

$$A_1 = 30_{-0.14}^{0}\,\text{mm}, \quad A_2 = 5_{-0.08}^{0}\,\text{mm}, \quad A_5 = 5_{-0.08}^{0}\,\text{mm}$$

各环中间偏差分别为

$$\Delta A_0 = 0.225\,\text{mm}, \quad \Delta A_1 = -0.07\,\text{mm}, \quad \Delta A_2 = -0.04\,\text{mm}, \quad \Delta A_4 = -0.025\,\text{mm},$$

$$\Delta A_5 = -0.04\,\text{mm}$$

（2）计算协调环公差和极限偏差

$$T_{A_3} = \sqrt{T_{A_0}^2 - (T_{A_1}^2 + T_{A_2}^2 + T_{A_4}^2 + T_{A_5}^2)}$$

$$= \sqrt{0.25^2 - (0.14^2 + 0.08^2 + 0.05^2 + 0.08^2)} = 0.16\,(\text{mm})（只舍不进）$$

则协调环 $A_3$ 的中间偏差为

$$\Delta A_0 = \sum_{i=1}^{m} \xi_i \Delta A_i = \Delta A_3 - (\Delta A_1 + \Delta A_2 + \Delta A_4 + \Delta A_5)$$

$$\Delta A_3 = \Delta A_0 + (\Delta A_1 + \Delta A_2 + \Delta A_4 + \Delta A_5)$$

$$= 0.225 + (-0.07 - 0.04 - 0.025 - 0.04) = 0.05\,(\text{mm})$$

协调环 $A_3$ 的上、下偏差 $\text{ES}_{A_3}$、$\text{EI}_{A_3}$ 分别为

$$\text{ES}_{A_3} - \Delta A_3 + \frac{T_{A_3}}{2} - 0.05 + 0.16/2 = 0.13\,(\text{mm})$$

$$\text{EI}_{A_3} = \Delta A_3 - \frac{T_{A_3}}{2} = 0.05 - 0.16/2 = -0.03\,(\text{mm})$$

则协调环 $A_3$ 的尺寸和极限偏差为

$$A_3 = 43_{-0.03}^{+0.13}\,\text{mm}$$

（3）各组成环尺寸

$$A_1 = 30_{-0.14}^{0}\,\text{mm}, \quad A_2 = 5_{-0.08}^{0}\,\text{mm}, \quad A_3 = 43_{-0.03}^{+0.13}\,\text{mm},$$

$$A_4 = 3_{-0.05}^{0}\,\text{mm}, \quad A_5 = 5_{-0.08}^{0}\,\text{mm}$$

比较上例两种计算结果可知：采用大数互换装配法时，各组成环公差远大于完全互换法时各组成环的公差，其组成环平均公差将扩大 $\sqrt{m}$ 倍。本例中 $\dfrac{T_{\text{av},Q}}{T_{\text{av},L}} = \dfrac{0.11}{0.05} = 2.2$，由于零件平均公差扩大二倍多，使零件加工精度由 IT9 下降为 IT10，致使加工成本有所降低。

### 3. 角度尺寸链的计算

图 7-11(a) 所示为卧式铣床部分结构简图。上工作台 1 与下工作台 2 形成一个组件，装在升降台 3 的横向导轨上。升降台侧面导轨面与床身立导轨面相接触，主轴组件 5 装入床身 4 的主轴孔中。卧式铣床的装配精度要求之一是主轴轴线对上工作台面的平行度为 $(-0.03 \sim 0)/300$。

1）查找有关组成零件的位置要求并绘出尺寸链图

由卧式铣床部分结构简图可知，该角度尺寸由 $\beta_0$、

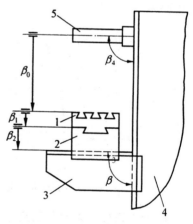

(a)

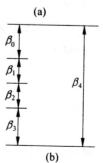

(b)

图 7-11 卧式铣床角度尺寸链

1—上工作台；2—下工作台；3—升降台；
4—床身；5—主轴

$\beta_1$、$\beta_2$、$\beta_3$ 和 $\beta_4$ 组成。图中所示字母的含义为：

$\beta_0$——主轴轴线对上工作台面的平行度，为封闭环；

$\beta_1$——上工作台面对其下导轨面的平行度；

$\beta_2$——下工作台上、下导轨面的平行度；

$\beta_3$——升降台水平导轨面对其侧面导轨面的垂直度；

$\beta_4$——床身主轴孔中心线对其立导轨面的垂直度。

按直观法或公共角顶法可知，$\beta_4$ 为增环，$\beta_1$、$\beta_2$ 及 $\beta_3$ 为减环。将 $\beta_3$、$\beta_4$ 两垂直度转化为平行度，建立如图 7-11(b)所示的线性尺寸链图。

2) 确定组成环的公差及极限偏差

因该卧式铣床系批量生产，工艺过程稳定，各组成环角度尺寸趋于正态分布，取 $\kappa_0 = \kappa_i = 1$，$e_0 = e_i = 1$。故各组成环的平均平方公差为

$$T_{av,Q} = \frac{T_{\beta_0}}{\sqrt{m}} = \frac{0.03}{\sqrt{4}} \approx 0.015 (\text{mm})$$

现取

$$\beta_1 = \beta_2 = (0 \pm 0.006)/300$$
$$\beta_3 = (0 \pm 0.008)/300$$

已知

$$\beta_0 = (-0.015 \pm 0.015)/300$$

则协调环

$$\beta_4 = \beta_{4j} \pm \frac{T_{\beta_4}}{2}$$
$$\beta_{0j} = \beta_{4j} - (\beta_{1j} + \beta_{2j} + \beta_{3j})$$
$$\beta_{4j} = \beta_{0j} + (\beta_{1j} + \beta_{2j} + \beta_{3j}) = -0.015 + (0 + 0 + 0) = -0.015$$
$$T_{\beta_0} = \sqrt{T_{\beta_1}^2 + T_{\beta_2}^2 + T_{\beta_3}^2 + T_{\beta_4}^2}$$
$$T_{\beta_4}^2 = \sqrt{T_{\beta_0}^2 - (T_{\beta_1}^2 + T_{\beta_2}^2 + T_{\beta_3}^2)}$$
$$= \sqrt{0.03^2 - (0.012^2 + 0.012^2 + 0.016^2)} = 0.0188$$
$$\beta_4 = (-0.015 \pm 0.0094)/300 = -(0.0056 \sim 0.0244)/300$$

**4. 考虑形位公差时装配尺寸链的计算**

现以某汽车发动机曲轴第一主轴颈轴向间隙的装配质量问题的解决为例。图 7-12 所示为该曲轴的轴向定位和防止轴向窜动的结构示意图。根据产品使用调整说明书规定，装配后的轴向间隙值应为 0.05～0.25mm，即

$$A_0 = 0^{+0.25}_{+0.05} \text{mm}$$

由图中的装配关系可以看出，影响装配技术要求 $A_0$ 的尺寸链各组成环（其尺寸和公差由零件图给出）包括：

$\overrightarrow{A_1}$（曲轴第一主轴颈宽度）$= 43.5^{+0.10}_{+0.05} \text{mm}$

$\overleftarrow{A_2}$（前止推垫片厚度）$= 2.5^{0}_{-0.04} \text{mm}$

$\overleftarrow{A_3}$（缸体轴承座宽度）$= 38.5^{0}_{-0.07} \text{mm}$

$\overleftarrow{A_4}$（后止推垫片厚度）$= 2.5^{0}_{-0.04} \text{mm}$

由封闭环 $A_0$ 与组成环 $A_1$、$A_2$、$A_3$ 和 $A_4$ 的关系可以看出,原零件图上的这些尺寸是用极值解法计算而规定的,应能充分保证装配的精度要求。然而,工厂的长期生产实践表明,曲轴的轴向最大装配间隙从未超过 0.1mm,且在圆周上此间隙是变值。严重时曾发生因无间隙而使止推垫片表面划伤,甚至因发热严重而产生"咬死"现象。

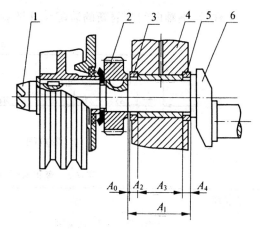

图 7-12  曲轴轴向定位结构示意图

1—起动爪螺母;2—正时齿轮;3,5—前、后止推垫片;4—气缸轴承座;6—曲轴

为此,工厂做了大量的分析研究工作,查明了在该装配尺寸链中,组成环还需包括有关零件表面之间垂直度和平行度误差,即原极值解法得到的装配尺寸链组成是不全面的,在产品结构设计上还有需要改进的地方。此外,一些不符合要求(超公差)的零件也会使装配间隙减小,但这一点可从工艺上加以控制解决。

1) 新的装配尺寸链的组成

下述零件的垂直度、平面度等误差,必须以组成环列入尺寸链。

(1) 缸体轴承座两凹槽端面对主轴承孔轴线的垂直度

这项误差在零件图上规定为不大于 0.06mm。在该厂加工此两凹槽端面时,是用同一刀轴上的两把铣刀在专用行星铣床上同时进行的,因此铣出的两个端面是平行的。但轴承座孔是在另一工序进行加工的,由于工件安装误差造成加工后端面对轴承孔轴线的垂直度误差(见图 7-13)是向同一方向倾斜的。此同方向倾斜的摆差值 $\delta$ 使轴向间隙值发生变化,"抵消"了部分轴向装配间隙。由于它没有包括在尺寸公差内,故应作为一个单独的组成环列入尺寸链。

(2) 止推垫片的平面度

零件图规定,垫片在 50N 的负荷下平面度误差不得大于 0.025mm。由于垫片的翘曲会使轴向间隙值减小,现以平面度误差为 0.025mm 来计算。

(3) 轴承盖相对轴承座在装配时的轴向错位

由于在产品设计时没有考虑轴承盖的轴向定位结构,因此装配时,轴承盖对于轴承座的轴向错位(见图 7-14)是难以避免的。此错位使两个止推垫片之间距离增大,同样"抵消"了部分间隙。在产品结构对此未作改进前,以此错位量为 0.05mm 计算。

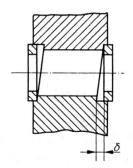

图 7-13  同方向倾斜摆差"抵消"了部分轴向间隙

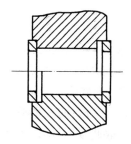

图 7-14  轴承盖在装配时的轴向错位

这样,影响轴向间隙的新的装配尺寸链就如图 7-15 所示,其组成环见表 7-3。

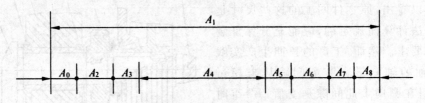

图 7-15　影响轴向间隙 $A_0$ 的新装配尺寸链

表 7-3　新的装配尺寸链组成环一览表　　　　　　　　　　　mm

| 组成环 | 名　　称 | 尺寸 | 公差 $T_i$ | 中间偏差 $\Delta A_i$ |
|---|---|---|---|---|
| $\overrightarrow{A_1}$ | 曲轴第一主轴颈宽度 | $43.5^{+0.10}_{+0.05}$ | 0.05 | $+0.075$ |
| $\overleftarrow{A_2}$ | 前止推垫片厚度 | $2.5^{0}_{-0.04}$ | 0.04 | $-0.02$ |
| $\overleftarrow{A_3}$ | 前止推垫片的平面度误差 | $0^{+0.025}_{0}$ | 0.025 | $+0.0125$ |
| $\overleftarrow{A_4}$ | 气缸体轴承座的宽度 | $38.5^{0}_{-0.07}$ | 0.07 | $-0.035$ |
| $\overleftarrow{A_5}$ | 轴承座端面的摆差 | $0^{+0.06}_{0}$ | 0.06 | $+0.03$ |
| $\overleftarrow{A_6}$ | 后止推垫片的厚度 | $2.5^{0}_{-0.04}$ | 0.04 | $-0.02$ |
| $\overleftarrow{A_7}$ | 后止推垫片的平面度误差 | $0^{+0.025}_{0}$ | 0.025 | $+0.0125$ |
| $\overleftarrow{A_8}$ | 轴承盖装配的平齐度误差 | $0^{+0.05}_{0}$ | 0.05 | $+0.025$ |

2)计算或验算轴向间隙 $A_0$

(1)轴向间隙的变动量 $T_{A_0}$

由于尺寸链中共有八个组成环,对各环尺寸的分布曲线未作详细统计分析,故用概率近似法计算,并取 $\kappa_i = 1.2$,则

$$T_{A_0} = 1.2\sqrt{\sum_{i=1}^{8} T_{A_i}^2} \approx 0.16 \text{mm}$$

(2)轴向间隙的中间偏差值 $\Delta A_0$

$$\Delta A_0 = \sum \overrightarrow{\Delta A_i} - \sum \overleftarrow{\Delta A_i} = 0.07 \text{mm}$$

(3)轴向间隙 $A_0$

由于轴向间隙 $A_0$ 的基本尺寸为零,故也等于轴向间隙的平均尺寸 $A_{0M}$,即

$$A_{0M} = 0.07 \text{mm}$$

于是由计算所得的轴向间隙量 $A_0$ 为

$$A_0 = A_{0M} \pm \frac{1}{2} T_{A_0} = 0.07 \pm 0.08 = -0.01 \sim 0.15 \text{(mm)}$$

最小间隙值为 $-0.01$mm,说明不存在间隙,正时齿轮在装配时靠不到曲轴肩部,而是紧压在前止推垫片上,造成运转时出现端面划伤,甚至出现咬死现象。

3)图纸的修改

除以上所分析的减小轴向间隙的因素外,实际上还有其他一些误差因素也会减小装配间隙量,若取此减小量为 0.02mm,则相应的轴向间隙量变为 $-0.03 \sim 0.13$mm。为此,工厂最后将曲轴第一主轴颈宽度的基本尺寸加大 0.1mm,即 $A_1 = 43.6^{+0.10}_{+0.05}$mm。由此而得到的轴向装配间隙量为 0.07～0.23mm。

## 7.3.2 分组装配法

当尺寸链环数不多且对封闭环的公差要求很严时,采用互换装配法会使组成环的加工很困难或很不经济,为此可采用分组装配法。分组装配法是先将组成环的公差相对于互换装配法所求之值放大若干倍,使其能经济地加工出来;然后,将各组成环按其实际尺寸大小分为若干组,并按对应组进行装配,从而达到封闭环公差要求。分组装配法中,采用极值公差公式计算,同组零件具有互换性。

分组装配法是在大批、大量生产中对装配精度要求很高而组成环数又较少时,达到装配精度常用的方法。例如汽车拖拉机上发动机的活塞销孔与活塞销的配合要求、活塞销与连杆小头孔的配合要求,滚动轴承的内圈、外圈和滚动体间的配合要求,还有某些精密机床中轴与孔的精密配合要求等,就是用分组装配法来达到的。

现以图 7-16 中所示发动机的活塞销与连杆小头孔的装配来讨论分组装配法。它们的装配技术要求规定其配合间隙为 0.0005～0.0055mm。当采用完全互换法时,则要求活塞销的外径为 $\phi25^{-0.0100}_{-0.0125}$mm,连杆小头孔的孔径为 $\phi25^{-0.0070}_{-0.0095}$mm。显然,制造如此精确的轴和孔是很困难的,也是很不经济的。因此,生产上采用的办法是将它们的上述公差值均向同方向放大四倍,即活塞销的外径为 $\phi25^{-0.0025}_{-0.0125}$mm,连杆小头孔的孔径为 $\phi25^{-0.0005}_{-0.0095}$mm。这样,活塞销的外圆可用无心磨,连杆的小头孔可用金刚镗等加工方法来达到精度要求,然后用精密量具进行测量,并按尺寸大小分成四组用不同颜色区别,以便进行分组装配。具体分组情况见表 7-4。

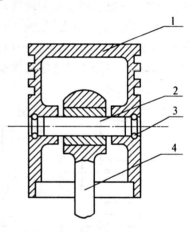

图 7-16 活塞连杆组件图
1—活塞;2—活塞销;3—挡圈;4—连杆

表 7-4 活塞销和连杆小孔头的分组尺寸 mm

| 组别 | 标志颜色 | 活塞销直径 $d=\phi25^{-0.0025}_{-0.0125}$ | 连杆小头孔直径 $D=\phi25^{+0.0005}_{-0.0095}$ | 配合情况 | |
| --- | --- | --- | --- | --- | --- |
| | | | | 最大间隙 | 最小间隙 |
| Ⅰ | 白 | 24.9950～24.9975 | 24.9980～25.0005 | | |
| Ⅱ | 绿 | 24.9925～24.9950 | 24.9955～24.9980 | | |
| Ⅲ | 黄 | 24.9900～24.9925 | 24.9930～24.9955 | 0.0055 | 0.0005 |
| Ⅳ | 红 | 24.9875～24.9900 | 24.9905～24.9930 | | |

需要注意的是,轴和孔本身还有 0.0025mm 的圆度和圆柱度公差,所以分组尺寸是统一按直径上的最小处尺寸来进行的。

选用分组装配时的原则如下:

(1) 要保证分组后各组的配合性质、精度与原来的要求相同,因此配合件的公差范围应相等,公差增大时要向同方向增大,增大的倍数就是以后的分组数。

　　如图 7-17 所示，以轴、孔配合为例，设轴的公差为 $T_{轴}$，孔的公差为 $T_{孔}$，并令 $T_{轴}=T_{孔}=T$。如果为动配合，其最大配合间隙为 $X_{max}$，最小配合间隙为 $X_{min}$。

　　现用分组装配法，把轴、孔公差均放大 $n$ 倍，则这时轴和孔的公差为 $T'=nT$。零件加工完毕后，再将轴和孔按尺寸分为 $n$ 组，每组公差仍为 $\dfrac{T'}{n}=T$。现取其中第 $k$ 组来看，其最大配合间隙及最小配合间隙为

$$X_{k\max} = X_{\max} + (k-1)T_{孔} - (k-1)T_{轴} = X_{\max}$$
$$X_{k\min} = X_{\min} + (k-1)T_{孔} - (k-1)T_{轴} = X_{\min}$$

可见无论是哪一组，其配合精度和配合性质不变。

　　如果轴、孔公差不相等时，采用分组装配后的配合性质将要发生变化，这时各组的最大配合间隙和最小间隙将不等，因此在生产上应用不多。

　　(2) 要保证零件分组后在装配时能够配套。加工时，零件的尺寸分布如果符合正态分布规律，零件分组后可以互相配套，不会产生各组数量不等的情况。但若有某些因素影响造成尺寸分布不是正态分布，如图 7-18 所示，则各组尺寸分布将不对应，从而产生各组零件数不等而不能配套。这在实际生产中往往是很难避免的，因此只能在聚集相当数量的不配套零件后，通过专门加工一批零件来配套。否则，就会造成一些零件的积压和浪费。

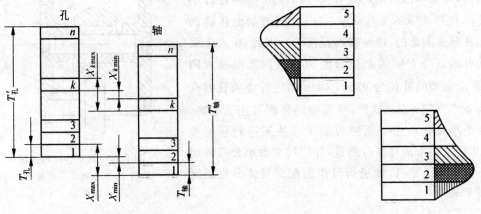

图 7-17　分组互换图　　　　　　　图 7-18　分组不配套举例

　　(3) 分组数不宜太多，尺寸公差只要放大到加工经济精度就可以了。否则，由于零件的测量、分组、保管等工作量增加，使组织工作过于复杂，易造成生产混乱。

　　(4) 分组公差不准任意缩小。因为分组公差不能小于表面微观峰值和形状误差之和，只要使分组公差符合装配精度即可。

　　分组装配法只适用于精度要求很高的少环尺寸链，一般相关零件只有两三个。这种装配方法由于生产组织复杂，应用受到限制。

　　与分组装配法相似的装配方法是直接选择装配法和复合选择装配法。前者是由装配工人从许多待装的零件中凭经验挑选合适的零件装配在一起。复合选择装配法是直接选择装配法与分组装配法的复合形式。

### 7.3.3　修配装配法

　　在成批生产中，若封闭环公差要求较严，组成环又较多时，用互换装配法势必要求组成

环的公差很小,增加了加工的困难,并影响加工经济性;用分组装配法,又因环数多使测量、分组和配套工作变得非常困难和复杂,甚至造成生产上的混乱。在单件小批生产时,当封闭环公差要求较严,即使组成环数很少,也会因零件生产数量少不能采用分组装配法。此时,常采用修配装配法达到封闭环公差要求。

修配装配法是将尺寸链中各组成环的公差相对于互换装配法所求之值增大,使其能按该生产条件下较经济的公差加工;装配时将尺寸链中某一预先选定的环去除部分材料以改变其尺寸,使封闭环达到其公差与极限偏差要求。预先选定的某一组成环称为补偿环(或称修配环),它是用来补偿其他各组成环由于公差放大后所产生的累积误差的。因修配装配法是逐个修配,所以零件不能互换。修配装配法通常采用极值公差公式计算。

采用修配装配法装配应正确选择补偿环,补偿环一般应满足以下要求:

(1) 便于装拆,零件形状比较简单,易于修配,若采用刮研修配,刮研面积要小;

(2) 不应为公共环,即该件只与一项装配精度有关,而与其他项装配精度无关,否则修配后虽然保证了一个尺寸链的要求,却又难以满足另一尺寸链的要求。

修配装配法装配时,补偿环被去除材料的厚度称为补偿量(或修配量)。

采用完全互换装配法装配时,各组成环公差分别为 $T'_{A_1}$, $T'_{A_2}$, $\cdots$, $T'_{A_m}$, 则应满足

$$T'_{A_0} = \sum_{i=1}^{m} | \xi_i | T'_{A_i}$$

现采用修配装配法装配,将各组成环公差在上述基础上放大为 $T_{A_1}$, $T_{A_2}$, $\cdots$, $T_{A_m}$, 则

$$T_{A_0} = \sum_{i=1}^{m} | \xi_i | T_{A_i} (T_{A_i} > T'_{A_i})$$

显然,$T_{A_0} > T'_{A_0}$, 此时最大补偿量为

$$Z_{\max} = T_{A_0} - T'_{A_0} = \sum_{i=1}^{m} | \xi_i | T_{A_i} - T'_{A_0}$$

采用修配装配法装配时,解尺寸链的主要问题是:在保证补偿量足够且最小的原则下,计算补偿环的尺寸。

补偿环被修配后对封闭环尺寸变化的影响有两种情况:一是使封闭环尺寸变大;二是使封闭环尺寸变小。因此,用修配装配法解装配尺寸链时,可分别根据这两种情况进行计算。

下面通过两个例子来说明采用修配装配法装配时尺寸链的计算步骤和方法。

如图 7-4 所示,普通车床床头和尾座两顶尖等高度要求为不超过 0.06mm(只许尾座高),已知:$A_{1j} = 202$mm,$A_{2j} = 46$mm,$A_{3j} = 156$mm。

建立如图 7-5 所示的装配尺寸链,其中 $A_0 = 0^{+0.06}_{0}$ mm;$A_1$ 为减环,$\xi_1 = -1$;$A_2$、$A_3$ 为增环,有 $\xi_2 = \xi_3 = +1$。

若按完全互换法用极值公差公式计算,各组成环的平均公差为

$$T_{av,L} = \frac{T'_{A_0}}{m} = \frac{0.06}{3} = 0.02 (\text{mm})$$

显然,由于组成环的平均公差太小,加工困难,不宜用完全互换装配法,现采用修配装配法。具体计算步骤和方法如下:

1）选择补偿环

因作为组成环 $A_2$ 的尾座底板的形状简单，表面面积较小，便于刮研修配，故选择 $A_2$ 为补偿环。

2）确定各组成环公差

根据各组成环所采用的加工方法的加工经济精度确定其公差：$A_1$ 和 $A_3$ 采用镗模加工，取 $T_{A_1}=T_{A_3}=0.1\text{mm}$；底板采用半精刨加工，取 $T_{A_2}=0.15\text{mm}$。

3）计算补偿环 $A_2$ 的最大修配量

$$Z_{\max} = \sum_{i=1}^{m} |\xi_i| T_{A_i} - T'_{A_0} = 0.1 + 0.15 + 0.1 - 0.06 = 0.29(\text{mm})$$

4）确定除补偿环外各组成环的极限偏差

因 $A_1$ 与 $A_3$ 是孔轴线和底面的位置尺寸，故偏差按对称分布，即 $A_1=(202\pm0.05)\text{mm}$，$A_3=(156\pm0.05)\text{mm}$。

5）计算补偿环 $A_2$ 的尺寸及其极限偏差

判别补偿环 $A_2$ 修配时对封闭环 $A_0$ 的影响。从结构示意图中可知，越修配补偿环 $A_2$，封闭环 $A_0$ 越小，是"越修越小"情况。

补偿环 $A_2$ 的中间偏差为

$$\Delta A_0 = \sum_{i=1}^{m} \xi_i \Delta A_i = (\Delta A_2 + \Delta A_3) - \Delta A_1$$

$$\Delta A_2 = \Delta A_0 + \Delta A_1 - \Delta A_3 = 0.03 + 0 - \dot{0} = 0.03(\text{mm})$$

则补偿环 $A_2$ 的极限偏差为

$$\text{ES}_{A_2} = \Delta A_2 + \frac{T_{A_2}}{2} = 0.03 + 0.15/2 = 0.105(\text{mm})$$

$$\text{EI}_{A_2} = \Delta A_2 - \frac{T_{A_2}}{2} = 0.03 - 0.15/2 = -0.045(\text{mm})$$

补偿环尺寸为

$$A_2 = 46^{+0.105}_{-0.045}\text{mm}$$

6）验算装配后封闭环的极限偏差

$$\text{ES}_{A_0} = \Delta A_0 + \frac{T_{A_0}}{2} = 0.03 + 0.35/2 = 0.205(\text{mm})$$

$$\text{EI}_{A_0} = \Delta A_0 - \frac{T_{A_0}}{2} = 0.03 - 0.35/2 = -0.145(\text{mm})$$

按装配精度要求，封闭环的极限偏差为

$$\text{ES}'_{A_0} = 0.06\text{mm}, \quad \text{EI}'_{A_0} = 0$$

$$\text{ES}_{A_0} - \text{ES}'_{A_0} = 0.205 - 0.06 = 0.145(\text{mm})$$

$$\text{EI}_{A_0} - \text{EI}'_{A_0} = -0.145 - 0 = -0.145(\text{mm})$$

故补偿环需改变 $\pm0.145\text{mm}$，才能保证原装配精度不变。

7）确定补偿环（$A_2$）尺寸

在本装配中，补偿环底板 $A_2$ 为增环，被修配后，底板尺寸减小、尾座中心线降低，即封闭环尺寸变小。所以，只有装配后封闭环实际最小尺寸（$A_{0\min} = A_0 + \text{EI}_{A_0}$）不小于封闭环要求的最小尺寸（$A'_{0\min} = A_0 + \text{EI}'_{A_0}$）时，才可能进行修配，否则即便修配也不能达到装配精度要

求。故应满足以下不等式:

$$A_{0\min} \geqslant A'_{0\min}, \quad \text{即 } \mathrm{EI}_{A_0} \geqslant \mathrm{EI}'_{A_0}$$

根据修配量足够且最小原则,应有

$$A_{0\min} = A'_{0\min}, \quad \text{即 } \mathrm{EI}_{A_0} = \mathrm{EI}'_{A_0}$$

又 $\mathrm{EI}_{A_0} = \mathrm{EI}'_{A_0} = 0$,则为满足上述等式,补偿环应增加 0.145mm,封闭环最小尺寸($A_{0\min}$)才能从 $-0.145$mm(尾座中心低于主轴中心)增加到 0(尾座中心与床头主轴中心等高),以保证具有足够的补偿量。所以,补偿环最终尺寸为

$$A_2 = (46 + 0.145)^{+0.105}_{-0.045}\mathrm{mm} = 46^{+0.25}_{+0.10}\mathrm{mm}$$

由于本装配有特殊工艺要求,即底板的底面在总装时必须留有一定的修刮量,而上述计算是按 $A_{0\min} = A'_{0\min}$ 条件求出 $A_2$ 尺寸的。此时最大修刮量为 0.29mm,符合总装要求,但最小修刮量为 0,这不符合总装要求,故必须再将 $A_2$ 尺寸放大些,以保留最小修刮量。从底板修刮工艺来说,最小修刮量留 0.1mm 即可,所以修正后的 $A_2$ 的实际尺寸应再增加 0.1mm,即为

$$A_2 = (46 + 0.10)^{+0.25}_{+0.10}\mathrm{mm} = 46^{+0.35}_{+0.20}\mathrm{mm}$$

又如图 7-19(a)所示铣床矩形导轨的结构装配示意图。已知:$A_{1j} = 30$mm,$A_{2j} = 30$mm,配合间隙 $A_0 = 0.01 \sim 0.07$mm。

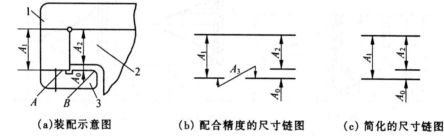

**(a)装配示意图**　　　**(b)配合精度的尺寸链图**　　　**(c)简化的尺寸链图**

图 7-19　矩形导轨装配示意图和导轨配合精度的装配尺寸链图
1—床鞍;2—升降台;3—压板

建立如图 7-19(b)所示的尺寸链。若压板 3 上的 $A$、$B$ 两面一次加工而成,则可忽略 $A_3$(平面度环),尺寸链简化成图 7-19(c)所示的形式。其中,封闭环 $T_{A_0} = 0.06$mm;组成环 $A_1$ 为增环,$\xi_1 = +1$;$A_2$ 为减环,$\xi_2 = -1$。若按完全互换装配法用极值公差公式计算,各组成环的平均公差为

$$T_{\mathrm{av},L} = \frac{T'_{A_0}}{m} = \frac{0.06}{2} = 0.03(\mathrm{mm})$$

显然,各组成环的平均公差太小,加工困难,不宜用完全互换装配法,应采用修配装配法。具体计算步骤和方法如下:

1) 选择补偿环

由图 7-19(a)中可知,压板 3 形状简单,便于修配。虽然图 7-19(c)中尺寸链的组成环中没有压板 3,但是修配压板上的 $A$ 面或 $B$ 面相当于改变尺寸 $A_1$,故可选压板 3 为补偿环。

2) 确定各组成环的公差

根据各组成环所采用的加工方法的加工经济精度确定其公差,取 $T_{A_1} = T_{A_2} = 0.13$mm(相当于 IT11)。

3）计算最大修配量

$$Z_{max} = \sum_{i=1}^{m} \mid \xi_i \mid T_{A_i} - T'_{A_0} = 0.13 + 0.13 - 0.06 = 0.20 \text{(mm)}$$

4）确定除补偿环以外的各环的极限偏差

（1）组成环 $A_2$ 按"人体原则"确定极限偏差，其实际尺寸和偏差为

$$A_2 = 30^{\ 0}_{-0.13} \text{mm}$$

（2）各环的中间偏差为

$$\Delta A_0 = +0.04 \text{mm}, \quad \Delta A_2 = -0.065 \text{mm}$$

5）计算 $A_1$ 的极限偏差

（1）判别补偿环修配时对封闭环 $A_0$ 的影响

由图 7-19(a)所示的装配示意图可知，若修配 $B$ 面，则封闭环 $A_0$ 增大，是"越修越大"情况；若修配 $A$ 面，则封闭环 $A_0$ 减小，是"越修越小"情况。上述两种情况下，封闭环公差带要求值和实际公差带的相对关系如图 7-20(a)、(b)所示。只修 $B$ 面时，$A_{0max} = A'_{0max}$；只修 $A$ 面时，$A_{0min} = A'_{0min}$，两种情况下的最大修配量均为 0.20mm。

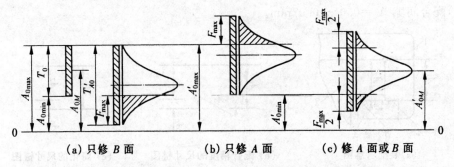

图 7-20　不同修配情况下的修配量和修配件的百分数示意图

（2）选择修配方式

假定组成环的加工工艺稳定，封闭环在尺寸分布范围内符合正态分布，则只修 $B$ 面或只修 $A$ 面时，修配件占总数的百分数见图 7-20(a)和(b)，图中分布曲线的剖面线部分即表示修配件的百分数。若根据实际情况，有时修 $B$ 面，有时修 $A$ 面，则可使实际封闭环的平均尺寸为 $A'_{0M}$（或中间偏差 $\Delta'_0$）等于设计要求封闭环的平均尺寸 $A_{0M}$（或中间偏差 $\Delta_0$），此时的最大修配量将减小为 $\dfrac{Z_{max}}{2} = 0.1 \text{mm}$，修配件占总数的百分数也可减少，如图 7-20(c)所示。因此，根据实际情况，有时修 $B$ 面，有时修 $A$ 面的修配方式是最佳方案。

（3）采用修 $A$ 面或 $B$ 面方式时，$A_1$ 极限偏差的计算

从以上分析可知

$$\Delta A'_0 = \Delta A_0$$

代入具体数值并整理后可得

$$\Delta A_1 = \Delta A_0 + \Delta A_2 = +0.04 + (-0.065) = -0.025 \text{(mm)}$$

又 $A_1$ 的极限偏差为

$$\text{ES}_{A_1} = \Delta A_1 + \frac{T_{A_1}}{2} = -0.025 + 0.13/2 = 0.04 \text{(mm)}$$

$$\mathrm{EI}_{A_1} = \Delta A_1 - \frac{T_{A_1}}{2} = -0.025 - 0.13/2 = -0.09(\mathrm{mm})$$

则

$$A_1 = 3^{+0.04}_{-0.09}\mathrm{mm}$$

在实际生产中，$A_1$ 和 $A_2$ 尺寸不一定符合正态分布，由于尺寸链环数少，所以封闭环也不一定是正态分布，分布中心和公差带中心也不一定重合。在这种情况下，应对实际的封闭环作一些调整，以达到修配百分比最小的目的。另外，若遇到 $A$、$B$ 两面因尺寸相差较大而使修配劳动量相差较大时，取两面修配百分比相同就不是最经济方案。此时，也应将实际的封闭环位置作适当调整，以取得最佳经济效果。

修配装配法一般用在单件小批生产中，在中批生产中，对一些封闭环要求较严的多环装配尺寸链大多也用修配装配法。实际生产中，修配的方式很多，一般有单件修配装配法、合并加工修配装配法和自身加工修配装配法三种。

## 7.3.4 调整装配法

对于装配精度要求高的机器或部件，装配时用调整的方法改变补偿环的实际尺寸或位置，使封闭环达到其公差与极限偏差要求，这种方法称为调整装配法，通常采用极值公差公式计算。

根据调整方法的不同，调整装配法可分为：可动调整装配法、固定调整装配法和误差抵消调整装配法三种。

### 1. 可动调整装配法

可动调整装配法就是用改变零件的位置（通过移动、旋转等）来达到装配精度要求的方法。在机器制造中使用可动调整装配法的例子很多。图 7-21 所示为调整滚动轴承间隙或过盈的结构，它可保证轴承既有足够的刚度又不至于过分发热。

对丝杠螺母副间隙的调整，可采用如图 7-22 所示的结构，转动中间螺钉 2，通过楔块 5 的上下移动来改变丝杠螺母 1、4 与丝杠 3 之间的间隙。

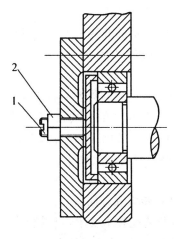

图 7-21　调整轴承间隙的结构

1—调节螺钉；2—螺母

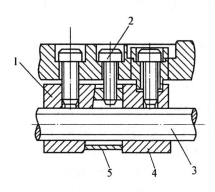

图 7-22　采用楔块调整丝杠和螺母间隙的结构

1—前螺母；2—调节螺钉；3—丝杠；4—后螺母；5—楔块

### 2. 固定调整装配法

固定调整装配法是在尺寸链中选定一个或加入一个零件作为调整环。作为调整环的零件是按一定尺寸间隔级别制成的一组专门零件,常用的补偿环有垫片、套筒等。改变补偿环的实际尺寸的方法是根据封闭环公差与极限偏差的要求,分别装入不同尺寸的补偿环。例如,补偿环是减环,因放大组成环公差后使封闭环实际尺寸较大时,就取较大尺寸级的补偿环装入;当封闭环实际尺寸较小时,就取较小尺寸级的补偿环装入。为此,需要预先按一定的尺寸要求,制成若干组不同尺寸的补偿环,供装配时选用。

采用固定调整法时,计算装配尺寸链的关键是确定补偿环的组数和各组的尺寸。

1) 确定补偿环的组数首先要确定补偿量 $F$

采用固定调整装配法时,由于放大组成环公差,装配后的实际封闭环的公差必然超出设计要求的公差,其超差量需用补偿环补偿,该补偿量 $F$ 等于超差量,可用下式计算:

$$F = T_{0L} - T_{A_0}$$

式中:$T_{0L}$——实际封闭环的极值公差(含补偿环);

$\quad\quad T_{A_0}$——封闭环公差的要求值。

2) 确定每一组补偿环的补偿能力 $S$

若忽略补偿环的制造公差 $T_{A_k}$,则补偿环的补偿能力 $S$ 就等于封闭环公差要求值 $T_{A_0}$;若考虑补偿环的公差 $T_{A_k}$,则补偿环的补偿能力为

$$S = T_{A_0} - T_{A_k}$$

3) 确定分组数 $Z$

当第一组补偿环无法满足补偿要求时,就需用相邻一组的补偿环来补偿。所以,相邻组别补偿环基本尺寸之差也应等于补偿能力 $S$,以保证补偿作用的连续进行。因此,分组数 $Z$ 可用下式表示:

$$Z = \frac{F}{S} + 1$$

计算所得分组数 $Z$ 后,要圆整至邻近的较大整数。

4) 计算各组补偿环的尺寸

由于各组补偿环的基本尺寸之差等于补偿能力 $S$,所以只要先求出某一组补偿环的尺寸,就可推算出其他各组补偿环的尺寸。比较方便的办法是先求出补偿环的中间尺寸,再求其他各组的尺寸。

补偿环的中间尺寸可先由各环中间偏差的关系式求出补偿环的中间偏差后再求得。当补偿环的组数 $Z$ 为奇数时,求出的中间尺寸就是补偿环中间一组尺寸的平均值,其余各组尺寸的平均值相应增加或减小各组之间的尺寸差 $S$ 即可。当补偿环的组数 $Z$ 为偶数时,求出的中间尺寸是补偿环的对称中心,再根据各组之间的尺寸差 $S$ 安排各组尺寸。

补偿环的极限偏差也按"人体原则"标注。

下面通过实例,说明采用固定调整装配法时,尺寸链的计算步骤和方法。

图 7-23(a)所示为车床主轴齿轮组件的装配示意图。按照装配技术要求,当隔套(尺寸 $A_2$)、齿轮(尺寸 $A_3$)、垫圈(尺寸 $A_k$)和弹性挡圈(尺寸 $A_4$)装在主轴(尺寸 $A_1$)上后,齿轮的轴向间隙 $A_0$ 应在 $0.05 \sim 0.20$ mm 范围内。已知:$A_{1j} = 115$ mm,$A_{2j} = 8.5$ mm,$A_{3j} = 95$ mm,

$A_{4j}=2.5\text{mm},A_{kj}=9\text{mm}$。

根据上节所述,建立以轴向间隙 $A_0=$ 0.05～0.20mm 为封闭环的装配尺寸链图(见图7-23(b)),其中组成环有:$A_1$ 为增环,$\xi_1=+1$;$A_2$、$A_3$、$A_4$ 和 $A_k$ 均为减环,$\xi_2=\xi_3=\xi_4=\xi_k=-1$。若采用完全互换装配法,则各组成环的平均极值公差为

$$T_{\text{av},L}=\frac{T_{A_0}}{m}=\frac{0.15}{5}=0.03\text{(mm)}$$

显然,由于组成环的平均极值公差太小,加工困难,不宜用完全互换装配法,现采用固定调整装配法。

计算尺寸链的步骤和方法如下:

1) 选择补偿环

组成环 $A_k$ 为垫圈,形状简单,制造容易,装拆也方便,故选择 $A_k$ 为补偿环。

2) 确定各组成环的公差和偏差

根据各组成环所采用的加工方法的加工经济精度确定其公差:$T_{A_1}=0.15\text{mm}$,$T_{A_2}=0.1\text{mm}$,$T_{A_3}=0.1\text{mm}$,$T_{A_4}=0.12\text{mm}$,$T_{A_k}=0.03\text{mm}$。

按"入体原则"确定除补偿环外各组成环的极限偏差

$$A_1=115^{+0.15}_{0}\text{mm},\quad A_2=8.5^{0}_{-0.1}\text{mm},$$
$$A_3=95^{0}_{-0.1}\text{mm},\quad A_4=2.5^{0}_{-0.12}\text{mm}$$

计算各环的中间偏差为

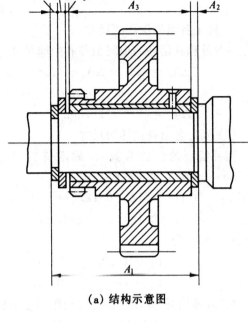

**(a) 结构示意图**

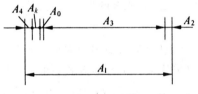

**(b) 装配尺寸链图**

图7-23　车床主轴齿轮组件的装配示意图及装配尺寸链图

$$\Delta A_0=\frac{0.2-0.05}{2}=+0.125\text{(mm)}$$

$$\Delta A_1=\frac{0.15}{2}=+0.075\text{(mm)}$$

$$\Delta A_2=\frac{-0.1}{2}=-0.05\text{(mm)}$$

$$\Delta A_3=\frac{-0.1}{2}=-0.05\text{(mm)}$$

$$\Delta A_k=\frac{-0.12}{2}=-0.06\text{(mm)}$$

3) 补偿量 $F$ 和补偿环的补偿能力 $S$

$$F=T_{0L}-T_{A_0}=(0.15+0.1+0.1+0.12+0.03)-0.15=0.35\text{(mm)}$$

$$S=T_{A_0}-T_{A_k}=0.15-0.03=0.12\text{(mm)}$$

4）确定补偿环的组数 $Z$

$$Z = \frac{F}{S} + 1 = \frac{0.35}{0.12} + 1 = 3.92 \approx 4$$

5）确定各组补偿环的尺寸

（1）计算补偿环的中间偏差和中间尺寸

$$\Delta A_k = \Delta A_1 - \Delta A_0 - (\Delta A_2 + \Delta A_3 + \Delta A_4)$$
$$= 0.075 - 0.125 - (-0.05 - 0.05 - 0.06) = +0.11(\text{mm})$$
$$A_{kM} = (9 + 0.11)\text{mm}$$

（2）确定各组补偿环的尺寸

因补偿环的组数为偶数，故求得的 $A_{kM}$ 就是补偿环的对称中心，各组尺寸差 $S = 0.12\text{mm}$。各组尺寸的平均值分别为

$$A_{k1M} = 9.11 + 0.12 + 0.12/2 = 9.29(\text{mm}), \quad A_{k2M} = 9.11 + 0.12/2 = 9.17(\text{mm})$$
$$A_{k3M} = 9.11 - 0.12/2 = 9.05(\text{mm}), \quad A_{k4M} = 9.11 - 0.12 - 0.12/2 = 8.93(\text{mm})$$

因而各组尺寸为

$$A_{k1} = (9.29 \pm 0.015)\text{mm}, \quad A_{k2} = (9.17 \pm 0.015)\text{mm},$$
$$A_{k3} = (9.05 \pm 0.015)\text{mm}, \quad A_{k4} = (8.93 \pm 0.015)\text{mm}$$

按"入体原则"标注补偿环的极限偏差可得

$$A_{k1} = 9.305_{-0.03}^{0} \approx 9.3_{-0.03}^{0}\text{mm}, \quad A_{k2} = 9.185_{-0.03}^{0} \approx 9.19_{-0.03}^{0}\text{mm},$$
$$A_{k3} = 9.065_{-0.03}^{0} \approx 9.07_{-0.03}^{0}\text{mm}, \quad A_{k4} = 8.945_{-0.03}^{0} \approx 8.95_{-0.03}^{0}\text{mm}$$

固定调整装配法多用于大批大量生产中。在产量大、装配精度要求高的生产中，固定调整件可以采用多件组合的方式，如预先将调整垫做成不同的厚度（1，2，5，10mm），再制作一些更薄的金属片（0.01，0.02，0.05，0.10mm），装配时根据尺寸组合原理（与块规使用方法相同），把不同厚度的垫片组合成各种不同尺寸，以满足装配精度的要求。这种调整方法比较简便，在汽车、拖拉机生产中广泛应用。

### 3. 误差抵消调整装配法

误差抵消调整法是通过调整几个补偿环的相互位置，使其加工误差相互抵消一部分，从而使封闭环达到其公差与极限偏差要求的方法。这种方法中的补偿环为多个矢量。常见的补偿环是轴承圈的跳动量、偏心量和同轴度等。

下面以车床主轴锥孔轴线的径向圆跳动为例，说明误差抵消调整法的原理。图 7-24 所示为普通车床第（6）项精度标准的检验方法。标准中规定：将检验棒插入主轴锥孔内，检验径向圆跳动：$A$ 处（靠近端面）允差 0.01mm；$B$ 处（距 $A$ 处 300mm）允差 0.02mm（最大工件回转直径 $D_a \leqslant 800$mm 时）。

设前后轴承外圈内滚道的中心分别为 $O_2$ 和 $O_1$，它们的连线即主轴回转轴线，被测的主轴锥孔轴线的径向圆跳动就是相对于 $O_1 O_2$ 轴线而言。现分析 $B$ 处的径向圆跳动误差。

引起 $B$ 处径向圆跳动误差的因素有：

$e_1$——后轴承内孔轴线对外圈内滚道轴线的偏心量；

$e_2$——前轴承内孔轴线对外圈内滚道轴线的偏心量；

$e_s$——主轴锥孔轴线 $CC$ 对其轴颈轴线 $SS$ 的偏心量。

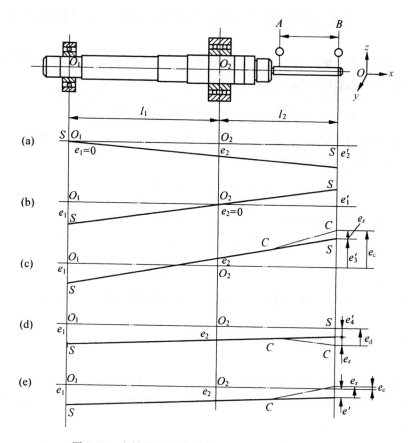

图 7-24　主轴锥孔轴线径向圆跳动的误差抵消调整法

$e_2$ 和 $e_1$ 对主轴径向跳动的影响如图 7-24(a)和(b)所示。

图 7-24(a)说明,当只存在 $e_2$ 时,在 $B$ 处引起的主轴轴颈轴线 $SS$ 与主轴回转轴线的同轴度误差为

$$e_2' = \frac{l_1 + l_2}{l_2} \cdot e_2 = A_2 e_2$$

图 7-24(b)说明,当只存在 $e_1$ 时,在 $B$ 处引起的主轴轴颈轴线 $SS$ 与主轴回转轴线的同轴度误差为

$$e_1' = + \frac{l_2}{l_2} \cdot e_1 = A_1 e_1$$

式中:$A_2$,$A_1$——误差传递比,为在测量位置上所反映出的误差大小与原始误差本身大小的比值,比值前的正负号表示两个误差间的方向关系。

由于 $|A_2| > |A_1|$,所以前轴承径向跳动误差对主轴径向跳动误差的影响比后轴承的要大。因此,主轴后轴承的精度可以比前轴承稍低些。

在实际生产中,为减小主轴径向跳动,可根据 $e_2'$、$e_1'$ 和 $e_s$ 三者来综合调整,常用以下两种方法。

1) 定向调整法

所谓定向调整法是指在通过主轴轴心线的某一截面上使误差相互抵消的方法。

图 7-24(c)～(e)所示为数值不变的各个原始误差之间的三种不同组合在 $B$ 处产生的跳动误差。

图 7-24(c)所示为主轴前后轴承径向跳动方向位于主轴轴心线两侧,且两者的合成误差 $e'_3$ 又与 $e_s$ 方向相同,此时跳动误差为

$$e_c = e_s + e'_3 = e_s + e'_2 + e'_1 = e_s + \frac{l_1 + l_2}{l_1} e_2 + \frac{l_2}{l_1} e_1$$

图 7-24(d)所示为主轴前后轴承径向跳动方向位于主轴轴心线同一侧,且两者的合成误差 $e'_4$ 又与 $e_s$ 方向相同,此时跳动误差为

$$e_d = e_s + e'_4 = e_s + e'_2 - e'_1 = e_s + \frac{l_1 + l_2}{l_1} e_2 - \frac{l_2}{l_1} e_1$$

图 7-24(e)所示为主轴前后轴承径向跳动方向位于主轴轴心线同一侧,且两者的合成误差 $e'_4$ 又与 $e_s$ 方向相反,此时跳动误差为

$$e_e = e_s - (e'_2 - e'_1) = e_s - \left( \frac{l_1 + l_2}{l_1} e_2 - \frac{l_2}{l_1} e_1 \right)$$

图 7-24(c)～(e)所示三种情况下,$e_1$、$e_2$、$e_s$ 都分布在同一截面上,此时有

$$e_c > e_d > e_e$$

所以,应按图(e)来调整主轴径向跳动。

2) 角度调整法

当前后轴承和主轴锥孔的径向跳动误差 $e_2$、$e_1$ 及 $e_s$ 不是分布在同一截面上时,它们合成后的总误差 $e_0$ 是误差的向量和,如图 7-25 所示。此图是把各误差量表示在离主轴端某一截面处的情形。

这时,为了进一步提高装配精度,可采用角度调整法。如果以组成环 $e_s$ 为基准,从主轴回转中心 $O$(坐标原点)出发画出 $AO = e_s$,方向可假定某一方向,再分别以 $O$ 及 $A$ 为圆心,$e'_2$、$e'_1$ 为半径画两个圆弧,如相交于 $B$ 则形成如图 7-26 所示的角度调整法误差向量合成关系。需注意的是 $e_s$、$e'_2$、$e'_1$ 中任何两者的向量和要等于或大于第三者的向量,才能形成封闭图形。此时可使 $e_0 = 0$,即各组成环相互补偿的结果使得在测量平面内的误差为零。

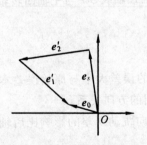

图 7-25　误差的向量合成

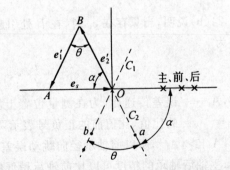

图 7-26　角度调整法中误差向量的合成关系

图中 $\alpha$、$\theta$ 称为调整角,调整角可按图 7-26 的作图方法得到,即把组成环 $e_s$、$e'_2$、$e'_1$ 按比例放大并作出图形,然后用量角器直接测出 $\alpha$ 及 $\theta$ 角。这种方法迅速简便,另外也可用计算法求出 $\alpha$ 及 $\theta$。

角度调整前,轴承内圈同轴度误差的测量方法如图 7-27 所示。前后两轴承内圈同轴度误差 $e_2$ 和 $e_1$ 的方向,可以用千分表的压表高点处 $a$ 和 $b$ 来标出,$a$、$b$ 正好与 $e_2$、$e_1$ 反向,如图 7-28 所示。主轴锥孔同轴度误差 $e_s$ 的测量,由于是以主轴轴颈为基准放在 V 形块上通过插入锥孔中的检验棒来打表进行的,所以对千分表的压表高点处则与锥孔同轴度误差 $e_s$ 同向。此外,还应注意 $e_1'$ 正好与 $e_1$ 反向,即与压表高点 $b$ 相同。

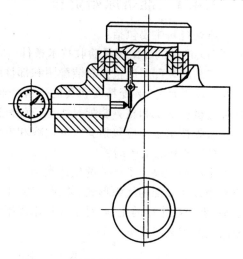

在实际装配时为使装配方便,在前后轴承内环上分别以 $a$、$b$ 为起点,逆或顺时针方向转角度为 $\alpha$ 及 $\alpha+\theta$ 的两处,作出标记"×"。装配时将前后轴承内环的标记"×"对准主轴的标记"×"装配起来(见图 7-28),就实现了角度调整。

图 7-27　轴承内圈同轴度误差的测量

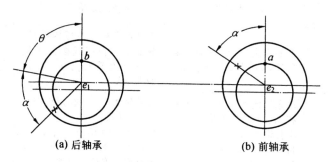

(a) 后轴承　　　　　　(b) 前轴承

图 7-28　前后轴承内环相对打表高点的标记×的位置

此外,通过定向调整卧式车床主轴前后轴承外圈同轴度误差和主轴箱体前后主轴孔对主轴箱体两个装配基准面的平行度误差,也可进一步提高主轴箱部件中主轴回转轴线对主轴箱两个装配基准面的位置精度。

误差抵消调整装配法可在不提高轴承和主轴的加工精度条件下提高装配精度。它与其他调整法一样,常用于机床制造,且封闭环要求较严的多环装配尺寸链中。但由于误差抵消调整装配法需事先测出补偿环的误差方向和大小,装配时需技术等级高的工人,因而增加了装配时和装配前的工作量,并给装配组织工作带来一定的麻烦。误差抵消调整装配法多用于批量不大的中小批生产和单件生产。

## 7.4　装配工艺规程的制定

装配工艺规程是指导装配生产的主要技术文件,制定装配工艺规程是生产技术准备工作中的一项重要工作。装配工艺规程对保证装配质量、提高装配生产效率、缩短装配周期、减轻装配工人的劳动强度、缩小装配占地面积和降低成本等都有重要的影响。下面简要介绍装配工艺规程制定的步骤、方法和内容。

### 7.4.1　准备原始资料

原始资料主要包括：

（1）产品的装配图及验收技术条件

产品的装配图应包括总装配图和部件装配图，并应清楚地表示出零、部件的相互连接情况及其联系尺寸、装配精度和其他技术要求、零件的明细表等。为了在装配时对某些零件进行补充机械加工和核算装配尺寸链，有时还需要某些零件图。

验收技术条件应包括验收的内容和方法。

（2）产品的生产纲领

生产纲领决定了产品的生产类型。生产类型的种类及其划分方法见第1章。不同的生产类型致使装配的组织形式、装配方法、工艺过程的划分、设备及工艺装备专业化或通用化水平、手工操作量的比例、对工人技术水平的要求和工艺文件格式等均有不同。各种生产类型的装配工艺特征见表7-5。

表 7-5　各种生产类型的装配工艺特征

| 生产类型<br>装配工艺特征 | 大批大量生产 | 成批生产 | 单件小批生产 |
|---|---|---|---|
| 装配工作特点 | 产品固定，生产活动长期重复，生产周期一般较短 | 产品在系列化范围内变动，分批交替投产或多品种同时投产，生产活动在一定时期内重复 | 产品经常变换，不定期重复生产，生产周期一般较长 |
| 组织形式 | 多采用流水装配，有连续移动、间歇移动及可变节奏移动等方式，还可采用自动装配机或自动装配线 | 产品笨重、批量不大的产品多采用固定式流水装配，批量较大时采用流水装配，多品种平行投产时采用多品种可变节奏流水装配 | 多采用固定装配或固定式流水装配 |
| 装配工艺方法 | 按互换法装配，允许有少量简单的调整，精密偶件成对供应或分组供应装配，无任何修配工作 | 主要采用互换装配法，但灵活运用其他保证装配精度的方法，如调整装配法、修配装配法、合并加工装配法等，以节约加工费用 | 以修配装配法及调整装配法为主，互换件比例较小 |
| 工艺过程 | 工艺过程划分很细，力求达到高度均衡性 | 工艺过程的划分须适合于批量的大小，尽量使生产均衡 | 一般不制定详细的工艺文件，工序可适当调整，工艺也可灵活掌握 |
| 工艺装备 | 专业化程度高，宜采用专用高效工艺装备，易于实现机械化、自动化 | 通用设备较多，但也采用一定数量的专用工、夹、量具，以保证装配质量和提高工效 | 一般为通用设备及通用工夹量具 |
| 手工操作要求 | 手工操作比例小，熟练程度容易提高 | 手工操作比例较大，技术水平要求较高 | 手工操作比例大，要求工人有高的技术水平和多方面的工艺知识 |
| 应用实例 | 汽车、拖拉机、内燃机、滚动轴承、手表、缝纫机、电气开关等 | 机床、机车车辆、中小型锅炉、矿山采掘机械等 | 重型机床、重型机器、汽轮机、大型内燃机、大型锅炉等 |

（3）现有生产条件和标准资料

它包括现有装配设备、工艺装备、装配车间面积、工人技术水平、机械加工条件及各种工艺资料和标准等，以便能切合实际地从机械加工和装配的全局出发制定合理的装配工艺规程。

### 7.4.2　熟悉和审查产品的装配图

（1）了解产品及部件的具体结构、装配技术要求和检查验收的内容及方法。

（2）审查产品的结构工艺性。

（3）研究设计人员所确定的装配方法，进行必要的装配尺寸链分析与计算。

### 7.4.3　确定装配方法与装配的组织形式

选择合理的装配方法是保证装配精度的关键。

一般来说，只要组成环零件的加工比较经济可行时，就要优先采用完全互换装配法。成批生产、组成环又较多时，可考虑采用大数互换装配法。

当封闭环公差要求较严时，采用互换装配法将使组成环加工比较困难或不经济时，就采用其他方法。大量生产时，环数少的尺寸链采用分组装配法，环数多的尺寸链采用调整装配法；单件小批生产时，则常采用修配装配法；成批生产时可灵活应用调整装配法、修配装配法和分组装配法（后者在环数少时采用）。

一种产品究竟采用何种装配方法来保证装配精度要求，通常在设计阶段即应确定。因为只有在装配方法确定后，才能通过尺寸链的计算，合理地确定各个零、部件在加工和装配中的技术要求。但是，同一种产品的同一装配精度要求，在不同的生产类型和生产条件下，可能采用不同的装配方法。要结合具体生产条件，从机械加工或装配的全过程出发应用尺寸链理论，同设计人员一起最终确定合理的装配方法。

装配的组织形式的选择，主要取决于产品的结构特点（包括质量、尺寸和复杂程度）、生产纲领和现有生产条件。

装配的组织形式按产品在装配过程中移动与否分为固定式和移动式两种。固定式装配的全部装配工作在一个固定地点进行，产品在装配过程中不移动，多用于单件小批生产或重型产品的成批生产。固定式装配也可组织工人专业分工，按装配顺序轮流到各产品点进行装配，这种形式称为固定流水装配，多用于成批生产结构比较复杂、工序数较多的产品，如机床、汽轮机的装配。

移动式装配将零、部件用输送带或小车按装配顺序从一个装配地点移动到下一个装配地点，各装配地点分别完成一部分装配工作，全部装配地点完成产品的全部装配工作。移动式装配按移动的形式可分为连续移动和间歇移动两种。连续移动式装配即装配线连续按节拍移动，工人在装配时边装边随装配线走动，装配完毕立即回到原位继续重复装配。间歇移动式装配即装配时产品不动，工人在规定时间（节拍）内完成装配规定工作后，产品再被输送带或小车送到下一工作地。移动式装配按移动时节拍变化与否又可分为强制节拍和变节拍两种。变节拍式移动比较灵活，具有柔性，适合多品种装配。移动式装配常用于大批大量生产组成流水作业线或自动线，如汽车、拖拉机、仪器仪表等产品的装配。

### 7.4.4 划分装配单元,确定装配顺序

将产品划分为可进行独立装配的单元是制订装配工艺规程中最重要的一个步骤,这对于大批大量生产结构复杂的产品时尤为重要。只有划分好装配单元,才能合理安排装配顺序和划分装配工序,组织流水作业。

机器是由零件、合件、组件和部件等装配单元组成。零件是组成机器的基本单元,零件一般都预先装成合件、组件和部件后,再安装到机器上。合件是由若干零件固定连接(铆或焊)而成,或连接后再经加工而成,如装配式齿轮、发动机连杆小头孔压入衬套后再精镗。组件是指一个或几个合件与零件的组合,没有显著完整的作用,如主轴箱中轴与其上的齿轮、套、垫片、键和轴承的组合体。部件是若干组件、合件及零件的组合体,并在机器中能完成一定的功能,如车床中的主轴箱、进给箱和溜板箱部件等。机器是由上述各装配单元结合而成的整体,具有独立、完整的功能。

上述各装配单元都要选定某一零件或比它低一级的单元作为装配基准件。通常应选体积或质量较大、有足够支承面能保证装配时的稳定性的零件、组件或部件作为装配基准件。如床身零件是床身组件的装配基准件,床身组件是床身部件的装配基准组件,床身部件是机床产品的装配基准部件。

划分好装配单元并确定装配基准件后,就可安排装配顺序。确定装配顺序的要求是保证装配精度,以及使装配时的连接、调整、校正和检验工作能顺利地进行,前面工序不能妨碍后面工序进行,后面工序不应损坏前面工序的质量。

一般装配顺序的安排为:

(1) 工件预先处理,如工件的倒角、去毛刺与飞边、清洗、防锈和防腐处理、油漆和干燥等。

(2) 先基准件、重大件的装配,以便保证装配过程的稳定性。

(3) 先复杂件、精密件和难装配件的装配,以保证装配顺利进行。

(4) 先进行易破坏以后装配质量的工作,如冲击性质的装配、压力装配和加热装配。

(5) 集中安排使用相同设备及工艺装备的装配和有共同特殊装配环境的装配。

(6) 处于基准件同一方位的装配应尽可能集中进行。

(7) 电线、油气管路的安装应与相应工序同时进行。

(8) 易燃、易爆、易碎、有毒物质或零、部件的安装,尽可能放在最后,以减少安全防护工作量,保证装配工作顺利完成。

为了清晰地表示装配顺序,常用装配单元系统图来表示。例如,图 7-29(a)所示为产品装配单元系统图,图 7-29(b)所示为部件装配单元系统图。

在装配单元系统图上加注所需的工艺说明,如焊接、配钻、配刮、冷压、热压和检验等,就形成装配工艺系统图。

装配工艺系统图比较清楚且全面地反映了装配单元的划分、装配顺序和装配工艺方法。它是装配工艺规程制订中的主要文件之一,也是划分装配工序的依据。

图 7-30 所示为普通车床床身部件装配简图。图 7-31 所示为普通车床床身部件装配工艺系统图。

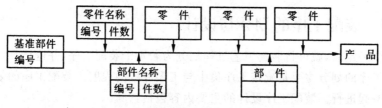

（a）产品装配单元系统图

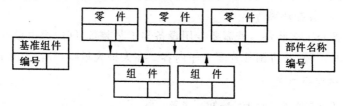

（b）部件装配单元系统图

图 7-29 装配单元系统图

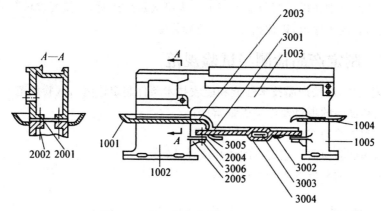

图 7-30 普通车床床身部件装配简图

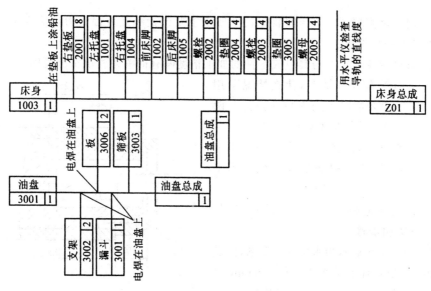

图 7-31 普通车床床身部件装配工艺系统图

### 7.4.5　装配工序的划分与设计

装配顺序确定后，就可将装配工艺过程划分为若干个装配工序，并进行具体装配工序的设计。装配工序的划分主要是确定工序集中与工序分散的程度。装配工序的划分通常和装配工序设计一起进行。装配工序设计的主要内容包括：

（1）制定装配工序的操作规范。例如，过盈配合所需压力、变温装配的温度值、紧固螺栓连结的预紧扭矩、装配环境等。

（2）选择设备与工艺装备。若需要专用设备与工艺装备，则应提出设计任务书。

（3）确定工时定额，并协调各装配工序内容。在大批大量生产时，要平衡装配工序的节拍，均衡生产，实现流水装配。

### 7.4.6　填写装配工艺文件

单件小批生产仅要求填写装配工艺过程卡。中批生产时，通常也只需填写装配工艺过程卡，但对复杂产品则还需填写装配工序卡。大批大量生产时，不仅要求填写装配工艺过程卡，而且要填写装配工序卡，以便指导工人进行装配。

### 7.4.7　制定产品检测与试验规范

产品装配完毕，应按产品技术性能和验收技术条件制定检测与试验规范，它包括：

（1）检测和试验的项目及检验质量指标；

（2）检测和试验的方法、条件与环境要求；

（3）检测和试验所需工艺装备的选择或设计；

（4）质量问题的分析方法和处理措施。

## 习题与思考题

7-1　何为装配精度？机床的装配精度要求主要包括哪几方面？为什么在装配中要保证一定的装配精度要求？

7-2　机械的装配精度与其组成零件的加工精度间有何关系？试举例说明。

7-3　在解装配尺寸链时，什么情况下用完全互换法？什么情况下用大数互换法？两者在计算公式及计算结果上有何不同？

7-4　何为分组装配法？在什么情况下采用此法比较适宜？如果相配合工件的公差不等，采用该法会出现什么问题？

7-5　试述制定装配工艺规程的意义、作用、内容、方法和步骤。

7-6　习图 7-1 所示为水泵的一个部件，其支架端面距气缸端面的尺寸 $A_1 = 50_{-0.62}^{0}$ mm，气缸内孔长度 $A_2 = 31_{0}^{+0.62}$ mm，活塞长度 $A_3 =$

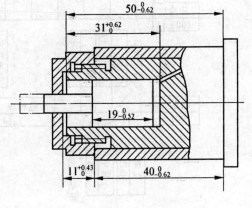

习图 7-1

$19_{-0.52}^{0}$ mm，螺母内台阶的深度 $A_4 = 11_{0}^{+0.43}$ mm，支架外台阶 $A_5 = 40_{-0.62}^{0}$ mm。试分别用完全互换法和大数互换法求活塞行程长度的公差 $TA_0$（技术要求 $TA_0$ 大于 3mm）。

7-7　车床尾座部件如习图 7-2 所示，若尾座底板上、下平面间平行度公差为 300：0.05，尾座内孔轴线与尾座体底面的平行度公差为 300：0.07，顶尖套锥孔轴线与套筒外圆轴线的同轴度公差为 0.03mm，试计算装配后在垂直平面内顶尖套锥孔轴线对床身导轨面可能出现的最大平行度误差。

7-8　如习图 7-3 所示的齿轮箱部件，根据使用要求，齿轮轴肩与轴承端面间的轴向间隙应在 1～1.75mm 范围内。若已知各零件的基本尺寸为 $A_{1j} = 140$ mm，$A_{2j} = 5$ mm，$A_{3j} = 50$ mm，$A_{4j} = 101$ mm，$A_{5j} = 5$ mm，试用完全互换法和大数互换法分别确定这些尺寸的公差及偏差。

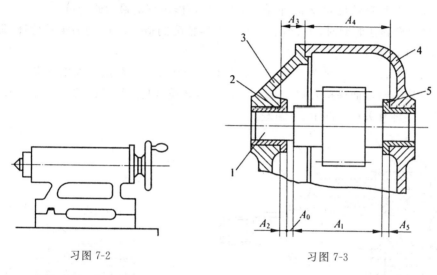

习图 7-2　　　　　　　　　　习图 7-3

7-9　如习图 7-4 所示的连杆曲轴部件，要求装配间隙为 0.1～0.2mm。现设计图上的尺寸为：$A_1 = 150_{0}^{+0.08}$ mm，$A_2 = A_3 = 75_{-0.06}^{-0.02}$ mm，该部件系大批量生产，应采用何种方法进行装配？

7-10　如习图 7-5 所示的齿轮与轴的装配关系，已知 $A_{1j} = 30$ mm，$A_{2j} = 5$ mm，$A_{3j} = 43$ mm，$A_{4j} = 3_{-0.05}^{0}$ mm（标准件），$A_{5j} = 5$ mm，装配后齿轮与挡圈的轴向间隙为 0.1～0.35mm。现采用修配装配法装配，试确定各组成环的公差及其分布。

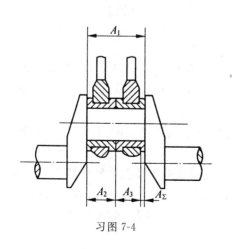

习图 7-4

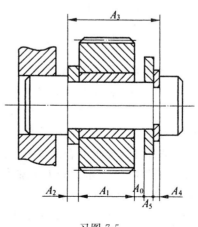

习图 7-5

7-11 某轴与孔的设计配合为 $\phi 10 \dfrac{\text{H6}}{\text{h5}}$。为降低加工成本,两零件按 IT9 级制造。现采用分组装配法时,试计算:

(1) 分组数和每一组的极限偏差;

(2) 若加工 1000 套,且孔与轴的实际尺寸分布都符合正态分布规律,每一组孔与轴的零件数各为多少?

7-12 如习图 7-6 所示的双联转子泵,装配时要求冷态下的装配间隙 $A_0 = 0.05 \sim 0.15\text{mm}$,各组成环基本尺寸为:$A_{1j} = 41\text{mm}$,$A_{2j} = A_{4j} = 17\text{mm}$,$A_{3j} = 7\text{mm}$。试分析:

(1) 分别采用完全互换法和大数互换法装配时,试确定各组成环尺寸公差及极限偏差。

(2) 采用修配法装配时,$A_2$、$A_4$ 按 IT9 级精度制造,$A_1$ 按 IT10 级精度制造,选 $A_3$ 为修配环。试确定修配环的尺寸及上、下偏差,并计算可能出现的最大修配量。

(3) 采用调整法装配时,$A_1$、$A_2$、$A_4$ 均按上述精度制造,选 $A_3$ 为固定补偿环,取 $T_{A_3} = 0.02\text{mm}$,试计算垫片尺寸系列。

7-13 如习图 7-7 所示为 CA6140 车床上主轴端部装配简图。根据技术要求,主轴前端法兰盘与床头箱端面保持间隙 0.38～0.95mm,试通过装配尺寸链的计算确定床头箱、隔垫及隔套等零件有关尺寸的上、下偏差。

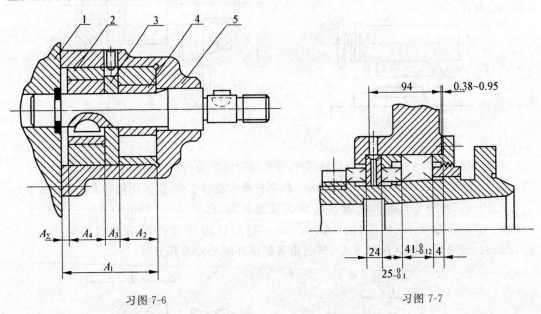

习图 7-6　　　　　　　　　　　　　　　习图 7-7

7-14 习图 7-8 所示为离合器部分装配图。为保证齿轮灵活转动,要求装配后轴套与隔套的轴向间隙为 0.05～0.20mm。试合理确定并标注各组成零件的有关尺寸及偏差。

7-15 习图 7-9 所示为滑动轴承、轴承套零件图及其组件装配图,该组件属成批生产。试确定满足装配技术要求的合理装配工艺方法。

7-16 习图 7-10 所示为动力头部件结构,装配要求轴承端面和轴承盖之间留有 0.3～0.5mm 的间隙。已知 $A_1 = A_3 = 42^{\ 0}_{-0.25}\text{mm}$(标准件),$A_{2j} = 158\text{mm}$,$A_{4j} = 24\text{mm}$,$A_{5j} = 250\text{mm}$,$A_{6j} = 38\text{mm}$,$A_{kj} = 5\text{mm}$,各组成环均按 IT8 级精度制造。试分析:

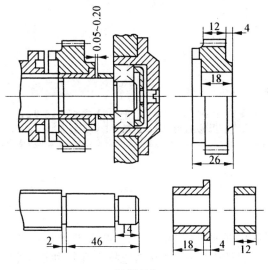

习图 7-8

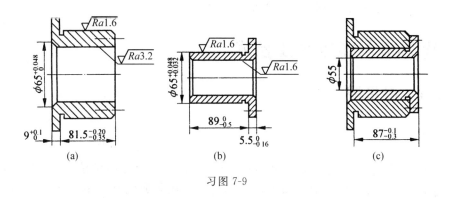

习图 7-9

（1）用修配法装配时，修配环为 $A_k$，求最大最小修配量。

（2）用固定调整法装配时，求固定调整垫片 $A_k$ 的分组数及其尺寸系列。

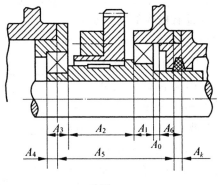

习图 7-10

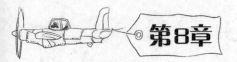

# 第8章

# 机械加工技术新进展

社会需求的日益多样化促使机械制造业也不断发展进步,柔性化、集成化、绿色化和智能化构成了现代机械制造的核心要素,精密制造技术和特种加工技术是现代制造技术的重要组成部分。现代制造技术已是集机械、电子、光学、信息科学、材料学、生物学、管理科学等最新科学成就为一体的新兴科学与工业的综合体。

## 8.1　微机械及微细加工技术

### 8.1.1　微机械

**1. 微机械的概念**

微机电系统(micro electromechanical system,MEMS)也称微机械,是 20 世纪末兴起、21 世纪初快速发展的高科技前沿领域。MEMS 是利用集成电路(integrated circuit,IC)制造技术和微加工技术,把电路、微结构、微传感器、微执行器等制造在一块芯片上的微型集成系统。MEMS 一般是尺寸在微米到毫米量级的集成系统,它是机械技术和电子技术在纳米级水平上相融合的产物,已被列为 21 世纪的关键技术之首,在汽车、生物医学工程、航天航空、精密仪器、移动通信等方面都有极大的发展潜力。

微机械在美国称为微型机电系统(micro electromechanical system,MEMS),在日本称为微机器(micromachine),在欧洲则称为微系统(microsystem)。按外形尺寸,微机械可划分为 1~10mm 的微小型机械、$1\mu m \sim 1mm$ 的微机械,以及 $1nm \sim 1\mu m$ 的纳米机械。

如图 8-1 所示,典型的 MEMS 集成了微机械结构、传感器、执行器和控制电路,可以实现测量、信息处理和执行功能,构成了一个智能系统。

图 8-2 所示为日本一家公司开发的微加速度计产品的外观,图 8-3 所示为其结构示意图。

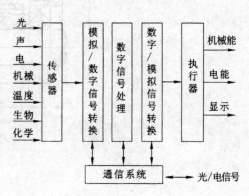

图 8-1　典型 MEMS 系统的功能组成

微型加速度计最初是为生物医疗应用而开发的。其基本结构是一块沿硅片表面向外伸出的膜片,称为悬臂梁。作用于此梁的加速度会使梁发生相应偏转,检测梁的偏转变化量即可测得加速度。

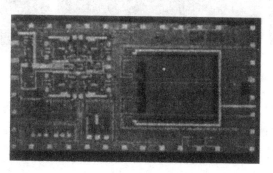

图 8-2　一种集成化硅加速度计

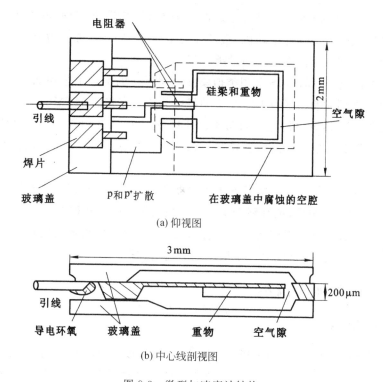

图 8-3　微型加速度计结构

　　图 8-4 所示为上海微系统研究所等单位开发的基于微加速度计原理的地震勘探检波器,其外形比旁边的硬币还小。此外,该研究所研制的高冲击微加速度传感器,其阻尼特性、频响和抗冲击性也均达到实用化程度,在武器系统应用上取得突破,对加快我国武器装备更新换代具有重要意义。

　　微机械的用途广泛,例如可将微加速度计缝合到人的心肌中,从而对心肌运动加速度进行高精度、高灵敏度的测量;也可以配置在丸药中,吞服进入人体后监控丸药在肠道内运动速度和方向的变化;用于汽车安全气囊控制的微型加速度传感器系统具有测量、信号处理、

图 8-4　地震勘探检波器

输出电信号驱动安全气囊等功能；微米级智能化的静电式微电机可以进入血管，对血管堵塞起清通作用，从而实现直接治疗脑血管病、肝脏血管堵塞等相关疾病。美国斯坦福大学研究所研制的微型温度传感器能注射到肿瘤内部，通过增高体温法治疗癌症。

### 2. 微机械的特点

（1）微型化。MEMS 系统体积小、质量轻、耗能低、惯性小、谐振频率高、响应时间短。例如，用 MEMS 技术制造的微电动机，直径仅为 $100\mu m$ 左右，而原子力显微镜探针、单分子操作器件等尺寸仅在微米甚至更小的量级。

（2）适于批量生产。MEMS 采用类似集成电路（IC）的生产工艺和加工过程，微加工工艺可在一片硅片上同时制造成百上千个微型机电装置或完整的 MEMS。

（3）集成化。MEMS 可以把不同功能、不同敏感方向或制动方向的多个传感器或执行器集成于一体，或形成微传感器阵列、微执行器阵列，甚至把多种功能的器件集成在一起，形成复杂的微系统。

（4）多功能和智能化。许多微机械集传感器、执行器和电子控制电路等为一体，特别是应用智能材料和智能结构后，更有利于实现微机械的多功能化和智能化。

（5）能耗低、灵敏度高、工作效率高。完成相同的工作，微机械所消耗的能量仅为传统机械的十几或几十分之一，却能以数十倍以上的速度运行。

## 8.1.2　微细加工技术

### 1. 微细加工的概念

微细加工（microfabrication）是指制造微小尺寸（尺度）零件的生产加工技术。微细加工是为微传感器、微执行器和微电子机械系统制作微机械部件和结构的加工技术。它起源于半导体制造工艺，原来指加工尺度约在微米级范围的加工方式。在微机械研究领域中，它是微米级、亚微米级乃至纳米级微细加工的通称。

目前，微机械微细加工常用的有光刻制版、高能束刻蚀、LIGA、准 LIGA 等方法。

### 2. MEMS 的主要制造技术

1）硅微细加工技术

硅微细加工技术主要是指以硅材料为基础制作各种微机械零部件。硅微细加工技术基于集成电路（IC）加工技术，它将传统的集成电路加工技术由二维的平面加工技术发展为三维的立体加工技术,可以实现有一定厚度的微结构的加工制作,能与电路集成。

（1）体微机械加工

体微机械加工是针对整块材料除去一部分衬底的加工工艺。如图 8-5 所示,单晶硅基片通过刻蚀去除部分基体或衬底材料,即在晶片内部腐蚀深坑、洞穴以及槽等,从而得到所需元件的体构型。

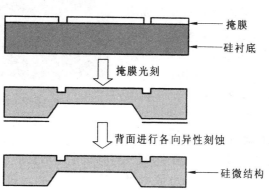

图 8-5　体微机械加工工艺

体微机械加工技术主要是通过光刻和化学刻蚀等在硅基体上得到一些坑、凸台、带平面的孔洞等微结构,它们成为建造悬臂梁、膜片、沟槽和其他结构单元的基础,最后利用这些结构单元可以研制出压力或加速度传感器等微型装置。

光刻是一种图形复制技术,是利用光源选择性照射光刻胶层使其化学性质发生改变然后显影去除相应的光刻胶得到所需图形的过程。光刻得到的图形一般作为后续工艺的掩膜,进一步对光刻暴露的位置进行选择性刻蚀、注入或者沉积等,如图 8-6 所示。

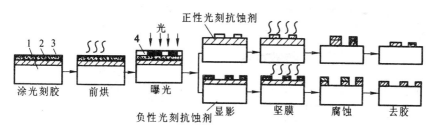

图 8-6　半导体光刻的主要工艺过程示意图

1—基体；2—硅片；3—光刻胶；4—掩膜板

（2）表面微机械加工

20 世纪 80 年代美国 U. C. Berkeley 发明了表面牺牲层工艺,并采用该工艺制备了可动的微型静电电动机,如图 8-7 所示。牺牲层技术是在硅基板上,用化学气相沉积方法形成所需求的微型部件,在部件周围的空隙中添入分离层材料（如 $SiO_2$）,最后溶解或刻蚀去除分离层,使微型部件与基板分离。也可以制造与基板略为连接的微机械,如微静电电动机、微齿轮、曲轴和振动传感器的微桥接片等。

牺牲层技术是表面微机械加工技术的一种重要工艺,又称为分离层技术。为获得更复杂的三维微结构,可以连续添加牺牲层和结构层,并分别采用恰当的光刻和刻蚀技术。

### 2) LIGA 技术

LIGA 是德文的平版印刷术(lithographie)、电铸成形(galvanoformung)和注塑(模塑,abformung)的缩写,有时简称为射线光刻微加工技术,它是由德国卡尔斯鲁厄(Karlsmhe)原子能研究所于 1982 年为制造喷嘴而开发成功的。LIGA 技术是应用 X 射线进行曝光并辅以电铸成形的一种崭新的微机械加工方法,可用于加工直径 $5\mu m$;厚 $300\mu m$ 的镍质构件。

图 8-7　采用表面牺牲层工艺制备的
微型静电电动机

LIGA 技术加工原理如图 8-8 所示,主要包括以下几个工艺过程:

(1) 同步辐射 X 射线深层光刻。对衬底上的 X 射线光刻胶(厚度从几微米到几厘米)曝光得到三维光刻胶结构(见图 8-8(a)、(b))。

(2) 电铸成形。电铸成形是根据电镀原理,在胎模上沉积金属以形成零件的方法。胎模为阴极,要电铸的金属作阳极。电镀金属填充光刻胶铸模(见图 8-8(c));去掉光刻胶得到与光刻胶结构互补的三维金属结构(见图 8-8(d))。

(3) 注塑。三维金属结构既可以作为需要的结构使用,也可作为精密铸塑料的模具使用,从而得到与光刻胶结构具有完全相同的结构(见图 8-8(e))。

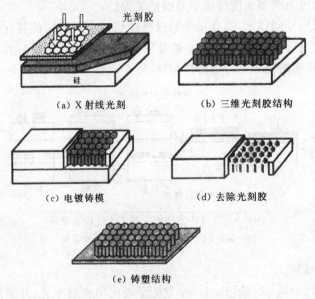

(a) X 射线光刻　　　　　　(b) 三维光刻胶结构

(c) 电镀铸模　　　　　　(d) 去除光刻胶

(e) 铸塑结构

图 8-8　LIGA 技术加工原理示意图

### 3) 准 LIGA 技术

1993 年 Allen 提出用光敏聚亚酰胺实现准 LIGA 工艺。它是利用常规的紫外光光刻设备和掩膜制作高深宽比金属结构的方法。由于紫外光光刻深度的限制,要实现较厚的结构需实行重复涂胶法。其工艺过程与 LIGA 工艺基本相同(见图 8-9),主要过程为:①紫外光光刻;②电铸或化学镀成形及制模;③塑铸。

准 LIGA 工艺是 LIGA 工艺的简易版,其投资较少,适于批量生产,能制作多种材料的具有较大厚度和高宽比的微结构,目前加工精度达到微米级,能满足微机械制作中的许多需要,并能较好地与半导体工艺结合。因此,对该方法的研究较 LIGA 技术更加广泛。

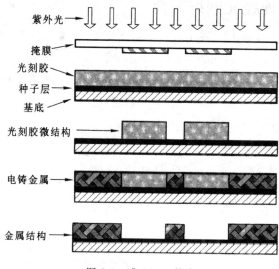

图 8-9 准 LIGA 技术

#### 4)特种超精密微机械加工技术

特种超精密微机械加工技术包括能束(电子束、离子束、激光束)加工技术、电化学加工技术、微细电火花(micro electrical discharge machining,EDM)加工技术、超声加工技术、光成形(三维快速成形)加工技术、扫描隧道显微镜(scanning tunneling microscope,STM)加工技术以及各种复合加工技术。其特点是可以加工复杂的三维结构,但其加工效率、加工重复性和加工尺寸的可控制性有待提高。表 8-1 为采用光刻技术和微细电火花加工技术制造的微型电机的结构和性能对比。

表 8-1 不同方法加工的微型电机比较

| 主要加工方法 | 光 刻 加 工 | 微细电火花加工 |
|---|---|---|
| 制作的微型电机外观 | | |
| 转子直径/mm | 0.1 | 0.5 |
| 定子长度/mm | 0.002 | 5 |
| 外形直径/mm | | 1.6 |
| 微型电机转矩/(N·m) | $10^{-11}$(驱动电压 100V) | $10^{-7}$(驱动电压 350V) |

## 8.2 人工神经元网络在切削加工技术中的应用

### 8.2.1 人工神经元网络简介

人工神经网络（artificial neural network，ANN）亦称为神经网络（neuron network，NN）、人工神经系统（artifical neuron system，ANS）等，是由大量处理单元（神经元，neurons）互连而成的网络，是对人脑的抽象、简化和模拟，反映人脑的基本特性。一个典型的人工神经元模型如图 8-10 所示。

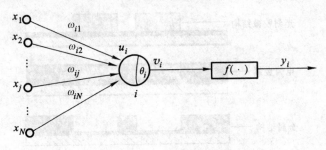

图 8-10　人工神经元模型

其中，$x_j(j=1,2,\cdots,N)$为神经元 $i$ 的输入信号；$\omega_{ij}$ 为突触强度或连接权；$u_i$ 是由输入信号线性组合后的输出，是神经元 $i$ 的净输入；$\theta_i$ 为神经元的阈值或称为偏差，用 $b_i$ 表示；$v_i$ 为经偏差调整后的值，也称为神经元的局部感应区，有

$$u_i = \sum_i \omega_{ij} x_j$$

$$v_i = u_i + b_i$$

$$y_i = f\left(\sum \omega_{ii} x_j + b_i\right)$$

式中：$f(\cdot)$——激励函数；

$\quad\ y_i$——神经元 $i$ 的输出。

人工神经网络源于对脑神经的模拟，具有很强的适应于复杂环境和多目标控制要求的自学习能力，并具有以任意精度逼近任意非线性连续函数的特性，为优化设计、模式识别、自动控制、机器人、图像处理、信号处理以及人工智能等领域研究不确定性、非线性问题以及提高智能化水平提供了一条新途径。

### 8.2.2 人工神经元网络在切削加工技术中的应用情况

人工神经网络模型具有类似人脑的许多功能，如自组织、自学习和联想记忆功能，并具有分布性、并行性和高度容错性等特性。通过样本训练，可以自动获取知识，能从试验数据中自动总结出规律。因此，基于神经网络进行的系统建模可以弥补回归模型的不足，而且理论上已经证明三层神经网络可以以任意精度逼近任何连续函数，模型能够以其良好的映射逼近能力逼近真实的变化过程，使得模型的预报结果更接近于实际情况。

在日本 FANUC 公司开发的 FANUC TAPE CUT-WP 系统中，将模糊技术与专家系统相结合，以隶属函数来表示选定的加工规准所能达到的各加工指标。台湾的学者利用误差反向传播多层前馈式网络,即 BP(back-propagation)型神经网络采用模拟退火算法,分析了线切割加工结果与加工参数之间的关系,有效地解决了线切割加工参数优化问题。日本的学者利用神经网络识别放电电压波形,有效地提高了加工状态的稳定性。三菱电机公司的研究者利用遗传算法对型腔电火花加工中的多段加工条件的自动生成进行了初步探讨。

　　国内的研究有:将人工神经网络应用于箱体类零件的计算机辅助工艺设计(computer aided process planning,CAPP)系统中,简化了零件的特征识别和分类;利用神经网络的自学习和分布式信息处理能力来获取装夹定位知识,模拟有经验工艺人员的形象思维,进行并行推理,从而产生可行的工件定位基准方案;提出一种新的耦合神经网络的实例与知识混合推理策略;采用专家系统与人工神经网络相结合实现电火花加工智能化 CAPP 系统;采用自适应神经模糊推理系统改进算法应用在机械加工参数优化中,实现机械加工参数的优化,提高工艺系统的自适应能力和工作效率;证明将共轭梯度法用于自适应神经模糊推理系统(adaptive network-based fuzzy inference system,ANFIS)训练算法的改进,提高了工艺系统的自适应能力和工作效率;用 BP 神经网络对切削表面粗糙度进行了人工神经网络预测,结果表明,经设计的 BP 神经网络训练 1183 次,其最大误差不超过 5%;人工神经网络与正交试验相结合,能大大节省预测时间和费用,效果很好;在基于专家知识融入的模糊神经元网络结构及在镗削颤振判别中的应用研究中,利用模糊集理论,将专家知识转化为神经元网络可直接处理的模糊 if-then 规则,将之应用于镗削加工中颤振的判别,取得了良好的效果;等等。

　　但是,人工神经网络(ANN)的性能在很大程度上受所选择训练样本的限制,样本的好坏直接决定系统性能的优劣。而且 ANN 的知识表达和处理都是隐性的,用户只能看到输入和输出,不能了解中间的推理过程。因此,对切削加工状态监控及工艺设计来说,ANN 只能模拟一些具有直接对应因果关系的简单决策活动。

　　神经网络的自学习能力和逼近非线性连续函数解决不确定性、非线性问题的特性,同样适用于逆向工程领域的模型重建和模型修复问题。目前,神经网络技术应用于逆向工程中主要表现在散乱点云(point clouds)的曲面重建和点云模型部分磨损或损坏处的数据补缺。

## 8.2.3　人工神经元网络在切削加工中的应用举例

　　采用 BP 型人工神经网络对切削表面粗糙度进行仿真。首先建立网络训练样本,然后依次进行输入与输出层设计、隐层数及隐层单元数设计、权值和阈值的初始化、学习率的选取等设定,最后要进行神经网络的预测与验证。用训练好的神经网络模型对 C3602 铅黄铜的切削工艺过程进行仿真,建立切削工艺参数和表面粗糙度 $Ra$ 的静态模型,如图 8-11 所示。

　　仿真结果为:在刀具角度一定的情况下,工件表面粗糙度随着切削深度的增加而变大,表面粗糙度随着工件硬度的提高而逐渐减小。

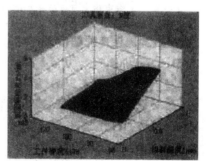

图 8-11　刀具前角为 9°时的仿真图表

## 8.3 数值模拟在切削加工技术中的应用

### 8.3.1 数值模拟的作用

在现代自然科学与工程技术中,基本规律的精确表达形式大都采用微分方程,但用当代数学解析方法能对其求解的方程仅限于常系数、线性、规则区域等少数情况,对绝大多数的变系数、非线性、不规则几何等复杂问题,数学解析的方法几乎无能为力。若把微分方程进行离散化和借助于计算机对离散方程求解,则复杂问题就比较容易得到解决,这就是数值模拟的方法,对解决非线性方程和其他复杂问题几乎没有不可逾越的障碍。

微分方程的离散化主要有有限差分方法与有限元方法两大类。以变分原理为理论基础,数字计算机为工具的有限元法(finite element method,FEM)在工程领域中的应用十分广泛,几乎所有的弹塑性结构静力学和动力学问题都可以用它求得满意的数值结果。

有限元法的基本概念是将结构离散化,用有限个容易分析的单元来表示,单元之间通过有限个节点相互连接,然后根据变形协调条件综合求解。由于单元的数目是有限的,节点的数目也是有限的,所以称为有限元法。

有限元分析软件比较多,目前国际上比较通用的大型软件是 ANSYS10.0。在通用的有限元软件中不仅包含了多种条件下的有限元分析程序,而且能实现前处理、仿真以及后处理等过程。前处理过程包括建立模型、网格划分、确定材料性质以及边界条件等。仿真过程是对前处理过程中所设定的模型进行模拟。后处理过程包括观察仿真过程、处理仿真结果和输出仿真数据等。利用有限元软件进行仿真的过程如图 8-12 所示。

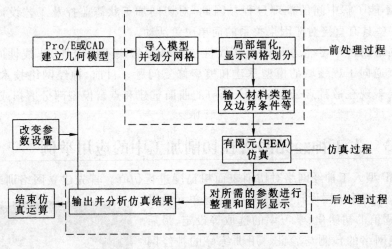

图 8-12　有限元法仿真过程图

### 8.3.2 数值模拟在切削加工技术中的应用情况

金属切削过程是工件和刀具相互作用的过程,这个过程是一个复杂的工艺过程,不仅涉及弹性力学、塑性力学、断裂力学,还有热力学、摩擦学等,加工表面质量受到刀具形状、切屑流动、温度分布和刀具磨损等因素影响。

许多企业由于缺乏合理的切削参数选择方案及合理的刀具选择方法,在生产中还主要依靠以往的经验或进行大量的试错法(trial-and-error method)来选择参数,具有很大的盲目性,耗费了大量的时间和材料。这些生产实际经验是不充分的和缺乏理论定量关系的,并不能真正满足切削加工的要求,更不能满足不断出现的新的难加工材料(如模具钢、不锈钢、钛合金、镍基合金、纤维增强的合成树脂等)的切削加工要求,从而制约了切削加工技术在更广范围制造领域的应用效果。

自 20 世纪 70 年代有限元方法应用于切削工艺的模拟起,金属机械加工的有限元模拟技术取得了长足的进步。金属切削加工的有限元模拟考虑了材料属性、刀具的几何条件、切削用量等因素,通过对金属切削加工过程进行物理仿真,可以研究刀具、切屑以及工件的温度场分布。对于预测切削过程中切屑的形成,计算切削力,应变、应变率的分布,工件的表面质量等,有限元方法有着特别重要的意义。有限元方法的研究成本低,周期短,为企业提高生产效益提供了有效的手段。

国外在数值模拟方面的研究工作比较广泛。1973 年美国 Illinois 大学的 B. E. Klamecki 最先系统地研究了金属切削加工中切屑(chip)形成的原理;1982 年,Usui 和 Shirakashi 为了建立稳态的止交切削模型,第一次提出刀面角、切屑几何形状和流线等,预测了应力、应变和温度这些参数;Ismail Lazoglu, Yusuf Altinla 利用有限差分法(finite difference method)分析、预报刀具-切屑接触面上的温度场;E. G. Ng,D. K. Aspinwall, D. Brazil,J. Monaghan 提出了单刃切削有限元解析模型,使用 FE 软件 FORGE2(R)模拟了切削淬硬钢[ANSI H13(52HRC)]时的切削力和切削温度分布;S. Lei,Y. C. Shin,F. P. Incroper 用有限元方法构建了一种新材料模型(1020 碳钢),根据直角切削试验确定构造方程,用于分析应变速度和切削温度分布;A. K. Tieu,X. D. Fang,D. Zhang 基于试验用 FE 分析了刀具粘结层形成(adhering layer formation)的温度场;日本的 Sasahara 和 Obikawa 等人利用弹塑性有限元方法,忽略了温度和应变速率的效果,模拟了低速连续切削时被加工表面的残余应力和应变;美国 Ohio 州立大学净成形制造(net shape manufacture)工程研究中心知名的数值模拟专家 T. Allan 教授与意大利 Brescia 大学机械工程系的 E. Cerett 合作,对切削工艺进行了大量的有限元模拟研究;T. Kitagawa,A. Kubo,K. Maekawa 先进行了高速车削铬镍铁合金钢 718 和高速铣削 Ti-6Al-6V-2Sn 时的切削温度及刀具磨损的试验,然后进行了切削温度的数值建模;G. E. Derrico 建立了车削过程"速度-温度"的简化参数模型,用分段线性系统的传递函数方法分析了瞬时切削温度和稳态切削温度对刀具磨损的影响,并进行了试验验证;等等。

国内在数值模拟方面的研究也做了大量的工作,例如,有的学者研究了铝合金高速铣削过程中存在的临界切削速度关键数据及切削温度随切削速度的变化规律;有的学者研究了正交切削区应力、应变场的数值模拟,模拟了切削过程中切削区应力、应变场的变化过程,通过对切削区应力和应变场变化过程的动态模拟,为刀具破损、磨损和已加工表面质量等切削机理方面的研究提供了参考数据;有的学者建立了正交连续成屑的切屑模型;有些学者针对难加工材料,对铣削加工中的刀具温度场进行了计算和试验,使用有限差分的方法对铣削加工区的三维非稳定温度场进行了计算,并对其边值条件的确定、差分格式的选用以及解的稳定性等问题进行了讨论;有的学者提出了简化的端面铣削刀片二维温度场模型,并对之进行了有限元分析与计算;等等。

综上所述,经过多年的发展,数值模拟在机械加工技术中的应用以及切削加工模型的建立等方面的研究已经取得了较大的进展,但是,许多理论问题和实际应用问题仍然有待进一步解决,主要表现在:①对常规切削建模研究较多,高速切削研究较少;②直角二维切削模拟仿真较多,三维模拟仿真较少;③研究静态模型较多,动态较少;④切削温度场的理论研究仍处于一维、二维研究阶段,求解三维数值传热方程较困难;⑤在切屑形成的有限元模拟研究中,对切屑分离准则、刀屑接触摩擦、锯齿状切屑的形成等相关技术还不完善;⑥加工过程仿真还很不成熟,涉及的技术及软件还有待于完善。

### 8.3.3  切削加工有限元模拟举例

用有限元法对正交切削区应力进行数值模拟。刀具材料为硬质合金,几何参数为:前角 5°、后角 6°、刃口钝圆半径 0.05mm;工件材料为 45 钢;切削速度为 1000m/min,切削层厚度为 0.5mm。

切削区的应力场模拟结果如图 8-13 所示。结果表明,在切削的起始阶段,工件变形的最大等效应力在刀尖处;随着切削的进行,最大等效应力的面积逐渐扩大;当其突破剪切带后,刀尖处切屑的等效应力反而减小,且减小区域逐渐斜向向上扩展至整个剪切带。这些现象证明材料在应力突破最大等效应力后表现出不稳定性,随着工件材料进一步变形,产生

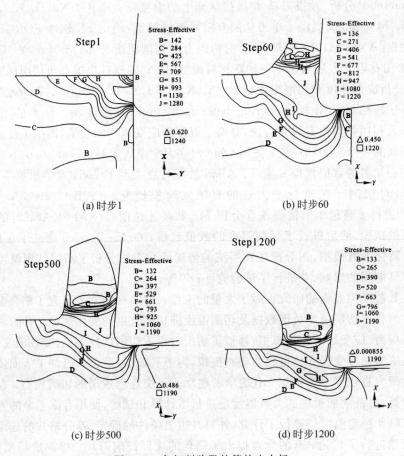

(a) 时步1    (b) 时步60

(c) 时步500    (d) 时步1200

图 8-13  各切削阶段的等效应力场

大量的热使材料出现回复现象,这时材料所能承受的应力急剧下降。而在不同的切削阶段,最大等效应力虽然出现的位置和面积不断变化,但大小始终不变。这表明材料进入屈服状态后,等效应力是一定值,验证了 Mises 屈服准则。

# 8.4 新型刀具材料

## 8.4.1 刀具材料的发展趋势

研究表明,刀具费用占制造成本的 $2.5\%\sim4\%$,但它却直接影响占制造成本 $20\%$ 的机床费用和 $38\%$ 的人工费用,因此,进给速度和切削速度每提高 $15\%\sim20\%$ 可降低制造成本 $10\%\sim15\%$。这说明使用好刀具虽然会增加制造成本,但效率提高则会使机床费用和人工费用有更大的降低,使制造总成本降低。

随着高强度钢、高温合金、喷涂材料等难加工金属材料以及非金属材料与复合材料的应用日趋增多,现代刀具已不再局限于目前广泛使用的高速钢刀具和硬质合金刀具。伴随着切削刀具材料制造技术的日益成熟,市场竞争异常激烈,刀具行业的兼并或联合、机床制造业与切削刀具制造业的跨行业联合等,均极大地提高了开发新产品和开拓新市场的能力。在这些因素的影响下,促进了切削刀具材料的高速发展。硬质合金刀具的应用范围继续扩大,碳氮化钛基硬质合金(金属陶瓷)、超细颗粒硬质合金、梯度结构硬质合金及硬质合金与高速钢两种粉末复合的材料等将代替相当一部分高速钢刀具,包括钻头、立铣刀、丝锥等简单通用刀具和齿轮滚刀、拉刀等精密复杂刀具,使这一类刀具的切削速度有很大的提高。硬质合金将在刀具材料中占主导地位,覆盖大部分常规的加工领域,其中硬质合金涂层材料在切削刀具材料的发展中一直处于主导地位。

陶瓷刀具、金刚石与立方氮化硼等超硬材料刀具、涂层刀具、复合材料刀具已成为今后的发展趋势,新型刀具材料的应用预示着切削效率将提高到一个新水平。金刚石和立方氮化硼等超硬刀具材料的高速发展为广泛采用新型硬韧材料和新型加工工艺提供了广阔的应用前景。

## 8.4.2 高速钢刀具材料的发展

近年来高速钢钢种发展很快,尤其以提高切削效率为目的而发展起来的高性能高速钢。国外高性能高速钢的使用比例已超过 $20\%\sim30\%$,为了节约稀缺金属钨,与传统的 W18Cr4V 对应的高速钢已基本淘汰,代之以含钴高速钢和高钒钢。国内高性能高速钢的使用仅占高速钢使用总量的 $3\%\sim5\%$。粉末冶金高速钢是用粉末冶金技术使高速钢内的各种高硬度材料分布更加均匀,从而使其力学性能得到很大提高,用其制作的刀具的耐用度比一般高速钢刀具提高 $3\sim5$ 倍。高速钢(high speed steel,HSS)的发展方向为:①发展各种少钨的通用型高速钢;②扩大使用各种无钴、少钴的高性能高速钢,如 W6Mo5Cr4V2Al(501),(由我国独创的高生产率高速钢)、W12Mo3Cr4VCo3N(Co3N)等钢种;③推广使用粉末冶金高速钢(high speed steel produced by power metallurgy,PM HSS)和涂层高速钢。例如,用 ERASTEEL 公司生产的 ASP2030 PMHSS 钢加 TiN 涂层制造的插齿刀插削 12Cr2Ni 钢制齿轮时,刀具寿命比普通熔炼高速钢 W6Mo5Cr4V2(M2)提高 $3\sim4$ 倍。武汉

大学研制出一种 $C_3N_4/T_iN$ 薄膜,膜的硬度接近超硬材料,将其涂覆在高速钢钻头上可使钻头寿命大为提高。

## 8.4.3　硬质合金刀具材料的发展

硬质合金刀具材料的发展主要体现在:①细晶粒和超细晶粒材料的开发;②涂层技术的发展。

### 1. 细晶粒和超细晶粒硬质合金材料的开发

细晶粒($1\sim0.5\mu m$)和超细晶粒($<0.5\mu m$)硬质合金材料,由于硬质相和粘结相高度分散,增加了粘结面积,提高了粘结强度,因此整体硬质合金刀具的开发使硬质合金的抗弯强度大为提高,可替代高速钢用于整体制造小规格钻头、立铣刀、丝锥等通用刀具,其切削速度和刀具寿命远超过高速钢。

目前,美国 DOW 化学公司采用改进的工艺技术,已能生产三种亚微米级(细晶粒为 $0.8\mu m$,超细晶粒为 $0.4\mu m$,极细颗粒为 $0.2\mu m$)WC 粉末。各种级别的粉末通过加入 $0.2\%\sim0.6\%$ 的 VC 进行传统烧结,可有效地抑制硬质合金烧结时的晶粒长大,制作的合金可用来制作刀具。

目前细晶硬质合金正被大量用于制作印制电路板钻头(最小直径为 1.5 mm)、立铣刀和圆盘切断刀等精密刀具,使这些刀具的加工精度大为提高,刀具寿命也普遍提高。

我国在开发梯度结构硬质合金和超细晶粒硬质合金方面已取得长足进步,并可实际应用于高速切削和干切削等加工场合。

### 2. 涂层技术的发展

硬质合金涂层材料在切削刀具材料的发展中一直处于领先地位,现已发展到几十种,在涂层的化学稳定性、红硬性以及与基体的粘附性等方面取得了新的突破。涂层材料主要有 TiC、TiN、TiCN、$Al_2O_3$ 及其复合材料。涂层刀具已经成为现代刀具的标志,在刀具中的比例已超过 50%。

(1) 中低温 CVD 涂层

中温化学气相沉积(medium temperature chemical vapour deposition,MTCVD)涂层与化学气相沉积(chemical vapour deposition,CVD)涂层的区别是 TiCN 层的结构不同。MTCVD 法可得到较厚的细晶纤维状结构,而且消除在涂层过程中所产生的裂纹,在不降低刀具耐磨性或抗月牙洼磨损性能的前提下提高涂层的韧性和光洁度,从而改善了刀具在断续切削条件下的抗崩刃性能。

在韧性基体上进行中温 TiCN(厚膜)+a-$Al_2O_3$+TiN 涂层的复合涂层刀具,具有较强的抗侧面磨损性能,其切削速度达 300 m/min 以上,已成功地用于铣削铸铁和不锈钢,具有代表性的牌号有山特维克公司的 GC3032 和 GC4030、肯纳金属公司的 KC992M、三菱综合材料公司的 UE6005 和 UE6035 等。

(2) 物理气相沉积(physical vapour deposition,PVD)涂层

用 PVD 法现已能涂碳氮化钛、铝钛氮化合物以及各种难熔金属的碳化物和氮化物。采用磁控阴极溅射法可以使沉积速度提高到 $3\sim10\mu m/h$。日本住友公司的 ZX 超晶格涂层

层数可达 2000 层,每层厚度仅为 $1\mu m$。ZX 涂层为 TiN 与 AlN 的交互涂层,其硬度接近 CBN 烧结体的硬度。该涂层有很高的耐磨性、抗氧化性和抗脱落性,其寿命是 TiCN 和 TiAlN 涂层的 2~3 倍。

最新的 TiAlN 涂层又进一步发展成 TiAl(CN)超复合涂层,如三菱综合材料公司的 AP20M 和 AP10H 牌号,瓦尔特公司的 WXK15、WXM15 和 WXM25 等牌号。

(3) CVD+PVD 混合涂层

随着机床主轴转速的不断提高,促进了新一代 CVD-TiCN+PVD-TiN 混合涂层硬质合金材料的发展。CVD-TiCN 涂层具有较高的耐磨性,而 PVD-TiN 具有压缩残余应力,这种刀具车削钛合金的速度比传统刀具可提高 2 倍。

## 8.4.4 金属陶瓷刀具材料的发展

金属陶瓷的发展方向是超细晶粒化和对其进行表面涂层。超细晶粒金属陶瓷可以提高切削速度,也可用来制造小尺寸刀具。以纳米 TiN 质量分数为 2%~15%改性的 TiC 或 Ti(CN)基金属陶瓷刀具硬度高、耐磨性好,其热稳定性、导热性、耐蚀性、抗氧化性及高温硬度、高温强度等都有明显优势。

具有代表性的涂层金属陶瓷牌号有山特维克公司的 CT1525 和依斯卡公司的 IC570 等。这些金属陶瓷材料的特点是基体粘结相含量高,韧性好,切削更可靠、锋利,适合于各类合金钢、不锈钢和延性铁的高速精加工和半精加工,其加工效率和加工精度均有显著提高。

日本研制的 TiB2+Ti(CN)+$Mo_2SiB_2$ 金属陶瓷,其抗弯强度高达 $1300N/mm^2$,硬度高达 2300HV,比超细硬质合金的硬度还高,是新一代金属陶瓷的代表。

日本三菱综合材料公司开发了 NX1010 牌号的细晶金属陶瓷,晶粒度约为 $0.8\mu m$,其抗弯强度和硬度均有所提高,主要用于高速钢的精加工。

我国在开发 Ti(C,N)基硬质合金(金属陶瓷)也取得了很大的进展,并可实际应用于高速切削和干切削等加工场合。

## 8.4.5 陶瓷刀具材料的发展

为避免陶瓷刀具与工件材料产生化学反应,可对韧性较好的陶瓷刀具进行涂层,能极大地提高其使用寿命,拓宽其应用范围。对氮化硅陶瓷进行一层或多层(TiC、$Al_2O_3$ 和 TiN 等及其复合材料)化学涂层,可进一步改善其加工性能,极大地提高刀具抗侧面磨损性能。具有代表性的涂层氮化硅陶瓷牌号有山特维克公司的 CC1690、住友公司的 NS260C 和三菱综合材料公司的 XE9 等。

对 $Al_2O_3$-SiC 陶瓷进行涂层的牌号有三菱综合材料公司的 XD805(物理沉积 Ti 化合物涂层)、Cerasiv 公司的 SC7015(化学沉积 TiCN 涂层)等。

一些国产的 SiC 晶须增强陶瓷刀片和复合氮化硅陶瓷刀片的性能已超过国外同类刀片的性能。如获国家发明二等奖的新型复合氮化硅刀片 FD02 和 FD03,切削对比试验表明其切削寿命为 $Al_2O_3$-TiC(AT6)复合陶瓷刀具的 6.38 倍,为进口 $Al_2O_3$-$ZrO_2$ 增强陶瓷刀具的 8.2 倍,为 K10(YG6)硬质合金刀具的 78.3 倍。

## 8.4.6 超硬刀具材料的发展

金刚石涂层硬质合金刀具是涂层技术发展的一项重大突破。首次应用这一新工具材料的是瑞典山特维克可乐满公司,其 CD1810 牌号采用精心设计的梯度烧结硬质合金作为基体,进行新型的等离子体活化学气相沉积(plasma assisted chemical vapour deposition, PACVD)金刚石涂层,解决了涂层与基体粘结力较差的问题。

目前开发的不定形金刚石膜具有较低的摩擦系数、较高的硬度和热化学稳定性,与 CVD 涂层的金刚石膜的性能相当,是用于铣削和钻削非铁材料(如石墨、锻压铝、模铸铝和碳复合材料)的最经济实用的涂层。其价格比化学气相沉积金刚石涂层低 10~20 倍,且能对多种牌号和复杂形状的硬质合金基体进行涂层,并具有较好的膜-基体结合性。其难点是要在三维切削刀具上沉积出厚度大于 $2\mu m$ 的不定形金刚石膜,同时要求保持较高的硬度和较强的粘结力,目前正寻求突破难点的方法。

通过对立方氮化硼(Cubic Boron Nitride,CBN)晶粒大小和粘结剂性能的改进,整体 CBN 烧结刀片的性能达到了聚晶立方氮化硼(polycrystalline cubic Boron Nitride,PCBN)刀片的性能。日本住友公司的 BNX10 牌号是目前市场上销售的 CBN 烧结体中耐磨性最好的品种,适合于硬度大于 60HRC 的淬硬钢的高速连续切削加工,切削速度可达 200m/min。

CBN 多角复合刀片的问世是超硬材料开发的一大进步。现在将 CBN 切削刃直接复合到合金基体的指定部位上,提高了刀片的利用率,降低了加工成本。

近年来,我国在超硬刀具材料方面已开发出了包括 CVD 金刚石薄膜在内的涂层刀具和厚膜金刚石刀片、聚晶人造金刚石(polycrystalline cubic diamond,PCD)、聚晶立方氮化硼(PCBN)等各种新型刀具材料,并可实际应用于高速切削和干切削等加工场合。

# 8.5　现代机械加工设备

## 8.5.1　现代机械加工设备的发展趋势

### 1. 当代对机床制造业的需求

当今世界,制造业作为一个国家国民经济的装备部门,其技术水平往往被用于衡量一个国家创造财富和为科学技术发展提供先进手段的能力。而作为制造业的重要组成部分——机床工业,正越来越受到各国的重视。

目前世界范围内,特别是一些先进的机床制造国家,其机床行业的发展目标与趋势是向高速化、高精度化、复合化、高科技含量化以及环保化等方向发展,以适应需求。

高速化体现了高效率。许多厂商近年来把精力放在提高主轴的转速、各运动轴的快速移动以及刀具的快速更换上。超精密机床是实现超精密切削的首要条件,各国都投入了大量人力物力研制超精密切削用机床。

复合化是近几年国外机床发展的模式。它将多种动力头集中在一台机床上,在工件一次装夹中就可以完成多种工序的加工,从而提高了工件的加工精度。

### 2. 世界机床强国的发展概况

美国于 1952 年首先研制出世界上第一台 NC 机床,高性能数控机床曾一直领先。但由于美国政府曾经偏重基础科研,忽视应用技术,在 20 世纪 80 年代一度放松对机床工业的引导,致使数控机床产量增长缓慢,于1982年被后进的日本超过。但从20世纪90年代起,美国及时地纠正了偏差,数控机床产量又开始逐渐上升。超精密机床目前水平最高的是美国,其代表作是DTM-3型大型超精密车床和大型光学金刚石车床LODTM。

德国特别重视数控机床主机及配套件的先进实用,其机、电、液、气、光、刀具、测量、数控系统以及各种功能部件,在质量、性能上均居世界前列。大型、重型、精密数控机床更为世界机床界所称道。如西门子公司的数控系统和Heiden-hain公司的精密光栅,均世界闻名。

英国著名的LK公司是生产测量机的厂家。他们最先在三坐标测量机中采用花岗岩替代金属件,最先采用气浮导轨,最早装备触发式测量夹。在他们的最新产品CF-90系列大型悬臂卧式三坐标测量机中,采用了空间材料和技术,广泛地应用于大型模具、汽车、宇航、军工等部门。该机的最大特点是:可在0～40℃条件下测量,保证测量精度,重复定位精度为5～9μm。

日本政府对机床工业发展非常重视,颁布"机振法""机电法""机信法"等法规。日本在重视人才及机床零部件配套上学习德国,在质量管理及数控机床技术上学习美国,虽然起步较美、德两国晚,但通过先仿后创,在占领了大部分中档机床市场后加强科研,向高性能数控机床发展,已成为世界数控机床生产出口大国。日本FANUC公司有针对性地发展市场所需各种低中高档数控系统,在技术上领先,在产量上居世界第一,对加速日本和世界数控机床的发展起到了重要的促进作用。

### 3. 我国机床制造业发展概况

新中国成立前,我国没有独立的机械制造业,更谈不上机床制造业。新中国成立后,我国机床工业发展的速度是相当迅速的,用不到五十年的时间走完了外国一百五十余年的路程。我国在20世纪60年代起开始发展精密机床,到目前为止,我国的精密机床已具有相当规模,精度质量上也已达到一定水平。

改革开放以后,我国已能生产从小型仪表机床到重型机床的各种类型机床,也能生产各种精密、高效、高度自动化的机床和自动线,并已具有生产成套设备、装备现代化工厂的能力。机床产品除了满足国内市场需求外,还进入了国际市场。

随着国产机床自主创新能力的增强,一大批有代表性的高档、重型数控机床相继诞生,例如,齐重的数控曲轴加工机床、武重的七轴五联动车铣加工中心、齐二机的超重型落地镗床等。2007年10月,世界首台XNZ2430新型大型龙门式五轴联动混联机床在齐二机问世,该机床是齐二机承担的国家"863"计划重大数控装备关键技术研制项目,是替代进口的高端产品,为我国国防工业发展提供了强大技术和装备保障。

今后我国重点发展的高级数控机床范围有:高速、精密数控车床,车削中心类及四轴以上联动的复合加工机床;高速、高精度数控铣镗床,高速、高精度立卧式加工中心;重型、超重型数控机床类;数控磨床类;数控电加工机床类;数控金属成形机床类(锻压设备);数控专用机床及生产线等。

## 8.5.2 现代机械加工设备简介

### 1. 组合机床与自动线

组合机床在向数控、高精密制造技术和成套工艺装备方向发展,由过去的"刚性"机床结构向"柔性"化方向发展,成为刚柔兼备的自动化装备。图 8-14 所示为大连组合机床研究所为某汽车公司研制的 ZHS-XU86 凸轮轴轴承盖加工自动线,用于满足年产 30 万辆轿车的需求。该线采用多种技术:可控扭矩夹紧扳手、气浮输送、电液比例阀、高精度空心锥柄接杆、高密度材料镗杆、数控精密十字滑台、分布式控制系统与监测系统、故障诊断及显示系统、大流量冷却排屑和全封闭防护系统等,节拍为 38 秒。

### 2. 超精密加工设备

现在美国超精密机床的水平最高,不仅有不少工厂生产中小型超精密机床,而且由于国防和尖端技术的需要,研究开发了大型超精密机床,其代表是劳伦斯·利弗摩尔国家实验室(Lawrenc Livermore National Laboratory,LLNL)研制成功的 DTM-3 和 LODTM 大型金刚石超精密车床。

图 8-15 所示为美国 LLL 实验室的 LODTM 大型光学金刚石切削车床。加工光学零件的 LODTM 大型光学金刚石切削车床(large optical diamond turning machine)可以加工直径 41625mm、厚度 500mm、质量 1360kg 的大型金属反射镜。为减少工件重量产生的变形影响,机床采用立式结构。

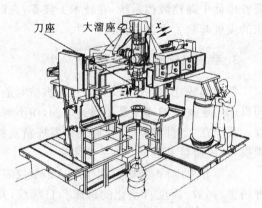

图 8-14　ZHS-XU86 凸轮轴轴承盖加工自动线　　　图 8-15　美国 LLL 实验室的大型光学
金刚石车床(LODTM)

LODTM 采用空气轴承主轴和高压液体静压主轴,刚度高,动态性能好。机床采用立式结构后,可以提高机床的精度,可以采用面积较大的推力轴承,提高机床的轴向刚度,并保证主轴有较高的回转精度。为提高机床运动位置测量系统的测量精度,采用 7 路高分辨率双频激光测量系统。使用 He-Ne 双频激光测量器,分辨率为 0.625nm。使用 4 路激光检测横梁上溜板的运动,使用 3 路激光检测刀架上下运动位置,通过计算机运算精确测定刀尖的位置。机床使用在线测量和误差补偿以提高加工精度。为减少热变形的影响,机床各发热部件用大量恒温水冷却,水温控制在(20±0.0005)℃。为避免机床受水泵振动的影响,恒温冷却水用水泵打入储水罐,靠重力流到机床需要冷却的部位。

### 3. 极端制造装备

极端制造是指在极端条件或环境下,制造极端尺度(特大或特小尺寸)或极高功能的器件和功能系统,重点研究微纳机电系统、微纳制造、超精密制造、巨系统制造和强场制造相关的设计、制造工艺及检测技术。

（1）微型化设备制造

图 8-16 所示为日本 FANUC 公司开发的能进行车铣磨和电火花加工的多功能微型超精密加工机床的结构示意图。该机床有 $X$、$Z$、$C$、$B$ 四轴，在 $B$ 轴回转工作台上增加 $A$ 轴工作台后可实现五轴控制，数控系统的最小设定单位为 1nm。图 8-17 所示为单晶金刚石立铣刀的刀头形状，当刀具回转时，金刚石刀片形成一个 $45°$ 圆锥的切削面。凹形（内）表面的微细切削，最小可加工尺寸受刀具尺寸的限制，如钻孔用麻花钻可加工小至 $50\mu m$ 的孔。因为刀具有清晰明显的界限，所以可以方便地定义刀具路径加工出各种三维形状的轮廓。

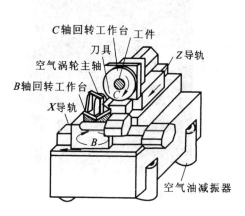

图 8-16　微型超精密加工机床图

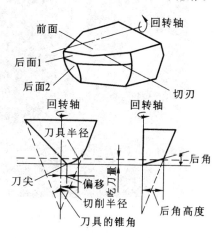

图 8-17　单晶金刚石铣刀的刀头形状

（2）微工厂制造

以生物芯片制造为例，如图 8-18 所示。纳米技术和微纳系统是 21 世纪高技术的制高点，而微机械制造则是其基础。半导体设备作为一种重要的极端微细加工设备，是整个半导体产业链的基础与核心。

图 8-18　用微工厂进行生物芯片的加工

（3）巨系统制造和强场制造

巨系统制造是指用于制造大型或超大型装备、零部件的制造系统。以大型金属构件塑性成形制造能力为例，美、俄、法等国建造了一批 4.5 万～7.5 万吨的巨型水压机，如图 8-19

所示。2013 年 4 月 10 日,由我国自主设计研制的世界最大模锻液压机,在四川德阳中国第二重型机械集团投入试生产(见图 8-20),从而迅速提高了大型飞机制造能力及洲际运载能力。欧美等工业发达国家使用大型盾构机进行施工的城市隧道已占 90% 以上;我国大型盾构成发展迅速,已可以生产成套大型盾构机,目前在隧道、地铁等地下工程得到广泛使用。我国振华港机生产的大型集装箱起重机作为集装箱船与码头之间的主要装卸设备在世界许多国家和地区都得到了广泛使用,市场占有量达到 70% 以上,迅猛发展。

图 8-19  大型水压机

图 8-20  8 万吨模锻液压机

### 4. 特种加工装备

特种加工是相对传统的切削加工而言,是指除了车、铣、刨、钻、磨等传统的切削加工之外的一些新的加工方法,包括电火花加工、电解加工、超声波加工、水射流加工、激光加工、电子束加工、离子束加工方法及装备。特种加工及其装备解决了传统加工方法不能加工的高硬度、高强度、高韧性、高脆性及磁性材料的问题,提高了加工质量、效率,降低了制造成本,推动了机械加工技术水平不断提高。

## 习题与思考题

8-1  简述 MEMS 的基本特点,举例说明其用途和作用。

8-2  简述常见的各种微机械加工方法的工艺特点。

8-3  试述人工神经网络对切削加工的作用,并举例说明。

8-4  试述数值模拟在切削加工中的应用情况,关键技术有哪些?

8-5  举例说明数值模拟在切削加工应用中的不足。

8-6  简述切削刀具材料的发展方向。涂层刀具材料有哪些?

8-7  如何根据工件材料选择加工刀具的材料?

8-8  试述现代机械制造设备的发展方向、主流设备的情况。

8-9  试述我国发展机械制造设备的概况,努力方向是什么?

# 参 考 文 献

[1]  王启平,等.机械制造工艺学[M].5版.哈尔滨:哈尔滨工业大学出版社,2005.
[2]  王先逵,等.机械制造工艺学[M].3版.北京:机械工业出版社,2013.
[3]  郑修本,等.机械制造工艺学[M].3版.北京:机械工业出版社,2011.
[4]  任正义,等.机械制造工艺基础[M].北京:高等教育出版社,2010.
[5]  国家自然科学基金委员会工材部.机械工程学科发展战略报告[M].北京:科学出版社,2010.
[6]  中国机械工程学会.中国机械工程技术路线图[M].北京:中国科学技术出版社,2011.
[7]  王先逵.广义制造论[J].机械工程学报,2003(10):86-94.
[8]  王先逵.计算机辅助制造[M].2版.北京:清华大学出版社,2008.
[9]  许香穗,蔡建国.成组技术[M].2版.北京:机械工业出版社,2005.
[10]  王先逵,等.论制造的永恒性(上)[J].航空制造技术,2004(2):22-25.
[11]  王先逵,等.论制造的永恒性(下)[J].航空制造技术,2004(3):30-34.
[12]  顾崇衔,等.机械制造工艺学[M].西安:陕西科学技术出版社,1987.
[13]  王光斗,王春福.机床夹具设计手册[M].3版.上海:上海科学技术出版社,2011.
[14]  甘永立.几何量公差与检测[M].8版.上海:上海科学技术出版社,2008.
[15]  陆剑中,孙家宁.金属切削原理与刀具[M].4版.北京:机械工业出版社,2005.
[16]  袁哲俊,王先逵.精密和超精密加工技术[M].2版.北京:机械工业出版社,2007.
[17]  王隆太,吉卫喜.制造系统工程[M].北京:机械工业出版社,2008.
[18]  中国机械工程学科教程研究组.中国机械工程学科教程[M].北京:清华大学出版社,2008.
[19]  张世昌,李旦,高航.机械制造技术基础[M].2版.北京:高等教育出版社,2007.
[20]  于骏一,邹青.机械制造技术基础[M].2版.北京:机械工业出版社,2009.
[21]  王先逵,张平宽.机械制造工程学基础[M].北京:国防工业出版社,2008.
[22]  王先逵.机械加工工艺手册[M].2版.北京:机械工业出版社,2007.
[23]  RONG Y M,HUANG S,HOU Z K. Advanced computer-aided fixture design [M]. Satl Lake City: Academic Press,2005.
[24]  WANG H,RONG Y M. Case based reasoning method for computer aided welding fixture design[J]. Computer-Aided Design,2008(40):1121-1132.
[25]  陈旭东.机床夹具设计[M].北京:清华大学出版社,2010.
[26]  蔡瑾,等.计算机辅助夹具设计技术回顾与发展趋势综述[J].机械设计,2010(2):1-6.
[27]  顾新建,祁国宁,谭建荣.现代制造系统工程导论[M].杭州:浙江大学出版社,2007.
[28]  何雪明,吴晓光,常兴.数控技术[M].武汉:华中科技大学出版社,2006.
[29]  刘晋春,赵家齐,赵万生.特种加工[M].北京:机械工业出版社,2004.